DEUS É QUÂNTICO E ESTÁ NO DNA

REVELAÇÕES

I0505743

ELIUDE SANTANA

Revisão Ortográfica: **Bluma Santana**

Imagem Capa Livro Digital: **Lourival Mendonça da Silva Jr**.
juniormendonc@hotmail.com

INDICE

Prefácio
Agradecimentos
Introdução

Capitulo I – A Mudança Planetária
A Realidade da Humanidade Mudou Drásticamente
A Terra, agora, está em outra via, uma que os profetas nunca previram
Porque o Apocalipse não mais Existirá
Como se explica a capacidade de Profetizar
Como é Possível que a Consciência Humana possa mudar algo tão complexo como o Planeta?
O campo magnético da terra muda, em simultâneo com a consciência humana...
A nova energia do planeta
Que tipo de energia é essa?
A Mudança dimensional muda a nossa realidade

Capitulo II – O Poder do Invisível

Coisas invisíveis, mas muito reais

Frequências invisíveis que usamos cotidianamente, sem sequer sabermos como!
Temos um Relacionamento Escondido de nossa consciência

Capitulo III – O Elo Perdido
Como começou o pensamento espiritual organizado .
O Estereótipo de Deus - Queremos Humanizá-lo
Por que uns recebem bênçãos e outros não?
Pensar é Criar
Intelecto Programado

Capitulo IV – A Dualidade Humana
O Livre Arbitrio
A Dualidade
Para que serve tudo isso?
Mas como surgiu essa "bendita" dualidade que atazana as nossas vidas?

Capitulo V – Mitos difíceis de serem demolidos por grande parte da humanidade - Baseados nas mensagens de Kryon.
Mito da Bíblia como sendo o único livro que contém a Palavra de Deus.
Teria Deus Mudado ao longo das Eras?
Metáfora do Humano Adormecido
Outro Mito, muito persistente, em uma enorme gama de pessoas: "Jesus vai voltar"!
O Mito sobre a Arca de Noé
Mito do Jardim do Edém

Os Iluminados e a Maçonaria
O Segredo da maçonaria
Revelações extraordinárias!
A Verdade sobre a Arca da Aliança, a sarça ardente e a abertura do Mar Vermelho!
Kryon explica o Significado da Ascenção, nos dias de hoje
Uma visão sobre a ascenção de Elias, fora da nossa linearidade 3D. O que realmente aconteceu naquele evento?

Capítulo VI - Física e Biologia
Porque o DNA é importante para a Espiritualidade
Divisão celular - um processo estático?
Nós temos a capacidade de nos curar!
A célula envelhece porque não recebe informação do nosso consciente!
O DNA "sabe " – foi projetado para alongar a vida!

A Camada da Cura
As coisas que não estão em nossa realidade, são inconcebíveis para nós
A Consciência não reina no cérebro.
Mais um grande mistério, desvendado por Kryon
O AMOR não é o que se pensa. É uma energia informativa que permeia todo Universo.
A Energia do Amor pode transformar uma rosa em margarida! Seria isso possível?
Física multidimensional de_base - Realidade ou Ficção?
Podemos modificar as informações no interior das células do nosso corpo
A Autoregeneração de um coração lesionado é possível!
Você pode mudar as informações dos 95% de seu DNA

Capítulo VII - A complexidade do Tempo...
Podemos ser os nossos próprios antepassados.
Não existe nem passado nem futuro. O Tempo é circular!
O Paradoxo do Tempo Espiritual

Capítulo VIII - Como Rejuvenescer? Incrível, mas é realmente possível!
Envelhecemos porque cremos nisso!
Não deixe que as células lhe controlem!
Comunicação com Deus
O ser humano bidimensional e a Transformação interdimensional
Alguns atributos do "AGORA"
Escavando no Registro Akashico – Como se faz?
A criança interior

Capítulo IX – O Poder perdido
O que significa se tornar quântico?
Que poder é esse e por que, só agora, chegou ao nosso conhecimento?
Um modelo "perdido" de oração, que é quântico!
Em que consiste essa tecnologia da oração e em que bases se apoia para que seja eficiente?
Sonhamos em um estado quântico.

Capítulo X- A Nossa Realidade

Como nós criamos a nossa realidade
Cada pessoa é totalmente responsável pelo seu próprio universo!
Se não gostar, é só escolher mudar! Como?
A parábola da realidade – O outro lado da Historia de Abraão/Isaque, que ainda não se conhecia.

Capítulo XI – A Nossa Verdade
Mas a Verdade, o que é mesmo?
O que você pensa que é a realidade?
Somos "filhos de uma Matrix"?
A nossa Realidade não é Real!
O paradigma holográfico
A realidade é de natureza holográfica. Logo, não existe.
"Cogito ergo sum", certo? Errado. A Consciência cria a ilusão de uma mente que se diz pensante.

Capítulo XII – Somos uma só coisa no Universo
Entre o Universo-Deus e TODOS os demais seres, não existe separação
O Universo é organizado segundo principios holográficos
O Princípio da Físíca é Deus
Somos Uma ÚNICA coisa no Universo

Capítulo XIII – Criando Abundância
A Luta pela Sobrevivência é necessaria, ou é uma falsa crença?.
Somos todos corpos pensantes num universo pensante! .
Prosperidade e Abundância
Pensar positivo melhora a qualidade da vida
Em cada fracasso existe a semente do sucesso
Não somos indivíduos, somos uma Relação
Metáfora de Kryon - Cada um de vocês é uma parte integral da divindade .

Segunda Parte – A "Voz" de Kryon

Capítulo XIV - Revelações surpreendentes!
Kryon fala sobre um Deus Pessoal
O Projeto Humano
A história da humanidade é uma farsa. Eis aqui toda a verdade!
Uma Verdade Surpreendente! Encontrado código genético dos Pleiadianos em nosso DNA "Lixo".
Os autistas são exemplares de uma nova espécie humana!
Como nasceu a Espiritualidade
Os Pleiadianos são nossos "pais"!.
Os lemurianos tinham uma compreensão quântica da vida e em seu DNA sabiam tudo do sistema solar.
Um segredo revelado: Possuimos artefatos que comprovam a existência da Lemúria...
Mas estão nos escondendo!

Capítulo XV - A Involução Humana
Perdemos o conhecimento quântico... Danação!
Você pode estar em muitos lugares ao mesmo tempo. Ficção?
O Vento do Nascimento.
Quando a vida tem início?
A Grade Cristalina

Capítulo XVI - A Alma. Somos ou não Eternos?
A Vida é circular
Qual é, então, o real objetivo da alma?
A confusão que fazemos quando nos referimos à alma.
As almas não são "individuais"
A alma não é limitada aos seres humanos, e não está aqui "aprendendo"
A alma não começou como um *hamster* e depois tornou-se um humano!
Recompensa e punição
Respostas à Perguntas Difíceis
Eis, então, a razão pela qual Hitler foi parar no "céu"

Capítulo XVII - A Morte não existe, é apenas uma percepção interdimensional
As ciências que são invisíveis
A Morte é uma ilusão!

Capítulo XVIII – Kryon fala de Física e Matemática
O Novo Paradigma da Física/Matemática
Está chegando uma nova matemática
O Santo Graal da Física
Cientistas! Não percam tempo procurando a Anti-gravidade! Ela não existe!
Como alterar a massa de um objeto?
Os ovnis utilizam objetos sem massa para entrar na nossa gravidade
 Revelado o mistério da "flexibilidade" dos discos voadores!
O Big Bang nunca existiu, ou melhor, ainda está em ato, neste exato momento
Efeito Gaia
O show do Big Bang continua: é um evento quântico ainda em ato
Chegou a hora de começar a pensar numa nova teoria, a observar com novos olhos científicos
A forma do Universo – Uma incrível demonstração de como o Universo funciona
O Perigo da transmissão da energia através da matéria planetária
Uma Advertência: as ondas Escalares são extremamente perigosas
As previsões de Scallion
Os "crop circles" é um incentivo a procurar um enquadramento matemático de base 12!
Kryon fala da geometria do Universo
Uma Matemática Conceitual!
Os UFOs que arquitetam os crop circles são nossos parentes.
A Base 12 – É uma matemática universal, galática e é Sagrada!
Tudo o que se relaciona com a Terra funciona com o "12"!
O Numero "**Pi**" não é irracional!
O DNA possui 12 cadeias e não 2!

A energia livre é possível e está bem debaixo de nosso nariz!
Para os físicos, aqui temos algumas surpresas!.
Porque as constelações e os sistemas solares não seguem as leis do movimento de Newton
A membrana quântica - uma "membrana de características"..
Duas coisas podem ocupar o mesmo lugar, ao mesmo tempo!
O segredo da energia
Matemáticos! vejam quando uma força é superior que a soma das partes
Novas maneiras de obter calor geotérmico, diretamente da Terra, e gratuita.
A anti-matéria é tanta quanto a matéria positiva
Uma comunicação quântica, através do vento solar!
As manchas solares podem ser criadas pela força gravitacional
O vento solar tem propriedades multidimensionais
A Geometria Sagrada – Existem três números interdimensionais que vêm depois do nove!
Uma matemática conceitual
Os três números interdimensionais

Capítulo XIX - Revelações Importantes de Kryon
O Aquecimento Global não é criado pelos seres humanos.
O ciclo da água está afetando o clima
Os bastiões do financiamento estão caindo
A reconstrução do Templo de Salomão vai ser financiada pelo Irã. Será o Irã a trazer a Paz em Israel?

Capítulo XX - Predição e revelações
O Mistério das Pirâmides – Revelações desconcertantes!
No início dos ciclos de vida na Terra, tivemos alguns visitantes
Revelado o Grande Mistério .
Nós não somos filhos da Terra!
A poeira cósmica é sementes de vida!
A Dessalinização da água – para cientistas e físicos
A nanotecnologia é um dom de Deus
O mundo está vivendo um Inverno Espiritual!
Os "Faróis" vão impedir o navio da humanidade de afundar!

Capítulo XXI - Kryon fala de política
Uma inesperada visão de Kryon sobre um argumento atual
O Último "Cavaleiro do Apocalipse"?
Um sábio conselho, para o ditador Kim Jong Un, da Coréia do Norte
Mudanças fisicas, politicas e sociais para o nascimento da nova terra
O Sistema Político atual vai desaparecer!
As Cinco únicas Moedas Mundiais
A Terra está grávida

Capítulo XXII - Novas ideias… novas invenções importantes!
Uma tecnologia nova poderá transportar-nos de uma parte a outra do planeta, em segundos! Seria isso possível?

As próximas descobertas científicas
Uma revolução e uma revelação!
Por que a fusão a frio de Pons e Felishmann não funcionou?
Todas as coisas no universo são criadas com polaridade
Por que tudo tem uma polaridade?

Capítulo XXIII - As Ideias e Invenções não são casuais
O Casamento do físico-mental-espiritual
Só existe avanço tecnológico se existir uma evolução espiritual coletiva
Todas as ideias ou invenções imaginadas pela mente humana, estao gravadas na Grade Cristalina que envolve o Planeta
Que força se esconde por trás dos cristais?
Os Cristais naturais do nosso corpo
A verdade inquietante sobre o Triângulo das Bermudas
A Energia de Atlântida foi mantida dentro dos cristais. Como isso é possível?
O poder dos cristais de Atlantis - A força de uma Energia Espiritual?
A Rede de Amor - Uma revelação surpreendente que vai fazer revirar os olhos de muitos!
A energia especial do coração
Quando teve início a rede do amor
Muitos trabalham na mesma invenção, ao mesmo tempo, sem sequer saberem!

Capitulo XXIV - Profundas Revelações
A Caverna da Criação
Somos os nossos próprios ancestrais!
As Cápsulas do Tempo
A Revelação do segredo das cápsulas do tempo!
O sistema Alternativo – as baleias são um "back-up" da energia humana
Os potenciais das descobertas da física para o futuro

Capítulo XXV - A Nossa História
A História completa da humanidade
A nossa História
O Sistema de Segurança
A Mudança mais rápida da Consciência
Mais sobre os Lemurianos
Perspectiva para o Futuro
Somos as nossas próprias sementes
Tudo o que fazemos na Terra afeta uma outra parte do Universo

Epílogo - O grandioso plano
O teste terminou: e agora?
As crianças índigo e os pacificadores
Desfecho

Prefácio

Magnífico Leitor,

Não estranhe o termo "Magnífico". Não estou exagerando, nem querendo adular. O motivo não é só porque o clichê "caro leitor" está desgastado e, muitas vezes, usado sem se importar com o que a palavra "caro" representa. Nesse caso, uso esse termo porque é isto que procurarei demonstrar através deste livro: o extraordinário poder que cada um de vocês realmente possui, o que pode fazer qualquer um de nós, verdadeiramente magnífico. Desse modo, procuro atrair, desde já, a atenção do leitor para refletir sobre certos termos ou hábitos – tanto na esfera física como espiritual – que tornaram-se costumes de consenso, e que a maioria de nós abraça, não porque escolheu livremente, mas porque "todos fazem assim" sem nem por um momento procurar ativar a consciência e perguntar a si mesmo: "por que tem de ser dessa forma?"

"São os pinos redondos nos buracos quadrados – os que veem o mundo de uma forma diferente – que empurram a raça humana para frente." (Jack Kerouac)

Este é um livro fora do comum, que alguns poderão até achar que não está estruturado para concorrer com obras literárias ou que não tenha o perfil adequado para se tornar um best-seller. Não importa. Desse modo, gostaria que você aceitasse o que está escrito aqui, não como um texto literário, mas como uma conversa franca, corajosa e absolutamente reveladora. Trata de certos conceitos de onde será remontada uma nova percepção de nós mesmos, do nosso propósito neste planeta, da vida, do mundo que nos cerca e do Universo-Deus. Portanto, o único interesse real desse livro é compartilhar com quem queira abrir-se a novas percepções da existência – o que já está acontecendo, globalmente, por parte de milhares de pessoas.

É válido ressaltar, no entanto, que muitos dos conceitos expostos aqui não são informações novas, tampouco se trata de conhecimentos adquiridos – mas sim ativados. Em um nível profundo do meu ser, eles sempre existiram, precisavam somente ser despertados através da minha intenção. A pura intenção de indagar, profundamente, sobre nós mesmos – quem sou eu, por que estou aqui e qual o objetivo disto – desencadeia a reação interior necessária para atrair até você cada informação correspondente à intenção liberada. Porém, aqui estão contidas também, verdadeiras REVELAÇÕES que talvez vão além de qualquer coisa que tenhamos ouvido nos últimos tempos.

Cada um de nós pode acessar tais informações, se assim escolher, pois muitas delas estão registradas no DNA. Muitas vezes, tomar conhecimento de coisas que se encontram fora da nossa percepção casual, pode funcionar como um catalisador, ativando desta forma as partes do DNA que se encontram "atrofiadas", apenas por falta de acesso. Essas mesmas informações que repousam no campo quântico do meu DNA, são as mesmas que residem em cada um de vocês, à espera da sua intenção para serem ativadas. São as mesmas que você poderá encontrar em conteúdos escritos por mentes assai pensantes como Deepak Chopra, Bruce Lipton, Gregg Braden, Joseph Benner, Vadim Zeland, Massimo Teodorani, Kryon e muitos outros. Argumentos como esses, chegaram em minhas mãos para confirmar que não era o meu intelecto que estava perdido em devaneios, apenas porque desejava sair do padrão que a maioria das pessoas está habituada a viver. Muito além disso, houve na verdade, uma confirmação de que existem muito mais informações repousando no meu "EU SOU", bem mais do que me foi dito ao longo da vida, e que, não o bastante, sempre existiram ali, esperando emergir até a superfície, através do meu despertar.

Este é o momento do "despertar" da consciência e está ocorrendo em milhares de pessoas ao redor de todo o mundo. Nunca como agora, se verificou uma mudança de energia no planeta tão significativa como a que estamos vivendo. A energia da Terra mudou dramática e profundamente, realinhando-se para algo muito grande. Algo que todas as escrituras sagradas prometeram e que a humanidade tem almejado por séculos sem fim. Existem, realmente, coisas e eventos que estão fora da nossa percepção limitada, em uma realidade tridimensional, mas nem por isso elas deixam de ser reais. Gostaria de pedir a cada um de procurar abrir-se a novas perspectivas sobre nós mesmos e sobre o mundo que nos circunda, e de dar crédito a novas possibilidades, sabendo que a nossa consciência se encontra em fase de expansão e fechar-se em uma caixa tridimensional (3D), de visão limitada, é somente uma escolha. Optar por liberar a consciência para expandir a percepção, não é loucura, não é seguir estradas estranhas ou *fazer pacto com o diabo*. É, simplesmente, perceber que além da caixa 3D, existem, realmente, ilimitadas versões de se enxergar o mundo e todas as coisas e eventos dos quais fazemos parte.

Portanto, fazer uma busca consciente de novas versões para perceber o mundo, é tomar consciência de que existe muito mais para se ver do que aquilo que nos foi dito e ensinado. É começar a enxergar através do véu, elementos que sempre existiram mas que, só agora, será possível visualizar. É tomar consciência de TUDO-QUE-É, e de quem somos realmente; é viver novas possibilidades do SER, graças a essa nova energia Planetária que permite uma maior frequência de vibração da terra – e disso falaremos mais adiante.

Estou consciente de que críticas e polêmicas surgirão, e isso é natural, pois o conteúdo deste livro irá mexer com paradigmas conceituais, fortemente enraizados e cimentados em crenças nunca colocadas em discussão. Não pretendo criar debates para justificar tais conceitos, ou que todos aceitem e encontrem razão lógica para tudo o que for lendo. Não são conceitos para serem "evangelizados", nem para serem aceitos a qualquer custo. Eles existem como realidade e prescinde da aceitação ou não de alguém; são tão reais quanto aquilo que a maioria de nós está habituada a enxergar. Minha intenção não é oferecer uma nova "caixa espiritual" na qual alguém possa entrar, rejeitando tudo aquilo em que se crê mas sim, oferecer uma outra vertente de compreensão, um alargamento de visão que, talvez, você nunca tenha pensado ou provado antes.

Abençoado seja o Humano que busca Deus à sua própria maneira, ainda que eles estejam em algum prédio, entoando canções ou cultivando doutrinas, que podem ser fabricadas pelo homem. (Kryon)

O importante é compreendermos que não existe apenas uma escada para se chegar até Deus. Seu poder de intuição e discernimento são os únicos parâmetros para lhe dar a chance de escolha entre aceitar ou não aceitar, quaisquer que sejam outras verdades. Se o que for lendo despertar em você uma ressonância íntima, é porque sua consciência está pronta para satisfazer o anseio da sua Alma em saber mais. Porém, se houver uma rebelião interior a certos conceitos, use seu discernimento para continuar ou parar. Todavia, saiba que o seu intelecto pode estar habituado a certas situações e pode tentar lhe dizer que tudo não passa de mais uma tentativa para seduzir a sua mente com manhosas sugestões e sutis manipulações. A mente humana está de tal modo constituída que, normalmente, não pode aceitar nada que não se ajuste ao que antes já tenha experimentado ou aprendido, e que seu intelecto não considere razoável. Para perceber novas verdades, então, é necessário libertar-se da consciência do intelecto que, por tanto tempo, tem nos mantido escravizados.

Sinto-me no dever de compartilhar novas e maravilhosas realidades, que não têm o objetivo de separar, mas de unir e ampliar a visão, além do que já conhecemos. É uma questão de escolha. Se o que estiver escrito nestas páginas lhe parecer contraditório, procure discernir o verdadeiro significado antes de rejeitá-lo ou taxá-lo de *heresia*. Já aqueles que se encontram em uma condição inquisitória sobre si mesmo, que não aceitam simplesmente somente aquilo que lhe foi dito e que, no profundo do seu ser, sabe que existe muito mais para se conhecer – esses entenderão e poderão encontrar um porto onde ancorar sua angústia interior, suas incessantes perguntas não respondidas satisfatoriamente, e poderão ir bem mais além do que for visto ou lido aqui.

Se você se dispuser a prosseguir lendo, faça-o com a mente aberta e serena. Procure antes aquietar o seu intelecto e convidar a sua Alma para lhe dar o ensinamento que ela almeja. Não se deixe influenciar pelos estereótipos compostos de ideias preconcebidas. Quando tomamos conhecimento de certos conceitos não usuais, a primeira tendência do intelecto é procurar encaixar em alguma "gaveta" já existente, onde o conteúdo possa se juntar a outros similares. Se não encontra, rejeita. Então, se nos deixarmos ser levados pela nossa primeira impressão, ela tenderá a nos orientar por um caminho que nos levará a deduzir de maneira seletiva ou imprecisa. Todo o conteúdo deste livro funciona apenas como catalisador para despertar a consciência individual e, com isso, criar uma ponte de observação por uma perspectiva diferente de elementos que temos visto sempre por um único ângulo. Ouça a voz da sua alma. A voz interior é a única que lhe dirá se algo é verdadeiro ou falso, bom ou "ruim" para você. É o radar que estabelece a rota da sua escolha, que define se algo lhe transmite amor ou medo.

Agradecimentos

Agradeço, em primeiro lugar, ao meu Eu Superior, meu EU MAIOR, a minha parte invisível a qual não vejo no espelho, mas que está sempre presente, conectada com a Fonte. Ela não dorme nem pestaneja, colhendo as informações que preciso, mesmo quando durmo. E quando acordo, co-criamos juntas, cada pedaço do meu percurso, cada aventura que decido empreender. Ela apoia cada decisão minha sem se intrometer nem julgar. Também me apoia e me deixa livre no meu arbítrio. Todo erro é "certo", todo "mal" é bem – basta que se exclua o julgamento e veja cada coisa como ela realmente é. Crescer significa aprender. E nós aprendemos, comparando-nos com as nossas escolhas. O *certo* ou *errado,* são apenas definições que atribuímos aos eventos e circunstâncias, de acordo com as nossas decisões em questão. E o que constitui a base das nossas decisões, são nossas próprias experiências.

Em segundo lugar, agradeço a Neale Walsch, Joseph Benner, Saint Germain, Gregg Braden, Bruce Lipton, Deepak Chopra, David Icke, Joe Vitale, Eckhart Tolle e outros, fontes da minha inspiração, os quais deixaram textos sublimes e profundos à disposição, para o novo despertar da humanidade. Porém, a minha fonte mais profunda é, indubitavelmente, Kryon, de quem tomei "emprestado" muitos textos que praticamente deram a base da existência deste livro. Gostaria de sublinhar que alguns dos textos foram adaptados por mim, muitas vezes trazidos para a primeira pessoa do plural, para uma maior aproximação e dar uma identificação mais pessoal com a argumento.

Por último, agradeço à Internet – fonte terrena de todas as informações, o universo dentro do universo. Agradeço, também, a cada autor de cada frase que eu, por acaso, tenha utilizado aqui, e por menor que tenha sido, contribuiu generosamente para posicionar mais uma estrela, mais um astro ou galáxia, dentro desse fantástico e vasto universo das palavras.

Não podendo citar todas as fontes que pesquei, até mesmo uma só frase que tenha sido, agradeço coletivamente a cada autor – citados ou não – cada site e cada motor de pesquisa. Tudo isso, com a esperança que cada palavra, frases e textos, possam contribuir para o grande despertar da consciência coletiva da humanidade.

Introdução

A incessante procura de Deus, por toda a humanidade, é um desejo celular básico e global. *Quem é Deus? Onde Ele se encontra? Existe de verdade? Que forma tem?* Creio que essas são as maiores interrogações de todo ser individualizado, em qualquer parte do Universo. Mas são poucos os que conseguiram obter uma resposta que pudesse satisfazer, totalmente, às suas exigências.

O Ser humano, desde sempre, tem procurado questionar sobre a razão da própria existência, a relação entre a natureza humana e aquela divina. *Quem sou eu no esquema do Universo? Por que estou aqui?* Na realidade, estamos aqui por escolha própria, nos oferecendo como parte do instrumental para a mudança de algo muito grande e complexo. Explicar isso com detalhes, faz parte do escopo deste livro – que é baseado, substancialmente, nas informações do Kryon, definido como um grupo, ou consciências avançadas – não humano mas de natureza angelical - mas podemos dizer, simplesmente, que Ele representa um membro da grande família de Deus, à qual faço parte.

"Na realidade, todos nós – como um ÚNICO e grande coletivo – fazemos parte de uma Família Espiritual, onde somos partes indivisíveis do resto... onde somos porque alguém mais É. Sem essa premissa, não existiríamos e, portanto, não existiria a experiência que agora poderíamos chamar A Vida ou, em outro nível perceptivo, O Ser. " (M. Liani)

Antes que alguém se apresse a se perguntar, se essas mensagens dadas, por esse grupo, são acreditáveis, ou se realmente veem do Espírito, deixe-me abrir parenteses para explicar melhor sobre essa nova forma de Comunicação entre Deus e a humanidade nos dias atuais.

Alguns poderão dizer que as mensagens desse grupo angelical que denominamos Kryon não podem ser verdade. *Deus não fala dessa forma hoje. Essas coisas aconteceram no passado, portanto, aqui tem "cambalacho".* O que lhe faz pensar dessa forma? Seria, talvez, o fato de que um ser humano comum (Lee Carroll) é quem traduz as suas mensagens? Bem, desde o início dos tempos, os seres humanos têm sido usados para trazer a mais divina das mensagens! Tem sido sempre dessa forma. Em todas as culturas do planeta, as mais profundas escrituras foram entregues por humanos. Todas as vezes que anjos mostraram-se para homens ou mulheres, eles usavam esse método. Eles diziam para que não tivessem medo – "não temas" - porque desejavam que tivessem compreensão e não medo. A visita de anjos, fazia parte da realidade humana naquela época – e quase todas as religiões no planeta, se basearam nesta premissa. Não é uma novidade. Dava medo porque era um fenômeno interdimensional, ao qual não estavam habituados.

Mas cada um tem autoridade exclusiva para discernir se aquilo que lê ou ouve, é algo verdadeiro para o seu coração. Podem ou não dar crédito a tais informações. É uma escolha livre de cada um. Mas a certeza irrefutável é que as mensagens de Kryon – assim como as de qualquer anjo que já tenha aparecido ou falado à humanidade no decorrer dos milênios – não possuem informações contraditórias, além de conterem uma enorme carga de energia de amor, inconfundível e muito concreta para ser desconsiderada.

Alguém poderá dizer: *Mas eu ouço apenas a voz de Deus. Nunca ouvi esse nome antes. Esse Kryon não é Deus, logo,* trata-se de *um falso profeta".* Porém, nos tempos antigos, Deus costumava usar nomes diferentes para cada situação: ELOHIM, ADONAI, EL SHADDAI JEOVÁ, EL-OLAM, EL-GIBOR, EU SOU... (e, se desejar, pode incluir agora, também, Kryon para os tempos atuais), cada um com significado específico. Isso acontecia e acontece ainda hoje, pois Ele não parou de se comunicar com a humanidade, no dia em que lacraram a Bíblia e colocaram um "ziper" na boca de Deus, como se dissessem: *Até aqui foi Deus quem falou. De agora em diante, porém, toda escritura que aparecer, não poderá ser considerada sacra – pois Deus já se calou há muito tempo, logo, tais documentos jamais poderiam conter a palavra de Deus!* Por que Deus usaria tantos nomes para se identificar? Simplesmente porque Ele não precisa de nenhum nome oficial. **Ele É,** e isso basta.

Kryon diz que, o que nós chamamos de Deus é só uma palavra que nos permite enunciar algo impossível de descrever, como humanos que somos. É apenas um nome que o ser humano colocou em uma experiência coletiva para descrever algo que é intangível, além de muito pessoal. Significa, portanto, a nossa própria percepção e crenças a respeito de como definimos nossa própria espiritualidade e relação com aquilo que consideramos estar acima de tudo e todos.

As mensagens de Kryon são profundas e extremamente inteligentes, transbordantes de um Amor indizível e são de interesse universal. Ele não fala somente de espiritualidade mas de toda a física do Universo. Em grande parte, são informações direcionadas para cientistas, astrofísicos, médicos, químicos e até políticos, passando com *nonchalance* da teoria do Big Bang à importância do magnetismo terrestre para a biologia humana, indicando potenciais para novas descobertas científicas, em prol da cura de muitas doenças. Explica como extrair energia limpa, gratuita, inesgotável e muitos outros temas. Os seus argumentos argutos e cheios de sabedoria, suscitaram grande interesse por uma boa parte de cientistas no mundo, e muitos estão já desenvolvendo instrumentos e procedimentos científicos, baseando-se nas suas informações. Na ONU, Kryon é uma presença fixa e marcante, sendo já solicitado várias vezes, para orientar e dar sugestões para o equilíbrio e a paz no mundo. Há 25 anos, vem informando à humanidade, sobre essas mudanças, tanto em um nível planetário como na consciência humana.

Sem ressaltar essas importantes informações, ficaria difícil, senão impossível, encaixar todas as peças do quebra-cabeça para se compreender a figura completa que representa o mistério da nossa existência nesse planeta. O mistério do universo e da sua criação – o universo Deus.

Preconceitos Linguísticos

Muitos setores religiosos cancelaram, completamente, certos vocábulos da língua deles porque algumas palavras poderiam ser danosas para o seguidor. Criou-se então uma película de estereótipo em torno de simples termos, dando uma conotação "maligna", cujo significado não se encaixaria no contexto das palavras consideradas "sacras". Proibiu-se incluir no contexto espiritual "apreciado" por Deus. Pois como é possível exorcizar inocentes palavras? O significado que lhes damos, são meros conceitos baseados na percepção de cada indivíduo, grupo ou sociedade. Nada mais que isso.

Para alguns, ouvir falar de *canalização; energia; nova era ou esotérico*, é motivo para segregações. *Cruz credo!* Eis aqui o habitual preconceito etimológico que as religiões tanto propagam. Qualquer palavra, seja ela qual for, se torna completamente vazia de significado, quando se resolve abandonar o clichê discriminatório.

Em todos os livros considerados sacros, não existe um único que Deus tenha segurado a caneta (por assim dizer), para escrever qualquer palavra que fosse. Todas as vezes em que Ele se dirigiu à humanidade, usou um "canal".

Paulo, em uma prisão, escreveu mensagens para os seus amigos de Corinto e Éfeso, que lhe soavam como verdadeiras e as quais achava que a Terra precisava ouvir. Isto se tornou a "Palavra de Deus". Paulo era um canal para receber as informações do Espírito, logo, para esse processo dá-se o nome de "canalização". Paulo foi um canal para o papel, assim como Moisés foi para as tábuas. Todas as obras de arte, todas as sinfonias, foram e continuam sendo, uma canalização do Espirito. Deus não se exprime somente através de "Ave-Marias" e Padre Nossos", ou com leis e dogmas; mas também em toda espécie de arte, música, nas descobertas científicas ou na cura para uma doença. Ele canaliza desde os cientistas até um simples padre de paróquia. Ele canaliza um simples camponês, bem como um engenheiro de informática; desde Beethoven, a Michael Jackson; e ainda pessoas como Leonardo da Vinci, Michelangelo, Beardsley, Blake, Goya e Ensor, Van Gogh... Todos foram um canal de diferentes expressões de Deus.

Nesse caso, suspenda os preconceitos e aceite cada palavra pelo que ela é: uma simples organização de letras e basta.

"Todo conceito que o homem não modifica com sua evolução, torna-se um preconceito, e os preconceitos acorrentam as almas à pedra da inércia mental e espiritual". (Wilsiane Santos)

Quando se destrói um velho preconceito, sente-se a necessidade de possuir uma nova virtude. E uma das grandes virtudes é a capacidade de não julgar nem mesmo inocentes palavras. O preconceito não está no léxico. Está nos indivíduos e nas situações sociais em que se encontram. Toda e qualquer palavra é lícita, desde que não as etiquete com os próprios preconceitos. E não vale nem mesmo usar eufemismos como, por exemplo, chamar um gordo de *pessoa de porte avantajado,* um anão de *pessoa verticalmente prejudicada* ou um negro de *afrodescendente.* Portanto, negro é negro e branco é branco. Uma cor nunca foi melhor do que a outra, da mesma forma que uma rosa branca não é melhor do que uma rosa vermelha. Logo, bom/ruim, bem/mal são conceitos culturais aplicados para se ajustarem aos próprios interesses, logo, são termos privos de um sentido próprio. Como já havia constatado o físico Albert Einstein: *"Triste época! É mais fácil desintegrar um átomo do que um preconceito".*

"Por mais que precisemos corresponder a certos rótulos, em nosso convívio social, não devemos nos tornar reféns daqueles que nos rotulam." (Larissa Caramel)

Voltemos para a história de Paulo. Ele estava sendo um canal do Espirito para passar informações importantes e que a humanidade precisava ouvir naqueles tempos. Todas as escrituras no planeta, todas as antigas profecias que foram feitas com amor, todas as verdades escritas em todas as páginas que são a palavra de Deus, foram escritas por homens e mulheres que se abriram para essa verdade. Todas elas.

O que estou fazendo aqui?

Se você é o tipo de pessoa que possui a autoestima baixa, ou não consegue se amar, ou por ventura caiu no conto do "vigário" que nasceu sujo e em pecado, então não vai acreditar. Nós, somos, formas preciosas criadas para um esquema grandioso - e o Universo inteiro sabe disso e nos apoia. Que tal isso? No entanto, apesar de estarmos aqui na terra, destinados a fazer um trabalho incrível e muito especial, a maior parte de nós não é consciente disso. Esse fato faz parte de uma consciência transbordante, conhecida somente em um nível muito profundo de cada um de nós. Ele está selado da consciência superficial mas, intuitivamente, todos sabemos que é algo muito maior do que qualquer coisa que possamos imaginar. Sei que muitos estão revirando os olhos e coçando a garganta neste momento; essa resistência é natural. Mas isto, comparado com o que está por vir, é nada.

Nós chegamos a este planeta – diferindo dos animais - com um fragmento do Criador, uma parte integrada de Deus em nosso DNA, e é principalmente deste tema que trata este livro. Essa é uma verdade que a cada dia está ganhando mais força entre a mente das pessoas, isso porque explica o sistema pelo qual podemos descobrir esse verdadeiro poder interior, essa essência de Deus em nós que pode interagir com a consciência dormente de todos aqueles que ainda se sentem separados do TODO. Explica o por quê de não existirem vítimas nem algozes, mas que todos os eventos manifestados na nossa vida, são uma criação, exclusivamente, nossa. TODOS!

Basta de se sentir vítima das injustiças alheias, ou à revelia da correnteza da vida. Basta de culpar Deus, fora de você, ou de lhe dar os méritos por cada ação que comete. Cada indivíduo é capaz de decidir o que deseja para si mesmo. A vida não é governada pelo destino e ninguém está submetido ao comando de outra pessoa. Geralmente, entregamos as decisões mais importantes da nossa vida, principalmente as questões espirituais, para que os outros decidam por nós. A maior parte dos indivíduos, se habituou tanto em ser comandada em qualquer situação, que se esqueceu de que cada um de nós é uma máquina pensante, com igual capacidade para se auto gerenciar e com as mesmas possibilidades de encontrar no seu Eu profundo, todas as informações necessárias para o seu crescimento físico e espiritual. A humanidade tornou-se robotizada de tal modo, que, hoje, nem sequer consegue distinguir se a satisfação que vive é sua ou é imposta como tal. Vive automatizada como *cyborgs*, com a consciência adormecida, seguindo o rebanho em toda e qualquer situação – sobretudo com a benção da mídia –, que contribui substancialmente para a robotização dos "humanoides".

Então, qual o motivo dessa tendência? Que sentido há, esperar que os outros saibam aquilo que só mesmo o nosso Eu profundo sabe? A base das nossas decisões materiais e espirituais, consiste nas nossas próprias experiências, porém, quase sempre, escolhemos aceitar a decisão de outros, principalmente quando se trata de decisões importantes.

"Quanto mais a questão é importante, é menos provável que se possa escutar a nossa própria experiência e bem mais somos dispostos a fazer nossas, as ideias dos outros." (N. Walsch)

Fomos habituados a aceitar essa comodidade, porque assim, eliminamos a necessidade de pensar. *"Alguém me diga o que é certo ou errado, por favor!"*. Ser diferente, pensar fora da caixa, ainda é visto sob a ótica da aversão por grande parte das pessoas.

É hora de entendermos que a vida está completamente sob o nosso próprio controle e o de mais ninguém. É importante que todos tomem conhecimento disso, e parem de se lamentar e achar que está neste mundo para sofrer as mazelas da vida, pois, só dessa forma, Deus se agradará, nos encherá de recompensas, e nos preparará um lugar bem cômodo no Céu.

É hora de nos comprometermos a aceitar que cada movimento que façamos, é Deus em ação. Cada pensamento é a Energia Divina que nos permite pensar. Não existe nada, além de uma ÚNICA inteligência, atuando em cada indivíduo, para experimentar a si mesma. A isto damos o nome de Deus, Inteligência Universal, Matéria Pensante, Substância Original, Partícula de Higgs ou como queiram chamar. É hora de pararmos de olhar a expressão externa das coisas que qualificamos e colorimos com conceitos humanos – e achamos que foi o Deus lá fora quem pintou. Toda e qualquer atitude é Deus em ação. Compreendendo isto, não fica difícil de entender que dentro de cada indivíduo existe, realmente, uma centelha de Deus, um poder ilimitado com o qual se poderá alcançar qualquer desejo e propósito. E assim compreenderá que, manejando um tal poder, não poderá haver fracasso.

Assim, o tema central deste livro é, principalmente, encontrar a parte de Deus em nosso interior: um PODER que foi perdido com o passar dos tempos, mas que agora está acessível a qualquer humano. Tal poder esteve sempre escondido dentro de nós mesmos e é capaz de não apenas trazer o sucesso que tanto buscamos, mas de controlar, programar e modificar as nossas células para garantir completa saúde ao nosso organismo, retardar a velhice e assim vivermos tanto quanto o nosso DNA foi programado para que vivêssemos. Afinal, como se explica a vida tão longa de muitos dos nossos antepassados, assim como a Bíblia muitas vezes se referiu? Você nunca se perguntou se, na verdade, a humanidade foi perdendo sua autonomia de "comando" com o passar do tempo? Ou que algo dentro de nós foi se perdendo ao longo dos milênios, e só agora estamos despertando para nos apoderarmos, novamente, do que nos pertence por direito de nascimento? Reflita!

CAPÍTULO I - A MUDANÇA PLANETÁRIA

A realidade da humanidade mudou drasticamente!

A Terra se deslocou para uma posição diferente de realidade e consequentemente, afetou tudo o que nos rodeia, embora ainda não tenha sido percebida pela maioria. Seria como se o trem que viajávamos mudasse de trilho para uma outra destinação.

Que história é essa que a terra se deslocou? Para onde?

Nós entramos no início de uma mudança dimensional que já está afetando profundamente toda a nossa vida planetária. Há muitos indicadores quantificáveis científicos que comprovam que a Terra e o Sistema Solar inteiro, estão passando por mudanças nunca ocorridas anteriormente dentro da história humana.

Através da Teoria de Tectônica de Placas, os cientistas puderam demostrar uma mudança real e efetiva na latitude de algumas massas da Terra, provando que, em algum ponto da Terra, chegou a mover-se até 9 graus em relação ao eixo de rotação. O movimento foi denominado *Deslocamento Polar Verdadeiro* e tem a finalidade de corrigir um desequilíbrio de peso em relação à rotação da Terra. Os cientistas estão dando justamente suas motivações em termos científicos mas, seja qual for tais motivações, correspondem ao estado atual em que a terra se encontra e que é uma mudança dimensional, o que realmente provocou uma mudança de consciência na humanidade. Verdadeiramente, uma mudança de pensamento dimensional. Muitos começarão a ter um entendimento nas suas mentes que não pode ser justificado na nossa realidade tridimensional.

A mudança planetária está realinhando-se para algo maior. A ciência demonstra mudanças massivas na rede magnética. A Terra se deslocou dimensionalmente, acelerando o tempo. As coordenadas geográficas já não são as mesmas. Os instrumentos de bordo dos aviões, por exemplo, estão acusando essa *défaillance* nas coordenadas da pista ao decolarem/aterrissarem. Nos regulamentos da agência federal da aviação dos EUA, a FAA (*Federal Aviation Administration*), consta que quando os pólos se moverem para além de cinco graus de sua posição, as pistas dos aeroportos têm de ser renumeradas para voltarem a se correlacionar com as indicações magnéticas – bússolas. Nos Estados Unidos, o primeiro aeroporto a refazer a sua localização e repintar as coordenadas de sua localização nas cabeceiras das pistas de decolagem, foi o St. Paul, na cidade de Minneapolis.

O mundo em que vivemos hoje se tornou muito estreito para a consciência mais evoluída em que a humanidade se encontra. Por isso, muitos estão procurando ir além das fronteiras de uma dimensão limitada, que já não nos cabe completamente. Muitos estão levantando o vôo, literalmente. Já aqueles que ficaram para trás, não podem entender por que tantas pessoas estão se tornando "meio insanas", começando a perceber coisas absurdas, inconcebíveis à consciência comum. E é verdade. A mente comum e menos evoluída, começará a ter problemas agora. Porque a cada dia alguém mais estará acordando, forçando-a a olhar além e tomar novas posições.

Essa nova percepção começará a desmistificar e desumanizar Deus, e será este fato que trará a Paz entre os homens. Alguns poderão até balançar a cabeça e achar que isso nunca acontecerá, pois os homens são *maus* por natureza. Mas tudo está caminhando nessa direção. Até mesmo o tempo não é mais como antes. O **AGORA** mudou – o tempo real foi alterado e a geologia do planeta está respondendo a um tempo mais veloz. A finalidade dessas mudanças é aumentar a compreensão de quem somos realmente, para termos uma nova percepção de Deus e a certeza de que Ele faz parte de cada um de nós. Não estamos separados Dele - nem de toda ou qualquer criação no Universo.

Um processo de mudança, sem precedentes, está acontecendo, exatamente nesse momento, aqui na Terra e seus efeitos estão repercutindo em todos os aspectos da criação. Cada célula de cada forma de vida, incluindo nosso corpo, está reestruturando a sua bioquímica, para assimilar freqüências mais intensas e arranjos mais complexos de informação radiante que estiveram sempre disponíveis, mas que ainda não estavam acessíveis, antes da mudança. Quando o planeta recebe freqüências elevadas de Luz, os habitantes da Terra entram em um processo de mudanças, o qual se processa em seu organismo a nível dos espaços vazios entre as células e bioquimicamente mudam. Significa que a força da Luz ativa nosso corpos e tanto a química do corpo como a da mente mudam literalmente. Nosso corpo até agora com um grau de densidade, está sendo preparado para ser transmutado em vestimentas de luz, muito mais refinadas com menos densidade e menos limitações. Seria como o que os Mestres chamam de "Transfiguração". Crendo ou não, as novas freqüências de Luz chegam ao planeta e afetam a todos, mesmo que não estejamos dispostos ou previamente não pedimos para recebê-las. A Luz abrange todos os seres viventes do planeta, absorvida por todas as estruturas. Os efeitos causados por este aumento de Luz não são somente físicos. Também a nível emocional estamos experimentando mudanças dramáticas. Os campos magnéticos do cérebro estão trabalhando com mais luz. Estamos nos afinando com um código mais perfeito e mais elevado da criação. Esta nova codificação está literalmente reativando nossas partes adormecidas. As freqüências eletromagnéticas que chegam ao planeta estão alinhando o corpo e o cérebro para que possamos nos adaptar a esta fase do plano Divino a qual está passando a humanidade. Isto foi previsto pelas culturas Hopi, Maia, Asteca, Grega, Egípcia e bíblica. Transcende as fronteiras das religiões, da ciência e do misticismo.

Há mudanças magnéticas, adensamento de atmosferas e outros sinais claros de que o sistema solar está diferente do que era há uma década. A humanidade está descobrindo o próprio poder e esse poder não significa força. Significa *capacitação*. Uma capacitação que nos dá habilidade para nos movermos além das restrições tradicionais que temos sempre vivido. Isto, agora, representa um poder enorme para nós, especialmente no que tange à restrição da percepção humana sobre o que é real e o que não é. Portanto, um ser humano capacitado torna-se apto a pensar além de sua realidade tradicional e a realizar tarefas tradicionalmente consideradas antes, impossíveis.

Hoje, esta mudança está nos favorecendo para podermos receber revelações acerca das realidades interdimensionais e de como elas interagem conosco. A humanidade e a Terra, agora, vibram mais rapidamente do que há 50 anos atrás. Por anos e anos, a energia da Terra permaneceu sempre igual, vibrando sempre com a mesma frequência. Existia, portanto, uma velha energia, um velho caminho, um velho potencial de acontecer o que foi previsto.

Por muitíssimo tempo temos vivido com uma predisposição na nossa maneira de pensar, tomando cada evento como um gatilho no automático, para uma modalidade esperada, dada pela nossa dimensão 3D e onde cada evento se repete ciclicamente.

A Terra, agora, está em outra via... Uma que os profetas nunca previram.

Geologicamente, é possível ver coisas que talvez nunca presenciamos durante toda a nossa vida. Será que isso não nos diz nada? Passamos toda a vida proclamando que haverá uma nova Terra de Paz e quando essa possibilidade começa a ser vislumbrada, o que fazemos? Taxamos de ideologias diabólicas ou pura filosofia new age? Dê uma olhada fora da caixa. Alguns dirão: *Mas e as profecias? Primeiro elas têm de se cumprir para haver Paz na Terra.* Tem certeza? Bem, aqui está uma outra surpresa... Muita gente não gostará de ouvir e poderá desapontar todos aqueles que estão esperando uma grande catástrofe ou batalhas sangrentas. Porém, muitas das previsões dadas como certas, como o Apocalipse, o Armagedom, ficaram para trás em um trilho que levava a um fim previsto.

Parte da informação que virá a seguir - dada pelos seres espirituais que representam a própria inteligência de Deus - está simplificada e é metafórica, inclusive para que possa ser recebida e compreendida com maior claridade. Pois é! Pensou que só poderia ouvir isso dentro de uma instituição organizada como uma igreja? Bem, olhe fora da caixa e veja a profundidade da mensagem de Kryon a seguir. Comece a se habituar com essa nova forma de ouvir "a voz" de Deus e aceitar a sua proximidade de um modo novo e tão real - quase como se estivéssemos tocando a "orla dos seus vestidos"... Ou vice-versa. De todo o modo, pode ser uma experiência espetacular!

"Em algum lugar, há uma Terra que está completamente só – vocês não estão mais lá. No entanto, ela existe em uma outra realidade. Podem denominar de realidade alternativa, se assim desejarem; e isto é realmente certo. Para compreender esta visão, é necessário compreender também que existem muitas Terras. Mas todas elas estão em um outro marco de tempo, algo que vocês e os seus cientistas chamam de outra dimensão. Vocês cresceram dentro desta outra Terra, mas saíram dessa realidade e mudaram a matéria sob seus pés. Vocês mudaram o marco do tempo, a biologia e a geologia. Agora, a Terra está em outra via... Uma que os profetas nunca previram.

"Onde está a prova desta afirmação extravagante?" Está em toda parte. Respondam a estas perguntas seriamente e façam sua própria avaliação daquilo que vocês observam. Como explicam que não houve o Armagedom? Era um fato profetizado, consistentemente, através dos tempos. Por que a queda da União Soviética não constou de nenhuma profecia? Em que profecia constou o ocorrido em 11 de Setembro que afetou toda a humanidade? Presenciaram alguma mudança climática

ultimamente que possa dar-lhes uma pista de que houve uma alteração geológica acelerada na década passada? Como explicam que a rede magnética da Terra tenha se movido exatamente como dissemos que aconteceria nos últimos anos? Ocorreu algum acontecimento raro não previsto? Decisões de líderes, não usuais, que pareceram fora da norma? Velhas alianças rompidas? Sentiram que o tempo se multiplicou nos últimos anos?

Vocês estão em uma realidade diferente, que não está mais rodeada de profecias e que é absolutamente nova. Não há entidade nenhuma do outro lado do véu que saiba o que vocês vão fazer amanhã ou o que vai suceder com o planeta. Vocês têm o livre arbítrio. Está em suas mãos. Acabaram-se os dias em que buscavam orientação em suas antigas profecias.

De 1945 a 1989, durante *quase meio século, vocês estiveram em sua jornada para o Armagedon. Por anos e anos, a energia da Terra não tinha mudado - existia uma velha energia, um velho caminho, um velho potencial. Era o período da Guerra Fria, onde dois países poderosos se defrontaram com um cenário que construiria e apoiaria o futuro Armagedon. Todos os profetas relataram isto. Improvisamente, o inimaginável aconteceu! Depois de 1987, a estrutura geopolítica desmoronou em torno de alguns dos governos que foram programados para serem os principais protagonistas no profetizado Armagedon. Todas as escrituras davam por certo um cenário com o fim da Terra. Os problemas em Israel deveriam ativar tanto a **NATO** quanto as estipulações do **Tratado de Varsóvia**, um assalto recíproco, entre 1999 e 2001, criando a III Guerra Mundial e muitos burburinhos de suas religiões, alertaram sobre os tempos finais* como *consequência disto. A União Soviética foi responsável por parte da profecia que poderia causar o fim do planeta. Ela, os Estados Unidos e a China, formavam o cenário - a carta para se jogar, por assim dizer, tudo centrado no problema com Israel. E este jogo,* como dito acima, *mostrou-se sob o nome do Pacto de Varsóvia e da NATO.*

Tinha de haver uma guerra para acabar com as guerras, e todos os profetas viram isso. Mas nada disso aconteceu, mesmo com todas as profecias. Houve, então, o colapso da União Soviética. Este sistema monstruoso político, uma das maiores potências do planeta, simplesmente evaporou-se! Contrariando todos os prognósticos, ela se desagregou por si só - talvez por uma questão de consciência coletiva, que já não a apoiava mais. E não o bastante, foram vocês que mudaram a marcha. Nenhum profeta lhes deu esta informação porque era inimaginável, impossível e fora da realidade 3D na qual vocês vivem.

Se alguém tivesse lhes dito que este poderoso país teria parado de operar, vocês teriam acreditado neles? Esse foi o maior evento que já aconteceu durante toda a sua existência. Agora, quase meio século de problemas, medo e preocupação, foram apagados. O chamado Império do Mal caiu por si mesmo, quase de um dia para outro. Alguém construiu um monumento para comemorar essa vitória? Não. Os seres humanos constroem monumentos somente para situações dramáticas... Após a morte e destruição massiva e depois das guerras, à lembrança do horror. Mas quando se trata de coisas que não aconteceram, que foram evitadas, a humanidade fica muda. Não as vê do mesmo modo como vê os acontecimentos dramáticos para os quais deu monumentos. Ao invés de torcer para que este fim chegue logo, não seria mais importante agradecer e celebrar pelo FIM que não tiveram?

E assim, queridos, eu estou lhes dizendo que este é um ajuste que vocês terão que fazer em sua percepção. Porque em 1987, vocês viraram a esquina que lhes levava à catástrofe e mudaram a realidade deste planeta em um nível físico e metafísico, e nenhum profeta viu isso se aproximando. E mais uma vez, quem fez isso? Foram vocês. Muitos líderes religiosos dirão para ignorar essa mensagem, que Kryon é um falso profeta, mesmo quando os eventos na Terra têm se verificado exatamente como lhes disse há muitos anos atrás. Lhes dirão que o Armagedom ainda está por vir - e será em breve!

Nossa resposta é esta: não lhes pedimos nada além de olhar ao redor e julgar por si mesmo. Por que seus líderes continuam a adiar as profecias? Use o seu discernimento e meditem sobre as respostas corretas. Se desejar, você pode "deitar e esperar" sem tomar partido esperando que eles estejam certos. Se você fizer isso, no entanto, deverá tomar esta decisão a cada vez que eles tentarem explicar por que o velho paradigma da Terra, dentro da doutrina deles, não aconteceu. Porém, enquanto isso, você estaria perdendo anos de ação, desperdiçando o potencial de usar o seu próprio poder divino para ajudar a criar Paz na Terra, a Nova Jerusalém!"
(*Kryon*)

Porque o Apocalipse não mais existirá!

Muitos estão tão enroscados dentro de um modo programado de pensar, um paradigma herdado e jamais questionado, que poderão até ficar desiludidos em saber que as catástrofes planetárias esperadas, não mais acontecerão. Mesmo calculando e verificando detalhadamente que o período previsto para tais profecias já passou, ainda assim, continuam ignorando as evidências.

Pensamos de forma linear, sendo assim, achamos que aquilo que foi anunciado por sábios profetas de eras atrás, assim deve ser, porque o futuro estaria estabelecido como uma linha reta: o passado levando a um futuro predeterminado. De fato, tais potenciais existiam ao longo de toda a história registrada. Mas existem também muitos caminhos de realidade e temos a capacidade de optar através da livre escolha. Muitos daqueles textos antigos foram escritos de forma precisa, porém muitas vezes lidos e não compreendidos. A própria física moderna concorda que a matéria dispõe de uma "escolha" de realidades. Logo, nós, como consciência coletiva, escolhemos mudar para um novo paradigma de realidade. O trem da atual humanidade nunca mais poderá deslizar sobre aqueles velhos trilhos, embora ainda hajam aqueles enroscados dentro de uma expectativa daquilo que foi previsto. Qualquer um poderá verificar com o próprio discernimento. Podem olhar para o que está acontecendo no planeta e simplesmente escolher ver os fatos como passos de uma mudança maravilhosa da realidade humana ou, em vez disso, encher de medo as suas taças. É a livre escolha. Esta é uma Nova Terra, uma nova dispensação de coisas, com um novo tipo de Humano.

Nenhum espiritualista intelectual jamais esperava que a humanidade mudasse a realidade; que se movesse para fora do paradigma com o qual estava entranhada. O que deve ser considerado aqui, é: "Os profetas que deram predições em uma determinada realidade, são completamente ignorantes acerca de outra realidade." Ou seja, a velha energia das antigas predições e histórias espirituais, agora jaz em trilhos abandonados de uma realidade não mais utilizada, num sertão desolado e sem Humanos presentes. Parece incrível, mas fomos nós que mudamos a realidade dimensional através da nossa consciência. Estando o planeta fora da velha realidade, aquelas antigas profecias, vaticinadas por vários profetas, não puderam se cumprir.

Existia um trilho em que o Planeta viajava por longas eras, sem se modificar, porque a consciência da humanidade continuava imutável. Houve um despertamento planetário anunciado em muitas escrituras do passado. Talvez de uma forma diferente daquela que muitos esperavam ou interpretavam, porém, está acontecendo um grande despertamento das consciências nesse exato momento, e que já modificou o destino do Planeta e da humanidade de muitas formas. O trilho do *Armagedom* – o trilho da velha profecia em que o planeta esteve viajando por um tempo muito, muito longo, foi deixado para trás. Através da consciência de massa, o trilho foi trocado. Com isso, foi manifestado um novo plano para nós mesmos. Foi estabelecida uma mudança de consciência tão profunda, que não está afetando apenas a humanidade, mas o clima, o alinhamento planetário, a rede magnética, os planetas do sistema solar e até mesmo o sol. Houve um avanço – um aumento de velocidade do tempo – dentro do sistema solar que foi trazido pela consciência coletiva dos habitantes do Planeta Terra. Incrível, não?

O fator fundamental é que as profecias foram preditas dentro de um trilho inferior. Havendo passado a um trilho superior, elas não poderão mais acontecer, uma vez que passamos de uma Realidade "A" para uma Realidade "B". Não pode haver manifestação de um potencial que foi criado em um plano inferior, numa frequência vibracional mais baixa. O círculo de força da vida humana, está agora num caminho superior. Os velhos potenciais que os profetas viram, faziam parte de um panorama da linha anterior, não da nova linha atual. Isto pode parecer estranho, mas é a forma como funcionam as dimensões. Embora não possamos ter sentido ou percebido essa mudança de realidade, podemos observá-la facilmente na vida que nos rodeia neste planeta. O novo trilho da realidade tem um novo destino: **a Paz**. O velho destino já se foi. E fomos nós que escolhemos com o nosso livre arbítrio. Não mais existirá o que chamamos de terceira guerra mundial. A nova energia do planeta não permitirá mais que isso aconteça. Não nos enganemos com o que a mídia quer nos fazer crer. Pode-se notar que todos os conflitos no Mundo, hoje, são tribais. Há, na humanidade, uma crescente sabedoria de paz. Até o Oriente Médio começa a mostrar a contradição. A idéia de paz está prevalecendo sobre a idéia de vingança, de ódio. Os cidadãos comuns dessa área estão cansados do conflito e prestes a fazer acordos ou a comprometer argumentos velhos, de 3.000 anos, procurando a maneira de o fazer com dignidade e com justiça.

Como se explica a capacidade de Profetizar

Todas as coisas são circulares, até mesmo os caminhos que acreditamos que vão dar ao infinito. Da mesma forma, as nossas vidas também são circulares. Não existem linhas retas. As linhas que parecem ser retas, curvam-se muito simplesmente para se encontrarem a si mesmas. Portanto, o tempo e a realidade são circulares. A isso se deve o fato de que, os potenciais do nosso futuro podem ser medidos e as profecias podem ser reveladas, porque os potenciais em círculo regressam constantemente como itens familiares, dentro de uma constante. Assim, em vez de um futuro que desaparece por detrás do horizonte como um mistério, algo desconhecido, o nosso futuro é um grande círculo que regressa a si mesmo, dando voltas sobre voltas. É parte do tempo do *Agora*. Esta é a razão pela qual os potenciais podem se converter em manifestação, à medida que o círculo regressa à energia que criou o potencial. As pessoas capazes de profetizar têm um dom interdimensional. São capazes de ver tenuemente através de uma janela na frente do *trem*. Assim, podendo ver o que se passa na linha à sua frente, são capazes de dar uma idéia do que pode eventualmente acontecer. Como o *trem* anda em círculos, eles percebem quando os potenciais de energia vistos podem se converter em realidade - quando o *trem* volta a passar sobre eles. É por isso que um bom profeta pode errar as datas, mesmo que o acontecimento seja um potencial efetivo.

Digamos que esse trem é a "**Realidade A**" que continuou por eras, e os profetas utilizaram-na para identificar os potenciais que poderiam se concretizar. Enquanto o círculo continua na "Realidade A", os potenciais convertem-se lentamente em manifestações das suas próprias criações, e o círculo acaba por criar uma realidade que concorda com aquilo que os profetas predisseram. Uma vez que não estamos mais no trilho da *Realidade A* e ocupamos aquele trilho superior – *Realidade B* – saímos da mira das profecias e estamos construindo uma história toda nova.

Como é possível que a consciência humana possa mudar algo tão complexo como o Planeta?

"Nós somos uma parte da natureza e a natureza é uma parte de

nós, por isso, somos uma parte de Deus; Deus está em todas as coisas e todas as coisas são Deus." [1]

A Terra não é um corpo sólido inanimado. É um superorganismo senciente, chamado de Gaia, a energia consciente da Terra que está ao serviço da humanidade. Se a Terra fosse um mero corpo inanimado, sua temperatura de superfície simplesmente seguiria as variações na distribuição do calor do Sol. No entanto, a temperatura da Terra tem se mantido quase constante durante bilhões de anos e em condições favoráveis à vida, quase como a temperatura de um organismo, capaz de auto regular-se, tanto no frio do inverno como no calor do verão.

A partir do estudo das rochas sedimentares que datam 3,5 bilhões de anos, sabemos que o clima da Terra nunca foi desfavorável à vida. A tendência da temperatura média da Terra tem permanecido praticamente constante por milhares de anos, dentro de uma faixa ideal para a vida, entre 10 e 20°C.

Portanto, dessas observações, pode-se pensar que a Terra não seja apenas um planeta habitado por diversas formas de vida, mas sim o resultado de uma profunda transformação operada por um "organismo vivo", em contínua evolução.

Existe uma conexão direta entre o ser humano e **Gaia.** A consciência humana cria uma energia que se armazena, realmente, na terra - na chamada *grade cristalina* - e a terra responde a essa energia. Quando a nossa consciência muda, Gaia acompanha essa mudança. Aqui não se fala do solo, mas da *alma* do planeta que chamamos *Gaia,* que responde. Nesse caso, podemos dizer que somos nós os verdadeiros responsáveis pelas mudanças e pelos movimentos da Terra. Quando entendermos isso, teremos um substancial controle de tudo que está acontecendo sobre o Planeta, porque, afinal, somos nós que estamos causando! Mas não se trata

---

[1] Os Gaianos

de algo danoso que a humanidade tenha feito ao meio ambiente, mas sim de mudanças em um nível do despertar da consciência.

O campo magnético da terra muda em simultâneo com a consciência humana

Agora que o magnetismo da Terra pode ser medido a cada hora, os estudiosos encontraram algo surpreendente. Quando constataram que o campo magnético da Terra se torna mais forte ou mais fraco diante dos eventos mais ou menos profundos da humanidade, ficaram chocados. Durante o Tsunami, houve um pico no magnetismo. Durante o dramático evento do onze de Setembro, na mesma hora em que os aviões atingiram as torres, o magnetismo do planeta mudou drasticamente. O que isto poderia significar? É possível que a consciência humana esteja tão ligada à *Gaia*, que isto pudesse ser a causa? Realmente é assim - as evidência o afirmam. Isso também demonstra que os Humanos estão unidos com toda a criação "de um modo planejado". Agora, há a evidência que a própria energia de *Gaia* está relacionada com a consciência Humana.

Portanto, a conscientização da humanidade alcançou um ponto onde a terra teria que se modificar em virtude do trabalho realizado pelos próprios humanos. O resultado foi uma mudança da realidade, tanto em um nível pessoal como planetário.

A nova energia do planeta

Aqui você vai encontrar informações que lhe ajudarão a sair, por um momento, da *caixa* do seu pensamento linear e considerar a realidade por uma ótica multidimensional.

O que se passa com as mudanças na Terra? Ou com a parte física da Terra? Houve uma enorme aceleração na evolução geológica, quase como se os anos estivessem passando mais rapidamente do que antes.

Uma nova energia está envolvendo o Planeta e está modificando o comportamento humano. Se trata de uma energia quântica, invisível, mas muito real. Ela favorecerá ao ser humano a obtenção de uma maior compreensão sobre o que está ao seu redor de tal modo, que o fará crer que realmente nem todas as coisas são visíveis e compreensíveis dentro do pensamento de uma dimensão limitada 3D. Obterá a compreensão de que existe muito mais para se ver dentro daquilo que realmente faz parte do nosso mundo. Porém, requer uma lógica muito além da que estamos acostumados, a fim de poder compreendê-la. Não é fácil, pois faz parte de um paradigma que sempre existiu; um paradigma na 3D que temos vivido durante toda a nossa existência. Quando conhecemos somente uma realidade dimensional, se torna difícil pensar além dela.

O termo "nova energia", na realidade, significa o levantar do véu. Até pouco tempo, tínhamos visto através de um véu metafórico, algo que nos dava uma sensação de separação entre nós mesmos e entre nós e Deus - uma espécie de névoa que sempre nos impediu de ver as coisas claramente, mas isso tinha um objetivo apropriado. Agora, é como se uma porção dele tivesse levantado ou aberto uma fenda sutil para revelar o que está do outro lado, nos dando assim uma visão mais limpa e clara. O véu é uma metáfora, não é um lugar. É uma energia dinâmica que rodeia a nossa própria consciência – cada célula de nosso corpo. Ou seja, ele cria uma distância ilusória entre nós e... nós. Porque além dessa nossa biologia, temos também a outra parte de nós, que é invisível. Chegarei lá.

Nunca na história registrada houve tanta energia sobre o planeta, nem o tipo de consciência que há agora. Algo que nunca vimos antes. Nem nossos pais, nem mesmo nossos avós. É um período histórico, chamado de *A Mudança das Eras (The Shift of the Ages)* que marcará a conclusão de um paradigma, - um padrão que perpetuou a ilusão da separação entre nós e as forças criativas do universo - para o nascimento de um novo padrão que permitirá reconhecemos a Unidade em todas as coisas da vida.

Essa mudança de consciência trouxe mais iluminação para o planeta, e as coisas que sempre existiram mas estavam escondidas dos nossos olhos, podem agora ser vistas. Essa iluminação de consciência, só poderia ocorrer quando a consciência coletiva começasse a se despertar. O que acham que provocou essa crise global? Como se explica a queda de quase todos os ditadores, países que só depois de 500 anos começam a enxergar o que sempre esteve errado? A iluminação da nova realidade. Pare de pigarrear só porque viu o termo "iluminação". Ter uma mente iluminada não quer dizer alcançar o nirvana ou ver uma luzinha acesa dentro - trata-se apenas de uma modificação biológica. Uma ativação que vem de dentro do nosso DNA, daquela parte que não é linear mas quântica - e essa é a razão pela qual os cientistas não conseguem vê-la, visto que ainda não existem instrumentos interdimensionais para isso. Veremos mais detalhes, adiante.

"A palavra 'iluminação' transmite a idéia de uma conquista sobre-humana – e isso agrada ao ego –, mas é simplesmente o estado natural de sentir-se em unidade com o Ser. É um estado de conexão com algo imensurável e indestrutível. Pode parecer um paradoxo, mas esse "algo" é essencialmente você e, ao mesmo tempo, é muito maior do que você. A iluminação consiste em encontrar a verdadeira natureza por trás do nome e da forma. A incapacidade de sentir essa conexão dá origem a uma ilusão de separação, tanto de você mesmo quanto do mundo ao redor. Quando você se percebe, consciente ou inconscientemente, como um fragmento isolado, o medo e os conflitos internos e externos tomam conta da sua vida." (Eckhart Tolle)

A coisa surpreendente é que toda essa fase do despertar do ser humano, foi previsto em todas as escrituras sacras de todo tipo de religião, porém, com uma consciência limitada em que se encontra ainda hoje a maior parte dos religiosos - ainda não se consegue enxergar aquilo que se pregou por gerações. No momento em que "As coisas velhas já passaram", a maior parte ainda continua vivendo dentro da velharia somente porque os eventos informados de forma interdimensional, não se apresentaram da forma linear a qual se esperava. Bem como o início da "Nova Terra", que todos pregaram e esperaram. *"Estou fazendo novas todas as coisas!" Ap. 21:5*

Esta energia planetária procura, agora, ativar peças e porções da energia da alma, a qual chamamos de DNA. É esta parte do nosso corpo que está tanto na realidade 3D como em múltiplas dimensões, onde o Eu Superior reside. As células do nosso corpo, portanto, contém toda a história deste universo.

Que tipo de energia é essa?

É uma energia de integridade que, lentamente, está levando-nos a uma maior iluminação da consciência, fazendo com que vejamos muito mais, e as coisas que estavam escondidas começam a ser evidentes. É uma energia benevolente, criadora do Universo. Algo que não é linear e que tem uma predisposição à generosidade, à benevolência. Estamos começando a receber o *fator quântico da benevolência* em nossa consciência, que irá construir a Paz na Terra.

Isso está acontecendo em todo o mundo. Toda essa onda de mudanças nos setores políticos; financeiros; a queda da falsa moral; queda de ditadores... Tudo faz parte dessa transformação no planeta e começou com a queda da União Soviética, que representava o palco dos conflitos para uma guerra nuclear, junto com os EUA. A consciência de massa chegou a um ponto de "não-retorno" e tudo que estiver fora da linha da integridade, terá seu colapso. Essa é uma verdade da qual não podemos escapar! Governos que pareciam oferecer o melhor para o maior número de pessoas, ruíram. A consciência da humanidade que desperta, não poderia suportar sistemas desalinhados com uma energia de integridade que agora reina. Seres humanos estão despertando da escuridão e "se achando" literalmente. Olham para dentro de si mesmos e dizem: " Eu sou especial; eu sou único; não há ninguém como eu. Eu posso pensar da maneira que quiser." Mentes assim começam a florir em toda parte. Estão derrubando governos - e derrubarão ainda mais. Porque, quando a consciência espiritual começa a mudar, também muda a consciência do sistema inteiro. Trata-se de algo global, e este é apenas um dos muitos fenômenos que parecem um contra-senso para os que ainda dormem. No entanto, é um aspecto espiritual, sim, pois somos uma parte individual de toda a criação. Existe, agora, uma mudança relativa à percepção do Criador.

Coisas como integridade e honestidade, não foram compreendidas da noite para o dia. Não sendo atributos naturais, precisam ser desenvolvidos. Atributos culturais precisam ser aprendidos. Levou um longo tempo e, agora mesmo, estamos em um novo processo de aprendizagem evolucional. A mudança está fazendo uma limpeza em todos os campos, onde antes, a integridade estava deteriorada. É evidente. A partir da queda do muro de Berlim, passando pela desintegração da União Soviética, até os acontecimentos atuais. A queda das grandes incorporações financeiras, indústrias do tabaco e farmacêuticas, assegurações, bancos... está havendo uma ebulição total nesses setores que, por ganância, passavam por cima de qualquer critério de sensatez. Se notarem bem, os ditadores que existiam no mundo, quase todos já se foram. Coincidência? Não. É a voz da consciência coletiva da humanidade que está fazendo um "arrastão"! A consciência coletiva é poderosa e é responsável por todas as mudança no planeta. TODAS. As regras estão mudando em todos os campos. Estamos entrando em um período de mais iluminação e tudo que estava escondido debaixo do tapete, tem que vir à luz. Chegará o dia em que até mesmo a consciência da ideia de terrorismo, já não será mais palatável. Isso porque não criará mais o resultado desejado, nem criará sequer medo. Será mais conveniente não cometê-lo.

Os noticiários locais procuram mostrar exatamente o contrário pois, difundir o medo é o objetivo principal da mídia. Os cenários baseados no medo, as más notícias, vendem mais do que as boas novas. Num meio onde o sensacionalismo e as más notícias manipulam o tema subjetivo dos medos, torna-se difícil, por vezes, notarmos as mudanças totais que estão ocorrendo no mundo. Desde taxas de menor índice criminal na história de Nova Iorque, a um fluxo constante de histórias sobre as medicinas alternativas que estão sendo incluídas na elaboração de programas hospitalares; seja como for, há uma mudança definitiva na consciência coletiva em todo o planeta. Toda esta mudança é devida à intenção dos seres humanos e de uma massa crítica que, lentamente, está emergendo.

Temos vivido em uma modalidade onde tudo era esperado. Essa é a característica da dimensão 3D. Durante eras, as ações decorreram sempre da mesma forma, como se fossem determinadas, e, consequentemente, as pessoas tiveram também o mesmo tipo de reações. As coisas se repetiam ciclicamente, tornando tudo estável e cômodo. Isso dava, também, a possibilidade para os profetas fazerem certas predições. Mas com a mudança em questão, muitos começaram a agir repentinamente de forma imprevisível aos velhos métodos que os demais utilizavam. Pronto. É o bastante para supor que tais indivíduos estão bebendo *Spirits* demais, ou tendo uma caída vertiginosa dentro de uma completa insanidade mental. No entanto, é isso o que está acontecendo nas velhas culturas. Muitos estão começando a ver algo mais, fora da caixa tridimensional que estamos habituados a olhar. Em muitos pontos do planeta, podemos encontrar muitos que já celebraram o fecho de uma época e o início de outra, novinha em folha. Bebendo *Spirits* ou não.

A mudança dimensional muda a nossa realidade

"Entendam isto: a interdimensionalidade sempre esteve lá. Não é

algo que vocês criaram. Se existem 12 maçãs e você ver apenas 4, não significa que as outras não existam. Se de repente você desenvolveu a capacidade de ver outra maçã, não se surpreenda se ela disser: "Oi, eu estava te esperando." Ela sempre esteve ali á espera de ser descoberta.

Agora você tem mais sustento do que antes (mais maçãs para comer)

A interdimensionalidade afeta a sua realidade. Na verdade, se fossem definir realidade, vocês precisariam incluir a dimensionalidade na qual existem, como uma raiz para a definição. Será que poderia haver outra Terra, em algum outro lugar e em outra dimensão na qual vocês costumavam estar? Vocês acham isto bizarro? Realmente é. Vocês mudaram a realidade. Pensando por essa ótica, será que existe outro VOCÊ em algum outro lugar? A resposta é não. Em vez disso existem muitas Terras e muitos caminhos, mas apenas um de você. Nesse caso, então, podemos dizer que a única coisa imutável é você mesmo. Isto poderia ser apurado no sentido da física, visto que toda realidade se movimenta ao redor da consciência espiritual. Porém, os humanos percebem isto ao contrário, como se estivessem sendo empurrados e jogados em uma roleta da vida a qual eles não podem controlar. Pois acontece justamente o inverso: vocês controlam tudo, só não estão conscientes disto - portanto, foram empurrados e jogados em sua própria criação. É o medo e a ignorância disto que cria um Humano incrédulo no seu poder de mudar tal realidade.

A mudança interdimensional muda tudo ao seu redor, mas aos seus olhos, tudo parece permanecer o mesmo. E isso è algo difícil para vocês aceitarem. No entanto vocês podem sentir. Vocês sentiram o tempo acelerar? Muitos sentiram. Quando vocês sentam em um trem sem janelas e ele acelera, vocês sentem a velocidade aumentar mesmo que não possam ver o lado de fora. No entanto, o vagão no qual estão, permanece o mesmo – os

mesmos assentos, os mesmos viajantes, a mesma atmosfera, só que agora vocês estão indo mais rápido e tudo o que está fora de seu vagão sabe disso. Portanto, a realidade do vagão mudou, mas para vocês é a mesma - com a exceção de que ele trepida um pouco mais."
(Kryon)

CAPÍTULO II – O PODER DO INVISÍVEL

Coisas invisíveis, mas muito reais.

Muitos pensam que vivem em uma realidade objetiva e todas as demais realidades são mera fantasia de mentes visionárias. Não aceitam nada além do que pode constatar com os cinco sentidos, e que isso seja a única coisa "real" que exista. Ter ideias estreitas é estar fechado para a grande possibilidade de qualquer coisa que possa existir além da pequena faixa de frequência, percebida através dos cinco sentidos do corpo físico tridimensional. Mas existem coisas que vão além da nossa percepção dimensional (3D) que, por não poderem ser vistas ou aceitas por quem ainda não buscou uma expansão da consciência, não deixam de ser reais. Aliás, são até mais reais do que aquilo que, na verdade, pensamos ser a nossa realidade. A perspectiva sob a qual se observa uma situação, determina sua realidade. Você pode determinar as circunstâncias para poder modificar sua realidade e aprender a observá-la sob uma perspectiva diferente. No momento em que você muda a forma de fazer o que sempre fez, no momento em que sai da realidade da sua percepção ou da realidade de consenso, e observa por um prisma diferente, a realidade muda instantaneamente. O próprio desejo de se expandir, atrai frequências de pensamento poderosas que possibilitarão a expansão. Assim, em cada ocasião que você aceitar, abertamente, uma ideia que esteja além dos seus parâmetros de normalidade, essa idéia ativará outra parte do seu cérebro para utilização apropriada. Cada vez que você fizer isso, a idéia expansiva se oferecerá como um transmissor para expandir seu campo de crença e permitir um raciocínio cósmico maior. No âmbito da nossa percepção, o mundo que temos hoje sob os nossos olhos é real, mas no contexto da realidade é uma farsa, não existe: se trata apenas de imagens virtuais enviadas ao nosso cérebro pelas máquinas que nos mantém escravos. Portanto, tudo o que nos rodeia não tem nenhum fundamento fora de nossas mentes.

Já no século XV, o estudioso *Girolamo Fracastolo* (1483-1553) propôs que as doenças poderiam ser causadas por organismos "invisíveis". *Antony Van Leeuwenhoek* (1632-1723) pesquisador holandês, inspecionando fibras e tecidos com microscópio rudimentar, passou a observar uma série de microorganismos que os apelidou de *animáculos*. Somente no final do século XIX o interesse dos cientistas foi despertado, quando o médico alemão *Robert Koch* (1843-1910) descobriu que eles eram a causa de uma doença do gado, o *antraz*. "Coisas invisíveis que atacam homens e animais? Isso só pode ser coisa demoníaca." Poderiam dizer. Até então, estudiosos defendiam a Teoria da Abiogênese, o que gerou uma enorme discussão sobre a origem desses microorganismos, e muitos pensavam que seriam esses seres microscópicos os responsáveis pelo surgimento da vida. No entanto, de uma certa forma, isso está acontecendo agora mesmo, bem debaixo dos nossos narizes, com o que se está descobrindo, com o despertar da consciência humana.

Em 1611, *Galileu Galilei* foi chamado à Roma para defender-se da acusação de heresia, pois declarou que a Terra girava em torno do Sol e não o contrário. Deveria ser um louco visionário. *"Como podem afirmar certas coisas assim, tão privas de lógica? Temos a* exata *percepção de que o Sol se move e a Terra está paradinha! Que história é essa? Isso é coisa do diabo!"* É o que diziam naquela época.

Nós possuimos uma percepção linear das coisas. Essa linearidade perceptiva define completamente aquilo que acreditamos ser real ou não. Aquilo que não podemos ver, não existe e é melhor nem falar - mesmo sabendo que ao nosso redor existem forças invisíveis e fazemos uso delas cotidianamente – eletromagnetismo; gravidade – de modo automatizado. Ambas são verificáveis ao nível da "visão" porque vemos ou sentimos o efeito delas de modo irrefutável, a cada momento. Quando você acende a luz, certamente não pára para pensar: *"Eu não posso ver o que faz produzir esse efeito luminoso, logo, não creio. Tô fora."* Mas você vê o efeito imediato, mesmo sem entender o porquê ou como funciona. Certo? Você acolheu algo fora da sua percepção como uma coisa real. Ainda mais complexo seria quando você não consegue ver aquilo que outros veem, como a cor da energia que circunda cada coisa, por exemplo - isso aí, então, ultrapassa o limite da sanidade mental, seria o absurdo inconcebível. Mas isso é linearidade preconceituosa. Trata-se de algo cômodo e fomos habituados a isso porque a nossa sobrevivência depende de se viver de forma linear. Nesse caso, o nosso cérebro se exercita para não nos deixar "ver" qualquer coisa que esteja fora da conformidade com a existência linear. Logo, a nossa realidade é preconceituosa porque mesmo que os olhos vejam tais coisas, o nosso cérebro nega tal evidência.

"O cérebro investiga o que é definido como real ou irreal, acreditável ou inacreditável, de acordo com o coeficiente de luz programado no cérebro. As frequências dos pensamentos são recebidas digitalmente e imediatamente, impulsionadas bioquimicamente dentro do cérebro. Enzimas mentais são conectadas com a Glândula Pineal que recebe-as como transmissões de luz geocodificadas. Cada imagem, cada pensamento, é interpretado e classificado de acordo com sua assinatura energética. Em seguida, devem passar pelo parâmetro do programa de crença. Elementos bioquímicos são produzidos com o ingrediente da aceitação ou da rejeição e, consequentemente, abrem ou fecham a porta para a mente superior. Estes elementos bioquímicos são enviados como neurônios codificados e constituem o mecanismo de transmissão desta energia-pensamento, contendo todos os dados codificados necessários para traduzir qualquer pensamento ou imagem em realidade física, ou não. Os pensamentos que são coerentes com a crença, movem-se para reproduzir a imagem interior dentro do cérebro e através de cada fibra nervosa do corpo físico. Estes,

então, constituem o disparador inicial da gestação para a formação da nova realidade." (Metatron)

A mente linear não consegue ver o quadro completo de uma só vez. Quando lemos um livro, seguimos a linha reta, lendo uma palavra de cada vez para entender o conteúdo completo - o contrário da mente quântica, que pode ver conceitualmente todo o cenário de uma vez, fora de uma linearidade. Um exemplo de percepção quântica, é quando ouvimos uma música ou olhamos uma pintura. A música e a pintura são algumas das poucas coisas quânticas que podemos compreender. Quando vemos um quadro, vemos o conjunto das cores, contemporaneamente. Você tem a capacidade de ouvir, sem nenhum esforço, uma música que uma orquestra está tocando com todos os sons dos vários instrumentos, os quais formam um conjunto de notas traduzidas na melodia.

O universo visível que observamos, com suas bilhões de estrelas e galáxias, é uma ínfima parte daquilo que realmente representa. Vemos somente 1% daquilo que é uma galáxia. Somos uma entidade 4D em uma realidade de múltiplos D; vemos somente a consciência inicial da realidade e permanecerá assim, a menos que se deseje, ativamente, expandí-la. As outras realidades que estão ao nosso redor, permanecerão lá, independentemente de você desejar vê-las ou não!

"Sua galáxia sabe o que está acontecendo aqui na Terra. Não estou falando sobre formas de vida na sua galáxia; estou falando da própria física do que vocês pensam que está estabelecido lá como "lei". O Universo está cooperando com a mudança de vocês – e a esperava, pois foi para isto que vocês vieram". (Kryon)

No interior de cada corpo, existe uma realidade invisível - uma imponência - nada menos que 90% de uma substância não visível, mas que se pode sentir e experimentar sob a forma de emoção, intuição e sensação. O mundo material que percebemos é como uma estação de rádio, e nossos sentidos físicos estão sintonizados naquela frequência. Basta girar o botão e você entrará em uma nova frequência, mudando a música. Mas tudo em torno a nós é repleto de diferentes frequências, onde existem infinitas criações que superam a gama dos nossos sentidos físicos, por isso não podemos nos sintonizar. Dessa forma, pensamos que tudo que existe, se limita àquilo que está ao alcance dos nossos cinco sentidos. Nada além do que podemos sentir, ouvir ou tocar, existe. Que tristeza!

O que os cientistas chamam de "Matéria Escura", corresponde à maior parte do espaço dentro de um átomo, e opera em uma frequência que não conseguimos ver. O mesmo acontece com o nosso sistema solar e com todo o Universo físico, incluindo a esfera humana.

Se abrirmos as nossas mentes para alargar a nossa gama de frequência perceptiva, descobriremos novas realidades jamais imaginadas. Se conseguirmos expandir a consciência, poderemos perceber um mundo infinitamente maior da limitação que lhe impomos, com respeito à nossa identidade e à natureza da vida. O ser humano é tão limitado, tão ingênuo nas suas percepções, que até cai no ridículo de acreditar que a existência de formas de vida, como nós a conhecemos, tenham sido evoluídas somente no nosso planeta entre bilhões de planetas e estrelas visíveis no universo, o qual representa apenas uma ínfima fração de luz visível. Não sei se é ingenuidade ou pura pretensão.

Frequências invisíveis que usamos, cotidianamente, sem sequer sabermos como!

Existem freqüências de rádio e televisão que transmitem em determinadas áreas, compartilhando o mesmo espaço ocupado pelo nosso corpo. Mas não podemos vê-las e elas não estão conscientes da presença uma da outra, pois vibram em diferentes freqüências - de modo que passam uma através da outra e através de nosso corpo, sem que ninguém perceba. A única vez em que "interferem" entre elas, é quando estão juntas na banda de frequência.

Heinrich Hertz, em 1888, demonstrou a existência da radiação eletromagnética imaginada por *James Maxwell*, criando dispositivos emissores e detectores de ondas de rádio. Respondendo à pergunta se seria possível aplicá-las nos seus dispositivos, ele afirmou: *"Não serve para nada. É somente um experimento que mostra que Maxwell estava certo."* Imagine se ele soubesse que hoje somos todos dependentes da sua descoberta, e sem a aplicação dos seus dispositivos (rádio, iPod, smartphone, celular, etc) estaríamos perdidos como um barco sem bússola. Já imaginou?

Nikola Tesla, o gênio ao qual devemos grande parte do sistema de energia de hoje, intuiu a existência de outras frequências, mas as peças mais importantes de suas obras foram ocultadas. Ele disse, uma vez: *"Não podemos dizer, com certeza, que certas entidades ultra-dimensionais não possam estar presentes no nosso mundo, bem no meio de nós, porque a constituição deles e as suas manifestações vitais podem ser tal, que não podemos perceber."*

Quando você gira o botão do rádio e sintoniza-se em outro canal, você não pode mais ouvir o canal anterior, uma vez que você não está mais sintonizado nele; porém ouve uma outra estação. A mesma coisa acontece com a Criação. Nós somos como gotas de água em um oceano de energia ilimitada, que assume formas infinitas. Este oceano de energia se manifesta sob a forma de diferentes densidades ou freqüências e, neste momento, estamos simplesmente sintonizados nela, ou seja: no mundo material. No entanto, todas as outras freqüências estão ao nosso redor e nos interpenetram, mas os nossos sentidos percebem a densidade somente quando podem ver, tocar, ouvir, cheirar e provar. O fato de que não somos capazes de vê-las, não significa que não existam outras dimensões, trata-se apenas da percepção humana estar seriamente limitada.

Bill Hicks, brilhante e inteligente comediante americano, resumiu magnificamente estas verdades: *"A matéria é simplesmente energia que se condensa em uma baixa vibração. Todos nós somos uma única consciência, experimentando essa energia, de forma subjetiva. Não existe tal coisa como a morte, a vida é apenas um sonho e nós somos a imaginação de nós mesmos."*

O próprio *Einstein* demonstrou que a matéria é só uma forma de energia e que a energia não pode ser destruída, mas transformada em outro estado. Mudando a temperatura (frequência), o gelo passa do estado sólido ao líquido – onde nossos sentidos podem perceber – até chegar ao estado invisível (vapor), desaparecendo do nosso campo de visão. Isso porque temperaturas diversas representam frequências diferentes. É sempre a mesma energia, mas em estados muito diferentes. Nosso corpo é constituído de muitas subfrequências diferentes, no interior da vasta gama material.

Logo, a nossa consciência é energia e é indestrutível. Nós vivemos para sempre. Essa é uma verdade que está bem clara diante de nós. A mente de Deus é muito mais do que vida e morte. Portanto, existem muitas coisas além de vida e morte para se experimentar no universo! Não podemos nos limitar em um estado por achar que é o único que exista. Já imaginou as infinitas experiências que uma única partícula pode provar dentro de algo infinitamente grande? Pensar que esse micropercurso que fazemos em uma condição física, seja a única e exclusiva experiência que participamos dentro uma vastidão incalculável de oportunidades, é, realmente, estar totalmente fora da rota do próprio conhecimento.

Os raios X, por exemplo, são sintonizados em uma frequência que corresponde àquela da nossa estrutura óssea - por isso, não fotografa a carne, que vibra em uma frequência diferente. Pela mesma razão, os raios X não mostram a parede de um edifício, mas só a estrutura de ferro no interior. O aspecto de um objeto ou de uma pessoa, depende da frequência pela qual os observamos.

Há complementos e atributos do DNA que são simplesmente invisíveis em 3D. Um instrumento que medisse um campo interdimensional, neste momento, modificaria literalmente tudo. Segundo Kryon, quando esse instrumento for desenvolvido, será a coisa mais próxima que jamais tivemos para provar isso, porque *"no momento em que o tal instrumento for usado para medir o corpo humano, haverá revelação."* Há campos em todas as partes. Há energia que são invisíveis, porém reais. E estão aqui, hoje, de muitos modos: a gravidade é uma força interdimensional; o magnetismo é uma força interdimensional; todas são invisíveis e inexplicáveis, mas podemos *vê-las* e usá-las – através dos seus efeitos reais em nossas vidas diárias.

Cada um de nós é circundado por um campo de frequência definido em cores, e é o que chamamos de "Aura". Muitos não querem nem ouvir falar disso. Pensam logo que trata-se de "coisa exotérica", visto que são poucos os que veem essa gama de cores. Mas a aura humana existe e pode ser demonstrada pela tecnologia. É uma massa de cores diferentes (freqüências), que mudam com a mudança de nossos pensamentos e nossas emoções (freqüências). Uma aura é o resultado de uma confluência da comunicação do DNA dentro do corpo Humano, uma marca quântica, uma fusão de energia para criar um campo quântico não mensurável por qualquer coisa no planeta, ainda. Os raios X, os raios ultravioleta, raios gama, raios infravermelhos, ondas de rádio... Todos estes são um exemplo da existência dessas freqüências, confirmadas pela ciência, mas que não podemos ver. Mas se você tivesse falado com um cientista tradicional da existência dessas freqüências, antes de sua descoberta oficial, ele certamente iria definir como uma coisa ridícula, priva de qualquer fundamento, visto que não se pode ver ou, se admitido, deveria ser algo altamente perigoso. Cada "norma" da ciência desde o início da Era Científica, acabou por ser incorreta ou incompleta e, muitas vezes, incrivelmente imprecisa e absurda. No entanto, a sociedade, geração após geração, aderiu os princípios "científicos" de cada tempo.

Temos um relacionamento escondido de nossa consciência

Em uma dimensão limitada em que vivemos, é necessário haver uma percepção adestrada para ver além da aparência, além das informações básicas que tivemos sobre quem somos. Para isso, é importante compreender um pouco sobre a interdimensionalidade, mas não é algo muito fácil de se explicar. Na multidimensionalidade há um nível de consciência além do que a Terceira Dimensão nos permite. Na Terceira Dimensão, a humanidade possui um nível de consciência característico, onde a mente é limitada aos conceitos de espaço, tempo e às leis físicas do mundo material. A percepção é subordinada aos cinco sentidos; a mobilidade é restrita às possibilidades do corpo físico. Vemos tudo em linha reta, com um começo e um fim. Nas dimensões superiores, porém, existe uma percepção mais aguda e que extrapola todos os limites aos quais estamos habituados. Por isso, quando alguém consegue dar uma olhadinha fora da nossa caixa 3D e começa a enxergar algo diferente do normal, logo é taxado de "paranormal" ou insano. Porém, assim como a nossa audição não distingue sons a partir de determinada freqüência, também a mente não percebe a realidade dos mundos de vibração mais elevada. O fato é que muitos agora estão começando a se tornar "insanos", e a cada dia o número aumentará.

Mesmo com uma noção assim tão pobre sobre a multidimensionalidade, já dá para começar a vislumbrar algo mais, algo que nos faz compreender que nós não somos apenas essa parte que vemos no espelho; somos, desmedidamente, bem maiores. Somos parte de uma energia infinita, logo, sempre existimos, mesmo mudando de vez em quando a expressão física.

E aqui, aqueles que estão presos na linearidade 3D, vão ter dificuldade para engolir o que virá a seguir. Porém, o tema das próximas linhas é profundo e a compreensão é importante para se entender o que virá mais adiante.

Pensemos desta forma: à parte essa biologia que temos, nutrimos e que chamamos de corpo, digamos que existam extensões de nós mesmos fora dessa dimensão – ou melhor – em muitas outras dimensões que interconectam entre si, continuamente. Seria como se fossemos múltiplos e não uma pessoa singular, partes energéticas mas físicas, que podem passear pelas dimensões infinitas, que se conectam com o outro lado do véu - a parte que está fazendo funcionar o que não podemos compreender e também quem co-cria, conosco, coisas que fogem à nossa compreensão. Trata-se da parte que promove sincronias - as quais chamamos de "coincidências" - para criar a nossa realidade. Seria como uma grande sessão de planejamento contínua, entre os Eus Superiores, daqueles com os quais estamos interagindo, enquanto nos movemos nesse palco da vida. Eles estão trabalhando juntos para criarem o que estamos tentando fazer no planeta, e ao mesmo tempo, criando também a própria realidade.

A verdade é que existe um Relacionamento Escondido de nossa consciência imediata. Enquanto estamos aqui, há uma comunicação ininterrupta entre essa parte que vemos no espelho, o nosso Eu Superior, e a alma. Somos um fragmento de Deus. Digamos que cada um de nós é um dos trilhões de trilhões dos fragmentos do TODO... Uma célula do TODO. Uma gota d'água no oceano. Assim somos nós, no oceano do TUDO-QUE-É!

A primeira coisa que temos de entender é que sendo parte de Deus, significa que sempre fomos e sempre seremos – ontem, hoje e sempre. Quando saímos dessa realidade dimensional, a 4D, o tempo desaparece e compreendemos isto perfeitamente, pois entramos no nosso estado natural de ser. Não temos início e nem fim, é um círculo. Então, se somos um fragmento de Deus, sempre fomos, sempre seremos. E esse é o Ponto. Deus é a expressão de tudo que vemos, observamos, imaginamos. Ele se expressa em TUDO. Em uma formiga, em uma flor que desabrocha, em um sorriso, em um escultura, em um livro, em uma pintura, no movimento do mar, no correr dos rios, em uma estrela que morre ou uma que nasce... um meteorito ou uma rocha... TUDO ISSO É DEUS! É Deus em ação, experimentando a si mesmo de formas diferentes. Não existe nenhum absurdo em aceitar essa verdade. Por que preferimos complicar uma coisa que é assim, tão logica e eficaz? Qual outra forma melhor para se explicar a criação de Deus? Por que tanta dúvida e inquietude em se aceitar como parte de Deus?

Aqui, muitos narizes começarão a se arrebitar! Pode arrebitar mas, por favor, mantenha a mente bem aberta para o que se segue:

Nós, seres eternos, partes de Deus, concordamos com o TODO se (e quando) tomarmos uma expressão física para um determinado fim. Antes que alguém comece a achar que estou falando de reencarnação, como representa àquela velha forma de pensar, gostaria de esclarecer que esse tipo de reencarnação não existe, pois simplesmente não existem vidas passadas, visto que a vida é uma só, representada por uma única alma. Calma. Chegarei lá!

Se tivermos a percepção do tempo como circular, poderemos compreender que tudo está acontecendo **AGORA**, sem nenhuma marca de tempo. Veremos todas as nossas expressões de vida em uma sopa quântica, sem separação. Você não se resume nessa ínfima parte física que no momento representa o seu EU físico. Existe uma imensurável extensão de você que jamais caberia nesse corpo físico. Então, além de você ocupar um lugar no espaço físico, está também destribuído em lugares além de sua compreensão, conectado sempre com o TODO. É Como se existissem múltiplos "você", em forma de energia. A única parte nossa que é fisicamente visível, é esse corpo que nosso Grande **EU** – o que chamamos de "Eu Superior" - está usando agora. Aquilo que muitos percebem e chamam de *anjo da guarda*, nada mais é do que partes de nós mesmos, do anjo que representamos, sendo parte de Deus. Dura de engolir essa, não?

Portanto, essa parte biológica não corresponde à totalidade do nosso SER. Essa é a parte que resolveu baixar a vibração para se tornar visível, a fim de executar um determinado trabalho através da livre escolha e que, de outra forma, não seria possível. Logo, nossa parte que é humana, está nesse planeta temporariamente. Pensamos que toda a nossa essência encontra-se aqui nesse corpo, mas não está! Somente uma parte dela está aqui; o resto do nosso SER está espalhado em várias partes, mas sempre conectado com a nossa biologia. Seria estar em "estado quântico" consigo mesmo e com o restante de você, em algum outro lugar. Não temos múltiplos cérebros, mas apenas múltiplos pedaços interdimensionais, centenas deles... E um deles é o nosso Ser Superior, que está sempre conectado a nós. Aquele "ser" que percebemos neste exato momento, que a grosso modo é chamado de "ser inferior", é o que busca sempre conectar-se com o nosso Ser Superior, praticamente a nossa parte divina. E essa é a razão pela qual todos nós estamos sempre à procura de Deus. É um desejo celular básico. Outras partes de nós são o que representam as várias expressões de vida que tivemos, no que chamamos de passado mas que continuam presentes em uma "sopa quântica" no nosso DNA, agora mesmo.

Na realidade, somos um ser interdimensional capaz de estar em muitos lugares diferentes ao mesmo tempo (num contexto de tempo diferente), porém, sempre conectado com uma fonte neste círculo de vida. Então, nesse contexto, não existem vidas passadas. Na nossa realidade linear, vemos a nossa experiência estruturada de acordo um Passado, um Presente e um Futuro. Pensamos ter vivido uma única vida, a vida presente, ou talvez muitas outras vidas - porém não mais que uma vida de cada vez. Mas e se o tempo não existisse? Significaria que vivemos todas as nossas vidas passadas e presente, contemporaneamente. Sendo assim, se desataria o nó do que chamamos de reencarnação. Isto significa, claramente, que sempre existimos e existiremos; e a morte é somente uma ilusão. Que espetáculo!

Quando deixamos esse corpo, nossa essência sai da linha do tempo e continua em uma dimensão sem-tempo, pois na realidade o tempo não existe, é apenas uma percepção humana enquanto seres tridimensionais. Fora dessa dimensão, tudo acontece ao mesmo tempo. Aquilo que chamamos de vidas passadas, está ali, tudo junto naquele espaço. Nesse caso, poderíamos dizer que temos vidas múltiplas, pois todas estão acontecendo AGORA e estão TODAS conectadas com a vida que estamos vivendo no nosso presente. Quando saímos do contexto do tempo linear, é como se vivêssemos várias camadas de vidas ao mesmo tempo, pois TODAS elas estão no AGORA. Temos uma restrição básica que nos foi dada, apropriadamente, para perceber o tempo como linear e constante com apenas duas dimensões - para frente e para trás. Como nunca há uma pausa, nunca podemos enxergar o agora. Portanto, não é um processo de vir e sair deste mundo com o passar do tempo: é mover-se para dentro e para fora de diferentes realidades, todas acontecendo simultaneamente. Só existe o infinito e eterno Presente, o **AGORA.**

Em um conceito interdimensional, essa vida em que vivemos agora e que enxergamos como única, pode conversar e "tirar proveito" de todas as outras, porque temos todas elas em uma das camadas do nosso DNA (também de forma interdimensional). É como se fosse um registro interno (*registro akashico*), onde todas elas permanecem gravadas. Ou então ainda como um CD Room, onde fazemos backup a cada vida em que vivemos. Quando nos conectamos com nosso Ser Superior, nos conectamos com todas elas ao mesmo tempo, pois é uma inteligência quântica.

Precisa-se compreender que esse mundo invisível em torno a nós, que é parte de nós, é consciente, sabe quem somos e trabalha junto conosco. Da mesma forma que existe uma população visível que habita o planeta – humanos, animais, plantas – em uma enorme simbiose para o equilíbrio do planeta, existe também essa população invisível que é tão consciente e real quanto aquela a qual podemos enxergar.

Sei o que está passeando em sua mente agora: "Pirou de vez!". No entanto, todas essas informações precisam receber crédito para que possamos compreender quem somos. Se já de inicio, alguém, usando a lógica e o intelecto, procura minar estas grandes verdades, então é melhor não perder tempo lendo algo que não poderá lhe dar nenhuma confirmação para as suas dúvidas.

CAPÍTULO III

O ELO PERDIDO

Como começou o pensamento espiritual organizado

*"Vou desafiar vocês, cientistas. Encontrem a peça que falta. Vocês sabem que há uma peça faltante em sua realidade? Está em toda a parte. Aqui está algo que não faz sentido algum. Está faltando energia no universo. Para onde ela foi? Está faltando uma energia na matemática. Para onde ela foi? Por que a fórmula matemática mais profunda e comum da existência, deveria ser um número irracional? O **Pi** não está completo. Isto faz sentido para vocês, dentro da elegância de um sistema universal? Aquele número continua para sempre e não tem solução! Isso faz sentido? Nunca pensou que o Pi poderia ser um número inteiro? Percebem que há algo faltando? Há peças ausentes na física e há uma peça faltando na consciência. Onde está o Espírito? Está em toda parte. Se quiserem se conectar, vocês não precisam ir a lugar algum! Há poucos procedimentos e também não há livros para isso. A energia mais profunda na Terra é aquela que vocês carregam com vocês, chamada consciência humana. Já pensaram nisso? Esta consciência irá capacitar vocês, se assim permitirem. Isto preencherá as lacunas, se vocês permitirem. Permitirá a visualização do que tem estado na escuridão. As peças que têm faltado, começarão a aparecer. Elas começarão a complementar vocês. Sua biologia mudará, sua consciência mudará e sua vibração começará a aumentar. Poderia ser assim tão simples?"*
(Kryon)

É importante compreendermos uma coisa: existe um sistema profundo, do qual nós não estamos conscientes e que "sabe" do despertar da humanidade. Todo o Universo SABE desse evento.

Eis porque é profundo. E na nossa realidade 3D, é difícil crer que seja possível uma coisa semelhante.

Por causa da nova energia da Terra - o aumento na vibração (velocidade) - e com a consequente expansão do tempo, algumas das capacidades humanas, um tempo perdidas, estão voltando. Existe um poder criativo perdido em cada ser humano que se encontra dormente no DNA, naquele 90% não codificado e que é quântico.

No passado, não era como agora. Antigas civilizações tinham uma sabedoria tal, que podiam definir o seu destino e moldá-lo como desejassem porque tinham uma visão interdimensional. Eram donos do seu próprio destino. Eles possuíam o DNA ativo em 90% e sabiam criar a sua própria realidade com o poder do pensamento. E, por isso, o mundo se encheu de realidades materiais. Com o passar do tempo, essas civilizações foram perdendo gradualmente a sua visão interdimensional e o seu poder se desvaneceu. E isso foi o que condicionou a humanidade a "entregar" o próprio poder à outros, já que a maior parte de nós não tinha autoconfiança. E se a verdadeira divindade e poder nesse planeta, estivessem escondidos dentro de nós, em vez de estarem lá no céu ou nos grandes edifícios com fachadas imponentes? É o momento para refletir e deixar de dar crédito ao exterior todo poderoso, e crer mais no poder dentro de nós, como os mestres faziam.

Com a perda da visão interdimensional, o nível da consciência humana baixou tanto, atingindo apenas o suficiente para achar que "lá fora existia algo mais". Não se tinha uma ideia do que era, mas se sabia, intuitivamente, que fosse o que fosse, fazia parte deles. Era um elo perdido, e sentiam falta. A busca incessante pelo Criador é intuitiva. Assim que a consciência humana se eleva, aumenta a profundidade dessa busca. É isso que está acontecendo nesse momento.

Com uma consciência limitada, se sabia intuitivamente que existia algo mais para se conhecer, e todos buscavam essa parte "faltante", mas não existia bastante iluminação para se descobrir essa inquietante parte escondida. Isso fez com que as pessoas começassem a se dirigir à outros que parecessem ser mais informados, para que esclarecessem mais sobre o que poderia ser esse "algo" oculto que tanto os inquietava. Foi isso que levou a humanidade, ao ponto de confiar mais nos outros para obter informações com respeito à sua propria espiritualidade, do que em si mesmos. Deu-se início então ao pensamento espiritual organizado. Começando assim a hierarquia de "quem-sabe-o-que" sobre Deus. Não foi uma iniciativa infeliz, pois abriu muitas oportunidades também para quem não estava à procura disso, dirigindo pensamentos alheios à espiritualidade, na direção de uma busca interior. Porque, em quase todas as organizações, se prega e difunde o Amor de Deus. No entanto, as organizações se tornaram tão "organizadas" que em vez de liberarem os pensamentos para Deus, fecharam todas as portas de acesso a Ele, indicando aquela "certa", única e exclusiva - e "ai" de quem entrar pela porta errada! Seria Inferno garantido. Mas isso, agora, está mudando. Está acontecendo um grande despertar de massa, uma nova consciência está começando a mudar o planeta inteiro, e nem tudo se refere à espiritualidade.

De qualquer forma, aquele conhecimento dos antigos superou os milênios e chegou até os nossos dias, encontrando agora uma humanidade madura para mais uma vez se reapossar daquele poder que lhe pertence. Existe uma semente disso em nosso DNA. Podemos descobrir esse poder sem uma organização, sem planejamento de qualquer tipo, talvez até mesmo em uma cela de prisão seja possível descobrir isto. Cada um de nós pode encontrar sozinho a sua verdade, se desejar. Dentro de nós, há mais do que simples biologia. Dentro de cada corpo há uma realidade invisível, mas muito real; uma substância invisível que se pode sentir e experimentar sob a forma de emoções, intuições e sensações.

Quanto mais elevamos a consciência intencionalmente, mais essa realidade se faz presente em nós.

Cada um de nós escolhe por si mesmo o nível de consciência que deseja atingir. Cada um deve decidir sozinho, sem condicionamentos, o que lhe serve para seu crescimento, pois só você é portador das próprias experiências e são as experiências individuais que nivelam a necessidade de cada indíviduo. O que importa aqui, é tomar conhecimento de que existem novas e diferentes percepções para um mesmo evento e tomar nota disso. A ignorância mata mais do que o câncer. Tomar conhecimento de algo, não significa se declarar seguidor ou adepto a esse ou aquele conceito. Aceitar ou não, significa tomar conhecimento e ao mesmo tempo se voltar para dentro de si, perguntando: "Isso me serve? É apropriado para mim nesse momento?" Sabendo também que servir ou não para você, nesse momento, não quer dizer que não serve para outros. Isso é abrir-se para uma nova consciência, é ativar a mente quântica, mas é uma escolha pessoal.

Não devemos confundir evolução humana com expansão da consciência. Ser "mais evoluído" não é igual a ter uma "consciência expandida". A evolução humana se processa de forma global; a expansão da consciência é individual e não acontece, necessariamente, contemporaneamente. Cada um tem o seu momento de "despertar" para ampliar a própria consciência. Existem pessoas mais dotadas para usar o hemisfério direito - responsável pela nossa intuição, criatividade, pendor artístico - o nosso "SER". E pessoas que usam melhor o esquerdo - nosso lado mais racional, lógico, calculista - o nosso "TER". Isso não quer dizer que umas são mais ou menos "evoluídas" do que as outras. A capacidade de haver um equilibrio entre os dois lados, resulta em uma maior expansão da consciência, uma ampliação da percepção, uma sensibilidade mais aguda para com o próximo. O que se expande, portanto, trabalhando com os dois hemisférios cerebrais em uníssono, é o acesso global de nossas percepções, sejam elas de qualquer tipo, origem ou nível, nos habilitando para as nossas escolhas de vida livremente e deixando que os outros escolham as suas. Com isso, conseguimos ser mais tolerantes com aquilo que taxamos de "mal" ou "pecado" da humanidade. Não é a humanidade que está cada vez pior, é a nossa sensibilidade ao mal que se desenvolve. Essa percepção faz uma grande diferença. É uma descoberta do nosso ser infinito, de nossa contínua existência em planos diferentes. De uma consciência que abrange a plenitude das Eras.

Essa descoberta nos leva, portanto, à compreensão de quem sempre fomos, somos e seremos... E isto é um elemento importante do sistema, ao qual toda a humanidade faz parte. Não é nem misterioso nem extraordinário, mas uma observação natural de como tudo se encaixa dentro de um sistema grandioso. Isto poderá desagradar aqueles que estão em uma mitologia linear, que vê a vida como uma linha reta, com início e fim - um conceito herdado por aqueles que existiram em um período muito menos iluminado neste planeta, cuja mentalidade era filha do tempo e da cognição do momento. Quando começamos a permitir que a percepção se expanda, além dos nossos programas ou crenças limitados, e a acolher a idéia de ter uma mente quântica expandida, isso convida uma conexão com as funções superiores e, consequentemente, maior discernimento, empatia, amor, telepatia e intuição.

O estereótipo de Deus - Queremos humanizá-lo

Nós depositamos no nosso subconsciente um estereótipo de Deus, crendo que existe um *trono* no qual um *Ser Potente* está sentado a ouvir lamentos, súplicas e *ranger de dentes*. E esse **Ser**, sabe-se lá por qual motivo, às vezes nos ouve, às vezes não. Responde a uns, a outros não. Pune uns e beneficia outros, e por aí vai. Mas muitos que imaginavam esse tipo de Deus começam a redimensionar seus conceitos e a admitir que não funciona dessa forma. Que deve haver um método diferente de Deus atuar, e que está fora daquela percepção humana em que fomos convidados a abraçar.

A humanidade, com o passar dos séculos, resolveu também humanizar Deus. Tirou Ele de dentro de si e o colocou em um trono para ser adorado, temido, reverenciado, esquecendo da divindade dentro de si mesmo. A figura linearizada de Deus, é assimilada com a de um patrão. Se comportando dessa forma, criou-se uma dependência exclusiva desse Ser-Patrão; uma forma de resgate. Em troca da obediência, exige que esse Deus seja o responsável, em absoluto, por tudo o que lhe acontece ou deixa de acontecer. Uma espécie de contrato entre a relação homem/Deus. Somos seres lineares e por isso, naturalmente, procuramos linearizar também o próprio Deus. Linearizar Deus nos ajuda a compreendê-lo melhor, por isso, o identificamos como um homem com uma barba e voz grossa – a figura da autoridade. Nossas mentes **3D,** costumam colocar cada coisa dentro de "caixas" tridimensionais, mesmo aquelas tão grandiosas que, dentro de uma caixa, jamais poderiam estar. Muitos preferem identificar Deus como algo no singular (as religiões são peritas nisso), querem limitá-lo a um determinado lugar (preferivelmente dentro de suas estruturas de concreto). Tudo o que pensamos é limitado pelo que conhecemos como seres humanos. Nós associamos tudo aquilo que não conhecemos, com os atributos intrínsicos a nós mesmos. Queremos individualizar Deus e taxá-lo com atributos humanos porque não conhecemos nada mais alto pra considerar aquilo que é a coisa mais Suprema do Universo. Queremos dar um gênero, geralmente masculino. Você já viu algum líder espiritual chamar Deus de **ELA**? Uma heresia! Anjos? Todos masculinos. Mas, claro, todos sabemos que não há gênero no outro lado do véu. O elemento masculino vem da nossa projeção humana, àquilo que cremos ser uma entidade forte. Falamos de Deus como um Ser singular. Isso só tem sentido na nossa linearidade 3D, que precisa sempre de uma fonte de conversão, identificada e singular para poder compreender tudo ao redor. É natural.

Nos ensinaram através de ameaças de punição, que caso não adoremos ou não cumpramos o esquema criado para a humanização de Deus, iremos nos dar muito mal, tanto nessa vida como depois dela. Mas acontece que Ele é privo de qualquer tipo de ameaças e de sujeição ao medo, e não é sedento de reverência ou adoração. Ele não deseja ser patrão nem padrasto; não quer que sejamos seus servos. Ele abre o coração à percepção da Universalidade da vida, e é um grande suporte para procedermos, sempre, com maior consciência em direção a realização humana e espiritual. Esse Deus severo, julgador e padrasto, foi incutido em nós pelas religiões que conseguiram, provisoriamente, retirá-lo de seu lugar correto: dentro do nosso SER.

Milhares de anos sob regimentos religiosos, criaram também milhares de regras de como obter a generosidade de Deus. Nos ensinaram que somos sujos, fracos, pecadores e por isso precisamos urgentemente de um Salvador. Afirmar isso seria como dizer que Deus mandou Jesus para limpar a sujeira que Ele próprio colocou em nós. Isso é projetar em Deus atributos humanos. Precisamos humanizar Deus porque sendo nós o ser mais evoluído, situado no ápice da criação, não conhecemos outra imagem maior para compará-lo. No entanto, a verdade é que ele nos faz sentir o ser mais importante da sua criação, nos faz sentir seres perfeitos e poderosos como só Deus poderia ter feito. Nós somos lindos em nossa essência, em nosso núcleo. Nós somos as mais lindas criações de Deus. Ele fala aos seres humanos dos dias de hoje como seus sócios na co-criação de nossa realidade. Cada um de nós é a experiência de Deus. Somos Deus procurando se experimentar através do ser humano. Difícil demais afirmar isso, não? Mas acostume-se. O melhor está por vir.

Nós, por natureza, queremos sempre separar, identificar e quantificar cada coisa viva a qual entramos em contato, achando que tudo é separado e individual – um ser humano, um animal, um inseto, uma árvore. Pensamos que cada um é um sistema de vida fechado em uma caixa 3D, tratando-se de _uma_ única coisa. O fato é que temos dificuldade em aceitar Deus como parte de nós. Nunca consideramos Deus em nós. Em vez disto, desejamos separá-lo de nós e colocar o Espírito em um altar ou dentro dessa caixa - isso para nos sentirmos melhor e para entendermos como agir e reagir com ele. Isto é humanizar Deus. Mas Somos parte de tudo! Não estamos separados disto. Podemos ser corpos individuais na realidade 3D, mas em um mundo multidimensional, estamos conectados a tudo!

Mais de 85% das pessoas de todo o planeta pertencem a algum tipo de sistema de crenças, que, intuitivamente, andam à procura de Deus, cada uma à sua maneira. A dificuldade, porém, é que somos seres tridimensionais à busca de um Deus que não pode se conter dentro de três dimensões, sendo ele algo multidimensional. Desse modo, achamos que a nossa realidade seja a mesma de Deus. É nesse ponto onde reside a frustração de muitos, pois estão procurando por Deus em um ambiente 3D. Vemos Deus sob uma perspectiva humana tridimensional da nossa realidade, tentando empurrá-lo dentro da nossa caixa 3D de qualquer forma, por isso fazemos suposições. Nós temos uma perspectiva temporal na qual não se pode colocar Deus. E a maioria acha que Deus se parece com a gente! Estando no topo da escada evolutiva da consciência e da criação, temos somente um modelo de consciência com o qual comparar algo grandioso: nós mesmos. Ao considerarmos Deus, naturalmente, achamos que Ele deve possuir atributos não de formigas ou elefantes, mas de Humanos. Nosso conhecimento limitado, nossa imaginação e tudo sobre o que pensamos, tem sempre o "eu" humano como referência. Além do mais, as escrituras indicam que nós fomos "feitos à sua imagem", o que dá a credibilidade que na realidade Deus tem a forma e atributos humanos e, dessa forma, para termos uma idéia de Deus, logicamente, o pintamos com a nossa cara. Mas se Deus é uma energia que permeia todo universo, como podemos simbolizar essa vastidão de espaços interdimensionais? Como se pode pintar em um espaço multidimensional? Não se pode. Nós somos lineares, Deus não. Quando você entra em um estado interdimensional, nada do que você observar será similar àquilo que você desejaria ver, ou que tenha sido treinado para enxergar na sua vida. Então não há lógica ou uma percepção clara. Por isso tomamos decisões usando uma lógica tridimensional, baseados na nossa experiência de vida, mas nenhuma destas decisões são precisas, pois elas refletem somente a nossa realidade, e não a de Deus.

O fato é que qualquer que seja o pensamento ou ação do ser humano, se fundamenta no amor ou no medo. Todos os demais conceitos – ódio, inveja, ciúme, compaixão, tolerância... – derivam, unicamente, desses dois primeiros. É a partir da experiência desses sentimentos que tiramos conclusões até mesmo sobre Deus, porque é de dentro dessa estrutura que exprimimos a nossa verdade. Nós amamos os nossos filhos, mas se eles desobedecerem devemos "castigá-los"; "Deus é amor, mas se o desobedecermos, Ele irá nos castigar.

No entanto, a contradição, é: ele aceita qualquer tipo de pecador. Seja lá qual pecado você cometa, Ele irá te aceitar. *"Deus ama e aceita o pecador, mas não o pecado"*, assim afirmam muitos religiosos, nos seus sermões. Porém, amanhã, se você pecar, Ele não mais aceitará você ou o pecado. Te renegará. Então, para que Ele te aceite novamente, você deve se arrepender. Pronto. Ele estará de novo em condição para te aceitar, de braços abertos. Porém, você peca de novo (pois a carne é fraca), então Ele te renega, você se arrepende, Ele te aceita... Que jogo circular è esse?

Se o Amor de Deus é incondicional, como se explica todas essas condições e círculos viciosos? Não parece um espelho onde o ser humano está se olhando, baseando-se nas suas próprias experiências? Imaginando no que vemos com respeito ao amor no mundo, não estaríamos projetando o papel de "pais" sobre Deus? Não seria um modo simplista de ver Deus, fundamentado nas nossas próprias experiências pessoais? É exatamente assim que agimos, transferindo esse conceito de milênio à milênio. Tendo criado de tal modo um sistema de pensamentos a respeito de Deus, baseando-nos sobre nossas experiências humanas em vez de sobre as verdades espirituais, demos origem a uma realidade distorcida a respeito de Deus do Amor. Foi estabelecida uma realidade fundamentada no medo, enraizando um conceito de um Deus terrível, vingativo e sedento de adoração, como se Ele tivesse necessidade de receber adoração para se sentir potente e se certificar de que só assim seus servos/escravos serão domados. Isso é característica de um Deus ou de um ser frágil que precisa de afirmação do ego para se sentir deus? Não! É o ser humano agindo sob o comando de um medo tal, que perde até o senso da *reverência* que tanto proclama. Pensando em um Deus com tais características, seria como chamar Deus de *incoerente*. Dizemos que Deus criou o homem "imperfeito", depois exigiu que se tornasse "perfeito" se não quisesse a danação eterna. Isso seria como dizer que Deus, a um certo ponto, depois de milhares de anos da história humana, começasse a ter pena da sua criação, assim tão imperfeita, decidindo então, daquele momento em diante, que não seria mais necessário sermos bons por nós mesmos, bastava somente que reconhecêssemos que somos "ruins e maus" e aceitássemos o nosso "Salvador" - o único Ser que poderia demonstrar-se sempre perfeito, satisfazendo dessa forma a brama da perfeição de Deus. O que significaria tudo isto? Significaria afirmar que o Filho de Deus – o Único que Deus fez "Perfeito" – nos salvou da nossa imperfeição, ou seja, o Filho de Deus nos salvou daquilo que o Pai nos fez – a própria imperfeição. Isso tem alguma coerência? Mas tudo só começa a fazer realmente sentido, quando buscamos revelar o Divino no nosso interior. Aí então, a percepção é completamente alterada sobre quem somos realmente.

O que a cultura nos informa sobre a nossa divindade? Está brincando! A mídia procura sempre informações que assegurem o fato de que somos fracos, indefesos e que estaremos à mercê de todas as mazelas da vida, caso não seguirmos o roteiro programado por ela. *"Vocês precisam disto, precisam daquilo".* Vocês já viram algum comercial onde eles dizem: *"Vocês não precisam de nada além de si mesmos?".* Garanto que não. Como é possível não refletir sobre coisas tão sérias e importantes como essas? Devemos passar por cima de reflexões assim profundas, questões vitais para a alma, assim tão quietinhos? Sequer colocamos em discussão, nem mesmo sobre a compreensão do propósito de cada expressão bíblica, saltando etapas importantes para entendermos sobre nós mesmos - quem somos, qual o nosso propósito nesta vida - apenas para seguir o rebanho? Somente porque alguém disse que a interpretação lógica deveria ser essa, logo, como papagaios, vamos repetiindo e perpetuando tais informações? Ou seria entao por medo de desmoronar um castelo construído em meras suposições e frágeis interpretações? Por que não admitir que existe bem mais para se ser dito? Muitos sabem, mas não ousam mudar sua percepção por puro medo, preferindo tapar o sol com a peneira e dar sentido a coisas que nem logicamente nem espiritualmente tem algum sentido, pois, caso contrário, seria o fim da teologia atual. Medo!

Queremos humanizar Deus, empurrá-lo dentro da nossa caixa 3D de qualquer forma (ou 4D se considerarmos o tempo como uma quarta dimensão). Presos na armadilha do medo, criamos batalhas e guerras entre nós, e dessa forma, imaginamos ter havido também uma batalha no céu, na qual Deus vem lutando com uma entidade maligna - Lúcifer - mesmo depois de tê-lo expulsado do reino celeste. Não o bastante, deixou esta mesma entididade maquiavélica cair entre os braços das suas mais (im)perfeitas criaturas - nós, humanos - para lhes tentar de todas as formas, a fim de arrastar para o inferno uma quantidade de pessoas bem maior daquela que o próprio Deus Criador conseguiria levar para o céu. Reflita se isto tem algum cabimento!

Quando imaginamos Deus como um *Conceito* que impregna cada átomo, cada célula singular, cada elemento químico do DNA, então começamos a ver um sentido em muitas coisas que pareciam enigmáticas. Já pensaram em usar esse conceito **UNO** de Deus? Já parou para pensar: *Se Deus É TUDO e está em toda parte, então* *não estará também em cada célula do meu corpo, em cada núcleo de um átomo?*

Pensem no amor, que definição você daria para o amor? O amor de uma mãe para um filho; de marido e mulher; o Amor de Deus pela humanidade e vice-versa. Isso é singular? Você consegue imaginar o amor com um gênero? Pode colocar-lhe pele e asas? Não. Pois, então: Deus é exatamente como o **AMOR**. Porque Ele não está dentro da nossa caixa linear. Há uma expansão própria. Queremos colar os atributos humanos na divindade. Usamos punição e recompensa, vingança e ciúme, ódio e amor, guerra e paz - coisas que fazem parte da dualidade humana - e pensamos que Deus deveria ser assim também.

Dessa forma, criamos um Deus como um Humano, com guerras no céu, disputas entre os anjos, coisas que explicariam o demônio, os anjos caídos, regras baseadas ainda em culturas com milênios de existência. Regras que continuam mantendo uma velha impostação, alicerçada unicamente no medo. É hora de parar de continuar empurrando com a "barriga" o que a consciência atual da maioria da humanidade não aceita mais. Basta! É hora de parar de remendar conceitos esfarrapados, mal interpretados e mal digeridos, até mesmo por grande parte da liderança religiosa. É hora de pegar a responsabilidade e a coragem de desmantelar sistemas organizados, e reorganizar os conceitos. Verá que com a sinceridade dessa ação, terão um número muito maior de seguidores.

Por que uns recebem bênçãos e outros não?

Aqui entra um sistema complexo, pouco compreendido pelo ser humano. Ainda não conseguimos explicar qual a mola que move a manifestação de um desejo, de uma realização ou de uma cura. A mania de querer humanizar Deus, nos leva a pensar que Ele usa os mesmos atributos humanos para aplicar determinadas ações. Qualquer livramento, resultados positivos, metas alcançadas etc, são imediatamente colados em Deus, como um adesivo; ocorre o contrário com insucessos, falimentos, acidentes fatais e todo negativismo... que fazem parte das tramas do demônio. Quando algo maravilhoso se realiza - uma cura, por exemplo - ou a aprovação em um concurso disputado por centenas ou milhares de pessoas, mas apenas uma dezena consegue ser aprovada, alguém logo se apressa em dizer: "*Viu como Deus é bom para mim? Deus é fiel para os que lhe obedecem! Eu passei, Deus cumpre suas promessas!*". Quais promessas? Por acaso as promessas de Deus caíram no seu colo e para as outras centenas de pessoas Deus virou as costas? Como se explica isso? É uma coisa lógica? Obviamente, não tem nada a ver com aquele Deus sentadinho lá no trono, mas, exclusivamente, com o Deus no seu interior e a atenção que você deu para que o seu desejo convergisse para o querer de sua alma. Os que fazem tais afirmações como a citada acima, caem em duas falhas fundamentais:

1. A condição de Deus "ser fiel" é imutável, logo, é isenta de infidelidade. Repetir que Deus é fiel torna-se redundante e privo de qualquer dúvida. Mas, quando você acrescenta que Ele é fiel e bom porque lhe deu um livramento, uma benção ou uma cura, por exemplo, você está tão somente aplicando o rótulo em você mesmo, intuitivamente. Porque, intuitivamente, você **SABE** que dentro de você, no seu DNA, está a parte de Deus que faz os milagres. O fato de que Deus livra os que são bons ou os que lhe amam e lhe obedecem, implica que os outros que não obtiveram essas bênçãos ou não foram livrados de um acidente fatal, ou não tenham recebido as mesmas vitórias, são ruins e, por isso, Deus caiu fora sem atendê-los ou livrá-los. Dessa forma, o rótulo é atacado em si mesmo, não em Deus. Você se julga fiel e bom, você é obediente; os que não receberam as mesmas vitórias, não são. Entendeu a proporção disto? Sendo assim, todos os seres que morreram precocemente, todos que lutam por algo e nunca obtém, mesmo sendo pessoas boas, amáveis, cuidadosas em não fazer mal ao próximo etc, foram todas abandonadas por Deus? Não tem nenhum sentido.

2. Quando se trata de um livramento de morte, por exemplo, antes de sair alardeando que foi Deus que livrou, não seria o caso de parar para refletir a razão de ter sido assim? Uns recebem livramentos de morte, outros não, quer sejam bons ou "ruins", quer sejam pecadores, padres, assassinos, pastores, soras...

Já que sabemos que Deus ama todos incondicionalmente e que alguns recebem livramentos, outros não... Então, antes de abrir a boca, não seria lógico pensar que existe algo a mais para se saber? Que não é assim que o "sistema" divino funciona? Que, talvez, a morte não seja o mosntro que imaginamos ou que nem mesmo exista? E essa é a verdade. Somos nós, humanos, que consideramos a morte como um FIM. Sendo assim, pomos um limite para a vida e consequentemente limitamos também Deus. Mas a morte não é um fim e Deus sabe disto. Por isso, Ele não está se preocupando nem um pouco em livrar ninguém da morte. O drama de quem vê na morte uma separação, é porque não conhece que a vida "É PARA SEMPRE". Somos tendenciosos a criar um drama em certas situações, simplesmente por medo. Desconhecemos que todas as situações são criadas por nós mesmos para um determinado fim, mas nem sempre temos consciência disso, pois é tudo planificado em um nível profundo do nosso Ser. Você programou uma cura em você mesmo, você programou uma desilusão amorosa, você programou uma derrota, um falimento... Para poder escolher quem SER diante de cada uma dessas situações, para poder escolher a melhor versão de quem você pode SER ao afrontar situações diferentes. Dentro desse nível profundo, temos, também, o poder de escolher desviar a direção daquilo que não nos serve mais, em vez de deixar que, aquilo que chamamos de "erros", continui se repetindo na nossa vida, inutilmente. Ganhamos o livre arbítrio e absolutamente ninguém pode interferir ou nos impedir de usá-lo, nem mesmo Deus ou o *diabo*.

Nós crescemos fisicamente e espiritualmente, e chegamos a um ponto dessa evolução em que nosso Ser interior, nossa alma, não se liga mais simplesmente na sobrevivência do corpo físico, mas no crescimento do espírito. Ela Deixa de se atacar ao sucesso terreno para se conectar, cada vez mais, com a realização do próprio SER. Quando atingimos esse ponto, todo o drama deixa de existir... E começa a partir da nossa *vida para sempre*. Você começa a encarar as coisas como realmente são, todas alí, boas ou ruins - como queiram rotular -, mas para serem escolhidas com total liberdade. Não porque Deus ou o Diabo escolheram para ninguém. Somos nós que ganhamos o poder da escolha e somos nós os responsáveis, exclusivos, pelo nosso destino.

Podemos sair de determinadas situações consideradas indesejadas, simplesmente escolhendo. É de importância fundamental escolher como SER. Quando você se coloca na posição de SER, é porque você está CRENDO que já É. Então, você não diz: "Quando isso ou aquilo acontecer, eu vou SER assim ou assado". Você não precisa esperar que algo aconteça para sentir-se feliz. Você deve entrar no estado do **SER** *feliz, rico, alegre, amoroso, tolerante.* Tudo existe já, dentro do nosso ser. Não é necessário **haver** para **Ser**, mas **Ser é haver**. Funciona dessa forma. Nós somos SERES humanos, não HAVERES humanos. Você pode observar um evento triste e decidir de **não** ser triste; você não deve **TER** riqueza mas **SER** riqueza. Ser rico é pensar como se já fosse rico, agir como se fosse. A forma de chegar lá é se sentir já lá. Não são as consequências dos eventos (positivos/negativos) que devem servir de timão para a sua vida. Você é quem deve dirigir seus sentimentos e emoções a cada evento. Quando você tem Sabedoria Divina, pode criar reinos ilimitados. Quando tem conhecimento, não há nada a temer, pois então, não existe nada, nenhum elemento, nenhum governo, nenhum entendimento que possa lhe ameaçar, lhe escravizar ou lhe intimidar.

Se compreendermos esse fato, podemos modificar intencionalmente e dizer basta, quando já aprendemos bastante de determinadas situações! Só que a maior parte de nós ignora que é assim que funciona ou, se conhece, não sabe como modificá-lo.

"Como posso mudar a intenção daquilo que hoje, para mim, é indesejável, mas continua se manifestando na minha vida?". Para mudar uma realidade basta simplesmente mudar, conscientemente, a intenção. Você é livre para escolher. *"Já sei quem escolho ser diante disso, agora BASTA! Não me serve mais!"*. Se você se acha vítima de tantos falimentos e é do tipo que acha que tudo que faz dá errado, então você não está em sintonia com a sua própria alma, o seu Ser Superior, o Divino em você e, por isso, não pode comandar a situação, deixando que o "programa" inicial trabalhe aleatoriamente - ou como um disco quebrado, repita a mesma faixa da música o tempo todo. Mas é simples assim? Sim. É simples assim, mas não é imediatamente fácil. Isso porque às vezes confundimos a intenção com o desejo. Você pode desejar sempre algo, mas nunca obter. Com a intenção é diferente. Quando você lança uma intenção pura, aquela que envolve a emoção, não tem como voltar atrás. A intenção é a decisão. Quando você lança a intenção de pular do trampolim, você decidiu fazê-lo sem retorno. Depois que dá o salto, é impossível retornar para o trampolim. Mesmo que se arrependa no ato do seu salto, estará feito! Você cairá na água mesmo, meu chapa! Não precisa nem mesmo de fé. A intenção é potente e uma vez lançada, descanse e espere! Não tem erro.

Pensar é Criar

Emoção é energia em movimento. Quando você move a energia, cria um efeito. Se você colocar bastante energia em movimento, cria a matéria. A matéria é energia conglomerada, comprimida em conjunto. Se você manipular a energia suficientemente, de uma certa maneira, você obtém a matéria. Todo mestre entende esta lei. Se trata da alquimia do universo. Constitui o segredo de toda a vida. O pensamento é energia pura! Qualquer pensamento que você tenha, é criativo. A energia do pensamento nunca morre. Nunca. Ela abandona o nosso ser e dirige-se ao universo, estendendo-se para sempre. Um pensamento é para sempre. Pense nisso!

"Todos os pensamentos encontram outros pensamentos, encruzando-se em um labirinto incrível de energia, formando um padrão em constante mudança, de beleza indescritível e incrivelmente complexo.

Cada energia atrai um tipo de energia similar, formando pequenas entidades do mesmo tipo de energia. Quando estas entidades semelhantes de energia se batem uma nas outras, elas se agregam entre si. É preciso uma massa indescritivelmente grande dessa energia para formar a matéria. Mas a matéria é composta de pura energia. Na verdade, esta é a única maneira pela qual ela pode ser formada." CCD - N.Walsch[2]

Somente nos últimos cem anos, a humanidade começou a descobrir a realidade desse efeito, e, através da física quântica, a ciência conseguiu explicar Deus cientificamente. Porém, ainda hoje, a maioria das pessoas ainda não tomou conhecimento disso ou, se conhece, muitos não levam a sério.

Nem sempre é preciso entender o conceito físico ou o funcionamento das leis, basta crer e saber que elas funcionam. Quando você acende um interruptor, você tem a certeza de que a luz vai acender - caso tudo tenha sido conectado corretamente. Não é necessário entender o conceito de como a eletricidade funciona. Você pode chamar essa "certeza" de fé, se quiser. Aplicando esse conceito, dessa mesma forma, você pode obter tudo o mais. Então, porque essa "fé" quase nunca funciona quando se trata de algo muito importante? É exatamente por isso. A "importância" que você aplica no seu desejo, é uma das causas principais do bloqueio para a manifestação. Quando você aperta o botão da luz, você não se preocupa se vai acender ou não; a importância ao fato é completamente anulada. Faça o mesmo com seus maiores desejos e você vai se surpreender.

---

[2] Da trilogia Conversando com Deus

Geralmente, passamos mais tempo ocupando a mente para criar percursos que possam evitar coisas que tememos e não desejamos que nos aconteça. Diante disso, a razão se habitua a gerar com mais frequência o sentimento do medo. A alma é orientada para receber a energia das emoções e transformá-las em realidade. Seja qual for a emoção – alegria, tristeza, medo - a alma recebe como um pacote de sentimentos e não faz distinção se aquele sentimento é ruim ou bom pra você.

A alma não faz julgamentos sobre o que é certo-errado; bom-ruim. O seu papel é identificar a emoção e transformá-la em resultados, direcionando-a para aquela linha da vida, dentro do campo de todas as possibilidades que correspondem ao seu sentimento. Se sua emoção foi provocada pelo medo de perder o emprego, a alma direciona a emoção recebida para aquele setor onde existem todas as condições que possam fazer com que você perca o emprego. Essa é a informação daquela emoção. A alma não dirá: *"Puxa, essa emoção que Maria mandou está me informando "perda de emprego"; se for acionada, Maria vai ficar desempregada, coitada... Nesse caso, será melhor fazer o contrário!"* Nem espere por isso.
A alma é priva de julgamentos. O certo-errado; bom-ruim, são conceitos humanos baseados nas experiências individuais. O que é bom para Maria pode não ser para João. Para a alma, é apenas um sentimento que lhe foi transmitido através do pensamento em forma de energia. Os pensamentos são energia... A energia é vibração, não se cria nem se destrói, pode-se apenas mudar de estado. E mais cedo ou mais tarde, você receberá de volta, manifestada materialmente.

Existe um sistema que promove a vida e, promovendo-a, tem o "dever" de mantê-la por todo o tempo que foi programada para existir. Observando de fora as plantas e animais, vemos que possuem uma capacidade inata, intuitiva, instintiva de manter-se autonomamente - e o fazem com perfeição, sem margem de erros se fatores externos não interferirem. Quem ou o quê guia essa inteligência interna das plantas e animais? E por que a raça humana não possue essa capacidade? Porque o indivíduo, desde o nascimento, foi projetado para recriar-se em continuação, escolher no que quer se tornar usando importantes ferramentas como o livre arbítrio, o pensamento e a intenção. Se à raça humana foram concedidas essas ferramentas, é porque existe um forte motivo: usá-las para se recriarem a cada momento. O pensamento é a arma mais potente da criação. Cada pensamento que temos dá inicio a uma criação. Criamos nossa realidade a cada segundo com o nosso pensamento, e na maioria das vezes sem sequer sabermos. Então, o ato de sermos criadores à imagem e semelhança de Deus, é o que nos torna diferentes dos animais.

Intelecto programado

Vivemos dentro dessa "caixa" tridimensional e pensamos que o seu conteúdo é tudo que existe e é a única realidade. A caixa 3D é uma Matrix com uma rede de informação universal que nos mantém em um sistema de preconceitos mentais, minunciosamente programado.

Ouvimos falar com frequência de que "tudo no mundo é uma ilusão". Isso não significa que tudo que foi criado no reino físico da existência não seja sólido, não tenha estrutura, ou não seja real. Nem quer dizer que os reinos superiores sejam ilusórios, sem estrutura tangível ou definição.

Cada nível da existência, por todo este Universo, parece tão real para os que lá vivem – anjos, arcanjos e outros seres interdimensionais -, assim como as coisas terrena são reais para nós. A ilusão está na percepção de uma realidade que nós observamos através dos filtros da nossa própria criação: crenças, estruturas, tabus e limitações que codificamos em nossa mente subconsciente e que aceitamos como nossa verdade.

Cada um vê o mundo e os acontecimentos cotidianos, através de um véu das suas próprias crenças e de um nível alterado de consciência. Infelizmente, essa alteração na maioria das pessoas, é de frequencia baixa. É por isso que muitos veem tudo através dos filtros da negatividade, e quase tudo que traz para a sua vida se traduz em fracassos, enquanto as consciências mais iluminadas – que já estão em estado de expansão - experimentam a vida através dos filtros do amor e do não-julgamento.

Cada observação, por meio dos sentidos físicos, deixa uma impressão em nós. Assim, toda ação, interação e reação que temos, são transmitidas de modo automático e gravada na memória das células que informam à mente subconsciente qual atitude tomar, quando se apresenta o mesmo tipo de experiência.

A mente subconsciente é subjetiva e, portanto, toma cada pensamento ou experiência ao pé da letra, sendo posteriormente afetada pelo viés individual – aquilo em que acreditamos. A mente subconsciente continuará a reagir e a repetir condições e padrões antigos de pensamento, reiteradamente, até que os equívocos sejam solucionados e reprogramados.

"A questão que impede a maioria dos seres humanos de mudar suas crenças, é a aceitação cega da programação mental tridimensional. Você pode ter pensamentos positivos, pensar em mudanças positivas, mas, se na sua mente mais profunda, você duvidar que elas vão acontecer, elas realmente não acontecerão. A dúvida é um bloqueio que impede a manifestação dos seus desejos. Se você duvida, você não acredita. A dúvida no cérebro cria uma reação bioquímica. Ela ativa um neurotransmissor do cérebro que flui da glândula Pituitária para a Pineal e bloqueia a 'porta de entrada', impedindo-a de se abrir. A dúvida está lá porque você não acredita". (Metatron)

Mestre após mestre vieram aqui com um DNA alterado - com todo o seu DNA reforçado e ativado para que pudessem nos dar mensagens sobre as sua próprias maestrias. E todos eles deram informações semelhantes, se já repararam. Mesmo em culturas diferentes, a mensagem unívoca era que existe muito mais para se ver daquilo que vemos na quarta dimensão. Disseram que havia a interdimensionalidade e que não devíamos tomar decisões com base no que nos dizem ou vemos, mas com base no que a nossa intuição nos dizia que era a verdade. A intuição é a voz da alma e não mente NUNCA!

Uma criança quando nasce, é priva de qualquer programação. Se ela pudesse se desenvolver sem a interferência da mente programada do adulto, ela seria uma pessoa não enquadrada na raça humana. Talvez, teria desenvolvido um sistema autônomo, nunca imaginado pelo ser adulto, unicamente baseado no seu instinto natural e na habilidade intuitiva. A criança não é assaltada pelo medo até os pais começarem a incutir na cabecinha dela, pílulas de terror. Quando a criança começa a caminhar, ela pode percorrer todo o parapeito de uma terraça no 10° andar, sem ser interrompida pelo medo ou pela dúvida de poder chegar à reta final sem cair. Mas, de repente, um dos pais aparece na cena e o resultado deixa pouco à imaginação. A partir daí, a criança não será mais a mesma. Obviamente, essa reação dos pais é mais do que natural, mas uma reflexão poderia se pôr: como seria a tal criança na fase adulta, se não tivesse noção do perigo e o medo não fosse uma arma de defesa? Teria desenvolvido um instinto natural, mais forte que o medo? Não sabemos. Sabemos que todas as ações humanas partem pela motivação da polarização de dois sentimentos profundos: o **Amor** e o **Medo**. Esses são os únicos sentimentos que a Alma conhece. As dúvidas e inquietudes nada mais são que aspectos da nossa personalidade intelectualizada, e é o maior motivo que, muitas vezes, nos conduz infalivelmente ao fracasso e à desilusão.

Nesse contexto, os animais são mais "conscientes" que os humanos. Eles sabem disso. Eles não fazem tragédia porque o outro animal morre - nem quando eles próprios devem morrer porque intuitivamente sabem que deixando o corpo, sua parte de energia retorna à fonte. O reino dos animais e vegetais é a mais pura e límpida expressão de Deus, em cada um deles, porque se entregam à sua inteligência interna e confiam 100% nela. Eles "sabem" que são parte da energia de Deus e não duvidam nem se inquietam nunca pela sua sobrevivência porque eles não usam um intelecto programado. Intuitivamente, sabem que tudo é perfeito. O broto não tem dúvida que, no momento certo, se abrirá em flor, assim como o pintinho espera o momento certo para romper a casca do ovo. É o ato consciente e natural da inteligência interna, a inteligência de Deus, dirigida pela Sua vontade, frutificando a Sua ideia e expressando-a na flor e no pintinho. O pintinho, privo de intelecto, não se pergunta: *"Será que vou conseguir furar essa casca e sair daqui? Outros fizeram, mas será que eu posso? Será que eu mereço?"*. Ou uma flor: "Será que eu mereço me abrir e desabrochar?" Não, não existem dúvidas. O resultado é sempre perfeito porque eles, de forma natural, unificam sua vontade com a de Deus e permitem, sem sequer colocar um ponto de dúvida, que a Sabedoria Divina determine a hora e o ponto de amadurecimento para entrar em ação. E é somente abandonando-se ao impulso da Vontade Divina, que podem entrar em ação para se expressarem em Nova Vida. Que excelência de sabedoria! Por que, então, o ser humano que se coloca no ápice evolutivo da criação, consegue romper a casca da consciência somente à custa de grandes dificuldades e sofrimentos? Porque preferimos usar o intelecto, a mente, a razão –como fomos orientados - no lugar da intuição divina do nosso interior.

Quando os animais nascem, sabem imediatamente onde encontrar comida, conhecem intuitivamente seus predadores e sabem como e onde se proteger. Mas não são seres inferiores? Bem, isso é o que dizemos. As plantas confiam na sua "inteligência" interna. Cada célula de nosso corpo tem uma consciência e uma inteligência próprias; e é essa consciência que faz com que a célula desempenhe a função que tão inteligentemente executa. Elas nunca adoecem por fatores internos, mas externos, porque são dirigidas pela consciência coletiva das milhões de células ao seu redor -

formando uma inteligência grupal que dirige e controla todo o trabalho. Temos essa organização interna, porém não permitimos que as células exerçam o seu papel como foram programadas porque interferimos constantemente com o nosso intelecto e intenções, conscientes ou inconscientes. Quando algo não está bem, a inteligência interna das células é programada para passar a informação para que nós, por meio da intenção, possamos corrigir o erro. Mas o nosso intelecto não aceita tais informações como reais, e as deleta. Ele quer ser soberano. Cada célula de cada órgão é um centro focal dessa inteligência diretriz; faltando esta inteligência comandante, as células se separam e o corpo físico morre, deixando de ser organismo vivo. De onde vem essa Inteligência? Conscientemente, não podemos controlar a ação de um só órgão do nosso corpo. Não poderia ser, então, uma consciência superior que habita a própria célula? Pense nisso.

Se deduz, portanto, que a consciência de todas as células do corpo, é a consciência de Deus, assim como a nossa consciência é a Sua consciência. Isso significa que nós somos para Deus o que as nossas células são para nós. Existe uma conexão profunda que une a célula, nós e Deus. Sendo assim, temos que ser Uno em consciência. Somos, portanto, nada mais que uma das células do Corpo de Deus. Nós, com a nossa própria consciência, não podemos controlar nenhuma das nossas células, mas quando escolhemos entrar intencionalmente na consciência divina que está em nós e assim tornarmo-nos uma unidade com ela, podemos controlar e modificar qualquer estado do nosso corpo. É assim que acontecem os milagres. As plantas "sabem" disso, sabem quando trocar de folhas, quando é o momento de brotar e de florir. As raízes se direcionan para onde tem água. Quem informou isso para elas? Que inteligência é essa? De onde vem esse saber? Elas nunca pensam que isso pode deixar de acontecer. Nós sim, porque o intelecto programado por fontes externas à nossa programação original interna, não aceita nada que não tenha sido filtrado pela lógica. Com isso, o problema às vezes se agrava e daí surgem as doenças, muitas vezes fatais. As aves do céu sabem onde encontrar alimentos sem que nenhuma outra ave tenha de lhe informar o que é melhor para elas. Elas comem somente o que é útil para a sua sobrevivência, não têm o intelecto que borbulha interiormente, procurando inventar mil pratos para complicar o metabolismo. Se ela ver uma panela de feijoada cheia de gordura animal e temperos sintéticos, irá voar por cima e, quem sabe, até fazer suas necessidades fisiológicas bem ali dentro. No entanto, o ser humano, ser evoluído qual é, é o único ser vivo que coloca no organismo todo tipo de veneno, conscientemente, e sem prioritária necessidade. Da nicotina ao álcool, passando pela carne sanguinante e vísceras de animais como fígado e rins, filtros por excelência de toda porcaria que o organismo rejeita. Tem cabimento?

Mas nós, trazendo conosco uma gama de impostação predefinida pelos nossos pais, nos sentimos no dever de repassar a mesma programação aos recém-nascidos. Se pudéssemos submeter Deus aos nossos caprichos, faríamos da mesma forma com que educamos nossos filhos. *"Venha cá Deus, venha tomar seu leitinho..."* Leite de quê? De vaca, naturalmente! E por que de vaca, se não somos bezerros? Porque... Bem, no príncipio, a um certo ponto da nossa evolução (ou involução), alguém nos disse que a criança, após o período do leite materno, deve prosseguir bebendo leite de vaca, senão morre. Mas sabe porque o bezerro precisa do leite da vaca? Porque nele existem substâncias essenciais para fazer crescerem os cascos e os chifres. Agora, deduza por si mesmo, se o seu filho precisa disso.

Contudo, podemos sempre escolher não deixar que programações externas nos moldem. Ao Aumentar o nível das nossas próprias consciências, virando-se para dentro de nós mesmos, descobriremos que sabemos tudo. A coisa mais terrível é que o homem, escravizado pelo sistema, perde não só a própria liberdade de escolha, mas começa também a querer aquilo que convém ao sistema.

Capítulo IV

A Dualidade Humana

O livre arbítrio

Em toda a humanidade, creio que existam poucos que nunca exigiram ou proclamaram o seu direito de arbitrar a si próprio. Mas, a maior parte, só entra com a "causa" do livre arbítrio quando os eventos estão apoiando o próprio interesse. Quando a coisa "fica preta", esse livre arbítrio desaparece como por magia. Não se sabe o motivo. Na realidade, nós somos fruto, em 100%, da nossa livre escolha. Este é um dom divino e é sagrado porque é a ferramenta principal para a criação e manifestação daquilo pelo qual viemos fazer aqui. É a coisa mais importante para um Ser humano. Todo o planejamento que nós, como parte de Deus, fizemos em um nível da alma para participar do cenário desse planeta, antes mesmo de chegarmos aqui, tem como estrutura fundamental o nosso livre arbítrio. É ele a mola que nos move para realizar toda e qualquer atividade na terra. É o instrumento necessário para definirmos quem somos.

Às vezes fazemos escolhas que parecem estar contra de nós, e, por isso, vem aquela dúvida de que não fomos nós quem escolhemos aquilo, mas sim alguma força externa, a força de um destino pelo qual não podemos nos desviar. O fato é que temos um sistema interno que conhece todos os nossos projetos - e nunca nos deixa a sós nas nossas escolhas. Seja ela qual for, consciente ou não. Isso porque nossas escolhas nem sempre são conhecidas do nosso intelecto. Existe um lado escondido de nós que nos guia sempre, mesmo quando muitas vezes não queremos acreditar que isso seja real, e terminamos fazendo tudo por conta própria, em um nível puramente intelectual.

Nunca estamos sozinhos para nos desorientarmos na escuridão de uma vida puramente física. Nosso Eu interior está sempre conosco, expressando-se através dos sussurros silenciosos da informação intuitiva. Graças a este compasso interior de sabedoria, podemos sempre **sentir** que escolha parece adequada.

O livre arbítrio pertence ao nosso ser terreno, nossa parte física na Terra, e não ao divino. Porém, o Ser Superior, sem violar esse arbítrio, sabe fazer com que nosso intelecto seja conduzido para as escolhas mais convenientes... Desde que estejamos minimamente preparados para essa orientação. Precisa-se entender que não é "a consciência" que participa disso, mas sim o *grau de consciência*. É esse nível de consciência que tem um papel fundamental na estratégia utilizada pelo Eu Superior, para nos conduzir ao nosso escolhido destino. Não podemos esquecer que o nosso Ser Superior somos nós mesmos - não se trata de uma entidade que invocamos de fora para dentro. Portanto, tudo o que o Eu Superior decide, não decide à revelia da nossa vontade humana. Essa decisão superior pode surpreender a nossa consciência terrena, mas não é uma violação do livre arbítrio, é uma "cutucada", uma sacudida para dizer: "Acorda! Você não queria ir desse lado? Porque está indo por outra estrada?". Mas nem sempre estamos treinados para ouvir ou sentir essa advertência.

Certas escolhas que fazemos, pode ser sugerida pelo ego para acharmos que não são nossas, e sim fruto de um destino impiedoso. Porém, se o destino realmente existe, então ele controla tudo e, portanto, o livre arbítrio não pode existir. Mas a prova de que o livre arbítrio existe, é que podemos fazer escolhas. Logo, não pode haver nenhum destino impiedoso e o destino não pode ser fixo. Quando recuamos e olhamos o destino e o livre arbítrio, a partir de uma perspectiva mais ampla, compreendemos que nada tem que ser absoluto.

O destino é uma influência que vem do nosso plano interior. Há uma pressão que busca, constantemente, o melhor caminho para se revelar em manifestação.

O livre arbítrio escolhe os meios para manifestar este destino de uma maneira que proporcione o objetivo para o qual viemos aqui, nesta vida. A orientação interior está sempre disponível a qualquer pessoa que preste atenção a ela. A intuição é a nossa ligação com a alma, ou o ser interior, que também está ligado ao resto do universo e com todos os níveis da Criação. O uso mais produtivo do livre arbítrio é explorar o nosso verdadeiro potencial nos temas de nossa existência, adquirindo assim a maior experiência possível do plano de vida. Então, o **destino é o plano. O livre arbítrio é a ação. A experiência é o resultado.**

Dualidade - segundo os ensinamentos de Kryon.

"Eu formo a luz e crio as trevas, promovo a paz e causo a desgraça; eu, o Senhor, faço todas essas coisas". Is.45:7

As coisas a seguir poderão ir contra ao que lhe foi ensinado e, se for assim, pare e use o seu próprio mecanismo de discernimento. Não assuma que tudo o que você ler ou ouvir, seja absolutamente verdadeiro ou falso. Esqueça, por um momento, de etiquetar cada coisa baseando-se no que lhe disseram. Ouça, antes de qualquer ação ou tomada de decisão, a voz da sua alma. Ela nunca engana. Use o intelecto combinado com o coração e pergunte ao Espírito se é verdadeiro. Pois, algumas destas coisas, irão desafiar o seu sistema de crenças mais central; tudo o que lhe foi ensinado. Alguns irão entender e aceitar completamente, outros, aqueles que ainda não foram despertados completamente para essa mudança de paradigmas, a qual altera o modo de pensar e de aceitar as coisas, irão rejeitar e criticar até que... algo aconteça!

Cada coisa que Deus cria, é feita de modo a manter o equilíbrio de todo o Universo, pois tudo no Universo tende ao equilíbrio. Existe o positivo, o negativo e o ponto zero – o equilíbrio – onde a força universal reina. Tudo o que nos acontece, é uma manifestação desse equilíbrio, seja "bom" ou menos bom; se aprofundar em um dos dois lados, significa, simplesmente, "violar" esse equilíbrio.

Ouça bem: Segundo Kryon, o nosso planeta foi criado com um sistema chamado *dualidade*. O ser humano já nasce com a dualidade em seu DNA – sentimento do bem/mal, alto/baixo, luz/escuridão, preto/branco e, no centro, está a nossa divindade. Essa dualidade se representa como um equilíbrio para a divindade dentro de nós, o fragmento de Deus, aquela parte que chamamos de sua "imagem e semelhança".

A coisa mais difícil e mais complexa que existe, para a maioria de nós, é aceitar aquela parte da polaridade do ser humano, a qual chamamos de "mal". Para muitos, é completamente impossível. Como alguém pode presenciar uma ação negativa, feita por outra pessoa, e achar que é uma coisa natural, livre de qualquer julgamento? Como é possível aceitar o "mal" como coisa natural ou normal, ou como parte da nossa própria natureza? Impossível. Mas a verdade é que nunca existiu tal coisa chamada de "mal".

É compreensível o choque de muitos que estão tomando conhecimento disso pela primeira vez. Porém, por mais que você tente uma definição coerente para o mal e para o bem, separadamente, tentando pendurar no pescoço de uma entidade responsável por cada um deles, você não conseguirá se convencer totalmente que tal definição seja eficazmente aplicada. Algo, bem no fundo de sua alma, grita que não pode ser assim.
Antes, porém, vamos entender o que significa essa polaridade e o motivo dela fazer parte de nós.

Vivemos em uma realidade de polaridade que foi um ingrediente necessário para participarmos desse "palco da vida", pois permitiu que carregássemos conosco os atributos de finitude. Isso era necessário, pois, para que pudesse ser criada a ilusão da separação, foi preciso introduzir a consciência de polaridade. Mas, a boa notícia é que, agora, no momento em que subimos para um patamar de vibração mais alto, felizmente não temos mais necessidade de uma polaridade tão acentuada como antes. Estamos aprendendo a enxergar a unidade através de "lentes" que ainda se encontram embaçadas pela polaridade. Mas é já um bom começo.

"Os opostos têm constituído, sempre, desafios para a consciência que deve eleger o que lhe é melhor, em detrimento daquilo que lhe é pernicioso, perturbador, gerador de conflitos."[3]

A lei dos opostos é um dos cinco grandes princípios fundamentais da vida e funciona em perfeita harmonia com a lei da atração. Este princípio, afirma que quando atraímos algo à nossa realidade, o seu oposto também aparece junto. Significa que, no preciso momento em que escolhemos algo - qualquer decisão, qualquer objeto ou experiência - o seu absoluto oposto se reproduz como a sua sombra ou um holograma ao contrário. Somos nós que, em uma esfera mais profunda do nosso ser, criamos os nossos problemas e desafios, mas criamos, também, cada solução a tais problemas. Sempre!
É difícil aceitar que certas circunstâncias, consideradas incômodas ou dolorosas, tenham sido criadas por nós mesmos. É mais fácil jogar para cima de alguém ou de alguma entidade que está querendo nos perturbar. Mas, ao sabermos que essas forças não pertencem a nenhuma entidade, e sim fazem parte da nossa própria dualidade, então fica mais fácil controlá-las e direcioná-las para longe do nosso caminho.

Vivendo em uma esfera de dualidade, tendemos a polarizar tudo: bem-mal; certo-errado; alto-baixo. Algo bom acontece, deve ser Deus. Algo desagradável acontece, deve ser o demônio. Mas o que estamos fazendo aqui? Estamos vivendo de uma forma neutral, sentados imóveis, esperando que uma das duas entidades se apoderem de nossa alma ou nos jogue de um lado pra o outro? Realmente não temos responsabilidade por nadinha que nos acontece? Que tipo de sistema é esse?

---

[3] Fonte WEB

Pois bem, ouça essa que é dura de doer: Nem Deus nem o Diabo têm culpa do que escolhemos viver ou ser, através do nosso livre arbítrio. Tudo é resultado das nossas escolhas individuais, que chamamos de "certas" ou "erradas". Há uma clara correspondência entre a consciência de quem somos e a percepção da realidade que nos rodeia, uma vez que esta, nada mais é que uma extensão de nós mesmos! O nosso reflexo!

Há uma divindade dentro de você!
Há uma parte de Deus que vem com cada um de nós. Isso é uma coisa muito difícil de se aceitar pela maior parte dos indivíduos. Dizer que existe uma partícula de Deus dentro de nós e que ela é física, é quase uma heresia. No entanto, isso é real. A dualidade existente neste planeta, dentro da qual vivemos, é REAL. Reina a descrença de que algo tão grandioso como Deus, possa habitar fisicamente em nosso interior; da mesma forma que algo tão obscuro possa, realmente, habitar dentro de nós. Mas quer você aceite ou não, isso não deixa de ser uma verdade. Como é possível essa dicotomia? Precisa ficar claro que cada um de nós tem poder sobre o "bem" e também sobre o "mal". Estes dois poderes profundos estão bem dentro da nós, quer se acredite ou não. Tanto o "bem" como o "mal", não vêm de nenhum outro lugar senão de nossa própria natureza. Mas esse lado obscuro não deve ser encarado como algo negativo, pois é totalmente apropriado, uma ferramente útil para definirmos quem somos. É esse atributo o qual chamamos de dualidade humana, que tem conduzido todas as histórias que existem sobre magia, sobre o bem e o mal, sobre a luz e a escuridão – os poderes e forças que estão aqui, têm sido a base e o centro, até mesmo para os deuses gregos. Cada um escolhe dar o devido equilíbrio, penetrando livremente com mais ou menos intensidade em um dos dois lados.

Quando se fala de escuridão, a primeira coisa que vem na mente de muitos é o que fomos treinados para pensar: colocar a escuridão em um compartimento apropriado, onde nos foi ensinado que é onde deve estar. Muitos, imediatamente, retornam à mitologia que lhes ensinaram sobre uma entidade com uma cauda e chifres, senhor das trevas, que tenta capturar a sua alma. Mas, a energia mais escura que você possa conceber, está presente no ser humano desde o momento de seu nascimento até o último respiro. Isso mesmo. Pode suspirar e balançar a cabeça o quanto quiser, mas não existe nenhuma caixa, nenhuma entidade onde você possa colocá-la senão em você mesmo. Alguns a chamam de lado mal ou lado negro. Mas a **dualidade** é apenas um atributo do ser humano. Ela Se faz presente, a partir do momento em que se começa a pensar, desenvolvendo a capacidade de discernir.

Toda a escuridão neste planeta veio dos Seres Humanos. Não é necessário atribuir o poder do mal a uma criatura mitológica, para que ele exista na Terra. A mais tenebrosa escuridão pode ser criada pelos seres humanos, se eles escolherem fazer isto. O poder das trevas – assim como o da luz - pode ser criado porque os humanos são poderosos e podem manifestá-lo. O conceito Bem/Mal, pertence aos Seres Humanos porque, em grande parte, é uma parcela do teste de sua própria dualidade e existência. Os humanos têm o poder tanto para criar as trevas, como criar a luz, podendo ir para a luz ou escuridão, fazendo poderosa qualquer uma delas. Entretanto, aqueles que escolheram a luz, têm uma vantagem, porque eles estão usando a "imagem de Deus" em suas vidas.

Não existe, no entanto, uma real separação entre o que chamamos de luz ou escuridão. As trevas e a luz não são energias iguais. Na realidade, a escuridão é ilusória, pois o que chamamos de escuridão, é tão somente a ausência da luz. Você não pode introduzir a escuridão onde já existe luz. Se tivermos um lugar escuro e a luz vier para dentro, a escuridão não aflui para outro lugar escuro - ao contrário, ela é transformada! Logo, a escuridão é uma percepção ilusória. Das duas, a luz é a única que tem um componente ativo e uma presença física. Você não pode "irradiar escuridão" para um lugar luminoso! Mas a luz pode se irradiar em um lugar escuro. Então, fica entendido que a luz é ativa e a escuridão è apenas a falta da luz.

A escuridão é criada com o livre arbítrio por aquelas pessoas que escolhem levar a sua consciência para um lado mais escuro e denso. Portanto, o lugar mais escuro no planeta tem a assinatura delas. Tais pessoas o criaram através de sua própria escolha. O lugar mais divino na Terra, onde existe mais luz, está na mente humana, dentro da energia humana. É o humano que tem a responsabilidade pelas trevas e pela luz, não existe uma força externa da luz ou das trevas, a qual anseia por sua alma. Aqueles que concordarem com as energias mais sombrias da sua dualidade, poderão afundar, ainda mais, nas camadas inferiores das trevas. É o lado escuro que está no ser humano, pronto para ser desenvolvido e amadurecido. O mesmo irá acontecer com aqueles que escolherem se aprofundar nos extratos da luz. Estes desenvolverão os aspectos da luz mais intensa e brilhante. Entende porque o livre arbítrio é importante para a humanidade e é tão divino que o próprio Deus não interfere nele? É, realmente, um dom para que escolhamos livremente quem desejamos ser diante de qualquer circunstância.

Qualquer um pode estar sujeito às duas, pois andamos por aí em qualquer equilíbrio da luz que seja criado pela humanidade, positivo ou negativo. Ainda que nossa essência venha da Matriz Divina, que nos criou semelhantes a Deus, nosso corpo biológico está imerso na 3ª dimensão e nossa natureza é forçada a experimentar qualquer uma das gamas de dualidade que a experiência humana pressupõe, incluindo o que chamamos "mal". Este é, simplesmente, um matiz evolutivo de tantos outros à nossa disposição no campo de todas as possibilidades. Mas o "mal" como pensamos, não pode existir no contexto de nossa Origem Divina. Nesse âmbito, a dualidade seria como uma mera experiência que permite à alma de se experiementar, a partir de qualquer uma das facetas que reveste a Totalidade do Ser, ao estar imerso em "Tudo-o-que-É". No entanto, aqueles que mantêm a luz no espaço da escuridão, esta não permanecerá ao redor deles, pois a definição da escuridão é simplesmente a ausência da luz. Onde quer que forem, a escuridão não poderá tocá-los.

Para equilibrar a luz/trevas, a magia é acender a própria luz. *"Precisa-se entender isso: quando você começa a se mover em direção a luz, está movendo uma estrutura de energia. Essa estrutura é uma zona bem definida e se chama "consciência". Quando nos movemos na luz, deixamos para trás parte da escuridão. A definição de luz e escuridão tem a ver com o equilíbrio da consciência humana, pois é o ser humano que cria a escuridão e a luz para o planeta. É um conceito. Pense dessa forma: você é um vaso, sempre cheio de uma combinação de energia de luz e escuridão. São simplesmente energia! Escolhendo acrescentar mais luz dentro do vaso – tudo que se refere ao amor – ocorre que a parte escura vai se derramando pela borda e desaparece. Essa parte que se desloca, por instinto de conservação, parece lhe "suplicar" para não abandoná-la, pois sempre fez parte de você. Essa súplica dá a sensação de que existe uma legião lutando para lhe afastar da luz e isso pode causar medo – que é uma energia muito potente – e o medo pode arrastar muitos, cada vez mais, para dentro da escuridão. O medo é o elemento mais poderoso da escuridão. Quanto mais poder você entregar ao medo, mais ele lhe arrasta para as trevas.*

O Ser Humano que se focaliza nas trevas, terá trevas! E serão trevas poderosas! O Ser Humano que se focaliza na luz, terá luz. E será uma luz poderosa." Kryon

A dualidade, portanto, representa o livre arbítrio. Esta é a dualidade estabelecida do "Humanismo", dentro do planeta Terra e não tem nada a ver com Deus ou Diabo. Não existe nenhum anjo mal querendo a nossa alma. Acredite se quiser. Saiba, porém, que, acreditando e aceitando essa verdade, você se sentirá realmente livre de um peso tremendo. Você vai se libertar do peso do medo que acorrenta a maioria da humanidade, condicionada por uma mitologia, de algo inexistente. Isso é conhecer uma verdade que liberta, realmente.

Assim, o ser humano é poderoso nas duas direções. Há a energia do que chamamos de "bem" e aquela que chamamos do "mal". É essa a metáfora da maçã de Eva, que a religião pegou muito ao pé da letra e aplica como uma realidade objetiva, mas se trata de um conceito. O bem e o mal não têm uma definição própria, mas são partes de uma coisa só. Você não deve encarar essas duas partes separadamente. São esfumaturas de uma mesma energia. A parte escura é, tão somente, aquela parte que ainda não foi acesa pela luz, através da consciência. Quando você opera mais e mais o setor iluminado, o que acontece é que essa luz vai se expandindo e cobrindo a escuridão. Uma não é pior que a outra. É a ação – relativa ao amor ou medo - e a atenção que você dedica, que produz os resultados iluminados ou obscuros. Mais você se dedica à luz, mais luz se manifesta na sua vida e na daqueles que lhes rodeiam. O contrário é, evidentemente, o mesmo.

Logo, a dualidade é o equilíbrio entre luz e escuridão e é totalmente apropriada, pois é uma parte que nós mesmos projetamos. Não devemos temer essa parte nossa que é tão divina quanto a parte iluminada. Criamos uma atmosfera sinistra e macabra em torno da escuridão que, só em imaginar, nos sugestiona temor. Parece conto da carochinha, mas, simplesmente faz parte de uma nova percepção das coisas, quando procuramos elevar o nível da nossa consciência. Se trata, realmente, de um teste que "anjos", disfarçados de seres humanos, estão fazendo no planeta para nivelar o campo de jogo; e com esta dualidade (luz e escuridão), tentar encontrar o equilíbrio entre as duas. Esse equilibrio irá servir para um projeto universal, ainda oculto à nossa consciência. Não é algo que vem de dentro das tenebras para nos "instigar" e nos arrastar com ele. Esse é um pensamento puramente baseado no medo. <u>A essência da luz é o amor de Deus. Quem tem o amor, tem a luz. Não há tal coisa como escuridão que possa entrar, se estamos transmitindo Luz!</u>

Porém, a pergunta que surge espontanea, é: *"Então, se tenho o mal dentro de mim, devo conviver com ele sem combatê-lo? Não seria o caso de "matar" esse "monstro" interior?"*
Ainda segundo Kryon, a dualidade, sendo parte de nós, permanece conosco por toda a vida. Destruí-la significa nos matar.
Essa polaridade é o que nos faz identificar o que chamamos bem/mal; luz/escuridão; certo/errado e tomar decisões. Além do mais, as sociedades nem sabem realmente o que significa tal conceito. Mudamos continuamente os valores de tais conceitos no percurso da evolução da consciência humana, julgando o que é o bom senso para cada época. Mas o bom senso, assim como o "certo-errado" não é estático. Muda em continuação junto com a consciência humana. Muito daquilo que um tempo era considerado "certo-errado", hoje já não se enquadra mais. *"Mas o bom senso, é sempre bom senso, como pode mudar?"*. O bom senso é dinâmico, é simplesmente a ideia daquilo que naturalmente funciona dentro do correspondente nível de consciência naquele determinado momento. Quando a consciência muda, o mesmo acontece com os atributos do bom senso. Se você parar para analisar o que era realmente "bom senso", 50 anos atrás, você iria se chocar.

Mas o fato é que continua difícil acreditar que você tem Deus em seu interior. Na verdade, muitas vezes é até mais fácil trazer à tona a nossa parte obscura que o lado Deus. Nesse caso, parece que o demônio está em toda parte! E Deus em parte alguma, ou escondido em algum refúgio secreto, criando estratégias para derrotar o diabo. Interessante! Uma parte sua impulsiona a procurar por Deus, mas seu lado obscuro está sempre apertando os botões contrários.

Muitos dizem: *"Não faz sentido ter dentro de mim um inimigo tão forte, sem combater. É preciso derrotar o mal!"*. No entanto, o que é necessário, não é destruir atributos que são inerentes ao nosso ser, mas aprender a lidar com eles sem o conceito de eliminação. Isso é equilíbrio... E este é um conceito complexo para quase todo ser humano vivo. Pois é preciso anular o instinto de sobrevivência no sentido central do termo, e não é nada fácil. Ele transcende os sentimentos de fuga ou de luta, e os substitui pela sabedoria do reconhecimento de que a polaridade existe dentro do nosso DNA quântico, com a finalidade de criarmos o equilíbrio. Não tendo consciência disso em um nível racional, achamos que se o papel de alguém não está em concordância com certas regras estabelecidas, teremos que taxar de "mal". Negamos a verdade de que cada ação que realizamos é de responsabilidade unicamente nossa e, por isso, decidimos criar uma entidade responsável: o demônio. Por outro lado, acreditar que o mal está dentro de nós, é um insulto ao nosso Eu intelectual e à nossa integridade para representar uma vida honesta. Então, achamos que não é nosso.

Imaginando um sistema assim tão complexo, tão grandioso e que faz parte desse nosso pequeno corpo biólogico, nos olhamos pelo espelho e vemos apenas um ser humano envelhecendo, então achamos que isso é tudo o que representa a vida: uma gangorra de altos e baixos. *"Qual o significado da vida? Se faço parte de um grandioso sistema, então eu sou uma parte muito ínfima."* E logo aquela coisa obscura dentro de você, dirá: *"É isso aí, Cara, você tem razão. Você não é nada! Nunca será. Você está aqui por acaso e quando morrer, estará tudo acabado!".* E por algum motivo, o ser humano abaixa a cabeça e diz *"Caramba! Verdade!".* Todo este conceito é algo que você precisa examinar "fora da caixa", fora de qualquer esquema programado.

Para que serve tudo isso?

Deus não poderia ter nos feito somente com o lado iluminado? Por que temos que fazer esse equilíbrio e para que serve? O que acontecerá com a Terra depois desse *teste*? Por enquanto, muitas respostas ainda estão escondidas de nós, mas o fato é que tudo isso faz parte do tecido do próprio universo, com o qual tudo é feito e do qual fazemos parte. No entanto, o que há de mais importante e que precisamos entender, é que se você escolher usar essa força para o *mal* e ser uma pessoa má, tem todo o poder de fazê-lo, pois há livre arbítrio. Deus não se colocará em seu caminho para lhe impedir isto, e não será o diabo quem estará lhe puxando ou entrando em você para lhe possuir. Nenhuma força lhe puxará para qualquer lugar se você não quiser. Este é seu livre arbítrio e qualquer uma das forças que você escolher utilizar, se fará presente na sua vida. Há determinadas seitas que cultuam exatamente isto. Muitos humanos vão até lá, pois é lá que eles encontram poder para exercer sobre outros seres humanos; para criar preocupação, drama e controle. A história é cheia de tais exemplos. Vejam como ditadores foram capazes de convencer tanta gente de que eles estavam certos, e assim assassinaram milhões de pessoas! Esta é a capacidade do ser humano e ela é poderosa. Os maiores ditadores que já existiram no planeta, encontram sua força e poder dessa forma. Eles usaram tal força para atrair a atenção sobre eles, difundindo terror através do assassinato de massas - incremento do terrorismo -, disseminando o medo em seu cinturão de poder. É assim que a coisa funciona. Mas, mesmo se rotulamos essas ações como malígnas, nada mais são que o ser humano exercitando o seu poder do mal. Muitos agora estão fazendo o sinal da cruz, rezando três ave-marias e cinco padre nossos; mas é hora de saber que nós, seres humanos, criaturas de Deus, possuímos um grande e fabuloso poder e podemos usá-lo, sim, tanto para o bem como para o mal. O ser humano é poderoso nas duas direções. Ele tem as energias do anjo e do "demônio" em seu âmago.

E se depois dessa você ainda estiver de pé, aconselho se sentar, pois o que se segue irá mexer com a sua estrutura.

"Muitos riem disto e dizem: "Bem, eu não concordo. Quer dizer que o Diabo não existe? Eu estive em certos lugares e vi a magia negra. Eu vi demônios saindo de seres humanos. Eu vi formas físicas realmente rastejando-se pelo chão e indo embora. Como pode-se negar tal evidência?" Não, o que vocês viram foi a energia escura da possessão humana apresentando-se como a coisa mais escura e mais temerosa que se possa imaginar, e a qual

denominam de demônios. O medo fará com que vejam nisso uma força além do poder humano, e que só poderia vir de um ser tenebroso, saído do quinto dos infernos. Nesse caso, muitos verão a mesma coisa e relatarão muitas verdades ao invés de enxergarem a real energia daquilo que é.

Você acredita em milagres? Então saiba que os milagres não acontecem sempre com a luz. A magia negra nada mais é do que um milagre criado a partir do poder obscuro de um humano. Um ser humano pode fazer isto. Nunca esqueça! Basta de negar o poder que faz parte da natureza humana, seja ele usado para o bem ou para o mal, porque se escolherem, poderão ser mais poderosos do que qualquer coisa obscura neste planeta, mais poderosos até do que qualquer demônio que tenham dito possuir você. E caso queira provas, ative o fragmento de Deus em você. Deixe que o véu da névoa de sua consciência se levante, só um pouquinho, e por si só compreenderá que trata-se da verdade. A descoberta do Eu-Deus muda o equilíbrio para sempre. PARA SEMPRE!

Há razões muito profundas para tudo isto, mas de difícil compreensão na realidade 3D. Precisa haver um equilíbrio para tudo na natureza. E se novamente quiser provas, basta "pressionar" a porta para Deus. É por este motivo que essa falta de compreensão, se chama de véu, pois ele esconde o que realmente está lá. O mal é o humano que assumiu o poder a um nível muito profundo e inferior. Olhem para a sua história ou para o que está acontecendo em alguns lugares escuros no planeta. Vocês não encontrarão o demônio lá. Ao contrário: encontrarão o mal dentro da livre escolha dos humanos que estão fazendo com que isto funcione para eles. É disto que se trata o teste da dualidade, neste momento, na Terra".
(Kryon)

Creio que seja esse o motivo pelo qual muitos líderes espirituais fazem confusão quando afirmam que nascemos do pecado, que temos uma natureza mal e que somos até indignos de falar com Deus. Talvez a causa seja exatamente a má compreensão do conceito de "mal". Intuitivamente, sabemos que temos essa energia escura dentro de nós - o mal – e por não compreendermos o real motivo desse aspecto dentro da natureza humana, supõe-se que é um mal a ser combatido até o último sangue, ou a tentar ser redimido através da última gota do sangue de um mártir, que veio ao mundo exatamente para esse fim. Entretanto, as criaturas de Deus não nasceram com pecado, mas são magníficas! Deus está em nós e até o Mestre do Amor – Jesus - disse isto. Portanto, temos a Luz que supera toda escuridão, abundantemente, se assim escolhermos.

Mas como surgiu essa "bendita" dualidade que atazana as nossas vidas?

Podemos usar um pouco de imaginação e fazer uma "alegoria" sobre o fato, talvez dessa forma melhore parte da compreensão do que está por ser dito:

No princípio Deus, a total energia infinita ou o **Tudo-Que-É**, sabia conceitualmente que era puro amor, mas nunca tinha se experimentado. Como seria provar desse amor? Para prová-lo e defini-lo como tal, seria necessário existir o seu exato oposto. Foi assim que o **Grande Eu Sou Tudo que É,** criou a polaridade. Tudo que não é **Amor**, é definido como **Medo**. A partir do momento em que o Medo nasceu para se confrontar com o Amor, este deixou de ser um conceito e passou a ser algo que poderia ser experimentado. Todos os demais sentimentos existentes se derivam entao, desses dois conceitos.

Foi a partir da criação dessa dualidade (a maçã de Eva), que o ser humano começou a rotular o que é *bem* e o que é *mal*. Criou-se assim as diferentes mitologias, como a queda de Adão, a rebelião dos Anjos nos céus e a figura do diabo.

Então, tudo aquilo que é amor, começamos a etiquetar como *coisas de Deus*; e o que traz medo, *coisas do Diabo*. Se um milagre acontece, todos os méritos vão a um poder divino que não se pode ver ou entender, e que é inexplicável. Porém, se algo move-se na escuridão, é o diabo. É o mal. As energias que não são comuns nos induzem a uma reação, nunca levando em conta a possibilidade de que seja algo o qual nós mesmos produzimos.

Batalhas e conflitos são conceitos baseados em **dualidade**. Deus não compartilha da nossa experiência 3D, no entanto, muitos continuam a basear muito da história espiritual como se fosse realmente daquela forma. Anjos não lutam, não existe batalha por poder e o paradigma de nossa consciência não pode ser transferido para o funcionamento do Espírito. Esta atitude significa que não queremos ser responsáveis por absolutamente nada, seja algo bom ou mal! E tratando-se do mal, entao, é sempre culpa de algo, preferivelmente bem longe de nós. É cômodo passar a bola daqui e dali. Achamos que estamos flutuando aleatoriamente por aí, sem controle próprio, torcendo para não sermos puxados até uma energia "negativa", enquanto fazemos as nossas próprias coisas. Penduramos nosso medo na possibilidade de que Deus, que vem lutando há tanto tempo com Satanás e, mais cedo ou mais tarde, vencerá a batalha e serei salvo. Mas para isso, è preciso estar dentro de uma das mais de 700 versões de crenças espirituais do planeta. Você realmente acha que esse é um pensamento de Deus? **NÃO É.** É mitologia humana frequentemente oferecida com muita integridade por líderes espirituais, que, com boa intenção, naturalmente, têm a certeza de que o caminho deles é o correto, e é assim que as coisas funcionam.

E a lenda se espalhou de tal forma, que na terra se estabilizaram elaboradas mitologias, muito bem boladas com cenas dantescas, tremendas batalhas no céu entre soldados angelicais e guerreiros diabólicos; forças do mal lutando ferozmente contra forças do bem, que, ainda hoje, os grandes cineastas exploram em seus filmes de ficção.

Na mitologia, o anjo *Lúcifer* caiu literalmente do céu. Mas nem mesmo esse "céu" existe da forma como se pensa, pois não se pode criar lugares em um estado interdimensional, isto é impossível. Existe apenas *o Lar*, nosso verdadeiro lar, onde permanecemos quando não estamos aqui... E não é um lugar. É um estado de energia interdimensional e atemporal.

Então, aquele anjo caído foi o responsável por desenvolver um lugar por conta própria, um lugar maligno chamado Inferno, para onde você irá se não se comportar bem. Nesse ponto aqui, você precisará parar um momento e sair do seu estado programado para discernir a verdade, separando aquilo que lhe foi dito, daquilo que a sua intuição está gritando em alta voz para você, agora mesmo. No fundo, a sua alma não aceita essa condição, mas a sua razão condicionada nega a voz da alma. Nós somos a Família de Deus. Pondere, por um momento, se a sua família criaria um Inferno para lhe mandar quando você morresse, para sofrer eternamente, caso você entrasse pela porta "errada". Ou caso você não se declarasse parte de uma das inúmeras caixas de crença cultural. Isto tem sentido para Deus ou é somente uma criação humana, cimentada no sentimento do medo? Certamente, essas mitologias eram coerentes com a necessidade do ser humano em querer compreender e, consequentemente, ir transmitindo para os outros um acontecimento cósmico do qual a alma é profundamente conhecedora, mas a mente não consegue conceber como real.

"No ato de fazer do Universo uma versão subdividida de si mesma, Deus criou tudo o que existe, visível ou invisível, servindo-se, unicamente, da própria Energia Infinita." (CCD1 – N.Walsch)

Sendo assim, fica bem claro que não foi criado só o universo físico, mas também o metafísico. O TODO, o Eu Sou/Não Sou, o Tudo/Nada, com a sua explosão, criou do seu interior um número infinito de unidades pequenininhas, as quais denominou de "espíritos". São esses os inumeráveis espíritos que chamamos Reino dos Céus e que compõem a totalidade do nosso SER. Todas essas partes de Deus, foram criadas para que Ele pudesse se conhecer de maneira experimental, e não só conceitual. Somos todos os seus filhos-espíritos e a nós foi dado, também, o poder de criar, por isso fomos chamados de Filhos de Deus, à sua imagem e semelhança. Não tem para onde escapar dessa realidade. Não dá para enrolar, passar panos quentes aqui e ali, querer nos diminuir, inventar mil caminhos para se redimir, para limpar manchas de pecados desde o nascimento... Nós não somos sujos, não nascemos no pecado e, pasmem: somos bonitos como Deus. Que tal? Toda a sujeira que nos colocamos e procuramos um bode expiatório pra poder nos limpar, é, portanto, consequência da dualidade, do atacamento ao sentimento do medo puramente humano. Nada mais que isso. Nascidos em pecado e sujos? Oh, não! Nascidos limitados na própria consciência de quem somos realmente, sim, mas não em pecado. A alma humana, a matriz humana da qual todos fazemos parte é absolutamente fantástica, requintada, exótica. Não pode jamais ser depreciada.

Deus nos criou para sermos também criadores. Então, cada ação, cada passo, cada decisão que tomamos é Deus agindo, decidindo, se experimentando através de nós. Pensem nisso. É a coisa mais fantástica para se descobrir e aceitar, é a única coisa que, verdadeiramente, "limpa as mancha" que nós próprios, como humanos, nos colocamos por culpa do MEDO! É culpa da descrença de que algo tão obscuro poderia realmente habitar dentro de nós, ou da descrença de que algo tão grandioso, como Deus, possa estar presente em nosso interior. Nos ensinaram que não somos nada, portanto, cedemos nosso poder do bem e também do mal. Precisamos que outros nos digam qual é a verdade. E lá estamos nós, sem poder, sem nenhuma ideia de que estes dois poderes profundos estão bem dentro do nosso ser.

Nesse estado de medo e de não merecimento, é fácil de sermos capturados por qualquer um, para que acreditemos nos mais desvariados sistemas de crenças sobre Deus. Oitenta e cinco por cento da população do planeta, realmente criou para si mesma, as caixas onde podem explicar tudo isto de forma 3D. No entanto, há uma parte de Deus que habita em cada um de nós e está esperando para ser despertada. É uma energia quântica (interdimenisonal, não em 3D). Esse é o motivo pelo qual estamos sendo estigados e puxados para essa busca, para que saibamos que somos parte do **TUDO**. Esta parte de Deus em nós tem um equilíbrio, pois além da iluminação, também está a escuridão mais escura, e tem nosso nome escrito nela. Portanto, isto é **dualidade**. <u>Essa propensão ao equilíbrio libera uma energia poderosa que, junto com toda a energia do Planeta, irá influenciar em algo muito grandioso que faz parte de um plano muito vasto para todo o Universo. E nós somos os pequenos "engenheiros" desse projeto.</u> É importante, é belíssimo e é espiritual! Quer acreditem ou não, a verdade continua sendo verdade. Cada um deve decidir por si mesmo se isto é real ou não. E essa precisa ser uma decisão individual, sem evangelismo de uma organização, sem pessoas lhe dizendo no que acreditar e no que não acreditar. Foi-se o tempo onde podíamos, simplesmente, pendurar a crença de nossa alma no vagão da história e da mitologia que representa. Esta nova energia está começando a prolongar o exame individual das coisas espirituais... Um desejo de realmente saber a verdade. E isso pode ser verificado em todo o mundo, hoje. Este é um novo paradigma de espiritualidade, onde milhões começarão a examinar a verdade que reside dentro deles mesmos – *nenhum lugar para se juntar, nenhuma estrutura para visitar, nenhum profeta humano histórico para adorar, e nenhum livro de regras central.* Muitos se perguntarão como um grupo tão grande de humanos pode existir com seus pensamentos, sem uma estrutura, uma liderança ou qualquer tipo de filiação. *É o novo jeito das coisas, onde o que se descobre internamente é o que é verdadeiro e real, ao invés do que é dito por aqueles que ecoam sua mitologia da história - as quais, em sua maioria, nem mesmo concordam entre si. Kryon*

"*O sentimento é a linguagem da alma. Se quiser saber o que é verdade para você em relação a alguma coisa, veja como se sente em relação a ela. Às vezes é difícil descobrir os sentimentos - e, com freqüência, ainda mais difícil admití-los. Contudo, oculta em seus sentimentos mais profundos, está a sua maior verdade.*"
(Neale Walsch)

CAPÍTULO V

MITOS DIFÍCEIS DE SEREM DEMOLIDOS POR GRANDE PARTE DA HUMANIDADE – BASEADOS NAS MENSAGENS DE KRYON

Mito da Bíblia como sendo o único livro que contém a Palavra de Deus

Certamente, conceituar "quem é Deus", confinando-o dentro de uma dimensão limitada como a que vivemos, já sabemos que é uma coisa improvável. Mas, da mesma forma, achar que Deus ditou um único livro com todas as regras necessárias para a humanidade de qualquer época, é fora de qualquer possibilidade. Os textos antigos, incluindo não só a Bíblia, mas o Torá, Alcorão, Veda, Zend e todos os demais considerados sagrados, são livros que fizeram parte do treinamento da humanidade para que se pudesse alcançar um nível capaz de entender as novas revelações! Não importa o nome que levam, todos foram escritos com essa finalidade. Todos possuem a palavra de Deus, mas também crenças culturais, posição do clero e classes dominantes. Isto nao é nenhum segredo. Agora, existem novas revelações para a humanidade que não se encontram nos textos antigos! Deus continua falando ainda HOJE, em todo o mundo, fora das instituições organizadas, fora das estruturas que ensinam somente o que está selado na Bíblia. Se você conseguir sair por um momento da caixa tridimensional em que se encontra e der uma olhada fora dela, ficará perplexo em ver como a consciência da humanidade mudou em torno do Planeta. Houve uma enorme evolução espiritual porque tudo se evolui. É de *noblesse oblige* dar uma olhada fora da caixa e ver que agora existem novos paradigmas que precisam de uma maior atenção.

Alguns poderão perguntar: *"Por que há tantos neste planeta que ainda não compreendem, que não sentem ou não veem essa mudança?"*. Trata-se simplesmente do livre arbítrio. São aqueles que não colocaram a intenção para fazer parte desta mudança interdimensional tão proclamada nas escrituras antigas; não escolheram sair de dentro da caixa, mesmo apreendendo através das próprias escrituras que um dia isso deveria ser feito. Não estão prestando atenção às coisas que são potentes e disponíveis para serem utilizadas, agora, por aqueles que escolherem fazer parte da mudança. E acredite se quiser, são coisas GRANDIOSAS que estivemos, até então, apenas sonhando.

Muitos colocaram os textos antigos, escritos há mais de 2 mil anos, dentro de uma caixa, e ali se estagnaram. Porém, a surpresa é que Deus não parou de falar 2.000 anos atrás. Deus não é estático, nunca foi e não se importa nadinha de que novas informações, coerentes com a nova consciência planetária e o atual sistema moderno em que vivemos, tragam novas percepções e mostrem as infinitas nuances do seu aspecto. Tudo o que os antigos viram, transmitiram da melhor forma que puderam dentro de uma capacidade dimensional limitada.

A maior parte dos escritores do novo testamento, não conheceu Jesus. Isso porque essas pessoas viveram muitos anos depois em que Jesus deixou esta Terra. Em geral, os escritores de toda a Bíblia eram grandes históricos e tomavam a narração oral que era passada pelos mais velhos, de anciãos a anciãos, até chegar ao conhecimento daqueles que, a partir daí, colocaram por escrito; e nem tudo que foi referido pelos autores da Biblia, foi incluído no documento final. Não é nenhum mistério que a igreja antiga, muitas vezes, selecionou partes da mesma que *deveriam* ser narradas e como deveriam ser. Sobre os ensinamentos de Jesus, era de praxe a igreja se reunir em grupos – como sempre acontece quando algumas ideias revolucionárias são lançadas - para decidirem quais partes da história de Jesus podiam ser narradas.

A mensagem de Cristo, na Palestina, era uma mensagem revolucionária. Foi uma mensagem de amor incondicional para com todos. *"Vos dou um novo mandamento: amai-vos uns aos outros como eu vos amei"*, disse Cristo. O Deus que Cristo pregava não era o Deus dos judeus, vingativo, ciumento ("Eu sou um Deus ciumento"), terrível para a consciência humana, quase animalesca, naquela época. Mas era um Deus de amor, que prestava atenção às ovelhas perdidas, <u>sem puni-las</u>. Ouviram bem? Cristo também perdoou seus inimigos porque eles não eram ruins, mas apenas inconscientes. (*"Pai, perdoa-lhes, porque não sabem o que fazem"*). Em particular, isso introduz um conceito muito diferente àquele típico de "bom/ruim" ou "certo/errado ". Ele quis dizer que todos os erros que cometemos, são erros por ignorância. A aquisição de conhecimento e o consequente poder, é o que determina o crescimento e a evolução. Sua mensagem foi a de que o poder que cada um tem a oportunidade de usar, é o *homem interior* que está somente esperando para ser trazido à luz por meio de uma prévia individualização. "*<u>A tua fé te salvou</u>*" – a tua fé, não "Eu", não Deus, mas a **Tua fé**, ou seja, a força de tua convicção. Ele usou uma ferramenta que estava dentro do próprio indivíduo, logo, ele não tinha necessidade de mais ninguém para salvá-lo. Já pensou na implicação disto? Portanto, a grande inovação de Cristo, foi: primeiro uma mensagem de amor, como motor do universo e como um princípio de Deus; segundo, a simplicidade e a capacidade de usar um poder interior, usando a intenção conscientemente e de espalhar esta mensagem para qualquer um, não só para os iniciados. Cristo se revelou um verdadeiro fenômeno para aquela época e Roma começou a tremer, que para bloquear a avançada mensagem de Cristo, aplica os métodos mais usuais entre os potentes quando não se consegue parar um fenômeno: se compra, se corrompe, faz de conta de estar da parte dele ou então joga-o na lama para desacreditá-lo, mesmo a custo da sua morte.

Desde o ano 391, com *Teodósio*, a religião cristã se tornou a religião oficial do império, e a partir de então, Roma destrói sistematicamente a mensagem autêntica de Cristo. A Igreja Católica torna-se portadora de uma mensagem de ódio e de violência contra o "diferente", contra o herege, contra outras religiões. Os defensores de mensagens autênticas de amor, como os *Cátaros* e os *Dolcinianos*, são, sistematicamente, destruídos em um banho de sangue. Quem ousa propor reformas da Igreja, até mesmo mínima, no sentido da mensagem autêntica de Cristo, é queimado como *Savonarola* e *Giordano Bruno*.

Mesmo depois de vários séculos em que a transcrição original foi escrita, o Conselho da Igreja estabeleceu, mais uma vez, quais doutrinas e verdades deveriam ser incluídas no texto oficial da Bíblia e quais poderiam ser "perigosas", "desviantes" ou prematuro revelar às massas. Como exemplo, os rótulos do Mar Morto encontrados nos últimos tempos, é a prova do quanto foi escondido das massas. Negar esse fato ou achar que a Bíblia não foi tocada em nenhuma palavra, nem modificada, e "ai de quem alterar uma só letra..." seria muita ingenuidade, tal como esconder o sol com uma peneira. É uma coisa natural e óbvia, que uma transcrição em uma época na qual nem sequer existia a escrita, contenha modificações ou omissões. Não é nenhuma heresia admitir tal realidade. A negação desse fato, é uma decisão movida por puro sentimento de medo. *"Acho que um raio vai cair na minha cabeça!"*

Em áreas desprovidas de linguagem escrita, as mensagens e verdades cosmológicas evoluíram para mitos, transmitidas oralmente. Em alguns casos, acreditava-se que as verdades divinas, interpretadas em simbolismo arquetípico não deveriam, não poderiam ser colocadas em palavras escritas.

As informações daquele tempo foram importantíssimas para a evolução espiritual da humanidade, mas agora não são necessariamente aplicáveis para todos nos tempos atuais. *Devemos, então, destruir todos os textos antigos e não usá-los mais?* Não. Foram úteis, enquanto necessários. Existem, porém, muitos deles que estão ocultos e – segundo Kryon - quando forem encontrados, finalmente farão a ligação da nossa biologia ao funcionamento da Terra e, inclusive, ao funcionamento do sistema solar! Eles mostrarão relações entre o DNA e a geologia do planeta; a unicidade com **TUDO QUE É.** Tudo tem o seu tempo e tudo é apropriado.

Teria Deus mudado ao longo das Eras?

Estudando as civilizações de várias épocas, vimos como Deus foi representado de diversas maneiras na história. Deus sempre agiu em conformidade com as percepções daqueles que estavam vivendo naquela determinada época; a modalidade da história, escrita por quem representava a modalidade epocal. Em função destes escritos, rotularam e compartimentalizaram Deus. Alguns utilizaram o protótipo: *o Deus daquela época era terrível! Quando o povo se comportava mal, Ele distribuía castigos severos. Ainda bem que hoje Ele mudou a tática.*

Mas Deus nunca muda. Deus é família, e esta família é estável. Nunca houve mudança na energia de Deus. *Então, como explicar as ações de Deus do Antigo Testamento? E o Deus de hoje? Parecem ser tão distintos!*

O que estamos vendo é uma mudança humana drástica! Não é Deus que muda mas a percepção Dele através das mudanças de consciência da humanidade, que criam mudanças profundas no que é percebido como realidade. Deus utiliza sempre a linguagem da aparência e da observação do ponto de vista do ser humano em determinado período de evolução da consciência. A própria Bíblia prova isso. O Deus do Velho Testamento, chamado o "Deus da Lei", que parecia distríbuir castigos severos, agiu conforme o limite de uma consciência primitiva, em evolução, porém no Novo Testamento, com a dispensação do amor, a sua ação parecia já ser muito mais branda.

Na velha consciência, chamada a "dispensação da lei", o que se relatou nas escrituras identificava a forma que se percebia, através dos filtros da realidade dos tempos. O que se escreveu foi o que os humanos que estavam lá, pensavam de Deus, enquanto escreviam sobre a experiência vivida. Tudo o que viram, transmitiram da melhor forma que puderam, mas dentro de uma capacidade dimensional limitada. A forma como conseguiam experimentá-la, assim a "sentiram" e informaram como verdade. Realmente, estamos em um tempo novo. Mas Deus não é um Deus novo. Porque a sua energia hoje é a mesma desde quando foi criada a Terra.

Em uma certa época, foi narrado na Bíblia que Josué queria ter luz extra para não interromper a batalha contra os amorreus. A maioria dos antigos, naquela época, tinha a percepção de que era o Sol que girava em volta da Terra. Josué, então, orou a Deus para Ele parar o sol, porque, do ponto de vista dele assim como dos demais, era o sol que girava em volta da Terra! Ele não tinha a percepção e os meios para analisar esse fato, como nós hoje temos! A Bíblia fala de uma perspectiva humana, que na época achava que o sol girava em torno da Terra. Essa percepção não foi, aparentemente, modificada. Para Josué, de fato, o sol parou. Hoje, sabemos que é a Terra que gira em volta do Sol e não o contrário. Se Deus não usasse a linguagem da aparência e tratasse o evento sob o ponto de vista científico, poderia ser difícil, senão impossível, ser compreendido pelos antigos. Quando Josué escreveu o relato, as palavras foram colocadas do ponto de vista daquela época, para que os leitores pudessem entender melhor.

Se Josué tivesse escrito que o movimento de traslação da terra sofreu uma parada repentina e a terra cessou de girar em redor do sol, provavelmente o livro de Josué nem iria constar na Bíblia, pois seria queimado pelos judeus ortodoxos, que julgariam como *coisas de bruxo ou do demônio*. A Bíblia, de um modo geral, fala em linguagem antropomórfica, ou seja, de uma perspectiva humana, baseando-se sempre no nível de consciência humana do período.

Então, à medida que a consciência do informante mudava, fazia com que parecesse que a própria divindade também houvesse mudado. Tudo estava nos olhos de quem observava.

Em uma dispensação de amor, Deus não mudou. Pelo contrário, o fizeram os Humanos! O véu está se rasgando. Alguns de vocês estão em fase de descoberta – alguns até estão vendo coisas interdimensionais! É um tempo assombroso que conecta a humanidade com aquilo que os Mestres lhes disseram que era possível.
(Kryon)

Metáfora do Humano Adormecido

Kryon, muitas vezes, usa metáforas para explicar coisas complexas e fora da nossa experiência dimensional, isso porque apenas dessa forma podemos compreender aspectos interdimensionais, já que vivemos dentro de uma dimensão limitada. Essa metáfora explica de forma muito coerente o motivo pelo qual as doutrinas religiosas, que compõem os livros sacros antigos, não podem mais funcionar com as atuais modalidades da nova consciência.

"Foram escritos milhares de livros sobre o método para cuidar do Humano, enquanto este estivesse adormecido... Mas eis que ele desperta de repente! O que é que vocês fazem com os livros criados para os seres adormecidos? Agora já não é mais necessario! Muitos estão despertando num novo paradigma de espiritualidade. As velhas fórmulas para "adormecidos" já não servem mais. Haverá um despertar da espiritualidade neste planeta, e que irá muito além de qualquer coisa que já se tenha visto antes.

A analogia é: a consciência humana foi adormecida por um longo período. A parte dormente refere-se à consciência de que o ser humano seja, também, espiritual e potente. Essa parte permaneceu como se fosse escondida, e vocês estavam ao obscuro de que realmente existisse. Durante esse período de dormência, começou a ser desenvolvida uma metodologia – um protocolo para dar assistência ao humano dormente, e isso é disponível para todos. Essa metodologia tornou-se em instruções espirituais para manter o humano que dorme e é circundado de atenção, sendo assistido em todas as funções corporais, na alimentação física e mental, dando-lhe tranquilidade.

A modalidade dessa assistência foi escrita em livros, tábuas e pergaminhos, muitos dos quais foram descobertos em cavernas e mares, depois de serem desaparecidos por longos tempos. Os métodos são definitivos e funcionaram sempre. Os humanos foram protegidos dentro da sua dualidade e assistidos, de modo a não perderem esse lume de espiritualidade durante todo esse tempo em que mantiveram escondida a sua verdadeira potencialidade espiritual, que é uma parte intrínseca dele próprio. Então, agora, a consciência do humano que estava dormindo, começa a despertar e descobrir a sua verdadeira essência e a divindade que habita nela. Aquelas instruções foram úteis enquanto eles permaneciam "indefesos", como o leite materno para as crianças, necessário para a sua nutrição. Quando se cresce, o leite materno não serve mais. Torna-se inadequado *para o crescimento. Mas não precisar mais do leite não que dizer anular a sua eficácia durante o período necessário. Foi útil enquanto era preciso. Agora não mais. Reflitam isso, pois é profundo!*

Os aspectos divinos daquilo que vocês eram, realmente estão mudando. Alguns livros sacros mais elevados, não mais servirão como no passado. Eles foram bem escritos, inspirados ou canalizados, mas para um humano diferente do de hoje. Agora seria como reescrever a história. As novas escrituras serão "circulares", escrituras do "AGORA" - NEW NOW (o novo agora). Isso significa que todos se tornarão um metafísico? Não. Isso nunca acontecerá, nem deve acontecer. Estamos falando de uma qualidade adicional de sabedoria para todas as culturas e todas as doutrinas. Muitas crenças que atualmente parecem sólidas como rocha, nos seus dogmas da velha energia, hão de mudar para se ajustar a assuntos planetários, tais como excesso de população, comércio e tolerância entre velhos inimigos. Jamais foi visto semelhante alteração espiritual. Esperem para ver!

Veja o que faz o novo Papa. "Kryon, não há nenhum novo Papa". Depende de quando vocês lerão esta mensagem; haverá um novo papa, observem ele (mensagem dada em Washington, DC, em 10/4/05). *Os jovens estão cada vez mais se afastando da igreja e o novo papa deverá ter uma visão mais moderna para implementar mudanças, a fim de mantê-la viva. Não se trata da queda da igreja. Se trata de uma re-calibração da divindade interior, que irá coincidir com aquilo que pregam. O que eles ensinam está em uma modalidade da velha energia. Não se aplica à vida real. Suas doutrinas, para os jovens não soam mais como necessárias ou verdadeiras. Eles as veem como algo decadente, antigo. Mas as religiões organizadas irão mudar. Algumas até deixarão as mitologias que ensinaram por milhares de anos. Começarão a se voltar para os temas fundamentais e descobrirão a verdade que vai novamente atrair os jovens. Serão apresentadas ideias sobre Deus que farão mais sentido para uma nova geração. As Organizações religiosas continuarão a existir, mas seu núcleo terá muito mais integridade do que já tiveram. Muitos de vocês não gostam de ouvir isto, mas esta é a verdade dos potenciais.*

(Texas, 3/3/2012) - Em breve vocês perderão um papa.O novo Papa que virá, poderà surpreender-vos. Ele trará mudanças profundas pois naquele momento do tempo, a organização estará em modo de sobrevivência. Se trata de uma mudança na forma de como os sistemas espirituais atuais funcionam. É um realinhamento dos sistemas espirituais, que ressoa com uma verdade mais forte, movida pelo ser humano, e não pelo profeta. O novo papa terá um tempo difícil, visto que a velha guarda ainda estará presente lá. Alguns poderão até mesmo chamá-lo de "o **anti-papa"** *– ou "o Papa radical - porque irá contra a tradição, quando lentamente começará um processo que vai honrar a*

Virgem Maria, mais do que tenha feito qualquer outro papa - <u>*honrando as mulheres na igreja, trazendo-as para posições mais*</u> <u>*altas... até mesmo como padres.*</u> (Ou Madres?)
Devido às suas reformas radicais, poderá até mesmo haver uma tentativa de assassinato. Tenham atenção a isto.[4]

Notem a Nação Islâmica movendo-se na direção da tolerância com os outros povos e no sentido de uma compreensão moderna na maneira como honrar melhor a sua Fé e, no entanto, permanecer dentro da Nova Energia dos direitos humanos gerais, dando às mulheres um maior controle sobre as suas vidas. Eles elevarão a si mesmos ao saírem de um velho paradigma de culto, para entrarem em um novo, sem que diminua a sua grande linhagem ou a sua devoção a Deus. Haverá muito mais. E vocês terão tudo isso em frente aos vossos olhos, incluindo a mudança de um governo que abraça mais de um quarto da população da Terra e que, à medida que mudar, se inclinará perante a espiritualidade da sua gente. Que espécie de poder é esse? O que deverá acontecer para dar lugar a semelhante mudança? Talvez uma mudança de realidade que mudou a consciência humana? Reflitam!

Muitas coisas que pensam ser sagradas e reais, são mitologia, mas a maioria dos religiosos não aceita como tal. A história de Céu e Inferno é algo que veio direto da dualidade e da mente humana. Como é possível imaginar um campo de batalha com um grupo de anjos mortos? E para onde teriam ido os anjos mortos? Muitos dirão que "a escritura diz que houve guerra entre os anjos." A escritura diz? Deus escreveu isto ou foi um humano? Os humanos colocam em Deus todos os seus próprios traços para que as coisas façam sentido para eles. Diz-se que houve um conflito gigantesco no céu, o qual criou a guerra. Esta é uma descrição da dualidade ~~*humana, não de Deus.*~~ *É o humano olhando-se no espelho e*

[4] Afirmações feitas dentro da mensagem "Recalibrando o Livre Arbitrio", dada em Dallas, Texas, em 3 de março 2012 – um ano antes da renúncia do Papa Benedito XVI.

colocando os seus próprios limites em uma energia que encerra o TODO de tudo, e a criação de tudo. Impossível sequer cogitar em uma "competição" desse gênero.

A história está coberta de conflitos humanos. A mitologia insinua que Deus, para haver o comando, teve que escalar alguma montanha de vitória e de guerra, a fim de se tornar o que É. Use a sua intuição divina e veja se isto realmente faz sentido ou se, simplesmente, é a parte Humana projetada no Ser Maior? Mesmo os maiores homens espirituais usaram a metáfora para interpretar o que eles mal compreendiam das maiores histórias da criação que precisava-se ouvir. Nem tudo é como vocês acham que é".
(Kryon)

Outro mito muito persistente em uma enorme gama de pessoas: "Jesus vai voltar!"

Jesus vai voltar de onde? Jesus nunca se ausentou. Seu espírito habita em nós. As religiões, intuitivamente, confessam isso e nem se dão conta. Dizem: *"Jesus mora no meu coração..."* *"Jesus está aqui, peçam o que quiserem..."* E então? Se Ele está aqui e já faz morada em seu coração, Ele vai voltar para quê? Se apegam ao fato que os evangelhos citam de como seria o retorno do Messias, rompendo os ares e acompanhado de trombetas. É difícil compreender que são alegorias, metáforas que aludem o retorno da "Energia Jesus", não como se imagina aquele Jesus de Nazaré de carne e osso. Quer se aceite ou não, a Bíblia é repleta de pinceladas humanas (o que é muito apropriado) para atingir um nível específico de consciência naquele determinado momento da informação. Se observarmos do nosso atual ponto de vista, com base na consciência dos seres humanos, hoje esse cenário é algo totalmente fora da nossa percepção. Para que Jesus precisaria dessa aparição fantasmagórica? Para humilhar os "pecadores"? Para se vingar dos seus algozes? *Ah... para nos arrebatar!* Arrebatar? Jesus está arrebatando milhares de vidas em todo o Planeta, nesse exato momento. A cada momento alguém é "arrebatado". Se não notou isso ainda, é porque você está parado em um tempo que já não mais existe, atolado na mitologia da história. Em cada bater de olhos, um a um, está sendo "arrebatado" ao se despertar para a consciência de quem somos realmente. Todos seremos arrebatados. Cada um no seu momento apropriado, não todos juntos como muita gente pensa. Comece logo a pensar no seu próprio arrebatamento, pois é individual e se trata de livre arbítrio. Quanto Mais cedo você ativa a sua consciência para isso, muito mais gozo você experimenta da vida!

"Há aqueles que ensinam que os mestres vão retornar ao planeta algum dia, e muitas religiões da Terra reivindicam isto. Alguns observam os céus e dizem: "Está chegando, está chegando... Os mestres vão voltar para nos salvar". Os Humanos que fazem isto, não compreendem, não veem a realidade do que tem ocorrido. Pois todos os mestres retornaram e eles estão neste exato lugar! Onde quer que estejam, aí eles estão. Eles são parte da estrutura de uma nova grade magnética, e eles estão aqui em espírito, não no corpo.

Os verdadeiros mestres que caminharam sobre esta Terra são todos uma família, todos eles. Podem enumerá-los a partir da mais antiga linhagem de Abraão, através de Maomé, até às culturas do longínquo Oriente, até as atuais mensagens dos avatares vivos hoje em dia. Lancem o seu olhar para a sua mensagem básica.

Voltem à fonte. Não precisa que sejam os outros a explicarem o que eles disseram. Não entreguem o seu poder de discernimento a alguém que vá interpretar as palavras de um mestre para vocês. Vocês são tão capacitados como o melhor dos intérpretes "treinados". Voltem à fonte e descubram o que disseram. Eles falarão de compromisso e unidade. Eles unificaram tribos que estavam separadas – deram soluções para quem não as possuía. Muitos foram aos cumes das montanhas para que todos escutassem e falaram da habilitação humana. Disseram aos que os cercavam, que os humanos podiam ser como eles! Deram a todos vocês coisas para meditarem durante eras... práticas espirituais e históricas.

Os mestres da Terra conheciam as potencialidades – e falaram o que vocês podiam fazer; todos eles lhes falaram. Antigos e recentes, todos eles falaram destas coisas. Mestre após mestre falou que a humanidade era uma parte de tudo o que é, alguns inclusive os convidaram a ser "Filhos e Filhas de Deus". Esses mestres eram atuais na época e são atuais agora. Eles sempre serão atuais. São profundos fragmentos de Deus que não mudam, porque representam o amor de Deus que é o mesmo para sempre. Nenhum deles desejava ser adorado. Isto foi feito pelos homens; não foi o que eles pediram.

Assim, todos esses mestres representaram a energia do agora e sabiam tudo a respeito das potencialidades do Humano dessa Nova Energia. Portanto, eles são tão novos hoje como no dia em que vieram na Terra. Recordem isto. **Eles ainda estão aqui!**

O mito sobre a Arca de Noé

O que se segue é cientificamente controverso, porque o que eu vou dizer é que o impacto de pequenos meteoros era mais comum do que se acredita neste momento. Cerca de 13.000 anos atrás, houve muitos impactos. O último, cerca 5.000 anos atrás, foi o mais impressionante. Ocorreram duas coisas no planeta: a primeira é que este causou um tamanho afastamento do manto do planeta, que a Terra passou de uma inclinação de 28 graus a 23 graus e 1/3. Que impacto! Isto foi apenas 5.000 anos atrás.
A segunda coisa é que a civilização foi afetada. Uma grande quantidade de poeira foi jogada na atmosfera, até onde vocês chamam de estratosfera, e o resultado foi principalmente muita chuva. A chuva exterminou grande parte da humanidade. A maior parte dos animais também morreu. Era necessário e indispensável, e nós já falamos sobre isso antes. Era parte do plano. O objetivo principal era apagar todo o conhecimento Lemuriano e criar

muitos lagos para o uso da humanidade. A ciência pode vê-lo nas camadas estratificadas e também tem sido associado à mitologia de uma grande inundação global e à uma arca (a arca de Noé). *É interessante, não é? Há alguns que gostam de definirem-se como teóricos do criacionismo. Eles irão discutir com vocês e serão contra a evolução da humanidade. De alguma forma, ambas as partes têm razão, porque a biologia da humanidade evoluiu muito lentamente. Mas a espiritualidade, a parte sagrada, foi dada de uma só vez, justo como conta a história do Jardim do Éden, chamado Lemúria.* (Mais adiante, falaremos sobre essa raça antiga de Lemúria)." (Kryon)

Mito do Jardim do Éden

"Isto é o que se tornou a história da criação em muitas mitologias no planeta. Tendo isto acontecido rapidamente, e tão recentemente na história da Terra, dá a sensação de que tudo foi feito improvisamente, não existindo alguma evolução para permitir que isto acontecesse. Daí o pensamento de muitos em achar que a evolução não aconteceu sob qualquer condição, e sim que Deus criou os Humanos instantaneamente. Percebem? Há uma semente da verdade para todas as coisas, mas, freqüentemente, são colocadas em um compartimento tridimensional que torna mais fácil para vocês entenderem. Um jardim maravilhoso; a tentação que representa o bem e o mal... – isto é, certamente, muito próximo à visão metafísica do que aconteceu quando um grupo de humanos recebeu as suas duas novas camadas da consciência no DNA. Pois, improvisamente, eles começaram a agir no processo da dualidade, na consciência da luz e da escuridão."[5] (Kryon)

---

[5] Será explicado nos próximos capítulos.

Os Iluminados e a Maçonaria

Alguns transformaram essas duas classes em mitos, outros, em uma lenda banal. Mas qual seria a real história por trás desses sociedades ocultas? Os Iluminados existem realmente? Esse sempre foi um argumento debatido entre sombras de dúvidas e conjecturas obscuras. Será possível que a maior parte da humanidade se deixou dominar por um pequeno grupo poderoso, sem colocar a menor resistência? Existe realmente essa classe dominante no planeta ou se trata somente de uma lenda metropolitana?

Aqui está a resposta de Kryon: *"Em todo o mundo civilizado, tem havido muitos segredos sobre a forma como as coisas funcionam. Muitos têm sido escondidos nos cantos e frestas, com relação às informações disponíveis para os cidadãos comuns da Terra. Os inimigos podem estar atrás das pedras em seu caminho e vocês nunca os verão. Eles podem se reunir em lugares escuros e podem conspirar contra a vida de personagens, conspirar para fazer a economia funcionar de determinada maneira, controlar eleições e até mesmo quanto se deve pagar por cada coisa. Eles podem conspirar para fazer com que a Terra funcione de certa maneira. Eles são poderosos e têm muita influência, talvez até mesmo dentro da ONU.*

São os chamados "Iluminados" e tratam-se de grupos secretos. São os fazedores de códigos e aqueles que puxam as cordas da situação social. Eles fizeram eleições acontecerem, tomaram os mercados financeiros e os controlaram. "Isto poderia ser verdade?" A resposta é sim. Vocês já notaram que havia uma mesmice sobre as coisas – uma estabilidade no passado? Provavelmente, vocês acharam que era apenas uma situação mais sólida - uma coisa boa. Adivinhem por que? Eles controlavam a maior parte disto. Como um grande navio em um curso que raramente se movia, eles manobravam em favor próprio, diretamente para os seus bolsos. Estavam instalados na Grécia.

Foi lá que tudo começou e também onde tudo desmoronou. Para a surpresa deles, uma elevação cada vez maior na consciência do planeta, causada por um sistema de rede em movimento, começou a abrir um cano chamado integridade. Então novas tecnologias foram desenvolvidas, o que permitiu a todos de falarem com todo mundo, quase a custo zero e em tempo real (a Internet!). *Eles não podiam mais se esconderem na escuridão, e então começaram a cair. Não pôde mais haver conspirações neste planeta, ou pelo menos não naquele nível - e esta é a razão: há faróis como vocês ao redor deste planeta que se dedicam a permanecer firmes, deixando a própria luz brilhar. Há luzes sendo acesas em todo lugar, nesse momento!*

Os "maus" do passado estão assumindo modalidades diferentes para atingirem o que eles pretendem, e isso pode realmente beneficiar a humanidade. Eles estão mudando tudo tornando-se ironicamente um "Tio bom" da Terra. Eles começaram a perceber que os velhos caminhos estão se tornando cada vez mais difíceis de controlar. Eles tinham a sua base na Grécia, efetivamente, mas a transferiram para a África. Os fundos estão lá. Com um movimento não muito secreto, eles estão movendo bilhões de dólares da Europa para financiar a cura de um continente. São os Iluminados que irão fornecer recursos para o tratamento da AIDS na África. Um dos maiores problemas das últimas décadas está para ser financiado e resolvido - o cuidado por um continente inteiro.

E por que fariam uma coisa dessas?" Porque se eles puderem fazer parte de grandes governos emergentes, poderão participar, desde o início, de tudo o que acontecerá em seguida. (Eles ainda estão interessados em ganhar dinheiro e poder, sem nenhuma dúvida!) Uma parte de todas as taxas, tributos e impostos cobrados, por exemplo, serão deles. Curando um continente de terceiro mundo, eles sabem da grande probabilidade dele ser povoado por seres humanos saudáveis, que podem comprar casas, ativar empresas e exercer atividades comerciais com outros países. Dezenas de milhões de seres humanos serão tratados durante as próximas décadas. E o resultado será a salvação de milhões de vidas.

O certo é que, agora, há muito menos lugares escuros onde se esgueirar ou se esconder. Isto não aconteceu devido à existência de algum grande grupo cavalgando em cavalos brancos. Sabem quem foram os seres grandiosos que mudaram tudo isto? São aqueles que com a mente do Espírito, decidiram vir para a Terra com o potencial de fazer a diferença! Vocês acham que isso parece uma alegoria, um conto de fadas? Bem, leiam os seus jornais. Falem-me sobre as maiores corporações que vêm desabando porque um indivíduo falou com integridade. Talvez, se eu tivesse dito isso há 15 anos, haveria risos. Poderiam dizer: "Isso é absurdo, Kryon! Nada pode tocar os grandes impérios econômicos. É uma daquelas coisas que nunca mudarão No entanto, isso aconteceu.

(...)Vocês estão observando nesse momento, as primeiras sementes da mudança nos sistemas financeiro e bancários, a qual fala de integridade. A consciência coletiva decidiu reinventar o modo como os banqueiros gerenciam os bancos, como as companhias de seguros administram o seu dinheiro. As regras devem mudar e isso já está acontecendo! Muitos ainda se perguntam o que aconteceu. Neste planeta, está em curso uma podadura que partiu da América do Norte e está atingindo todo o mundo. Já falamos sobre isso alguns anos atrás. <u>*Contra todas as probabilidades,*</u> *aconteceu como havíamos dito.*
Sabe qual é a outra coisa que vocês acham que nunca mudará? As grandes religiões. Existe uma organização muito grande e antiga, a qual ninguém imagina poder ser mudada facilmente (a igreja Católica, ndr). Bem, leiam os jornais. Uma religião muito grande está se reavaliando, um fator de integridade está começando a se mostrar.[6]

Esta organização a que vocês chamam de igreja, está sendo reavaliada e podada. Isto não se limita ao mundo ocidental, apenas. Procurem por isto em todo o mundo. Falamos sobre isso há quase três anos (em 2000), quando dissemos: "Os maiores líderes espirituais que vocês têm atualmente e que procuram pelo divino em seu planeta, estão chegando a uma reavaliação de suas doutrinas". Agora, a energia do que vocês criaram chegou até eles! O resultado? Haverá mais integridade dentro dos escalões daqueles que lideram o planeta em um nível espiritual. Esperem por isso!

É isso o que um aumento vibracional faz. Há menos lugares escuros. E o que acontece com os conspiradores que tramaram contra vocês? Têm menos lugares para se esconderem. Logo, eles se mostram.

Abençoado é o Humano que descansa na verdade do Espírito. Pois isso afetará a própria estrutura celular de seu sangue. Isso trará a ele paz diante da guerra e lhe dará a tolerância quando não houver nenhuma ao seu redor. Produzirá idéias às quais nunca foram pensadas, e criará uma mudança vibracional.

O segredo da maçonaria – preservar a antiga verdade

Gostaria de levar vocês, metaforicamente, em um evento histórico real - não faz tanto tempo - há menos de 300 anos. Quero levar vocês em um lugar cheio de anciãos, todos peritos. Alguns são líderes de governo, outros especialistas em leis e um líder religioso.

---

[6] Isso foi dito em 2003, e hoje vemos uma concreta reavaliação da igraja católica com o novo papa Francesco.

Eles estão se reunindo em segredo, sentados em círculo e participando de uma importante reunião a qual não divulgaremos o nome ou a cidade, mas que foi real. A finalidade da reunião era para se estabalecer um acordo em levar algumas informações adiante, preservando-as de maneiras diferentes, usando as organizações sociais como fachada. Tratava-se de uma época em que os pensamentos intuitivos espirituais eram considerados maus; um tempo em que se ensinava que a natureza fundamental do homem nasceu da escuridão e os dons do Espírito eram vistos como obra do diabo. Esses homens tinham que fazer alguma coisa para preservar a simples verdade de Deus, a qual a humanidade teve por eras, mas que então estava ameaçada. O nascimento da "religião moderna" tinha ganhado força e começava-se a ensinar que os seres humanos nasceram manchados, fracos e que os profetas tinham a chave de tudo e, portanto, tinham de ser seguidos e adorados ao custo até da morte. A espiritualidade foi redefinida e embalada em uma forma fragmentada e impessoal. Os homens começaram a escrever as regras tridimensionais (3D) de "como deve se seguir e adorar à Deus" e os homens começaram a colher certo poder de tudo isso. A humanidade começou a escorregar para as trevas espirituais que seriam preenchidas com mitologia, sofrimento, morte, guerra e ódio, tudo em nome de Deus.

A primeira coisa que esses homens idosos fizeram, foi tirar para fora o que eles sentiam ser um instrumento de poder - os Cristais. Eles colocaram essas pedras dentro de seu círculo em um arranjo interessante. Esta disposição agora é conhecida como o tetraedro duplo, o que para eles era uma forma geométrica sagrada. Com os cristais no chão na frente deles, os homens começaram a cantar uma melodia sem palavras, porque, então, havia o conhecimento de que a voz humana criava uma energia de sacralidade. Deus era visto como "SENDO neles" e por isso enchiam a sala com sons, para purificar o que eles estavam por fazer. Ascenderam também muitas velas, não porque as velas tornassem a coisa mais sagrada, mas porque não existia eletricidade. É estranho, porque até hoje vocês conservam esta semente de memória daquele tempo em que a verdade tinha de ser escondida. As decisões tomadas naquela sala, tornaram-se as sementes das organizações secretas que permaneceram por décadas, por séculos no planeta. Algumas dessas organizações cresceram e foram mal interpretadas, já outras mudaram e tornaram-se organizações bastante diferentes, cheias de ganância. Algumas queriam usar os segredos para o próprio poder. Outras foram chamadas de "Iluminados" (se diziam iluminados, mas não eram), e outros tantos mantiveram os segredos para si mesmos, comunicando muito pouco, preservando a pureza daquilo que tinha sido dado a eles.

*Uma dessas organizações ainda está presente em sua sociedade, e é chamada de **Maçonaria**. Se eles pudessem revelar os segredos que eles mantém, estes homens lhes diriam que o núcleo da informação é que há um profeta em cada um de vocês, chamado Deus e que a fonte da sabedoria, da cura e da energia neste planeta, está dentro de si mesmo. Que conceito! E isso que agora acabam de saber, é o que hoje chamam de New Age.*

Revelações extraordinárias!

Se preparem para essa informação de Kryon, que, com certeza, irá tocar cordas profundas da sua consciência.

O que continha a Arca da Aliança? Diz-se que dentro da arca estavam as tábuas com os dez mandamentos, a vara de Arão que floresceu e um vaso de ouro, contendo o maná. É óbvio que se tratavam de símbolos metafóricos, mas, na nossa limitação, apressamo-nos logo a dar uma explicação tridimensional a tudo. Diz-se que quando os levitas transportavam a arca da aliança, houve um momento em que os bois tropeçaram e Uzá, para proteger a arca, estendeu a mão e a tocou, sendo fulminado ao momento. Está escrito que foi a ira do Senhor que se acendeu contra Uzá e o matou porque desobedeceu a ordem de Deus para que ninguém tocasse na arca. O castigo de Uzá parece ser extremo para o que poderíamos considerar uma boa ação, nao? Deus se irou e o matou, mesmo sabendo que Uzá estava apenas procurando proteger a arca para nao se espatifar no chao. Muitos se apresentam a dar as mais diversas justificativas para esse fato, achando que Uzá foi fulminado porque desobedeceu. Mas a causa da morte de Uzá seria realmente por um ato de desobediência? . Que energia potente existia naquela arca ao ponto de eletrocultar alguém?

Aqui você terá incríveis surpresas! Mas é preciso sair, por um momento, dos esquemas em que estamos habituados a usar!

Isto deixará mais claro sobre o poder que os seres humanos possuem, mas que só hoje, com uma vibração mais elevada, é possivel carregarmos conosco sem eletrocultar a nossa biologia - como aconteceu nos tempos antigos. É profundo e de uma coerência extraordinária. Não se surpreenda, também, se você sentir algo que lhe transporte à uma época que você nunca imaginou de ter vivido. Você poderia ter sido um daqueles que carregavam aquela Arca... pra lá e pra cá. Surpreso? Nem tanto, se pensarmos na complexidade da estrutura do tempo. *E se o tempo não existisse?*

A verdade sobre a Arca da Aliança, a sarça ardente e a abertura do Mar Vermelho

" *A partir de agora, o ser humano dispõe das capacidades que proporcionam o dom destes poderes recentemente obtidos. Quais são esses poderes? Como podem utilizá-los? Como podem sentir o Amor que transportam convosco? Como podem co-criar por vós mesmos e manifestar tudo o que necessitam? Não permaneçam na obscuridade em relação a estas coisas. Esta mensagem tornará tudo isto mais claro. Gostaria de vos levar de volta à velha energia.*

Vocês, enquanto Seres Humanos neste planeta, nunca foram capazes de transportar a vossa própria essência (a parte divina que habita em nós, ndr). *Esse fragmento de Deus que cada um de vós é quando não está aqui, permaneceu no passado como uma peça separada, armazenada em lugares diferentes através do tempo. Quando as tribos dos Israelitas emigraram, a sua Essência era levada na Arca da Aliança. Alguma vez se perguntaram o que ela continha? Era você! Refiro-me a si, pois nem sempre você foi quem é agora, sentado nesta sala ou lendo este livro.* <u>*Vocês são os vossos antepassados e muitos de vós participaram da História que estudam e lêem presentemente, e deixaram mensagens para vós mesmos dentro dessa mesma História.*</u>

É uma grande ironia que, agora, façam investigações para as decifrar, para deixar descoberto as vossas próprias palavras e as vossas próprias ações. Se pudessem examinar o corpo da pessoa querida, aquela de quem se diz que tocou na Arca da Aliança e que morreu devido a essa infração, descobririam que fora eletrocutada. Isso porque a essência do vosso espírito, que foi armazenado nos lugares sagrados durante o período da velha energia, era precisamente elétrica. Ela tinha polaridade e era de natureza magnética. Na velha energia, o Espírito surgia diante de vós com palavras como as que estão ouvindo ou lendo agora, dava conselhos, dizia para onde haviam de se virar, avisava do que ia acontecer e dizia o que tinham de fazer. E vocês obedeciam aos vossos líderes que ouviam essas vozes, pois era assim que as coisas se passavam. No entanto, não possuindo a capacidade para assumirem plenamente a vossa Essência, estavam mergulhados na escuridão, passando através dos períodos de aprendizagem, embora continuassem a ser as peças de Deus convertidas em humanos.

Quando Moisés se ajoelhou perante o Espírito, não se ajoelhou ante uma sarça ardente ou ante uma árvore; ajoelhou-se, isso sim, ante um mensageiro do Espírito. Tais entidades são aproximadamente do tamanho de uma das vossas casas, giram com cores magníficas, muitas delas iridescentes. Foi isto o que Moisés viu, o qual foi descrito depois como uma sarça ardente.

De que outra forma poderia o Espírito ter sido ouvido? Moisés, de fato, ouviu palavras, tal como vocês as ouvem e lêem agora na correta linguagem daquela época. Moisés ouviu palavras que vibraram no ar, e que foram escutadas pelos seus ouvidos. Foi algo realmente sagrado e Moisés descalçou-se... E, quando Moisés regressou e cumpriu as instruções recebidas, algo mais ocorreu; algo que devem saber, pois chegou o tempo de conhecerem o que se passou para poderem compreender, diretamente, o que foi escrito. Quando Moisés conduziu os Israelitas para fora do Egito, tal como o Espírito lhe disse para fazer, conduziu-os através do Mar Vermelho, que, naquele tempo era conhecido como Mar dos Juncos. Se já estiveram naquele lugar, decerto terão reparado nas altas escarpas que se levantam em cada lado daquele corpo de água, um mar que se poderia ter atravessado facilmente. Moisés procurou por uma característica geográfica bem conhecida - uma ponte de terra que cruzava o mar – a qual os Israelitas atravessaram livre e voluntariamente. Foi esta ponte que derrocou sob o peso das tropas do Faraó, afogando-as e enterrando-as sob as águas.

Digo agora estas coisas por razões de credibilidade, para poderem medir a realidade das minhas palavras, pois foi assim que tudo se passou. Na próxima década da Terra, ser-vos-á permitido descobrir, por vós mesmos, os restos dessa ponte. Estará lá para que possam observá-la e se lembrarem das minhas palavras, tal como foram declaradas nesta comunicação. Estas eram as formas de atuação da velha energia e o Espírito podia aparecer, realmente, para vos ajudar.

Então, o objeto conhecido por Arca da Aliança é uma fonte de energia inimaginável! É a vossa essência. Quando a vossa Essência não era levada de um lado para o outro, era armazenada na Câmara Sagrada do Templo. Era nesse lugar que se *encontrava a vossa Essência, que vocês ainda não podiam conter em vós mesmos, pois não dispunham da iluminação de que agora dispõem. Esses Templos foram os magníficos lugares onde se armazenava a vossa mais alta energia, e aos quais, só muito poucos tinham acesso. Outra coisa devem saber: quando o Templo for reconstruído, voltará a conter a Essência e a Energia Sagrada... Mas será completamente diferente. Não será a vossa. **Será a nossa!** É isso que transformará a Terra. Este é o plano e o contrato, uma vez que, nessa altura, a Terra converter-se-á no farol do Universo para que viajantes, como eu mesmo, venham e permaneçam. Isto está no vosso futuro, se assim o desejarem...*

Na velha energia vocês eram guiados pelo Espírito de uma forma muito simples e direta, verbalmente, através de mensageiros enviados aos vossos líderes. Era algo real. A Nova Energia, porém, parece-vos muito diferente, porque vocês ainda transportam a bagagem da antiga e têm dificuldade em compreender e em perceber a imensidade do que se encontra diante de cada um de vós, pessoalmente, neste momento. Porque dentro da Nova Energia, dispõem das ferramentas da co-criação. O que mudou foi que, agora, não há mais Arca, não há mais Templos, uma vez que, dentro de vós mesmos, está a Essência daquilo que são, essa parte de vós mesmos que, antes, tinha que ser transportada e armazenada. E tudo o que é necessário, agora, é a conexão entre o vosso corpo humano em período de aprendizagem e a vossa Essência, recentemente disponível, que passaram a levar convosco." (Kryon)

Kryon explica o significado da Ascenção nos dias de hoje

"O termo "Ascenção", hoje, não significa mais se desintegrar e "deixar o planeta". Significa, agora, mover-se para uma vibração superior, permanecendo no planeta, em uma biologia melhorada para fazer a diferença! Quantos passos para a ascensão existem? Apenas um. Tem havido muita crítica sobre esta afirmação. Já é

hora de vocês entenderem algo: passaram-se as velhas maneiras do progresso espiritual! Vocês estão sendo convidados para um acordo cooperativo onde pegam a mão do seu Eu Superior e se movem para áreas que, simplesmente, não podem ser delineadas, medidas, contadas ou notadas. Não há contas para se contar, não há frases para se dizer, não há reuniões para se participar, não há altares para se preparar e não há mestres para quem pedir perdão. Basta um passo só! O único passo é a intenção de começar o processo com pureza. É a intenção do seu "eu-Deus" que diz: "Eu estou pronto. Eu tenho a intenção de saber mais do que eu sei. Eu tenho a intenção de ficar em silêncio e deixar que o Espírito me diga o que eu preciso saber – sem pretensão – sem ego – sem programação, agenda." Este é o passo inicial, e é o único. Chamamos a isso de "ascensão" porque, literalmente, vocês vibram de maneira mais elevada. A sua biologia e tudo que vocês sentem que são, <u>ascendem em vibração</u>. Esse é o real significado. Chegará o dia, queridos Humanos, em que a sua ciência será, de fato, capaz de medir o acorde nas células, e descobrirão que aqueles que estão "rejuvenescendo" e aqueles que reconhecem o centro do Espírito dentro de si, têm células que "cantam" em um tom diferente dos outros... um tom com uma vibração muito mais elevada. A vibração é a metáfora da música – uma nota mais alta. Então, quando vocês ouvirem o termo "vibrando de maneira mais elevada", estamos lhes dizendo que nem sempre é, necessariamente, uma metáfora.

Eis a definição de ascensão: um novo revestimento espiritual, que é tão profundamente diferente da energia com que vocês nasceram neste planeta, que se parece, e frequentemente é, como uma outra vida. Ascensão é passar para a outra vida sem morrer. Vocês não "vão" a lugar algum. Vocês ficam exatamente onde estão (na Terra). No entanto, tudo mais muda em torno de vocês. Suas paixões mudam – quem vocês são muda. A realidade dimensional, na qual trabalha o seu DNA, muda. Muda tanto que alguns de vocês ficam até com a aparência diferente!

Muitos irão avaliar suas vidas inteiras, como "antes e depois" dessa mudança, estando muito conscientes de quem são agora, em comparação a quem eram antes. Os Humanos ascendentes querem assumir as novas energias interdimensionais e os novos poderes – querem aceitar as dádivas do Espírito – querem fazer o trabalho.

Uma visão sobre a ascenção de Elias, fora da nossa linearidade 3D. O que realmente aconteceu naquele evento?

Segundo Kryon, nada no Universo é linear, nem mesmo a luz, nunca se propagou em linha reta. Ela sofre uma curvatura com a força do magnetismo e da gravidade. Mas na nossa linearidade, tendemos a dar uma justificação tridimensional a todas as coisas interdimensionais que não podemos entender. Então, julgamos que o "Manto de Elias" que caiu sobre Eliseu, foi, sabe-se lá, um pedaço de pano, ou um chale de seda ou uma capa de lã (qualquer coisa serve), que "sobreviveu" àquela potência folgorante e caiu, intacto, nos ombros de Eliseu. Mas a realidade, descrita por quem realmente presenciou aquela cena, é bem outra! Kryon revela aqui, detalhes que não conhecíamos e nos diz que, se pudéssemos interpretar a história de Abraão e Elias fora da linearidade 3D, poderiamos notar uma nova percepção, que vai além da obediência ou da submissão.

"A brisa fresca soprava em uma região montanhosa, onde o profeta Elias se encontra, próximo a um pequeno monte. Ele permaneceu lá, de pé, esperando por algo que sabe irá acontecer. Ele tem um encontro. O profeta Elias irá ascender. Ele sabe disto. Foi-lhe dito e ele está preparado. Nós já pintamos esta imagem antes. No entanto, agora, nossa explicação está um pouco diferente, pois explicaremos um pouco mais sobre o que aconteceu naquele dia.

Eliseu também estava lá. Talvez você tenha pensado que Eliseu fosse apenas um amigo ou talvez o discípulo de seu mestre? Isto não importa para esta história, pois Eliseu realmente estava lá para poder reportar e testemunhar como seria a ascensão de seu mestre, o profeta israelita Elias. O que a maioria não sabe é que Eliseu estava lá para algo muito diferente!

A história mostrará que Eliseu reportou, da melhor forma que podia, a ascensão de Elias. Houve descrições de flashes de luz e arco-íris coloridos. Falou bastante sobre como ocorreu uma desintegração da realidade, quando Elias ascendeu. Foi o melhor que uma pessoa poderia narrar, em 4D, para descrever um processo interdimensional, e Eliseu o fez muito bem. O que realmente aconteceu naquele dia? Não importa o que as descrições dizem, há muita parcialidade em todas elas. Se entende que, quando ocorre a ascensão, vocês precisam subir... ou ir para longe. Mas não é exatamente isso. Não existe "acima" na interdimensionalidade. Também não existe "longe". A luz cegava Eliseu, Elias desapareceu e acreditou-se que ele tivesse sido arrebatado por Deus.

Aqui está o que aconteceu: em uma energia muito velha, Elias tocou a mão de seu Eu Superior e com um flash ofuscante, do qual até mesmo podia se sentir o cheiro, Elias pareceu se desintegrar e retornar para o pedaço de Deus que ele era. Uma luz demorada permaneceu e a energia era potente e pungente. Eliseu presenciou e reportou tudo isto. Mas, aqui está o que nós nunca lhes contamos antes: Eliseu permaneceu em um campo de influência quando Elias ascendeu. Aconteceu algo do qual nem mesmo Eliseu estava consciente. Ele não estava lá apenas para escrever o que havia acontecido. Oh, ele fez isso muito bem, mas o que realmente aconteceu com Eliseu é que Ele assumiu o manto de seu mestre, pois estava perto o suficiente para ter sido influenciado.

Na ascensão de um, a energia foi transferida para o outro (o espírito de Elias repousa sobre Eliseu) e, também, para o pó da terra e para a atmosfera. No caso do humano que permaneceu, ela foi diretamente para as camadas do DNA da pupila de Eliseu. Eliseu retornou daquela experiência aparentemente sozinho, mas não estava. Ao contrário, ele retornou com os potenciais e ferramentas os quais não sabia que haviam sido transferidos para ele. Querem provas? Leiam a história de sua vida. Eliseu continuou fazendo grandes coisas, e muitas tão sábias e poderosas como aquelas que seu mestre havia feito. O manto do mestre o envolveu e ele recebeu a sabedoria das eras. Ele havia visto o que não se podia ver. Ele havia sentido aquilo que era interdimensional e isto o mudou. Lembrem-se disto, pois reflete todo o processo sobre o qual falamos nestes novos tempos. Para a maioria, no entanto, a crença da ascensão como foi descrita, é agora vista como um desaparecimento, e um retorno a Deus, ou ao céu.

Você precisa saber isto: *Há uma nova energia que está envolvendo o planeta, que tem o fator quântico... É uma energia benevolente que vocês criaram e é nova. Dentro dessa mudança revolucionária da consciência humana, você está começando a receber o fator quântico da benevolência, ou seja, a natureza humana está se tornando mais benigna. Alguns de vocês já estão percebendo. É por isso que você vê a terra reagindo dessa maneira, nos últimos tempos. Os sistemas mais antigos estão caindo. Vocês não terão mais ditadores. Isto também significa que você é, agora, capaz de interagir com outro campo quântico; um campo que rodeia cada um de vocês chamado Merkabah, que é o campo do seu DNA. Isto irá criar "uma confluência de quânticidade que se interfazem, criando uma troca de informação." Foi isto que aconteceu com Eliseu. A sabedoria de Elias era avançada!*

Nessas escrituras, estavam presentes os princípios básicos. Está escrito que quando Elias entrou no seu Merkabah, se viu, realmente, a luz do sol como a matéria ao se encontrar com anti-matéria. Uma luz tão grandiosa que não se podia olhar diretamente para ela.

O que aconteceu com Elias, foi a verdadeira ascensão, movendo-se para dentro do seu Ser Superior e todas as partes se reuniram. Verdadeiramente, um pedaço de Deus foi visto no planeta por um momento. Esta é a história de cada um de vós, ao entrar nessa nova consciência.

Capítulo VI

Física e Biologia

Porque o DNA é importante para a Espiritualidade

"Toda a sua glória e formosura está no interior, e só aí o Senhor se compraz; O reino de Deus está dentro de vós, diz o Senhor; Aprende a desprezar as coisas exteriores e entrega-te às interiores, e verás chegar a ti o reino de Deus; O Reino de Deus não vem ostensivamente. Nem se poder dizer: "está aqui' ou "está alí", porque o Reino de Deus está dentro de vós." (Jesus Cristo)

"No centro do átomo é onde eu (Deus)estou. O espaço entre a nuvem de elétrons e o núcleo, está cheio de amor."
"Dentro de cada um de vocês tem um profeta. No DNA há características que são espirituais e interdimensionais e que são quânticas." (Kryon)

É muito difícil aceitar o que aqui será descrito, porque fomos habituados a assimilar muitas verdades que pensávamos que estivessem fora de nós; mas que na verdade se encontram dentro. Não existe outra forma de compreender certos aspectos do ser humano, tanto físico como espiritual, muitos tidos como misteriosos, fora dessa esfera interna. Já foi cientificamente provado que o DNA cria um campo em torno dele e, consequentemente, cada célula tem, também, seu próprio campo. Kryon confirma que a Consciência está contida neste campo criado pelo conjunto de todos os campos de cada DNA: tem propriedades quânticas e transcende todos os limites imagináveis da nossa percepção.

Nosso cérebro só vê o que acreditamos ser possível. Responde a padrões já existentes por causa dos condicionamentos. Se um evento não faz parte da experiência mental, tendemos a não aceitar como real. A **Física Quântica** é a *Física das Possibilidades*. Nos permite entrar no *antro do mistério*, oferecendo-nos uma nova visão do universo. Fomos induzidos a acreditar que o mundo exterior é mais real que o mundo interior. Este novo modelo de ciência, a **Mecânica Quântica**, diz exatamente o oposto. Argumenta que aquilo que acontece dentro de nós, cria o que acontece fora. Muitas das coisas que damos por certo e real no mundo, não são verdadeiras. Muitas vezes somos aprisionados nesses preconceitos, sem percebermos. É um paradigma que está sendo desmantelado.

Mais de dez anos atrás, *Vladimir Poponin*, um cientista russo, utilizou a luz em um experimento com uma molécula de DNA. Com esse experimento, ele descobriu um campo multidimensional em torno do DNA. A luz se esquematizava de acordo uma equação matemática (*onda senoidal*), quando o DNA estava presente. (Ou seja, o DNA físico produziu um efeito nos fótons não-físicos). Ele descobriu que o DNA tinha um campo quântico que, de alguma forma, estava cheio de informações. Caso contrário, como o campo poderia modelar a luz em uma onda *senoidal*? Muitos duvidam que esta experiência tenha sido realizada, uma vez que mostra algo que nenhum ser humano esperava. Há pessoas que, simplesmente, não querem aceitar o fato que alguns biólogos quânticos tenham feito esse experimento e que ele é real! Eles preferiram relegar todas essas informações à *New Age* e não à ciência. Se algo não corresponde ao modelo **3D** de sua realidade, muitos negam que exista.

Só nos últimos anos, com o Projeto Genoma Humano, se começou a suspeitar que o DNA tem muito mais mistérios do que se pensava. Descobriram que apenas 5% da química do DNA, a parte de proteína codificada, tem alguma utilidade. Esse 5% sozinho, constitui a totalidade da produção de mais de 30 mil dos genes humanos. Quando todo o genoma humano foi transcrito, foi visto cada componente químico. Os números são surpreendentes, porque, em uma molécula tão pequena, vista somente com microscópio eletrônico, há mais de 3 bilhões de elementos químicos! A dupla hélice é mais complexa do que se pensa. Esta molécula é suficientemente pequena que pode ser considerada em um estado quântico e *Vladimir Poponin* provou que, até mesmo uma única molécula de DNA, possui, realmente, um campo ao seu redor.

Mais de 90% da química do DNA observado, tem constituído um mistério para a ciência, pois parece não ter nenhuma função útil. Não há nenhum sistema observável, nem simetria, nem propósito biológico que sejam vistos nos 90% da química. Esta parte não possui nenhum código químico como as partes de proteína codificada possuem, sendo assim, os cientistas decidiram chamar esses 90% de "nulidade", ou "DNA junk" - "lixo" - para ficar mais claro. Como é possível que Deus, na sua infinita e ilimitada sabedoria e inteligência, criaria um espaço tão vasto e tão importante para a biologia do ser humano, sem nenhum escopo? Isso tem lógica? A surpresa é que, toda a história espiritual humana, está escrita nas partes quânticas do DNA.

Imagine que os biólogos, não encontrando respostas cabíveis para esse mistério, simplesmente, acharam que essa parte (mais de 90%, senhores) poderia ser um conjunto de componentes químicos residuais do processo evolutivo que o ser humano não precisa mais utilizar. Como não existe nenhum código visível, a coisa mais "sábia" seria ignorá-lo. O que se conclue é que, como muitos outros temas, aquilo que não é entendido como "parte do todo" é descartado devido à ignorância. Os 95% do DNA que não são compreendidos, não são sucata ou lixo, caros senhores. Eles são os processadores que dão instrução e dirigem aqueles 5% que compreendemos. É a parte quântica que contém a espiritualidade, a nossa divindade, a imagem e semelhança de Deus. Que tal? É alí que sempre esteve. Isso é dito, não para ser criticado, mas para se reflitir sobre o que possa significar, para cada um de nós, individualmente. O DNA possue um registro – chamado Akaschico - de toda a nossa existência e todas as nossas passagens neste Planeta. Nele estão registradas todas as nossas expressões de vida, tudo que já realizamos, todas as experiências, sucessos e fracassos. Tudo em um estado quântico, invisível aos aparelhos atuais, por enquanto.

"Não se pode, ainda, serem observados, pois estão em um estado quântico. A física quântica não tem lógica na terceira dimensão, não faz nenhum sentido para o raciocínio linear do ser humano. Todas as coisas que existem fora da terceira dimensão, permanecem um mistério, parecendo caóticas e casuais, em vez de lógicas e sistemáticas. (Kryon)

Então, todo o nosso modelo espiritual e todas as instruções para sermos quem somos, estão naqueles 90% quânticos do DNA. Agora, a ciência que estuda o DNA começa a indicar que há um campo multidimensional em torno dele e que é também projetado. Experiências, agora, mostram que na realidade, dentro desse campo têm instruções para o DNA! Até mesmo uma única molécula do DNA pode alterar a matéria e dar instruções para se formar, segundo um sistema matemático. Esta informação vem diretamente da biologia quântica e isto é ciência, não *new age*.

O DNA é muito maior do que se pensa e até mesmo a ciência de hoje está começando a reconhecer que mais de 90% do DNA, que aparentemente não têm sentido, podem não ser, em absoluto, uma linguagem ou código. Em vez disso, podem ser o que eles chamariam de **"química influente"**, algo que de alguma forma modifica ou configura os cinco por cento que constituem o motor do programa genético. <u>Os 90% do DNA são um reflexo da nossa espiritualidade.</u> O Registro Akáshico, o Eu Superior, aquela porta que procuramos para "bisbilhotar no outro lado", está lá... em estado quântico, pois estas coisas, de fato, não se encontram nas substâncias químicas.

*"Pensem em todas essas substâncias químicas juntas <u>como uma</u> <u>ponte, uma espécie de duto, um portal ou pista quântica para</u> <u>tudo</u>. Então, para se entender melhor, esta ponte química tridimensional/quântica é um influenciador sagrado do genoma, e é muito grande, contendo a maioria das informações do projeto humano de vida. No **DNA** existem atributos do fragmento de Deus que você é. A impressão do Eu Superior está lá. A impressão de quem você é realmente, está lá. Vocês trazem consigo fragmentos e partes da linhagem de um outro planeta e de outras áreas do Universo.* (Kyron)

Divisão celular - um processo estático?

As informações que se seguem são avançadas e muito profundas. Mas o interesse para a compreensão delas poderá trazer para a sua vida verdadeiros milagres, tanto na estrutura fisico-biológica como na espiritual!

Kryon explica sobre as potentes informações que se encontram no 90% quântico. Se você se pegou balançando a cabeça com coisas ditas até aqui, agora precisará de uma escora para evitar de perdê-la, literalmente.

"O 90% quântico do DNA está repleto de informações, tanto espirituais como atemporais. É uma fotografia quântica (um arquivo) de tudo o que você é e têm sido sempre, desde que você chegou ao planeta pela primeira vez. O DNA contém o conjunto de instruções para a vida de cada um de vocês. Dentro da registração Akashica existe tudo, cada vida que você já viveu até a marca do Criador benevolente, imprimida nas próprias sementes da criação. Cada um dos talentos que você já tenha possuído está lá, mesmo se hoje você não use nenhum deles - a gravação está lá. Qualquer predisposição para a fraqueza ou força está lá. Biologicamente, existe lá, uma informação para cada célula estaminal.

Você nunca se perguntou de onde as células estaminais pegam as "informações" para construir o Ser Humano? É nos 90% do seu DNA e é tudo quântico. Por que alguns tipos de DNA quânticos contêm instruções para criar corpos fracos? Por que é que existe predisposição para a doença? Agora vou dar-lhe essas informações, assim você entenderá algo que vem depois; talvez a característica biológica mais importante que tenha sido apresentada. A humanidade está bloqueada na parte 3D do próprio pensamento biológico. Na sua vida 3D, ela simplesmente aceita a química que lhe é dada. Age como se os 5% que produzem os gens, fossem a única parte que exista. Acredita que seja um protocolo químico inalterável que é, simplesmente, "você". Não podem ver como é projetado. É dinâmico e sempre o foi. Não é predeterminado, mas continuará, simplesmente, a repetir aquilo que ele faz, a menos que não haja um outro efeito quântico sobre ele.

Então você vive com os 5%, pensando que se "você recebeu junto com o seu corpo" e parece controlar tudo, você nunca pode falar com eles para se modificar. Muitos de vocês chegam ao planeta com medos, fobias e predisposições. Algumas são positivas. Digamos: Um menino de 8 anos que pinta como um professor e dá pinceladas que exigem 30 anos para serem desenvolvidas - tudo isso é informção daquilo que já está lá, registrado em seu DNA. Talvez você chegue como um compositor; pianista; violinista - esperando apenas que as suas mãos consigam alcançar o teclado ou comecem a escrever as notas. Ou talvez, já chegue sabendo tocar piano e, em um nível celular, só espera que os seus dedos cresçam o suficiente para fazer o que você já fazia antes... Sem lições. Os que escrevem e lêem sem nunca ter ido à escola... Como você explicaria isso, meu caro? Nunca imaginou que talvez, quando você começa manifestando características de um prodígio, isso poderia ser uma continuação da sua vida anterior? A resposta é que tudo isso está contido no conjunto de instruções quânticas dinâmicas de seu DNA; a parte com a qual você nunca fala.

*O corpo humano é projetado para se renovar - todos os tecidos. Lhe foi dito que há tecidos que não se renovam, mas isso é incorreto. Tudo se renova com velocidades diferentes, em momentos diferentes e de maneiras diferentes. **Se renovam**! Então, agora, você sabe que o corpo humano é projetado para viver por muito tempo. Infelizmente, a energia que vocês criaram neste planeta e o que vocês tiveram que enfrentar, reduziu essa possibilidade. Vocês, hoje, não vivem mais de 80-90 anos. Mas não era esse o projeto, sabiam? Os personagens bíblicos viviam por centenas de anos. Essa informação não tem erros de transcrição. Ela é muito precisa. Há milhares de anos, o Humano vivia por longo tempo. Se você soubesse qual era a duração da vida, ficaria de boca aberta. Mas, ao longo do tempo, o DNA recebeu, literalmente, algumas instruções da energia do planeta; uma energia que vocês criaram através da consciência.*

Nós temos a capacidade de nos curar!

Mais de 2000 anos atrás, algo começou a mudar no planeta. Ao longo da história, os antigos viam os sistemas esotéricos como sistemas simples. Ou seja, eles viam todos como sistemas espirituais; serviam-se e os honravam. Eles viam o equilíbrio da natureza e o honravam. De certa forma, era a sua religião, mas não necessariamente o adoravam; em vez disso, os antigos utilizavam cada sistema, sabendo que funcionava e isso bastava. Muitas vezes o temiam e aprenderam a respeitá-lo. Eles sabiam que Deus estava dentro de si mesmos, sabiam que todos eram interconectados, mas não o sentiam como pessoal. Conheciam o círculo da vida e o utilizavam para dar um sentido para os seus problemas do momento.

Então, os Mestres começaram a chegar e dar informações. Se observassem as suas palavras, saberiam o que eles estavam dizendo. Eles disseram que você tem a capacidade de curar-se, que tem a capacidade de abrir a porta e encontrar algo que você não esperava. Eles falavam sobre algo do qual nunca se tinha falado antes: falavam de amor e compaixão como ferramentas do sistema. Foi uma evolução inesperada. Era o que a Terra estava pronta para ouvir, mas os mestres não foram honrados. Tanto no Oriente como no Ocidente, os mestres foram eliminados e somente as suas experiências e palavras foram deixadas, para serem reelaboradas em doutrinas e procedimentos que, na realidade, não os representam por nada.

Há um criador que é sua família - a peça que faltava. Este criador que o humano procura, não quer ser adorado, mas, em vez disso, deseja ser amado como parte da família. A peça que falta, a que vocês procuram, tem um rosto, um coração e vocês o veem todos os dias no espelho. O amor de Deus é real. A compaixão pela humanidade, através de todas as formas de vida, é a cola que foi perdida durante todo esse tempo. É uma idea evolutiva e um passo que vai além do sistema. É quântica e não é mensurável empiricamente. Não tem um lugar e não tem forma. Não se pode ser "listada" e não se pode intelectualizar. Portanto, é fora da caixa de qualquer outra coisa que já foi listada no interior do sistema.

A sabedoria de hoje diz que há um Deus que é sábio, amoroso e está dentro de vocês. Se você der uma chance, vai descobrir que é a família, se você der uma chance, vai descobrir que este é o poder que temos sempre falado. Vocês redescobriram a verdade dos antigos - os segredos se revelam como o coração de uma informação que toda a humanidade conhecia desde o começo.

A célula envelhece porque não recebe informação do nosso consciente!

Deixe-me levar-lhe ao processo de divisão celular. Pouco antes da célula se dividir, é necessário que o projeto clone a si mesmo. O projeto é disponibilizado pela célula estaminal. Esta obtém suas informações a partir da parte quântica do DNA, que nunca mudou desde que você nasceu. Ela permaneceu estática, uma vez que nada jamais a alterou, e, pelo fato de que vocês não acreditam que seja modificável, vocês aceitaram envelhecer. Não existindo nenhum esforço consciente para informar alguma coisa para ela, essa célula continuará lá, imodificável, exatamente como sempre foi.

Digamos: a célula que está para se dividir "fala" com a célula estaminal e diz: "Vamos fazer a mesma coisa de sempre? Mudou alguma coisa?" E a célula estaminal "fala" com a célula que está dividindo-se: "Faça uma outra idêntica." Então você irá se renovar, exatamente como da última vez, sem nenhuma alteração.

O DNA "sabe " – foi projetado para alongar a vida!

Na nova terra, "morrer aos cem anos é morrer ainda jovem". (Is 65:20)

O atributo mais importante que queremos ilustrar é o seguinte: este campo interdimensional do DNA "sabe". Isso quer dizer que ele é construído para prolongar a vida. Ele sabe quem você é. Contém o esquema de sua santidade e é uma das ferramentas mais importantes que você tem para a saúde, para a alegria, para abrir a porta. Está tudo no campo de DNA e não no cérebro. E nesta verdade deve haver celebração. Isto evita de ter que criar o que você pensa de haver necessidade.

Existe uma energia quântica, o sagrado em vocês, que sabe do que você precisa, talvez até melhor do que você! Tudo o que você tem a fazer é conversar com a sua parte quântica e informar. Entendam: o DNA é mais do que química! É um campo e um portal. Estas coisas são os mecanismos do Espírito Santo. Estas são informações avançadas. Há quem sabe como isso funciona e atribuiu-lhe uma geometria sagrada. Isto é verdadeiro e correto.

Se trata, realmente, de um campo. Deixe-me falar algo mais sobre o DNA...

A Camada da Cura

Existe uma camada no DNA chamada a Camada da Cura (segundo Kryon, o DNA possui 12 camadas e a n°9 é a camada da cura). *O DNA funciona assim: Há uma forte dualidade presente. Ou seja, há uma parte que é linear e uma parte, multidimensional. A parte linear é fácil e simples, e ocupa menos de 5% do todo. A multidimensional é a maior parte do DNA, é complexa e difícil de ensinar. Seu Registro Akáshico está lá, O Eu Superior está lá. Tudo o que vocês chamam de espiritual, está lá. O DNA é espiritualmente inteligente, mas desde que vocês estejam vibrando a um nível elevado que lhe permita funcionar plenamente. É por isto que a maior parte da humanidade está consciente somente dos 3% do DNA, não dando credibilidade à outra parte, sob qualquer condição. Não há credibilidade para um corpo inteligente. A própria medicina alopática afirma que o corpo não sabe e precisa de ajuda. Parece que o corpo está ali: inconsciente e estúpido. E, de fato, na realidade 3D parece assim.*

Agora, permitam-me explicar sobre o cenário duplo de cura no corpo Humano e do incrível auto-diagnóstico disponível dentro do DNA. Vamos observar juntos, do ponto de vista linear: E se você tivesse um vírus agora? Será que o seu corpo lhe diz? E se você tivesse um crescimento surpreendente e ameaçador do câncer, unindo-se a um órgão? O seu corpo lhe diria? Vocês não acham isto perturbador? Não é estranho que tenham que ir a um médico para tomar conhecimento de tais informações, através de testes?

Isto não clama, a nível celular, que há algo sendo omitido? Realmente, há, e o que está sendo omitido é 90% da informação quântica no DNA que foi concebido, não apenas para conhecêr o DNA, mas também, para cuidar dele. Mas não è o que acontece.

O fato è que o DNA foi projetado para operar em duas partes, bem como a química que tem sido relacionada no genoma humano. Menos de 5% é linear e a maior parte está esperando para ser ativada. Pensem nisto como 5% sendo o mecanismo do genoma e 95%, as instruções para que este mecanismo funcione. A primeira parte do sistema imunológico é linear. Esta é a parte que vocês conhecem e a parte com a qual a medicina interage, como vocês a conhecem hoje. Os outros 90% só podem ser ativados com energias multidimensionais – energias que vocês conheceram no passado, mas que se perderam.

Agora, esta é uma informação antiga. Os antigos poderiam não ter um conhecimento específico sobre o DNA, mas eles sabiam que havia princípios espirituais que poderiam realizar a cura, e os usavam perfeitamente. O que vocês acham que são os meridianos do corpo, e quantos existem? Eles aparecem nos raios-X? Não. Eles são reais? Sim. Há doze deles. Cada um representa o tipo mais simples de portal multidimensional do corpo Humano para acessar a "inteligência" do DNA. Durante milhares de anos, a humanidade conheceu isto. Agora, como sua "medicina moderna" usa isto?A resposta é que vocês não usam, pois a medicina moderna o vê como uma velha tradição de ignorância.

O que é a acupuntura, ou outros sistemas semelhantes que tratam destes meridianos? Estes são transmissores de informação energética para as partes inteligentes multidimensionais do DNA.

Eles ajudam a permitir que o corpo se cure com a sua própria série de instruções para a sua própria química, ao invés de estragá-lo com química externa, como se o corpo fosse ignorante e precisasse de ajuda. A Homeopatia deveria lhes dizer algo mais, porém vocês não pensam sobre isto. Vocês poderiam dizer: "Bem, isto também é química". Realmente? Vocês acham que uma tintura, uma quantidade quase imensurável de química, inserida no sistema do corpo, seja reacionária?

A pesquisa médica diz que a homeopatia é um "sistema reacionário impossível" e que uma substância que representa somente algumas partes em um milhão, não pode ter um efeito no sistema Humano. Isto ocorre porque é somente um sinal de "informação" ao DNA multidimensional. Na sua forma mais simples, ela dá ao corpo informação para ajudá-lo a compreender o que fazer. É um sinal de intenção que afirma que o DNA é inteligente e precisa somente de informação, não de química, para se curar.
Há uma tremenda energia de cura na Camada Nove do seu DNA, à espera de instruções quânticas para mudar sistematicamente o seu próprio projeto. Pelo fato do DNA operar de modos multidimensionais, nem tudo é lógico à sua compreensão. Pensem em um efeito real na física quântica. Pequenas partículas se comportam muito estranhamente, e não em 3D, sob qualquer condição. Os experimentos mais simples com a luz (experimentos com dupla abertura) mostram isto.

A luz pode estar em dois lugares ao mesmo tempo. A Luz pode até mudar o seu estado de ser - de uma onda a uma partícula - simplesmente pelo ato de ser observada por um Ser Humano. O que isto lhes diz sobre a Luz? Ela é multidimensional e mais inteligente do que vocês pensam. Bem, assim é a sua biologia!

*Sabem qual è a energia mais potente, disponível ao DNA multidimensional? Lhes revelarei: **a consciência Humana**. Vocês* *têm uma consciência sagrada no campo do DNA. Sua consciência pode falar à estrutura celular do seu próprio corpo em uma base diária. Ela pode fortalecer o seu sistema imunológico e afugentar a doença, pois a energia da consciência Humana realmente é só energia de "informação". Ela envia instruções para que o seu corpo mude. Então, a ferramenta poderosa que pode se comunicar com suas células fazendo-as mudar, é a sua consciência.*

Então, gostaria de viver mais de cem anos? Que tal reescrever o potencial do seu DNA; as partes quânticas que falam com as células estaminais e lhe permitem viver uma vida mais longa?

Ser Humano*, não pergunte como. Esta é uma pergunta tão linear. Não me pergunte como. Em vez disso, simplesmente **"seja"** e coloque a intenção de criar estas coisas em sua vida. Você pode iniciar um processo que se realizará apenas pela sua intenção. A intenção de iniciar o processo faz realmente começar! Então, os intelectuais que querem conhecer o procedimento, dizem: "Kryon, você não pode esperar que façamos algo que muda a vida dessa forma, sem que se entenda o processo. Precisamos conhecer o mecanismo. Não podemos confiar nossas vidas a alguma operação misteriosa.". Pois bem, irei fazer eu, uma pergunta a vocês. O que acontece quando vocês sairem daqui, ou de seu trabalho? Darei o cenário: O intelectual entra em seu carro. Em seguida, abre o manual e estuda como funciona a transmissão, cada válvula, cada engrenagem. Em seguida, continua com o manual do motor, cada válvula, e lubrificante, engrenagens, isso antes de ir para casa. Certo? Quero dizer, afinal, não confiam nunca a sua vida a algo que você não conhece como funciona! Ou sim? Veem? Todos fazem!*

Esta pode ser uma metáfora banal, mas uma metáfora que eu quero que se lembrem. Gire a chave e ligue o motor de intenções. Comece a sua viagem, pois há uma grande quantidade de energia que é criada por sua mente consciente... uma energia quântica que você não pode definir ou compreender. Confiem, em vez, no amor, porque é a cola, é o lubrificante da nova energia neste planeta. Não quer ouvir isso, não é verdade, intelectual? Porque eu apenas te disse que a emoção é a chave. Se habitue. Abra seu coração.

Que tal criar a paz no planeta? Acredite ou não, está em curso e começou há mais de 50 anos! (Por essa você não esperava, não é?)

E assim, querido Ser Humano, você tem a capacidade de retornar a um poder que você pensou de ter perdido, em que os seres humanos poderão viver mais tempo, sem destruir o meio ambiente.
Em vez de leis e procedimentos... a sabedoria.

As coisas que não estão em nossa realidade, são inconcebíveis para nós

"Em cada um de nós, habita uma realidade que jaz além de todas as mudanças. Bem no fundo, desconhecido dos cinco sentidos, existe uma essência íntima do ser, um campo de não-mudança que cria a personalidade, o ego e o corpo. Este ser é a nossa essência — ***quem somos nós de verdade.*** *Não somos vítimas do envelhecimento, da doença e da morte. Essas coisas são parte do cenário e não daquele que vê, o qual é imune a qualquer forma de mudança. Este que vê é o Espírito, a expressão do ser eterno. Estas são suposições vastas, componentes de uma nova realidade, e, no entanto, todas são alicerçadas nas descobertas que a física quântica fez há quase cem anos. As sementes deste novo paradigma foram plantadas por Einstein, Bohr, Heisenberg e outros pioneiros da física quântica que perceberam que o modo, geralmente aceito de ver o mundo físico, era falso. Embora as coisas lá fora pareçam ser reais, não há qualquer prova de sua realidade, independente do observador. Não há duas pessoas que compartilhem exatamente o mesmo universo. Cada visão de mundo, cria seu próprio mundo.*

Você é muito mais do que seus limitados corpos, ego e personalidade. As regras de causa e efeito, tais como você as aceita, reduziram-no ao volume de um corpo e à duração de uma vida. Na realidade, o campo da vida humana é aberto e sem limites. Uma vez que você se identifique com essa realidade, a qual é consistente com a visão quântica do mundo, o processo de envelhecimento se modificará fundamentalmente." (D. Chopra)

A Consciência não reina no cérebro.

A consciência não se encontra dentro do nosso corpo biológico, mas fora, no campo dos 90% do DNA quântico. Não é mensurável com códigos e genes e é o que dá a totalidade do Ser Humano. Está fora dos limites da química e continua sendo algo que a ciência vê como misterioso. Dentro da consciência Humana, existe a capacidade de falar com o DNA, de controlá-lo, de trabalhar com ele, e de fazer parte dele. Portanto, um dos maiores segredos nunca antes revelado, é a nossa capacidade de ser responsável pelo nosso próprio corpo e suas funções básicas.

A consciência move a Terra. A consciência é a responsável pela vibração do planeta. A nova ciência já prova que até mesmo alguns processos do próprio planeta, podem ser afetados pelo pensamento humano. Os 90% do DNA podem realmente fazer parte de algo muito maior do que a nossa biologia pessoal.

A ciência considera o cérebro como o centro da consciência, mas não é. O cérebro, o mais elevado grupo neurológico ordenado que a ciência pode ver; é preenchido por uma sinapse complexa e, por isto, os cientistas imaginam que ele deve ser responsável por aquilo que é chamado de consciência humana. **Mas não é.** O cérebro é apenas o motor tridimensional que responde aos 90% de "quanticidade" do DNA. É o motor da sinapse e é infinitamente complicado. Mas é apenas o receptor de informações, para as quais cria sinais elétricos que agem conforme são instruídos e influenciados pelo DNA. Cem trilhões de partes do DNA trabalhando juntas comunicam-se como uma só. Perceberam? Espetacular!

"A ciência não sabe como isto acontece e o elo de comunicação entre a cabeça e o dedão do pé do ser humano, de alguma forma, tem um propósito. Isto se refere ao cérebro? Não, mas a todo o DNA junto, criando o Ser Humano. O DNA "sabe". Todo ele trabalha junto. Isto não é uma coisa que se encontre nos livros de medicina, mas completa uma grande conexão que está faltando e para a qual a ciência não está dando nenhuma credibilidade. O DNA se comunica consigo mesmo! Ele tem uma "mente" e "sabe" o que está acontecendo em todas as partes do corpo." Kryon

A informação, então, segundo essas mensagens de Kryon, é que o DNA de cada um de nós determina um "campo" ao seu redor, que é interdimensional. **A consciência está nesse campo, não no cérebro.** O que o cérebro faz está em sintonia com o DNA. O cérebro sonha... Será que sonha? As sinapses estão lá para mostrá-lo. E no período de sono mais profundo, muitas coisas complexas vêm para fora. Essas coisas estão todas no DNA e são fornecidas para o cérebro. Assim **o DNA também fornece instruções e influência para a atividade onírica do cérebro.** Estas coisas são difíceis de serem explicadas, já que não se tratam de coisas lineares, mas quânticas.

"Vocês estão começando a adquirir um poder para entender algumas energias em torno a vós, mas que nunca foram identificadas devidamente. Vocês preferem ver como energia certas coisas que, especificamente, são "informações energéticas". (Kryon)

Mais um grande mistério desvendado por Kryon:
Qual seria a verdadeira razão da existência de um enorme vazio entre o núcleo e a nuvem eletrônica?

*"Há uma grande distância entre o núcleo de um átomo e a nuvem eletrônica. Se vocês pudessem ir comigo no infinitesimamente pequeno, descobririam uma enorme quantidade de espaço vazio; realmente uma quantidade desconcertante. Os físicos diriam que todo esse vazio é "constituído de nada", no entanto, a maior parte da massa de uma estrutura atômica é constituida desse misterioso espaço; parece ser assim somente porque <u>a ciência não vê o que está no escuro</u>. Uma mente **3D** que tenta de examinar uma realidade multidimensional.*

Tenho dito que o micro e o macro têm muitas coisas em comum em sua própria física. Inclusive na biologia de vocês, há uma ordem que segue o Universo maior. Permitam-me dizer-lhes o que há nesse espaço entre os prótons, no centro do átomo, e a nuvem de elétrons, os quais estão proporcionalmente muito longes e que não se pode ver. Está carregado de informação! Está carregado de física. Lá existem matérias que não podem ser vistas; parte delas chamaremos de "matéria espiritual". Sua consciência interdimensional, todavia, está por manifestar-se. Vocês ainda olham tudo de forma linear em sua realidade de 4ª dimensão. Assim, quando dão uma olhada à matemática, no centro do átomo, só veem o que as quatro dimensões lhes dizem que está lá. Não verão o que realmente existe ali".

O AMOR não é o que se pensa. É uma energia informativa que permeia todo Universo

*A verdade multidimensional é esta: parece que entre o núcleo e a nuvem eletrônica não existe nada, mas, na realidade, esse espaço é totalmente preenchido com informações energéticas, uma energia chamada **<u>AMOR</u>,** mas identificada pela ciência como* **Desenho Inteligente**. *É difícil explicar como isto se manifesta em* *sua realidade, pois vocês entendem somente aquilo que pode ser explicado linearmente; vocês não conseguem examinar algo que esteja além de sua capacidade dimensional de compreender. Vocês alcançaram um limite da lógica e os conceitos caem em ouvidos surdos. As coisas que não estão em sua realidade, são inconcebíveis para vocês. Assim, todo o estudo de um aspecto multidimensional, tem que ser colocado em uma linha reta. Mas o amor não é como vocês pensam e como estão habituados a usar. Quando vocês falam sobre o amor, é realmente um grande tema; mas estudá-lo é uma coisa, experienciá-lo é outra. O aspecto interdimensional do Amor, não pode ser linearizado. Quando vocês se apaixonam, quantas partes e pedaços de vocês, acham que estão apaixonados? Comecem a fazer uma lista. Observem todos os tipos de amor que há, os sentimentos diferentes, as emoções diferentes, as complexidades... Quando vocês amam alguém, não estão pensando nas partes ou na seqüência de uma lista! O Amor é muito mais do que pensam, é energia de informação! É uma energia profunda e real.*

Esta energia em volta de vocês foi vista e identificada há anos! Muitos a viram de fato e acreditaram ser a energia dos anjo; energia dos guias ou até mesmo, talvez, daqueles do passado. Quem pensou que ela poderia ser parte divina de vocês? Quem pensou que poderia ser parte de uma grande perfeição? Esta energia foi chamada de tudo, de maléfica à misteriosa, e muitos a temeram. Mas, o tempo todo, ela era o amor. Abençoado seja o Ser Humano que compreende esta premissa – olhar para o Espírito através do mecanismo de um Eu divino, para coisas boas. Trata-se de assumir o seu poder – um poder que não se compara à força da palavra. Mas sim ao amor. Quanto mais poderosos vocês se tornarem, mais calmos algumas vezes vocês estarão. Sabiam disso? Quanto mais poderosos se tornarem, mais vocês terão plena consciência de que vocês são um grupo! Isto é o que nós queremos, queridos Seres Humanos... Que vocês comecem a entender que muito da ajuda que recebem, vem de uma personalidade que os compreende melhor do que qualquer um, em qualquer lugar: vocês mesmos."

A Energia do Amor pode transformar uma rosa em margarida! Seria isso possível?

A dimensão 3D em que vivemos, faz de nós seres "mutilados". Que tristeza!

"Imaginem receber uma bela rosa vermelha. Pode ser que alguns de vocês não gostem de rosa, não gostem dos seus espinhos, tampouco daquela cor. "Eu gostaria muito mais se fosse uma margarida". Hum, mas ela é uma rosa.

Para quem pensa em um dígito (3D) a cena é vista como estática e imutável. É chato receber uma rosa quando se deseja uma margarida... O modo comum de agir do pensador 3D seria: "Que pena! Será sempre uma rosa, portanto, jamais conseguirei transformá-la em margarida!". A idéia de mudar a rosa ou criar uma margarida a partir da rosa, não se enquadra na maneira de pensar da maioria de vocês. Não é assim? Tudo o que vocês conhecem é em 3D, foi aprendido sempre dessa forma. Se pudessem olhar a semente da qual a rosa se originou e da qual ela regermina, diriam que ela sempre será uma rosa."

Física multidimensional de base - realidade ou ficção?

Um treinamento para nos habituarmos com a multidimensionalidade

"Agora, considerem por um momento um cenário multidimensional, no qual o jardineiro-mestre visita a semente. Imaginem, por um momento, que o jardineiro-mestre possa dizer à semente para alterar, sistematicamente, as informações no seu interior; transformar aquilo que é naquele momento, em algo diferente, de forma que na próxima vez em que as células se

dividam, os espinhos caiam, a cor mude e que, possivelmente, cresça uma margarida em seu lugar! Que tal?

Ora, se isso realmente acontecesse, como vocês chamariam? **"Um milagre... Incrivel! Impossivel!"**. *Assim vocês definiriam aquilo que parece estar fora da previsão de sua realidade dimensional, não é verdade? Nós, no entanto, o chamamos simplesmente de:*

<u>Física multidimensional de base.</u> *Pronta para ser descoberta e compreendida. É a energia da Intenção se comunicando com a energia informativa chamada Amor. Todavia, a reação de vocês é rejeitar as coisas que parecem estranhas dentro de sua realidade dimensional. Eu quero que vocês comecem a olhar essas coisas de uma forma diferente. Quero que vocês comecem a ver a energia muldimensional como uma informação energética e natural. Uma tremenda quantidade do que vocês chamam energia, é, <u>unicamente informação</u> pronta para ser usada.*

Vocês estão acostumados à linearidade e aos elementos ao seu redor se comportando de certo modo, todos os dias. Quando vocês se sentam na cadeira, conhecem sua forma. Sabem que lhes sustenta. Sabem como recolhê-la e colocá-la numa pilha para guardá-la, se for necessário. Esse é o tipo de coisas a que estão acostumados. Mas, e se eu lhes dissesse que existe uma situação onde é possível colocar a cadeira em cima da pilha, para depois se notar que ela encontra-se de baixo de todas? Isso, para vocês, não tem sentido. Vocês não conhecem matéria que atravesse a matéria, não é mesmo? Não podem existir coisas conectadas a outras coisas que "passem através de si mesmas". Não em 4D, ao menos. Deixem-me dizer-lhes por que, realmente, a cadeira permanece em cima na sua realidade. É porque foi a última que puseram lá. Tem menos a ver com o fato de ser sólida do que com a linearidade que faz parte de sua estrutura de tempo. Nas coisas interdimensionais, muitas vezes é a estrutura de tempo o que as leva a seu "lugar". Os objetos, no "agora" [7] se veem sempre juntos, mesmo que vocês acreditem que eles estejam a galáxias de distância" (Kryon)

Podemos modificar as informações no interior das células do nosso corpo

A ciência está descobrindo como reescrever as partes sistemáticas do DNA do corpo humano para mudar a sua estrutura informativa. Já sabemos quanto é poderosa a consciência humana, ao ponto de mudar até mesmo os eventos climáticos e geológicos do planeta. A comunicação com as células do corpo é uma comunicação multidimensional, porque a consciência humana também é multidimensional. É parte do campo do DNA e faz parte do *Merkabah* do corpo.

"Vocês podem falar às células para mudar a sua estrutura de informação. A ciência observa a hélice dupla, onde há três bilhões de partes químicas em cada molécula do DNA. Cada laço ativo (loop)[8] do DNA, tem três bilhões de substâncias químicas. Mas quando a ciência olha para esta química, ela vê somente 5%. Este 5% é o sistema linear. Todo o resto da química não é compreendido, pois a ciência está sempre procurando a linearidade. Eles querem examinar as coisas que eles esperam em sua própria realidade. Mesmo depois que eles viram estes 95% como um aparente mistério, eles continuaram a se concentrar somente nos 5%. Se você tiver uma consciência linear, é tudo o que verá – sistemas lineares e comportamento linear.

---

[7] o agora é o tempo presente que na realidade, é o único que existe - o tempo "fora do tempo

[8] *Loop* em inglês: "aro", "anel" ou "sequência. Segundo Kryon, se chama loop porque carrega corrente. O DNA, portanto, seria um pequeno motor elétrico, sensível a influências magnéticas.

Logo, a parte preponderante do DNA que foi definida como "lixo", é consciência de instrução, é energia, é informação e é imponente!"

A autoregeneração de um coração lesionado é possível!

Digamos que você nasceu com um coração defeituoso. É um coração que não funciona apropriadamente e as suas válvulas não se encaixam. E digamos que isso seja quem você é: uma rosa vermelha com espinhos. E então, em sua realidade, você vai morrer mais cedo. Poderia se perguntar: uma vez que tudo no organismo rejuvenesce, muitas e muitas vezes em sua vida, dado que, sistematicamente, aquelas células padrão estão dando informação para continuar rejuvenescendo, por que um coração danificado continua deformado? E aqui está a resposta: porque a informação sistemática de cada célula, permanece estática. Sem algo que modifique a energia da informação, que está no sistema do corpo humano, ela sempre repetirá o que sempre tem feito. A rosa continuará sendo sempre uma rosa e os espinhos sempre crescerão lá.

Você pode mudar as informações dos 95% de seu DNA

A maior parte da química do seu corpo é a informação que dirigia o carro da saúde e da regeneração. É o motorista que dirige o carro da química e da reprodução de genes. Você pode ensiná-lo a conduzir, de uma forma diferente, orientando os genes de forma intencional e criativa. E então, o coração começa a regenerar-se como todos os órgãos se regeneram – vagarosamente ele se torna um coração funcional e as válvulas se encaixam. E vocês pensam que se trata de ficção científica? Isso está sendo feito agora, pois estão começando a ocorrer invenções multidimensionais no planeta.

Lhes pergunto: Por que uma estrela-do-mar pode fazer crescer um "braço amputado" e vocês não? Porque as informações de base *da programação do DNA do seu corpo, a parte informativa, não o permite. Isso parece lógico? O motorista que dirige o carro de informação, que é o DNA, instrui a química do seu corpo, no momento da concepção, para mudar a rosa em uma margarida. Em seguida, a química permanece estática e nunca é alterado pelo corpo. Então, sem receber informações diferentes, as células deformadas do coração continuam a criar uma nova célula a partir do mesmo padrão deformado. As instruções são sempre iguais e se repetem a cada vez que as células se dividem. Chegará o dia em que vocês poderão modificar as instruções e serão capazes de recuperar um membro, criá-lo novamente. Toda a química está lá. Não é tão difícil, mas as instruções no nível do DNA é que dizem que vocês não podem fazer, pois vocês nunca o viram fazer antes, por isso, não conseguem imaginar.*

Quando há uma lesão na medula espinhal, há uma química que corre ao longo da lesão, impedindo-a de se recuperar, sabia? Há uma estrutura hormonal-protéica que, de fato, a impede de crescer novamente. Para que isso serve? Bem, não serve para nada! É um produto da evolução que nem sempre produz resultados que se esperam.

Nervos são desenhados para crescerem novamente, mas eles não crescem! Vocês sabiam que eles têm até mesmo um código específico de cor, que lhes permite achar uns aos outros no escuro e crescer novamente? Mas eles não crescem! Porque dentro da informação do piloto de corrida, há o comando de não recuperar a medula espinhal cortada.

Chegará o dia em que vocês vão poder reprogramar esse efeito sistêmico do corpo simplesmente com a consciência e criatividade. As células estaminais existem vivas e boas em qualquer parte no corpo humano; esse é o padrão. O que acontece: quimicamente, elas são responsáveis por um ser humano que está predisposto à uma enfermidade e essa predisposição, será então, passada de pais para filhos - vai passando adiante. A energia de 5% e a informação de 90% continuará por repetidas vezes, a menos que seja reprogramada; a menos que a informação que é dada a ela se torne diferente.

Não é química, é energia. É energia multidimensional. Nova tecnologia para reprogramar "peças" e partes do corpo humano. Você sabe o que isso significa? Que as mulheres que carregam certos genes, que suas irmãs carregam, assim como suas filhas o carregarão em predisposições a certos tipos de debilidades, se reescreverem sua genética, reprogramando esse efeito sistêmico do corpo com a consciência e criatividade, nenhum dos seus descendentes carregará tal anomalia. Vocês entendem o que estou dizendo? Seus filhos e os filhos de seus filhos terão somente a reprogramação, eles não terão a informação original. Energia é assim. Energia "informacional" é assim. E há muita no planeta." Kryon

CAPÍTULO VII

A COMPLEXIDADE DO TEMPO

Podemos ser os nossos próprios antepassados

A complexidade desse conceito sempre foi objeto de estudos e reflexões científicas e filosóficas. O tempo é a dimensão na qual é concebido e medido o passar dos acontecimentos, fazendo uma distinção entre passado, presente e futuro. A percepção do tempo é a tomada de consciência de que a realidade da qual fazemos parte, foi materialmente alterada. Se observo meus pensamentos ou as batidas do meu coração, ele atesta que houve um "intervalo de tempo". O intervalo é a prova de que o tempo representa sempre uma "duração" com um começo e um fim.

Mas, o que é realmente o tempo? Para a nossa realidade, não há nada de mais misterioso e evasivo. A física clássica procura sempre evitar a questão, deixando essa tarefa difícil para os filósofos. Na verdade, as perguntas abundam. O "tempo" flui ou a idéia de passado-presente-futuro é completamente subjetiva, descritiva apenas de uma ilusão dos nossos sentidos? O tempo se move em uma única direção, criando um presente em constante mudança? O passado ainda existe? Se assim for, onde está ele? O futuro já está determinado e está esperando por nós, mesmo se não o conhecemos? Em suma, o tempo sempre foi questionado de várias maneiras ao longo da história do pensamento. As definições de *Platão* e *Aristóteles* foram uma referência por muitos séculos, até a revolução científica. Consideramos essencial a definição de *Isaac Newton*, segundo a qual o tempo/espaço é *sensorium Dei* (o caminho de Deus) e fluiria imutável, sempre igual a si mesmo. Uma grande contribuição para a reflexão sobre o problema do tempo, se deve ao filósofo francês, *Henri Bergson*, que, em seu

Ensaio sobre os dados imediatos da consciência, observa que o tempo da física não coincide com o da consciência. O tempo como uma unidade de medição de fenômenos físicos, de fato, se resolve em uma espacialização - como os ponteiros do relógio - na qual, cada instante é representado de forma objetiva e qualitativamente idêntica à todos os outros; o tempo original, no entanto, está localizado na nossa consciência, que o conhece por intuição. Este é subjetivo e cada momento é qualitativamente diferente de todos os outros.

No entanto, essa incrível instrução de Kryon sobre o conceito de tempo, é importante para os temas seguintes, a qual toca uma corda dolorosa, desde sempre, em toda a humanidade - o Envelhecimento. É realmente possível rejuvenescer, ou pelo menos ralentar a velhice, comunicando-se com as nossas células? Essa informaçao de Kryon é basilar e nos dá, também, uma visão fantástica que vivifica e abre novos horizontes para uma melhor compreensão do antigo enigma existente entre os conceitos de tempo, o livre arbítrio e o determinismo:

"A realidade das complexidades da multidimensionalidade é excluída na compreensão do Ser Humano. Não é simplesmente ensinável para uma percepção 3D, como a vossa. Para vocês, o tempo é uma coisa 'singular' porque na sua realidade 3D há apenas uma linha temporal. Não existem tempos múltiplos, mas apenas "um tempo", aquele em que vocês estão na sua realidade. Vocês veem como um único traçado, indo direto para o futuro, em uma única direção, tanto para a sua vida como para a da Terra. Isso não muda. A verdade é que o tempo não está em linha reta como imaginam, mas em um círculo. O que se seguirá será desorientador. Para vocês, é incompreensível que o tempo esteja em um círculo porque na terceira dimensão é uma linha reta com um começo e um fim.

Vamos dar uma olhada em alguns atributos de tempo circular que fazem vocês entrarem em confusão. Digamos que em um trilho de trem, que gira em volta à terra, você passa sua vida inteira para percorrer 30 metros do percurso. Não viajando rápido, digamos que esses 30 metros poderão corresponder à duração de uma vida. O trem se move muito lentamente enquanto gira em torno da Terra. Sendo assim, nem passa pela sua mente de que poderá encontrar o seu passado, certo? Claro que você não encontrará o seu passado depois de 30 metros. No entanto, suponhamos por um momento poder fazê-lo. O que aconteceria se você conduzisse o trem em torno da Terra? No final, não repassaria por cima da mesma energia daquilo que representou o seu passado?

De acordo com esta maneira de pensar, se você ir ao redor da Terra várias vezes, no final, você também pode repassar até sobre aquilo que você poderia ter sido! <u>Ah! Eis que, improvisamente, você tem um atributo do tempo ao qual nunca tinha pensado. Se é um círculo, significa que o futuro influencia o presente!</u> Mas em 3D, você acha que o futuro ainda não aconteceu. No entanto, isso já aconteceu no sentido quântico. <u>Lembre-se que o verdadeiro estado quântico não tem nada a ver com conceitos empíricos individuais; tem a ver, sim, com potencial em constante mudança.</u>

Não existe nem passado nem futuro. O tempo é circular!

Agora vou dar-lhe algumas informações. É possível que o futuro possa lhes dar, agora, energia e informação? Pensem por um instante naquele trilho do trem e complicamos um pouco mais. Agora têm algumas camadas por baixo dele. Cada vez que o trem passa ao redor da Terra, cria um passado e um futuro, certo? Digamos que aquele trem represente a humanidade. Agora você tem o passado, o presente e o futuro de tudo o que já aconteceu, em um círculo, sobre o trilho do trem. (Ou seja, girando em círculo, o seu passado, no próximo giro, será o seu futuro e vice-versa).

Agora imagine, por um momento, que o trem pára, cava nas camadas que estão abaixo e pega algo que ainda não tenha acontecido ou que já aconteceu. Eu não espero que vocês entendam, queridos, mas basta que apenas ouçam, porque isso é o que está acontecendo com a Terra, neste momento. (Kryon se refere a essas camadas, como a possibilidade de você poder usar algo no seu passado para modificar o seu presente ou futuro).

Vocês visitam certos potenciais que em sua mente ainda não aconteceram, mas que, no sentido quântico, sim. Estão recebendo agora, neste planeta, um aumento de vibração que lhes permite ver o traçado do tempo e de escolher para onde vocês querem ir. Vocês estão vendo o potencial quântico de uma mudança vibracional e criando uma cultura que está indo para além do que acham que possa ir. Graças a esta informação, todas as profecias serão anuladas porque a profecia é baseada em um traçado na terceira dimensão (3D) que faz e refaz sempre a mesma coisa. Mas assim que começarem a se tornar multidimensionais, a informação se torna energia e, nesta pista temporal, a energia é a informação dos potenciais da Terra. A dimensionalidade é percebida como algo que é completo. É difícil dizer aos seres humanos que, tudo o que veem ao seu redor, é apenas uma pequena parte do que realmente existe. Isso é mais do que enganoso porque leva àquele ponto que fazem fronteira com o que os médicos veem como um "estado mental perturbado". Ofende a muitos, dizer-lhes que não estão vendo o quadro completo, porque o que os seres humanos percebem, muitas vezes é uma coisa muito pessoal.

Talvez, depois do exemplo dos trilhos do trem, vocês possam pelo menos ver como poderia funcionar se as coisas fossem diferentes de como vocês acreditam.

Atualmente, vocês estão em um estado de profunda conexão com uma realidade que está fora de sua dimensão perceptiva. É difícil de explicar quando a sua realidade mantém vocês em uma linha reta. É realmente muito difícil para vocês entenderem. Mas é fácil de sentir. Imaginem que a solução esteja em você. Imaginem que as coisas que estão planejando já estejam feitas. Imaginem olhar para trás e dizer: "Bem, não era assim tão difícil, verdade?" Imaginem que as coisas mais complicadas estejam já feitas e concluídas. Então, como se sentiriam? Assim é o humano que está se tornando quântico!"

O paradoxo do Tempo Espiritual

Em nossa realidade, temos a sensação de que está havendo uma aceleração no tempo. Na verdade, não está. É apenas um aumento vibratório de nossa posição no espaço que faz com que sintamos como se o tempo tivesse acelerado. Mas somos nós que estamos acelerando. Quando *Einstein* deu os postulados sobre o funcionamento do tempo interdimensional, ele disse: *"Quanto mais rápido você for, mais pode prolongar o tempo e diminuir o seu ritmo."* Isto soa como uma dicotomia, mas, na realidade, é uma característica física e espiritual. É o casamento espiritualidade/física. Uma não pode estar separada da outra. Segundo Kryon, agora, estamos viajando muito mais rápido (vibração mais elevada) desde que a primeira consciência do planeta foi desenvolvida. Com um aumento na vibração, acompanha uma sensação de mudança no seu tempo. Quanto mais aceleramos, mais sentimos sobre nós a energia da aceleração aparente. Quanto mais aceleramos, mais o tempo se alongará! <u>Isto não é metafísica, é física!</u>

"Pensem no tempo como um tapete de borracha gigante, com regras especiais. Quanto mais rápido você for neste tapete, mais ele se esticará em todas as direções. Agora, pensem neste tapete como a representação de um ano de sua vida. Quanto mais vocês aceleram, mais ele se alongará para se adaptar a vocês, qualquer que seja a sua velocidade. Assim, não importa em que velocidade percorrem este "ano-tapete", ele irá ajustar seu tamanho de modo que o ano dure sempre quanto acharem que deve durar. Isto não é dicotomia! Essas duas características coexistem muito estreitamente, tanto em física quanto em metafísica.[9]

A propósito, querido Ser Humano, esse é o núcleo profundo do que lhe pedimos para fazer, de formas interdimensionais. Pedimos-lhe para retardar o relógio biológico. É correto prolongar o tempo porque vocês estão indo muito rápido. Talvez isto ajude a entender algo que parece estar no extremo oposto da lógica. O tempo é relativo à velocidade." Kryon

Todo este ensinamento de Kryon é para que enfrentemos a realidade. O que você "vê" em torno de você? É completo? Existe alguma coisa a mais lá? *"Como posso sair dessa dor?"*

É a realidade em que você escolheu estar que lhe amarra e lhe prende em uma realidade imutável. Veja a solução em você! Comece a ver com vista interdimensional porque agora isso é possível! Isto lhe sugere que, além do seu horizonte, há muitas outras realidades para a sua vida, se decidisse escolher a procurar.

"A informação é energia no estado multidimensional. Todas as coisas são possíveis porque todas são modificáveis.

Se você está lendo isso, provavelmente você é uma alma velha (os que já viveram muitas expressões físicas no planeta) – porque são as velhas almas que estão despertando agora para essa visão multidimensional. Se você tem vivido vidas e vidas, quantas voltas na pista do tempo você acha que já faz? Vocês entendem que são os seus próprios ancestrais?

*Agora, você sabe porque **nada é novo debaixo do sol**, porque tudo o que sempre foi, que é e será, está tudo em um círculo. Está disponível em seu DNA.*

---

[9] Kryon quer dizer aqui, que nós podemos alongar o "tapete-ano" da nossa vida, procurando aumentar a nossa vibração, através da consciência, para vivermos mais.

É o momento que você comece a considerar <u>o tudo</u> dessa forma. Desperte para o Ser grandioso que você é!" (Kryon)

Capítulo VIII

Como Rejuvenescer? Incrível mas, realmente, é possível!

Envelhecemos porque cremos nisso

Deepak Chopra (D.C.), em seu livro *"Corpo sem idade, mente sem fronteiras",* sustenta os conceitos de Kryon, derrubando um dos paradigmas mais sólidos dentro da sociedade: a crença profunda de que fomos feitos para envelhecer:

"A consciência faz uma imensa diferença no processo de envelhecimento, pois, embora todas as espécies superiores envelheçam, só os seres humanos são capazes de saber o que está lhes acontecendo, e traduzem o que sabem no próprio envelhecimento.

O desespero por envelhecer faz com que você envelheça mais depressa, enquanto que aceitar o envelhecimento, graciosamente, evitaria muitos sofrimentos, tanto físicos quanto mentais.

Nosso medo de envelhecer e nossa crença profunda de que fomos feitos para envelhecer, transformam-se no próprio envelhecimento; uma profecia que se realiza por ter sido formulada e que foi gerada por uma auto-imagem destruidora. Para fugir desta prisão, precisamos reverter as crenças sustentadas pelo medo. Em lugar de acreditar que o seu corpo degenera com o tempo, alimentar a crença de que ele é um corpo novo a cada minuto. Em vez de crer que seu corpo é uma máquina sem mente, alimentar a crença de que ele está impregnado com a profunda inteligência da vida, cujo único propósito é sustentar você. Estas novas crenças, não são apenas mais agradáveis de se conviver; elas são verdadeiras — nós experimentamos a alegria da vida através de nossos corpos, portanto, é apenas natural acreditar que nossos corpos não estejam voltados contra nós e sim que desejam o que nós desejamos.

A despeito de parecermos indivíduos distintos, nós todos somos ligados aos padrões de inteligência que governam o cosmos, você e seu ambiente são um só. Olhando para si próprio, você percebe que seu corpo termina em um certo ponto; ele é separado da parede do seu quarto ou de uma árvore ao ar livre, pelo espaço vazio. Em termos quânticos, contudo, a distinção entre "sólido" e "vazio" é insignificante. Cada centímetro cúbico do espaço quântico é pleno de uma quantidade de energia quase infinita, e a menor das vibrações, é parte dos vastos campos de vibração que unem galáxias inteiras: com cada inspiração você respira centenas de milhões de átomos de ar que foram exalados por alguém na china. Todo o oxigênio, água e luz do sol em torno de você, são, praticamente, indistinguíveis daquilo que está no seu interior. Se quiser, você poderá experimentar sentir-se em um estado de unidade com tudo aquilo com que entra em contato. Em estado de vigília normal, é possível encostar um dedo numa rosa e senti-la como sólida, mas, em verdade, um feixe de energia e informação — seu dedo — está entrando em contato com outro feixe de energia e informação — a rosa. Seu dedo e a coisa em que ele toca, são apenas afloramentos mínimos do campo infinito a que chamamos de universo. Doença e envelhecimento representam a incapacidade do corpo em atingir seu objetivo natural, ou seja, juntar-se à mente em perfeição e realização." (D.C.)

Não deixe que as células lhe controlem!

Aqui vai dar muito *pano pra manga* para quem ainda insiste em permanecer naquela realidade antiga do "avaro cognitivo", limitado e fechado dentro de suas convicções irremovíveis. Esses são os que não deixam a menor abertura para uma expansão mental, mas a consciência planetária, hoje, exige que eles abram passagem ou acompanhem os passos gigantes de uma realidade novinha em folha, se não quiserem ficar sozinhos no deserto de uma realidade que ficou para trás. Se for o seu caso, se prepare para a perplexidade dessas informações, ou então... Abandone esse barco!

"Por que você decidiu que as células do seu corpo é que vos controlam? Por que você decidiu que seus genes devem ser, do ponto de vista biológico, o mesmo para sempre? Quem lhe disse isso? Um paradigma da velha energia, é: 'Deus me criou assim e assim morrerei'. Lhes direi isso: com a mudança interdimensional, toda a forma de pensar sobre os seres humanos pode ser revisada para incluir novos dons! O novo paradigma, é: 'Não importa como eu nasci. Sou eu que tenho o controle da minha biologia, do meu sistema imunológico e da minha consciência. Deus me criou como uma criatura capaz de reivindicar as energias divinas no interior do meu Akascha... E posso mudar totalmente a minha biologia, a minha aparência e minha força, em qualquer modo eu deseje.'" (Kryon)

Muitos se resignam a um destino negro, aceitando a sua triste condição de um modo indiscutível porque pensam que assim deve ser. Até pouco tempo atrás, isso era realmente dessa forma. Fazia parte da ignorância coletiva que ainda crê de sermos seres jogados em um planeta, à revelia de um destino algoz e pouco ou nada poderíamos fazer para modificá-lo ou evitar que circunstâncias dramáticas nos envolvessem. Éramos ao obscuro do poder escondido em nós, não sabíamos nem mesmo de possuí-lo. Mas agora é completamente diferente. A humanidade começou a despertar para uma nova realidade que revela quem somos realmente e o poder que possuímos dentro de nós, na qual já entramos completamente há anos.

Parece impossível que possamos controlar nossa biologia ou modificar a nossa realidade, mas já existem professores no planeta, como *Gregg Braden e Bruce Lipton,* que agora estão treinando pessoas sobre como "pensar além dos gens". Porém, as informações de Kryon a respeito disso, são ainda mais profundas e, para os mais céticos, têm sabor de ficção científica. Porém, se é verdade que temos um tal poder (e temos), o qual até as escrituras sacras citam e a ciência começa a vislumbrar, para que serve então? Antes de pôr uma pedra em cima do assunto e ir taxando como *coisas absurdas*, por que antes não usar o discernimento espiritual e, com sinceridade, perguntar-se: *poderá isso ser real? Tente!*

Nós possuimos um "estoque" de quem fomos, dentro do conteúdo de nosso DNA. Este seria como um material de "reposição" ou "substituição se assim quisermos definir. Você pode mudar até alguma doença em seu sangue. Como já foi dito, tais informações se encontram no registro *Akáshico* que, por sua vez, é parte de DNA e, portanto, nos pertence. Cada um de nós, se hoje somos velhos, um dia fomos jovens. Se você hoje tem uma doença, existiu um momento na sua vida – ou em outra vida - em que você não a tinha. Para melhorar a compreensão desse complexo conceito, lembremos que o tempo, como imaginamos, não existe. Ele não é linear, mas circular. Logo, como Kryon informou, seria como passar várias vezes em cima do mesmo círculo. O que Kryon informará aqui é, em palavras pobres, a possibilidade de você, digamos, recolher aquela parte sua, antes de ter contraído a doença e se apossar de novo daquela parte sadia. É um conceito complexo, mas muito coerente dentro dos atributos de uma realidade quântica. Vejam com bastante atenção como isso acontece, pois é importante:

"Ouçam: se no seu estoque incluir um Ser Humano jovem e com saúde, ele ainda estará lá! Ali pode estar incluído também as suas habilidades para fazer algum tipo de coisa; de ser um artista, um orador, um escritor, um guerreiro, uma pessoa com muita confiança em si mesmo, uma pessoa que pode estar e andar de cabeça erguida. Você entende que todos eles são "você"? Tudo ainda está ai. Porém, você diz: "Mas isso está no passado. Não se

*pode tocar no passado". E eu digo: **como vocês são lineares**! Porque os novos dons são para vocês usarem em uma visão não-linear da estrutura celular. Delinearize sua vida e verá que não só pode tocar essas coisas, como pode extrair da fonte. Você pode facilmente! **Como funciona?***

Comunicação com Deus

Deixem-me lhes perguntar algo: vamos dizer que seja o momento de vocês conversarem com um dos órgãos do seu próprio corpo e o exercício do dia seria falar com o seu rim. Vocês então construiríam um rim gigantesco e o adorariam? Oh, como vocês são 3D! Percebem o que eu estou dizendo? Por que vocês fariam isto, quando ele está dentro do seu corpo? É porque vocês não percebem Deus como vindo de vocês. Então, trata-se de percepção divina. É o momento para que vocês mudem a imagem de vocês! Quando o fizerem, abrirão os seus olhos, olharão no espelho e dirão: "Eu Sou O Que Eu Sou. Deus está em mim!". É difícil fazer isto como um ser humano. Isto exige que vocês saiam da sua velha realidade de condição de vítima." Kryon

O ser humano bidimensional e a transformação interdimensional

Qual a diferença de um adulto normal e a criança de hoje? O adulto caminha em uma linha reta e a criança em um círculo. E a diferença é abissal. Veja porque, através de Kryon.

"Aqui estão sentados vocês, numa era que muda enormemente, num planeta que ressoa sob seus pés com transformações vibracionais. O Humano senta-se aqui e fica imaginando se é poderoso, sem compreender quem ele é. A humanidade senta-se e teme o clima, sem nunca compreender ou perceber que a Terra é sua parceira. Vocês são parte do todo! Vocês estão no controle.

"EU SOU" - há mais nesta frase do que os olhos veem. Pois há uma energia dentro desta frase que é intraduzível. Quando vocês

veem a frase "EU SOU O QUE EU SOU", ela é o reconhecimento do "agora". Porque o "EU SOU O QUE EU SOU" diz que há um círculo dentro da frase que continua a circular. O "SOU" que é o círculo gira, assim como o "EU" que está no meio. Estamos dando a vocês símbolos do "agora". Estamos dando a vocês a geometria de um círculo – ininterrupto – perfeito em sua geometria de base 12, porque vocês precisam ouvir isso, meus queridos. Nós repetimos inúmeras vezes a vocês que estamos no "agora". Vocês, enquanto humanos, estão no tempo linear.

Esta explanação não é apenas mais umas tantas palavras. Ela significa muito mais para vocês nesta nova energia de expectativa. É hora de vocês compreenderem os atributos primordiais de sua essência – que não é uma linha reta – ao contrário, é um círculo. A geometria é realmente feita de círculos (e linhas retas que criam a simetria da forma dos círculos), os quais praticamente sempre se repetem sobre si mesmos e se fecham em sua perfeição. Em seu estado sagrado e natural, vocês jamais verão uma linha reta que vai ao infinito. Ela não é parte de vocês enquanto um "pedaço de Deus". Ainda assim é dessa maneira que um Humano percebe, e é uma percepção unidimensional e muito linear. Quando vocês olham para trás em seu caminho, vocês acrescentam uma dimensão. Então a coisa fica bidimensional. Se vocês olham para cima, aí está a terceira. Se vocês olham para o tempo que se leva para ir de um lugar a outro de seu caminho, aí está a quarta. E dentro destas quatro dimensões, os Seres Humanos operam 90 por cento do tempo. Ainda assim estamos pedindo a vocês que percebam e estejam na quinta, sexta e sétima dimensões ao vibrarem mais alto! Quando vocês se colocarem no "agora", estarão realizando esta transformação interdimensional.

Alguns atributos do "agora" *– Essas, talvez sejam coisas sobre as quais nunca pensaram. Prestem melhor atenção às criança que estão vindo ao mundo para compreendê-las. Quando elas abrem os olhos e olham dentro dos olhos de seus pais e mães, elas veem a família espiritual que esperavam ver. Vocês sabem por que elas* *freqüentemente agem como "realezas"? Até que vocês mostrem o contrário, elas veem o rei e a rainha em vocês!*

Não é por acaso que tão logo comecem a falar, as crianças freqüentemente digam onde estiveram ou quem "eram" antes desta vez aqui. Vocês percebem, elas acham que vocês também estão sabendo. Elas não têm a ideia de que vocês possam não estar sabendo. Afinal de contas, vocês são os sábios que lhes deram nascimento! É no terrível reconhecimento de sua ignorância de entendimento, nesta matéria, que freqüentemente elas se tornam introvertidas e tendem a um isolamento social. Há um aspecto destas crianças que vocês ainda não reconheceram. Elas possuem um atributo dentro da estrutura impressa de seu DNA que vocês não têm.

Elas têm a compreensão sobre o "agora". Como é que estas crianças podem ser tão sábias? Como é que uma criança parece conhecer um jeito melhor no qual as coisas podem funcionar, do que o sistema que os adultos lhes proveem? A resposta é que elas já viram o jeito antes – num círculo, no "agora". Elas têm um atributo de conhecer, de ter "estado ali antes e de ter feito isso ou aquilo". No processo deste "conhecer" também está o atributo de parecerem ser difíceis. Vocês alguma vez já tentaram dizer a uma pessoa algo que elas já sabiam, ou que talvez já conhecessem bem melhor que vocês? Pensem sobre isso. Pode não parecer muito apropriado vindo de uma criança, mas é isso exatamente o que está acontecendo.

Deixem-me dizer-lhes a diferença entre tempo linear e o "tempo agora", de uma maneira que talvez vocês nunca tenham pensado antes. Este "tempo agora" é uma maneira espiritual de ser com a qual vocês terão que se acostumar, e vou levá-los através de alguns atributos da humanidade e mostrar-lhes como a percepção linear versus a percepção "agora" é uma informação necessária. Também irá ajudá-los a entender porque o Índigo é um ser pacífico – que compreende o equilíbrio.

Meus queridos, os Índigos[10] só tornam-se desequilibrados quando a cultura ao seu redor os desequilibra. Quando isso acontece a um índigo, acreditem, ocorre realmente um terrível desequilíbrio. Não é marginal. Quando vocês desequilibram um dínamo, ele voa em pedaços. Os Índigos anseiam pelo equilíbrio. É seu estado natural. Pertencem ao "agora".

Os Seres Humanos veem um caminho à frente deles e um caminho atrás deles. Como um trilho infinito de trem no qual a máquina da vida se move, o Ser Humano também pode entender o infinito – algo que jamais termina – um trilho que segue infinitamente. O Ser Humano, entretanto, não pode compreender algo que não tenha início (o infinito na outra direção)!

Há uma razão para isso. É porque em seu estado sagrado não há tal coisa de uma linha reta que não tem início. De fato, é muito comum para o membro da família que ouve ou que está lendo isto dizer: "Eu não consigo entender algo que não tem começo." Vou lhes dizer por quê: é porque isso é algo estranho à sua estrutura celular, uma estrutura que existe num círculo!

Se vocês pudessem realmente ver a linha reta que desaparece atrás de vocês e enquanto desaparece no infinito à sua frente, para além do horizonte, vocês entenderiam. Como uma estrada perfeitamente reta na Terra possivelmente terá que se encontrar devido ao fato de a Terra ser redonda. E assim, mesmo a aparente linha reta unidimensional é, realmente, um círculo. O "não começo" que vocês não conseguem entender é o que vocês estão vendo no futuro. Se vocês se fixarem muito no futuro – se desesperando pelo que poderá acontecer – o que acontece é que ele chega e bate em suas costas! Parece um mistério, mas não é.

---

[10] detalhes sobre os Índigos, mais adiante.

Qual é a diferença entre o Ser Humano que caminha numa linha reta e o Ser Humano que compreende o que é estar num círculo? Por um momento, imaginem a si mesmos na vida, andando por um caminho reto. Se alguns de vocês podem visualizar este caminho e sentir o quão reto é, melhor ainda! Pois, poderão pensar: "Realmente, estou fazendo um caminho de 'luz' – reto como uma flecha, e ciente espiritualmente." No humanismo sempre há um horizonte. Vocês não podem ver além dele, uma vez que sempre há algo escondido, oculto. Enquanto houver algo oculto isto encoraja as partes do humanismo a desenvolverem mitologias.

Imaginem isto: a vida é um círculo. Fiquem neste pequeno círculo comigo. Estão vendo o caminho ao seu redor? Vocês podem vê-lo inteirinho. Agora, virem-se e olhem-no cuidadosamente. Se quiserem, virem-se de costas e olhem para o que está atrás de vocês enquanto faz a curva e torna-se seu futuro. Está tudo aí. Nenhuma parte do caminho pode ficar oculta, tudo pode ser visto. Abençoada é a Criança índigo porque ela sabe que tudo está aí. Vocês querem saber por que a criança índigo conhece seus sistemas? Querem saber por que ela conhece um jeito melhor de fazer as coisas? Porque a criança está num círculo de vida e sabe disso. Ela faz parte da humanidade, mas reconhece a sabedoria do "que foi". Tem a intuição que vocês não tinham – sobre estar no agora.

Quando vocês pedem à Criança Índigo que faça algo novo, ela freqüentemente irá transpor o desafio. E quando vocês a veem "aprendendo", poderão notar que elas estão realmente se "re-acostumando" com algo que já lhes é familiar. Não é realmente novo! Deixem-me dizer qual é a diferença básica entre o DNA das crianças Índigo e o de vocês. Falamos sobre uma membrana que cobre o DNA. Isto é metafórico. A membrana está ali, mas não pode ser vista com seus instrumentos. A metáfora é o fato de que a membrana é cristalina. Na palavra cristalina em inglês há um sentido de "lembrança de energia", uma lembrança de uma "estrutura impressa". E dentro da estrutura cristalina de qualquer coisa, há memória. A membrana cristalina ao redor do DNA contém toda a memória de um código genético perfeito. Um código genético perfeito contém não apenas as sementes para uma expansão de vida de 950 anos.

*Querem saber de onde vem a cura milagrosa? Quando os milagres ocorrem, eles vêm de dentro – via seu próprio processo divino. Há uma entidade divina em vocês chamada Ser Superior. Não é apenas uma energia angelical ou espiritual, mas certamente ela está conectada com sua biologia. É um membro da família divina, e a química e física do que está acontecendo dentro de qualquer milagre é que a memória cristalina aos poucos revela ao DNA as instruções para se tornar mais perfeito, pois a membrana conhece a perfeição do código. Portanto, é a membrana que controla a evolução humana espiritualmente. O que é que ativa a membrana? Vocês se perguntariam. Como vocês podem ter acesso à membrana? Com a **intenção**. Quando é dada a intenção, a membrana libera informação magnética que intersecta os campos magnéticos dos loops fechados do DNA, e através do processo que vocês chamam de indutância, a informação entra na estrutura polarizada de seu makeup celular. A maior parte deste makeup celular já está pronto nos índigos. O que vocês precisam trabalhar para conseguir, eles possuem naturalmente.*

Façam de conta que são um desenho numa folha de papel. Pronto, agora, estão em duas dimensões. Só podem mover-se para a direita e para a esquerda, para trás e para a frente – duas dimensões. Não podem deslocar-se nem para cima nem para baixo, e existem no papel, fora do tempo. Imaginem, agora, que essa folha de papel se estende por quilômetros, em todas as direções, sobre a qual podem ir onde quiserem.

Então, um dia, ouvem uma voz que vem de cima e diz: "Há mais. Há mais coisas para além da realidade de duas dimensões... há muito mais". O ser bidimensional sobre o papel não sabe para onde olhar. De onde vem a voz? Não vem da esquerda, não vem da direita. Vejam bem: uma criatura bidimensional não pode olhar para cima porque, para ela, não há um "cima"! Dado que a realidade tridimensional, aparentemente, encontra-se para além do desenho bidimensional, ai está a criatura ouvindo uma voz, no meio da total confusão. Então, resolve ir até ao limite da folha de papel, passar pelos procedimentos, ultrapassar lições. Finalmente, grita a Deus: "Eu sei que há mais, mas não posso fazer mais nada com o que tenho. Olhei para todos os lados; fiz todo o possível. Deus, diga-me, o que tenho que fazer?" E a voz de Deus responde: "Olha para cima!". Então, a criatura do desenho faz outra pergunta: "O que é 'para cima'?"

Lentamente, porém, essa criatura bidimensional investiga o que precisa fazer para "olhar para cima". Desperta a intuição, incrementa o treino e aumenta as percepções internas. A criatura desenhada esquadrinha o desconhecido, mais o reino do inexplicável e, finalmente, percebe o que é "cima". Nesse momento torna-se tridimensional. Olha para cima e repara que a voz procede de outra energia dimensional, procede do "três". Devido à investigação das características do desenho e à sua sabedoria... a criatura deixou de ser um desenho. Ao invés, penetrou numa realidade dimensional totalmente nova... e pode ir para cima, pode voar!

Mas a coisa continua. Agora, a voz que lhe fala, já não diz: "Olha para cima"; essa voz diz: "Olha para dentro! A magia está no interior." É uma voz interdimensional ou seja lá o que for que lhe queiram chamar. É divina.

Escavando o Registro Akáshico – Como se faz?

Eu vou lhe dar o primeiro passo: você tem que acreditar. Não acredite porque eu disse que assim é. Você tem que acreditar tão fortemente para ser biologicamente tão real como o seu braço. Quando você olha para seu braço, você diz: "Eu tenho um braço, e vejo ele". Não há dúvida e até mesmo o seu cérebro sabe. O campo em torno de você o sabe. Não há dúvida. É seu braço.

Agora, como você se sente quando diz: "Eu tenho um registro Akashico no meu DNA. É o registro de tudo aquilo que tenho sido e onde eu posso acessar?.

*Diga-me, quais partes do seu corpo são contrárias a esta frase? Eu te respondo: **todas aquelas lineares**! A lógica lhe dirá: "Você não pode fazer isso. Você não pode mudar quem você é!". E estarão todas erradas.*

Você pode fazer tudo. Faz parte de estar nesta nova energia e lhe digo que muitos que estão lendo essa informação, já o fizeram. Você pode fazê-lo lentamente, sem que ninguém perceba. Ou pode ser tão óbvio que os seus melhores amigos não lhe reconhecerão. A energia para isso vem do estoque que está dentro de você. Está em seu DNA, cada fragmento, trilhões de fragmentos, todos sincronizados à sua vontade.

Entendem, seres humanos, que não estão pedindo nada a Deus? O que você está fazendo é mudar a si mesmo ao ponto de ser capaz de pegar o que você já possui.
*A chave? Você tem que entender e acreditar que, com você, sempre esteve o seu **Eu Superior**. Isso significa que o núcleo de sua consciência estava presente em todas as suas expressões de vida.*

Todas as vidas que você já viveu neste planeta, estão lá. Seu Eu Superior foi sempre a mesma energia de alma em todas as suas expressões. Portanto, você tem um amigo que participou de todas elas! Até este momento, todas as informações das vidas passadas estavam armazenadas como o núcleo de gelo.[11] Você tinha que observar as marcas e ver quem você era e, possivelmente, quais

[11]Amostras de gelo têm sido utilizadas como registros históricos do clima porque a composição do gelo e das bolhas de ar nele aprisionadas fornecem um testemunho praticamente intocado de condições climáticas passadas. Recentemente um grupo de cientistas japoneses mostrou que a mesma técnica pode ser utilizada para registrar eventos astronômicos importantes. Web

eram as energias e o que aconteceu. Todos assumiam que essas informações eram intocáveis e estavam no passado, como num jornal   velho.
Isto não é um pensamento quântico. A mente quântica vê tudo acontecendo agora. Portanto, o que temos dito, repetidas vezes, é que aquilo que está acontecendo agora, está à sua disposição **AGORA***. Que tal poder entrar na história, aparentemente intocável, e pegar lá a ajuda que você está procurando hoje? Nessa sua expressão atual, você não é uma entidade diferente nem se encarnou em algum corpo aleatório. Você é apenas outra expressão do mesmo* **Eu Superior***. Portanto, você tem que acreditar. O* **Eu Superior** *está esperando que você aceite esta crença."*
(Kryon)

Essa dissertação do Espírito é muito importante para compreendermos sobre o processo de curas e de como acontecem os milagres. Neste momento, porém, é importante entender que dentro de nós, em uma parte quântica do nosso DNA, invisível aos instrumentos atuais, existe a sabedoria das eras, existe um poder criativo incrível e esperando de ser acessado.

É uma descoberta extraordinária e explica muitos mistérios da criação da nossa realidade.

"No DNA há conhecimento espiritual apreendido por éons. Ao longo do caminho vocês aprenderam o que sabem agora. Ao longo do caminho, vocês adquiriram as peças e partes do propósito espiritual e da aprendizagem. Vocês também cometeram todos os erros que precisavam cometer e isto preenche o cântaro espiritual com o conhecimento em seu DNA. Assim, eu lhes pergunto, vocês já abriram este cântaro, ou farão todos os erros novamente?

Vocês precisam saber disto: Neste cântaro espiritual, nestas camadas do DNA chamadas de Registro Akashico, estão existências de conhecimento. Caso vocês escolham abrir este cântaro quântico com intenção, vocês serão muito mais sábios por fazerem isto.

*Lhes darei outra coisa na qual pensar. Se você não acredita em vidas passadas, deixe-me lhe fazer uma pergunta que só diz respeito à esta vida atual. Você se lembra quando você tinha 10 anos? A resposta da maioria de vocês é "sim". Bem, o seu **DNA** também se lembra! O que você acha? Pense sobre isso. Existe uma memória imprimida nas células que se lembra da sua "idade de 10 anos." Vejam, ainda está lá. É uma memória celular. Quantos gostariam de recuperá-la? Talvez você disesse: "Bem, por que eu deveria fazer isso?". Na maioria de vocês, quando tinha dez anos, o DNA era fresco e puro, saudável e jovem. Mesmo tratando-se de muitos anos atrás, seu corpo tem mantido a memória de como era então.*

Deseja eliminar uma doença persistente? Então fale à sua estrutura celular: Diga: "Volte ao imprinting do meu DNA aos 10 anos, e o replique!" Por que não? O organismo se reproduz continuamente, sozinho, célula por célula. Rejuvenesce. Voltem ao DNA da idade de dez anos - jovem, sadio e fresco da energia da juventude. Essa doença nunca mais voltará. Por que? Porque, num nível quântico, você nunca a teve! Se você conseguir puxar a energia da sua vida passada, descobrirá um DNA puro que nunca teve o problema que você tem agora. Como? Deixe-me perguntar-lhe o seguinte: você ama alguém neste planeta? Se a resposta for sim, então eu lhe pergunto... Como? Percebe? Algumas coisas devem ser feitas num nível não linear, fora das tabelas as quais os Seres Humanos gostam de lhes dar. As tabelas são boas para o aprendizado básico, mas não são aplicáveis a esta energia quântica avançada, a qual você está aprendendo a absorver e a se tornar.

Percebe o que estou falando? O que você desejaria poder fazer? Quais são os seus bloqueios? Quais são as coisas que você pensa que você é e que gostaria de mudar? No Akasha está você – muitos de "você". Por que não vai lá e substitui o você atual por um você anterior? Isto é minar o Akasha. Este é um Ser Humano quântico e isto vai muito além do que lhe foi dito a respeito das energias das vidas passadas. Disseram que elas serviam para mudança de carma. Esta é a velha idéia de que as experiências de vidas passadas acumulam-se no seu DNA para que você seja perturbado por elas; para que sejam as pedras no seu caminho, e, então, você tenha que realizar alguma coisa para contorná-las. Esta é uma informação muito antiga e agora você pode ir muito além disso. Se você deseja permanecer neste planeta por muito tempo, mude sua estrutura celular, mine seu Akasha e comece a olhar para o seu interior. Em outras palavras, não projete o passado na sua realidade futura, porque, agora, você é capaz de fazer coisas que nunca antes pôde fazer. Gaia está cooperando. O Universo está cooperando e muitos já estão se movendo para um paradigma de manifestação.

Individualmente, no que se refere ao seu próprio corpo, muitos de vocês estão ficando mais jovens em vez de envelhecerem. Vocês estão criando soluções para problemas que consideravam insolúveis.
Isto está chegando em quase todos os campos da ciência. E ajudará o Ser Humano a ter uma vida mais longa e saudável, sem guerra. Chegará um momento em que não haverá nem sequer terrorismo, queridos. Oh, haverá desequilíbrio. Faz parte da vida. Mas não de países contra países, não de grupo espiritual contra grupo espiritual.

A criança interior – "Quem não se tornar como criança, jamais entrará no reino do céu".
(Mt. 18:3)

Por que a criança interior é tão importante? Esta é uma questão quântica e sempre foi! Vocês têm ouvido falar sobre isso, no entanto, muitos fogem dela. "Eu cresci, não quero voltar a ser criança". Mas e se ela for diferente do que vocês pensam?

Deixem-me contar-lhes o que há de tão quântico nessa questão. Ouçam-me e abram seus corações por um instante. Já está na hora, não é? Nenhum de vocês é mais criança, mas todos já foram. Então por que não fazem uma coisa comigo por um instante? Parem o relógio e cada um finja que tudo o que já viveu neste planeta, nesta vida, está à sua frente agora, como em caixas de onde se pode pegar as coisas que estão lá dentro. Elas não estão no passado, mas num estado quântico, prontas para que você as veja como se estivessem acontecendo agora, todas juntas.

Reflita: *quero que você vá e olhe para algumas dessas caixas – quando você tinha oito anos, quando tinha sete, quando tinha seis, quando tinha cinco anos. Olhe! Você não tinha nenhuma preocupação. Quantos de vocês aos oito anos de idade estavam preocupados em pagar um empréstimo? Ou o orçamento doméstico? Ou se podiam comprar um carro? Ou se conseguiriam fazê-lo funcionar? A resposta? Nenhum de vocês! Suas maiores preocupações eram quanto tempo poderiam ficar no quintal brincando. Pensem sobre isto... Pois foi assim, com a maioria de vocês. Esta é a mente da criança: pura, "descomplicada" e fora do campo da preocupação.*

Agora, quero que cada um sustente estes pensamentos por um instante. Quero que finja que pode pegar aquela pessoa por um momento, aquela criança que é você. Ela tem o seu nome e você viveu-a. Tire-a de dentro da caixa e coloque-a sobre você. Nenhuma preocupação. Nenhum drama. Nenhum amanhã. Realmente, nenhum. A criança não pensa no amanhã, a menos que amanhã seja Natal. Então o amanhã trará a sensação de alegria e empolgação. Há quanto tempo você não sente isso, Ser Humano? Por que estou falando disto? Porque o amor de Deus lhe convida, justamente, para assumir este atributo! Você só tem um modelo e é o de quando era criança. Então, traga-o de volta como o modelo de como nós o amamos e providenciamos o amor e a paz os quais você precisa para acessar esta nova energia! Este é o Ser Humano que pode ir para trás e aplicar esses atributos na sua própria vida.

Você pode perceber quem ele é porque por onde ele passa, ele brilha! Ele não nega a realidade. Ele é quântico. Tornar-se quântico é difícil para os humanos, pois exige que se pense de forma diferente. Não existe nenhum Ser Humano que possa entender um estado quântico com o intelecto, porque esse não é o estado em que nasceu - e não é o estado em que vive.

Houve alguns mestres que caminharam por este planeta e foram famosos em muitas das suas religiões. Quero lhe contar o que todos eles tinham em comum: eles eram quânticos! Quando olhava-se para os rostos deles, dava para vê-los brilhar! Você pode ir até lá comigo? Pode estar com o seu mestre favorito só por um instante? Consegue ficar perto dele ou dela só por um instante? Se pode, me diga, qual é a energia dele? É de paz, não é? Ele está preocupado com o empréstimo bancário? Está preocupado em pagar as contas? Que tipo de drama ele tem na vida? Deve ter muitos, mas você nunca os percebe! Por algum motivo, ele não sabe deles e você está atraído por essa paz, não está? Você pode ter a vontade de ficar junto dele. Pode ser até que você fale para si mesmo: "Ah, bem que eu podia ser assim. Eu adoraria isso!". Bem, você pode, querido, e isto se chama capturar a essência da criança interior. Não é inocência; não é ignorância; é sabedoria quântica total, completa. É a capacidade de pegar aquelas coisas que o preocupariam, na linearidade, e colocá-las num lugar onde não o afetem. O que acontece com uma consciência que não é afetada pelo medo? Eu lhe conto. Ela levanta vôo! Você esperava por isto? O trabalho da criança interior é um trabalho quântico. Todas estas coisas que temos ensinado nos últimos anos estão pedindo ao Ser Humano para se tornar quântico". (Kryon)

Capítulo IX

O Poder Perdido

O que significa se tornar quântico?

Em 1944, *Max Planck*, o pai da teoria quântica, chocou o mundo quando disse que existe um lugar – uma matriz - que é pura energia, onde todas as coisas têm inicio e que, simplesmente, **"É"**. Essa matriz é a rede de energia que conecta o nosso universo, constituída por uma rede de filamentos muito semelhantes àqueles presentes no nosso cérebro. Segundo o pesquisador *Gregg Braden*, que há mais de vinte anos se dedica a estes estudos, recentes descobertas destacam a evidência de que existe realmente essa matriz de Planck e é a **Matriz Divina.** Planck afirmava que esta "Matrix" é a origem das estrelas, das rochas, do DNA, da vida e de tudo o que existe. Microscopicamente, não há nada *natural,* tudo é vibração, tudo é feito de energia condensada. Os físicos descrevem o estado "quântico" como o tipo de estado de realidade onde não há tempo, onde tudo existe simultaneamente, em um círculo.

A física quântica é a nova ciência das possibilidades, que ajuda o ser humano a resolver os problemas cotidianos de uma forma aparentemente nova. Mas ela é muito antiga, pois os grandes Mestres já aplicavam e ensinavam há muito mais de 2.000 anos atrás. O conhecimento dessa ciência nos faz compreender, de imediato, que ciência e fé são, na verdade, uma única coisa, pois tudo no Universo é interconexo. E essa é mais uma desmistificação. A Fé e a Ciência caminham juntas, de mãos dadas (quem diria!), mas falam duas línguas diferentes. E é justamente a física quântica a tradutora dessas duas línguas, para que possamos entender de uma vez por todas, que, realmente, somos nós os cocriadores da nossa realidade e de tudo o que vemos no Universo. Como afirma Gregg Braden, entender essa ciência nos dará a possibilidade de entender os milagres por um perfil científico e espiritual. Dessa forma, os milagres poderiam, então, ser considerados pura tecnologia que se utiliza de uma energia chamada Amor, pois é somente através do Amor que os milagres podem acontecer.

Vivemos em um universo de vibrações e nossos corpos são constituídos de vibrações de energia que nós emanamos constantemente. A ciência já provou, através da física quântica, que estamos todos conectados através de nossa vibração. Experimentações científicas demonstraram que nosso DNA muda com as freqüências produzidas pelos nossos sentimentos e emoções, ou seja, vibrações. Isto ilustra uma nova forma de energia que conecta toda a criação. Esta poderosa energia parece ser uma <u>Rede Estreitamente Tecida</u> que conecta TODA a matéria e, ao mesmo tempo, podemos influenciar, essencialmente, esta rede de criação por meio de nossas vibrações. Os experimentos comprovaram, também, que as freqüências energéticas mais altas, que são as do **Amor**, impactam no ambiente de uma forma material, produzindo transformações não só em nosso DNA, mas no ambiente que nos cerca. Isto tem um profundo significa: **possuímos muito mais poder do que imaginamos.**

Então, enquanto se espera que os políticos da terra encontrem as soluções para os problemas que afligem a humanidade, que tal começar a usar esse poder, conhecendo melhor essa ciência e aprendendo a ser mais quântico, já que ela mesma daria ao homem a possibilidade de mudar, substancialmente, para melhor, a própria vida? De fato, a **Matrix Divina** - um campo holográfico de energia na qual vivemos – tem a capacidade de responder às nossas emoções, tornando-as visíveis na esfera material, atraindo, a partir de um campo invisível, todos os nossos desejos - graças também à chamada lei da atração, que hoje, creio, todos já ouviram falar. Ela poderá nos dar a oportunidade de uma mudança de consciência interdimensional, promovendo a possibilidade de criarmos, assim, a nossa realidade de um modo consciente.

Já sabemos que o ser humano possui um campo eletromagnético dentro de si e que os pensamentos que nós fazemos, com perseverança e certeza, mais cedo ou mais tarde, atraímos realmente para se manifestarem na nossa realidade. Mas de que modo poderemos compreender toda essa parafernalha? O que segue vai lhe deixar desconcertado. Todos nós já ouvimos falar de um "poder" que possuímos, principalmente através da Bíblia, mas essa afirmação quase nunca passou de citações que entusiasmavam, mas não convenciam.

Que poder é esse e por que, só agora, chegou ao nosso conhecimento?

Tudo começou com a descoberta de um antigo manuscrito, o **Grande Código Isaías** e outros textos essênicos, nas Cavernas de *Qumran*, no Mar Morto, em 1946. Atribuído ao profeta Isaías, parece ter sido escrito há mais de 2.000 anos e descreve tudo aquilo que a ciência quântica começou a compreender só poucos anos atrás, ou seja, a existência de muitos futuros possíveis para cada momento de nossas vidas, e que, na maioria das vezes, escolhemos inconscientemente. Cada um desses futuros encontra-se em estado de repouso, esperando ser despertado com as nossas decisões feitas no presente. O Código Isaías descreve, com precisão, essas possibilidades numa linguagem - que só agora começamos entender - e a ciência que nos ensina como escolher o tipo de futuro que queremos experimentar.

A partir da declaração do manuscrito, com exemplos simples e claros, *Gregg Braden* nos refere que existe uma tecnologia muito usada nos tempos antigos e que foi dispersa no quarto século, como resultado do desaparecimento e destruição de livros raros ou relegados às escolas mistéricas, mas que agora, após a descoberta dos Manuscritos do Mar Morto, estão reaparecendo. É uma tecnologia muito simples, conhecida universalmente com o nome de... (pasmem!) **"Oração"**. Isso mesmo. Aplicando-a corretamente, é possível obter coisas extraordinárias, além da imaginação humana. *Mas claro! Quem não sabe disso?* A maioria, pode crer! Senão os milagres passariam a ser simples fatos cotidianos e, não somente, uma exceção. Com esta tecnologia, nós podemos realmente mudar o mundo.

Um modelo "perdido" de oração, que é quântico

Os manuscritos achados no Mar Morto, agora, podem ser bem mais importantes e compreensíveis do que os que viveram naquela época. É de uma importância considerável para a humanidade dormente, que, até os dias de hoje, muitos ainda vivem à mercê de forças espirituais aleatórias, entregando o poder de seu destino nas mãos de qualquer outro ser, que não a si mesma. Nos mostram que nas mãos da humanidade se encerra um enorme poder à espera de ser utilizado, mas que ainda não conhecemos. Explica como podemos escolher qual futuro desejamos experimentar, em sã *consciência,* revelando as chaves sobre o nosso papel como criadores de nossa realidade. Entre estas chaves, encontram-se as instruções de um modelo "perdido" de oração que a ciência quântica moderna sugere como o poder de curar nossos corpos, trazer paz duradoura no mundo e, até mesmo, prevenir as grandes tragédias climáticas que a humanidade poderia enfrentar.

Em que consiste essa tecnologia da oração e em que bases se apoia para que seja eficiente?

Gregg Braden diz que estamos sendo levados a aceitar a possibilidade de que exista um NOVO campo de energia acessível e que o nosso DNA se comunica com os fótons por meio deste campo. A chave para obter um resultado entre os muitos possíveis já existentes, reside em nossa habilidade para sentir que nossa escolha já foi criada e que está já acontecendo. Vendo a oração deste modo, como sentimento, nos leva a encontrar a qualidade do pensamento e da emoção que produz tal sentimento: viver como se o fruto de nossa prece já estivesse a caminho.

A partir desta perspectiva, nossa oração baseada nos sentimentos deixa de ser "algo por obter" e se converte em "acessar" o resultado desejado, que já está criado. Com as palavras de seu tempo, os Essênios – os primeiros suspeitos de serem os responsáveis da conservação do conhecimento originário - nos lembram que toda oração já foi atendida. Qualquer resultado que possamos imaginar e cada possibilidade que sejamos capazes de conceber, é um aspecto da criação que já foi criado e existe no presente em um estado "adormecido" de possibilidades. Dessa forma, o futuro não é deterministicamente estabelecido, mas pode ser, também, alterado. Os essênios tinham uma visão holística da vida e, justamente por isso, consideravam os desequilíbrios da terra como um espelho dos desequilíbrios do corpo físico do homem. Mesmo as catástrofes naturais, as mudanças climáticas, são espelhos de grandes mudanças que estão ocorrendo na consciência humana.

A nova física admite que a experiência ou mesmo a mera observação do cientista, modifique a realidade; isso nos leva a crer que, se hoje, em nosso presente, formos capazes de introduzir uma pequena alteração, podemos então escapar do efeito das profecias negativas, como já aconteceu diante do resultado de uma concentração da energia do pensamento coletivo.
Enfim, usando o **pensamento, sentimento** e **emoção,** e unidos em nossa oração, podemos atrair os pontos de escolha e mudar os resultados previstos. Tudo isso, no fundo, nos leva à conclusão de que há uma profunda ligação entre nossos pensamentos coletivos, nossos sentimentos, nossas expectativas e a realidade externa. Esta forma de pensar era inerente à visão da vida dos essênios, como se revela nos escritos dos essênios de 2.500 anos atrás, os quais refletem a idéia de que os eventos externos são o reflexo de nossas mais profundas crenças internas.

Se **Pensamento**, **Sentimento** e **Emoção** não estão alinhados, não há União. Portanto: se cada padrão move-se em uma direção diferente, o resultado é uma dispersão da energia. Pensamento, emoção e sentimento, são a chave da tecnologia da oração e no interior de nós mesmos, devemos experimentar e sentir o que queremos realizar no exterior. Precisamos sentir isto no corpo, nos pensamentos e sentimentos. Podemos dar o que temos, podemos expandir para fora de nós o que somos. Aquilo que desejamos, deve realizar-se contemporaneamente no pensamento, no sentimento e no corpo humano. O pensamento e emoção devem, primeiro, ser considerados separadamente e depois em conjunto, pois o pensamento deve ser o sistema de orientação que direciona nossas emoções.

O pensamento: mesmo sob a forma de imaginação, determina para onde direcionar a atenção e a emoção.

Emoção: é a energia que nos faz ir na direção desejada, é a "fonte de poder". Para Braden, nos extremos, existem apenas duas emoções: o amor e a sua falta, muitas vezes identificada como medo. Logo, se você não está no Amor, você está no medo. E o medo atrai sempre aquilo que se teme.

Sentimento: é a união de pensamento e emoção. De fato, para experimentarmos um sentimento, precisamos ter uma idéia e uma emoção. Então o sentimento *"é a chave da oração, porque a criação responde ao mundo do sentimento humano."*

Então, primeiro é importante entender e estar ciente dos pensamentos e emoções que vêm representados por nossos sentimentos, porque, às vezes, expressamos pensamentos que fundamentam emoções diferentes do que afirmamos, e assim, acabamos por realizar efeitos indesejáveis ou fazemos de formas que a nossa Oração não funcione. Os pensamentos, em si mesmos, podem transportar certas expectativas, permanecendo potenciais desejos, porém são inertes se não forem acompanhados pelo poder da emoção. Muitas vezes, porém, a emoção que acompanha um desejo caminha na direção oposta ao nosso desejo, mas não somos conscientes.

Se, por exemplo, desejo uma melhor saúde sob o pensamento de *melhora,* está introduzido o medo da doença, da pouca saúde que se tem e essa emoção capacita exatamente o que se teme: a doença. Mesmo ao nível do pensamento dizendo "melhora", implicitamente me focalizo em "não suficiente", e se pensamos de não haver o suficiente, inconscientemente nos sentimos infelizes, ansiosos. Lembremo-nos das palavras do Evangelho: *"Quem quiser,* pois, salvar a sua *vida, perdê-la-á."* Isso pode significar que, qualquer um que tenta se defender daquilo que pode prejudicar a sua vida, acaba focando a atenção justamente sobre o que se quer evitar, atraindo-o. Braden ainda diz que: *"Nós mergulhamos na possibilidade da criação, um sentimento em forma de imagem que é a parte da energia suficiente para desenvolver uma nova possibilidade. A chave deste sistema, no entanto, é que a criação restitui exatamente o que nossa imagem mostrou."*

A imagem mostra a sopa de criação onde colocamos a nossa atenção. A emoção que ligamos à imagem atrai a possibilidade da manifestação desta imagem.

"Quando nós não queremos algo - uma emoção baseada no medo - nosso medo, na verdade, alimenta o que nós dizemos não querer."
(Fonte: Efeito Isaias – Gregg Braden)

Sonhamos em um estado quântico

Entramos em um estado quântico a cada vez que dormimos. Quando entramos naquela porção intermediária da consciência, que não é estruturada e que chamamos de alfa, é onde acontecem os sonhos. Todos nós já tivemos algum sonho onde nada parece fazer sentido. Fora do tempo, fora de lugar... Encontramos pessoas que nem conhecemos e, às vezes, podemos ter ido a lugares diferentes e tempos diferentes, que não fazem nenhum sentido na nossa vida real, mas que fez total sentido no momento do sonho. Por que isso? Porque quando sonhamos entramos em um estado quântico! Pensamos que não passou de um sonho maluco. Porém o sonho alfa é algo quântico. O cérebro, naquele momento, está em um estado fora do controle do intelecto, logo, ele se torna quântico e sem estrutura - portanto, também fora da linearidade. Isso significa que não há nenhuma estrutura de tempo imposta sobre ele. Assim, você pode até voar, pular em um barranco de 40 metros sem sofrer nenhum dano. Tudo isso faz sentido enquanto estamos lá, naquele estado quântico e não arrancamos os cabelos em confusão procurando entender o sentido de tudo aquilo. Simplesmente aceitamos e aproveitamos aquela viagem. A "quanticidade" é um estado natural. E os sonhos... Talvez não sejam somente "fantasia", mas algo real, porém simplesmente incompreensível na nossa realidade 3D.

Por causa da ilusão do tempo, nos habituamos a uma forma de pensar linear. A caixa do tempo em que nos encontramos é tão linear que só conseguimos seguir em uma direção! Sempre em frente em direção ao futuro. O relógio só anda numa direção: para frente. E é assim que nós pensamos e aplicamos esse conceito linear em tudo. Todos os pensamentos, todos os raciocínios, toda a lógica, toda a espiritualidade é feita com esse conceito. Pressupomos que, se somos lineares, então Deus também deve ser. No entanto, Deus é quântico e na verdade nós também somos! Temos uma consciência originalmente quântica que, lentamente, foi-se desativando. Mas agora estamos tendo a oportunidade de garantir uma evolução através do magnetismo que fala com o DNA, e que nos dá a possibilidade para retornarmos a esse estado natural ao qual sempre pertecemos. Podemos dizer que a estrutura intelectual que envolve a consciência está começando a mudar no ser humano, o que permite a melhor compreensão da quanticidade.

O *DNA* humano tem seu próprio campo magnético. Os atributos do DNA são como um anel, e este anel cria um campo magnético que já foi observado pela ciência (pelo dr. Poponion Vladimir) e, também, já foi definido como um campo quântico. Logo, não se trata mais de fazer um esforço de imaginação para ver que o campo magnético da Terra pode afetar o DNA humano através da *indução elétrica* - termo dado quando dois campos magnéticos interagem entre eles, criando uma mudança nas características. Agora, o nosso DNA recebe muito mais informação do que antes.

O *imprinting* do nosso DNA - o campo à nossa volta – recebe as informações solares da grade magnética do planeta, e as instruções contidas nelas, que vêm daquele campo, passam diretamente ao DNA, que é também magnético. Chamamos esse processo de astrologia, mas, como diz Kryon, é ciência pura. A Terra faz parte da cadeia de informação magnética para a estrutura celular (a grade magnética). É tudo relacionado. O sistema de grade da Terra é um motor de fornecimento do DNA, o qual sempre esteve, quanticamente preparado para isto.

Segundo Kryon, algo importante está para ser descoberto no DNA e é bom tomar nota desde já: "*Há algo em seu DNA que será revelado, muito lentamente. É um estudo para daqui há 15 anos. No entanto, Eu lhes darei o nome para ele agora, de modo que quando aqueles que o desenvolverem, saberão como chamá-lo: "**O Código Lemuriano**".*

CAPÍTULO X

A NOSSA REALIDADE

Como nós criamos a nossa realidade

A física da mecânica quântica demonstra que o ser humano é um **TODO** com o Universo, o espaço não é vazio, a matriz existe e é a cola de tudo isso! *"Toda a matéria é vibração e a vibração é energia."* (Einstein). O homem é capaz de modificar as vibrações, logo, pode modificar, também, as partículas subatômicas que compõem a matéria, seja com as palavras seja com os pensamentos (ondas *alfa*) e as emoções.

Uma vez que tudo está conectado e tudo é condensado a partir da consciência, é evidente que os nossos pensamentos podem afetar qualquer coisa. Cada pensamento emite ondas (alfa-vibrações), através do universo, assim como o lançamento de uma pedra em um lago produz ondulações do centro para a extremidade.

Se somos nós a mudar e\ou influenciar a realidade material que percebemos, é claro que, quem determina o nosso destino, somos nós, mesmo nas coisas mais básicas! Quando, por exemplo, compramos uma determinada marca de carro, de repente, na rua aparecem, cada vez mais, carros daquela mesma marca. A realidade nunca foi alterada, mas fomos nós que a modificamos, inserindo a marca de um determinado carro em nossa realidade subjetiva!
Esta é a prova de que o "divino" não está fora de nós (como as religiões querem nos fazer crer), mas dentro de nós, ou seja, somos os observadores supremos da realidade, tanto física como material, que percebemos e, portanto, que criamos.

Cada pessoa é totalmente responsável pelo seu próprio universo!

Durante séculos, nos privaram dessa responsabilidade e nos fizeram acreditar que o nosso destino fosse já escrito; a física moderna prova o contrário! Se sairmos de casa, por exemplo, e, por algum motivo experimentamos boas sensações, nossas moléculas começam a vibrar mais alto e tudo o que atraímos, terá a mesma vibração e, sem dúvida, será também positivo. Pelo contrário, se tivéssemos de sair de casa nervosos ou irritados por alguma razão, acontecerão situações que poderão se transformar em eventos negativos! Uma vez que somos uma vibração de átomos (matéria=vibração=energia), é claro que, de acordo com a freqüência com que vibramos, concordamos com algo que vibre à nossa mesma freqüência!

"Duas cordas afinadas no mesmo tom, vibram juntas." (Confúcio)

Se atingirmos a consciência de que a realidade reflete nossos pensamentos, tanto positivos como negativos, seremos capazes de mudar qualquer aspecto da nossa vida e não devemos ficar à mercê de nenhuma pessoa, organização ou situação. Cada um de nós é muito grande, poderoso e belo, mais do que imaginamos.

Eventos, situações, circunstâncias, condições, são **tudo** coisas criadas pela consciência. A consciência individual é poderosa o suficiente. E a consciência das massas? Bem, é tão poderosa que pode criar eventos e circunstâncias de importância global e de consequências planetárias. Por isso, não há nenhuma vítima em todo o mundo, e nenhum algoz. Ninguém é uma vítima das escolhas dos outros. Em algum nível profundo, você criou tudo aquilo que você diz detestar, e tendo criado, você escolheu. Até seu físico tem sua assinatura. Não há nada relacionado à sua própria imagem física que você não tenha criado. (É dura essa, não?)

Se não gostar, é só escolher mudar! Como?

Este é um nível elevado de pensamento, um daqueles que todos os Mestres, eventualmente, atingem. Pois só quando se consegue aceitar a responsabilidade por **tudo** que acontece na própria vida, se consegue alcançar o poder de mudar o indesejável. Enquanto você aceitar a idéia de que há algo ou alguém lá fora a "fazê-lo" em seu lugar, você se priva do poder de realizar qualquer ação nesse sentido. Somente quando você diz "eu fiz isso", você é capaz de encontrar a força para mudá-lo. É muito mais fácil mudar o que você está fazendo do que mudar o que fizeram os outros. O pensamento é criação. O primeiro passo para mudar alguma coisa é saber e aceitar de ter escolhido aquilo como é. Se você não pode aceitá-lo em um nível pessoal, convém ir pela compreensão de que Somos Um Todo, Único. Nesse caso, se tenta, então, criar a mudança não porque algo está errado, mas porque não oferece mais uma fiel indicação de quem você é. Não é mais útil para lhe representar.

Cada evento ou aventura, é atraído para nosso Eu por nós mesmos, a fim de criar e experimentar Quem Realmente Somos. Todos os verdadeiros Mestres sabem disso. Esta é a razão pela qual os místicos Mestres permanecem imperturbáveis diante das piores experiências da vida.

A parábola da realidade – O outro lado da história de Abraão/Isaque que ainda não se conhecia

Isto que se segue pode mudar a sua realidade de compreensão. Através da história de Abraão e Isaque, uma demonstração do poder da visualização positiva para a resolução dos problemas mais dramáticos e difíceis enfrentados pela humanidade. Mostra como uma nova percepção, diante de uma certa situação, pode mudar a maneira de enxergar o mundo - e nós mesmos.

Kryon se apresenta, sempre, com a saudação: *"EU SOU Kryon"*. A explicação dele para isso é que a saudação EU SOU é um identificador sagrado da origem da família. Não é um identificador de nome. Portanto, *"EU SOU KRYON"*, onde EU SOU significa Família de Deus, ou seja, quando digo *"EU SOU Maria"*, estou afirmando que Maria pertence à familia de Deus.

Então, o "EU SOU", somos TODOS nós. Ele diz: *"O meu nome é Kryon" - EU SOU O QUE EU SOU -, é uma frase idiomática que significa que VOCÊS e EU somos eternos em ambas as direcções; uma Entidade Universal para sempre. É uma saudação sagrada."*

Um texto emocionante e revelador

"Era um dia de muito calor quando Deus fez saber a Abraão que teria de sacrificar o seu único e precioso filho, Isaac, no altar do cimo da montanha. A notícia aniquilou-o emocionalmente. Não podia acreditar. Esse foi o começo de uma bela lição para Abraão, que podemos agora revelar como muito mais do que uma simples parábola de obediência a Deus.

A obediência de Abraão não era cega. Abraão tinha o "manto de sabedoria" o qual lhe permitiu entender que havia sacralidade naquela prova. Ele não duvidou nem um momento que o faria, mas não era obediência cega. Abraão "sentiu" a importância daquele desafio e, de imediato, começou a orar para que a sua lição lhe fosse retirada. Enquanto preparava os carregadores para a excursão ao cimo da montanha, informava ao seu filho sobre a viagem. Não disse a ninguém da comitiva, qual era o propósito real da escalada. Só Abraão sabia e só Abraão suportou a carga da realidade que vinha ao seu encontro.

Era uma viagem de três dias para chegar ao lugar do sacrifício. O ponto para onde se dirigiam era sagrado, pois ali haviam sido anteriormente sacrificados muitos cordeiros em homenagem ao Espírito, segundo o costume da época. Desta vez, porém, ia ser diferente, e Abraão começou a ver, no futuro, uma realidade que o agoniava; uma realidade onde ele assassinava o seu precioso filho, o filho ao qual havia chamado "o milagre de Deus" por ser concebido quando sua esposa não podia ter mais filhos, devido à sua idade.

Abraão não tinha dormido na noite anterior e tomou a sua posição na retaguarda da comitiva. Não era próprio dele mesmo ir em último lugar, mas desta vez o fez por uma razão: não queria que ninguém o visse chorar. O seu filho fez-lhe muitas perguntas, mas Abraão manteve-se firme na descrição segura de um sacrifício no cimo da montanha, um sacrifício especial e que todos recordariam para toda a vida. Abraão estava no pior momento da sua existência, mas tratou de superar-se enquanto passavam o primeiro dia na senda abrupta, um caminho que ele já tinha percorrido muitas vezes.

*Quando chegou o momento de acampar, na primeira das duas noites, Abraão caiu literalmente ao chão como um trapo, e começou a soluçar enquanto rogava ao seu amado e justo Deus: "Querido Deus, por favor, tira-me este peso terrível de cima!", rezou. "Querido Deus, não há nada que eu possa fazer?... Tira-me esta carga, porque agora sei que vou realmente fazer o que me pedes. Ajuda-me a entender tudo isto. Por favor!". No silêncio, exausto e meio adormecido, Abraão escutou claramente a voz de Deus. "Abraão, tenha calma e saiba que **EU SOU** Deus ", foi a* resposta.

Abraão não sabia o que fazer com esta resposta.
"Querido Espírito, como posso ficar tranquilo? O meu coração está partido e a minha alma despedaçada. Parece-me que estou sonhando tudo isto. É um pesadelo para a minha existência. É uma realidade horrorosa. Onde está a calma nisto? Onde está a paz nisto? Pedes-me que fique calmo. Como?".

*Abraão caiu de novo em desesperada fadiga e derrota. Voltou então a ouvir a resposta: "Abraão, fica tranquilo e saiba que **EU SOU** Deus", repetiu a voz.*

Abraão dormia e acordava. Cada vez que despertava, tinha a mesma oração nos lábios. Estava na lama, prostrado ante Deus, rogando e implorando por uma resposta melhor do que aquela que tinha recebido. Os seus sonhos apresentavam uma realidade que o inquietava. Ali estava Isaac sobre o altar e a adaga do sacrifício, pronta para ser afundada no seu coração pelo seu próprio pai. Abraão sentiu-se pegando no punho da arma enquanto começava a desferir o golpe... Despertou.

Outra vez a comitiva continuou a escalada, e outra vez Abraão se colocou na retaguarda. Sentia que não tinha dormido e que era como um autômato nesta tarefa. E, com esforço, lá ia ele colocando um pé diante do outro. O sol dardejou sobre ele e os seus homens, durante todo o dia, e Abraão não conseguia afastar os olhos do seu rapaz, o seu precioso rapaz. Cada vez que havia um período de descanso, Abraão pedia a Isaac que estivesse a seu lado para poder admirar a sua juventude e amá-lo nos poucos momentos que lhe restavam de vida. O maior temor de qualquer pai é sobreviver aos seus próprios filhos. E agora ali estava ele, pronto para confirmar essa terrível realidade.

De novo, chegou o anoitecer. Esta era a última noite e a manhã ia trazer consigo a terceira e última escalada, até chegarem ao lugar onde se realizaria o "sacrifício". Abraão encontrou, de novo, um lugar para estar só e afastado do grupo. Construiu um altar por sua própria conta e implorou a Deus que lhe permitisse ser ele o sacrificado – ali mesmo, naquele momento. Tratava de comunicar-se com Deus, mas, aparentemente, não recebia resposta. Quando sentiu que Deus já não estava lá, recebeu a resposta. Desta vez foi ligeiramente diferente.

*"Abraão, escuta! Escuta, aquieta-te, Abraão! Saiba que **EU SOU DEUS**".*

Abraão levantou a cabeça. Aquilo era uma resposta ou apenas Deus sendo Deus? Soava como se houvesse uma mensagem nesta afirmação, que continha em si mesma uma espécie de esperança. Por que faria Deus isto? Recordou os seus ensinamentos, algo que o Espírito lhe tinha dito uma vez. Recordou que o Espírito lhe tinha dito que Deus não se regozija no sofrimento de nenhum humano. Recordou que Deus lhe tinha dito que todas as lições eram sobre as soluções, não apenas sobre obediência. Abraão soube que havia algo diferente no ar. Começou a entender. Ao princípio, chegou-lhe como um flash de significado e, em seguida, começou a ver todo o conjunto. Abraão compreendeu que para criar paz e quietude, teria que alterar a sua visão ou a sua realidade do que ia acontecer no cimo da montanha. Começou então a visualizar um piquenique com o seu filho, lá em cima. Todos eles fariam um festim, celebrando o amor de Deus, e o seu filho seria o convidado de honra. Abraão sustentou esta visão e acreditou nela de todo o coração. Essa era a única maneira pela qual criava a calma que lhe era pedida. Quando o seu coração se aquietou e começou a sentir bem-estar, foi-lhe dado o resto da mensagem.

*O **EU SOU** era um sinal? Talvez uma mensagem? Pois com certeza não era, em absoluto, uma referência a quem era Deus; era uma mensagem dentro de uma mensagem, exatamente como tinham sido as escrituras. Abraão soube e compreendeu porque é que as pessoas daqueles tempos tinham usado o método "pesher" de escrever as escrituras. Esta podia ser a mesma espécie de metáfora. O que poderia significar "Saiba que **EU SOU** Deus?". Abraão teve então a revelação: o **EU SOU** era ele! Era o círculo de divindade que ele sabia ser o seu Manto do Espírito. A mensagem era esta: "Abraão, fica em paz com o conhecimento de que NÓS SOMOS DEUS".*

Abraão nem queria acreditar! Gritou de alegria! Tinha estado prostrado sobre o seu próprio nariz por horas e horas, orando para que "Deus fizesse algo", para que "Deus lhe tirasse aquele peso de cima" e "lhe mudasse a realidade". Agora compreendia a mensagem: ele era parte de Deus. Abraão podia mudar a sua realidade com o poder absoluto que tinha dentro de si mesmo para o fazer! Abraão sentiu-se, então, pronto para celebrar, enquanto tomava a dianteira com o seu filho sobre os ombros. Ia fazer a mesma coisa que Deus lhe tinha pedido que fizesse. A mensagem era clara e Abraão estava habilitado para efetuar a mudança, ele mesmo.

Vocês já sabem como termina a história: Abraão fez um piquenique com o seu filho no alto da montanha. Esta não é a moral de que se lembram? Não é a lição que vos ensinaram a respeito desta história? Claro, é sobre mudar a realidade! É sobre o poder do Ser humano de criar soluções visuais para as mais aterrorizantes e possíveis lições. Diz respeito à vitória sobre o medo, e à PAZ!

Perguntem-se, exatamente agora, quando estão sentados nessas cadeiras: "Em que parte da "montanha" é que eu estou? Estou a lamentar-me? Estou a suplicar ajuda do Espírito? Ou estou a celebrar a visão de uma solução final que provavelmente não saberia como tornar realidade?"

Qual é a tua realidade, meu amado? Estás deixando envolver-se pelo medo, por uma realidade que parece predestinada, pessimista e falha de esperança? Olha, esse é o velho trilho! Por que não criar um novo? Tu estás completamente habilitado para o fazer!

Todo o significado dessa mensagem é: TU és capaz de mudar a tua realidade, portanto muda! Começa por visualizar a esperança. Trata de criar PAZ sobre o problema, não importa qual seja ele. Compreende-o dentro do grande esquema e torne-se parte do esboço. Em breve, tal como Abraão, com pura intenção, começa a modificar o tecido da realidade à tua volta. Verão o que acentece!

Demo-lhes esta mensagem com muito amor. Retiramo-nos do lugar onde estão escutando ou lendo, mas com uma certa tristeza de que o tempo que partilhamos convosco não tenha sido mais longo! Nós não vos abraçamos o suficiente! Não conseguimos contar-lhes as outras inúmeras histórias de capacidade humana, alegria, revelação e mudança de realidade.

A história está cheia delas! Contudo, faremos quando vocês nos permitirem voltar, e amá-los desta maneira..." (Kryon)

Capítulo XI

A Nossa Verdade

Mas a verdade, o que é mesmo?

"Pensar o que você <u>pretende</u>, é pensar A VERDADE apesar das aparências. Pensar de acordo com a aparência é fácil; pensar a verdade apesar das aparências é trabalhoso e requer um gasto de energia maior que o de qualquer outro trabalho requisitado ao homem." (Wallace Wattles)

Porque, muitas vezes, a verdade parece loucura para muitos. (I Cor. 1)

"Aqui estão os loucos. Os desajustados. Os rebeldes. Os criadores de caso. Os pinos redondos nos buracos quadrados. Aqueles que veem as coisas de forma diferente. Eles não curtem regras. E não respeitam o status quo. Você pode citá-los, discordar deles, glorificá-los ou caluniá-los. Mas a única coisa que você não pode fazer é ignorá-los. Porque eles mudam as coisas. Empurram a raça humana para a frente. E, enquanto alguns os veem como loucos, nós os vemos como geniais. Porque as pessoas loucas o bastante para acreditar que podem mudar o mundo, são as que o mudam." (Jack Kerouac)

As coisas de Deus são loucuras para a maioria dos homens, por que? Sendo algo fora de nossa realidade 3D, ou ignoramos ou taxamos como coisas sem nexo para a mente ordinária. Fazemos muita confusão com esse termo. Todos nós, quando falamos da Verdade, temos a convicção de que a nossa Verdade é aquela absoluta. Mas em que critério nos baseamos para nos assegurarmos de que, o que tentamos passar para os outros é a Verdade única e universal, e não mais um dos inúmeros estereótipos que adotamos, valores adquiridos daqueles que consideramos "mestres" ou, pelo menos, mais informados do que nós?

Somos levados a absorver informação, mesmo que esta seja irrelevante e não tenha qualquer pertinência nem faça qualquer sentido na nossa vida concreta. Quase nenhuma delas se refere a nós mesmos ou é importante para o autoconhecimento surgir ou se desenvolver. Usamos apenas as partes de nós mesmos que foram exigidas em nosso processo de aprendizagem. Desde criança, todos nós somos profundamente condicionados por uma cultura desviante, assim, aprendemos durante o curso da nossa existência, a mentir sistematicamente para nós mesmos e, quase sempre, de um modo extremamente sagaz. Desta forma, sem percebermos, conseguimos absorver, gradualmente, um sutil autoengano, criando um círculo vicioso composto de falsas convicções que, inevitavelmente, nos arrastam para dentro de um mundo ilusório. Assim, chegamos a ter um pensamento inautêntico que nos obriga a ver a realidade por trás de um véu. Como consequência, assumimos um comportamento hipócrita e, inconscientemente, terminamos por usar uma máscara feia que tende a cobrir o nosso verdadeiro rosto, escondendo-nos até de nós mesmos.

Em nossa própria realidade, dentro das paredes da percepção que construímos ao redor da nossa mente 3D, existem absolutos na verdade, na matemática e na ciência. Mas, no entanto, é uma verdade limitada a uma realidade que pensamos ser real, porém não passa de uma ilusão. Quando começa-se a derrubar as paredes tridimensionais, construídas pela nossa percepção 3D e entramos no sistema das coisas interdimensionais, e, especialmente, nas coisas espirituais, todas as regras da realidade mudam. Estamos todos procurando a Verdade como se fosse algo no singular. Ela é a responsável por todas as religiões do mundo, e por muitas guerras. Porque todos querem que a própria verdade seja a verdade de todos os demais. Mas a verdade para uns, pode não servir para outros. Isto, porque não existe uma única verdade, mas uma realidade múltipla de verdades que levam TODOS para o mesmo lugar. Estamos todos conectados como uma gigantesca máquina da verdade, com trilhões de raios, e todos se encontram no centro.

Antes de tudo, a verdade é pessoal. É a forma linear da nossa existência, que tende a generalizar todas as coisas, colando em grupos de pessoas, dando o nome de doutrinas. É muito mais fácil quando temos uma autoridade fora de nós mesmos, que nos diga o que é a verdade, pois dessa forma tiramos a responsabilidade dos nossos ombros. Como se pode pretender que todos comam um único alimento? A procura da verdade não é a busca de uma "coisa" em que, depois, todos participarão. Esse é um pensamento linear, preconceituoso e singular. O fato é que existe uma verdade para cada pessoa, que se funde com as demais, em um só objetivo.[12]

A minha verdade, é minha verdade. Se alguém tem uma verdade diferente da minha, eu respeito e honro o direito de cada um expressá-la, assim como eu expresso a minha sem impor que me sigam. Mas é bom tomarmos consciência de que uma não anula a outra, mas podem se unir, pois as verdades não são absolutas separadamente.

"Quem assume sua verdade, age de acordo com os valores da vida, mesmo enfrentando o preconceito e pagando o preço de ser diferente; passa credibilidade, obtêm respeito e se realiza." Luiz Gasparetto

O que você pensa que é a realidade?

A realidade, para nós, é apenas aquilo que fomos programados a acreditar – a chamada realidade de consenso. Vemos apenas o que estamos condicionados a ver como verdade e editamos/eliminamos tudo o que contradiz esse condicionamento. Diante de um mundo

---

[12] Fonte: das mensagens Kryon

cada vez mais complexo, nossos limitados recursos cognitivos nos fazem adotar estereótipos que, geralmente, usamos como um meio de simplificar e, ao mesmo tempo, amplificar nossa visão do mundo circunstante. Mas, usando esses atalhos, que, certamente, nos ajudam a encurtar significativamente o caminho, às vezes corremos o risco de embocarmos nos indesejáveis becos do preconceito e da discriminação, criados pela realidade de consenso. Rejeitar essa realidade e criar a nossa própria, é transformação. Quando os místicos meditam, antes de executarem um "milagre", eles estão se desconectando da realidade de consenso - aquela mente coletiva que diz que o "milagre" é impossível.

"Milagres são apenas saídas da mente coletiva para onde suas "leis" ilusórias não mais se aplicam."[13]

Somos "filhos de uma Matrix"?

"A Matriz está em todo o lugar. Está em torno a nós, agora mesmo, nesta sala. Vocês podem vê-la olhando fora da janela ou quando acenderem a televisão. Podem ouvi-la a caminho para o trabalho, quando forem para a igreja, quando pagam as taxas. Esse é o mundo que lançaram aos seus olhos para lhes impedir de ver a verdade."
(Morpheus, no filme Matrix)

"A realidade para mim é aquilo com que posso contar, que nunca muda. É a madeira da minha cadeira, o chão em que piso, o ar que respiro. É sempre constante e é sempre o mesmo. O real, para mim, é tudo que eu posso tocar ou sentir. Os meus sentidos reagem à realidade, sempre da mesma maneira. É a Física. É a Biologia. É a vida no planeta Terra. É a forma como funcionam as coisas."[14]

---

[13] Fonte: Web
[14] Pensamento da humanidade em geral

No filme Matrix, a matriz representa uma espécie de realidade simulada, vista de fora por uma série de números verdes e códigos, enquanto que, do interior, ela é vivenciada como o tipo de mundo em que nós pensamos que vivemos. A realidade, para nós, parece ser um atributo imutável, um postulado da existência. Tudo que concebemos como sendo "realidade" é, de fato, uma grande ilusão. Todas as coisas que vemos se situam em uma faixa vibracional que nos dá a sensação de que, tais coisas, são tudo o que existe.

O mundo 3D, de tudo o que vemos - paisagens, construções, rios, mares e o próprio corpo humano - só existe nessa forma quando nós olhamos para ele! Mas, na realidade, ele é só um campo de frequências vibratórias e códigos.

"Na verdade, nós não enxergamos com os nossos olhos, enxergamos com o nosso cérebro. A luz atinge o fundo do olho, a retina. Nela, existe uma floresta formada por 125 milhões de células sensíveis à luz. Cada uma delas capta um pedacinho do que estamos vendo e envia essa informação para o cérebro. É ele que vai juntar os fragmentos e montar a imagem completa. Os lobos temporais editam e reconstroem mais de 50% da informação original que entra através da retina e nós vemos somente o que o cérebro, com todas as suas realidades condicionadas, decide o que ele está vendo. É como o conto de Andersen em "A Roupa Nova Do Rei." A realidade de consenso era a de que ele estava vestindo roupas novas, lindas, porque a multidão não queria admitir que ele estava nu. Foi preciso que uma criança gritasse "o rei está nu!" para quebrar o encanto e propagar o óbvio."[15]

---

[15]Fonte: web-**D. Icke**

A nossa Realidade não é Real!

Pensamos viver em um "mundo real", com regras imutáveis, tudo em cima de uma linha reta, em uma única direção e nem mesmo questionamos essa realidade que para nós é uma verdade. Mas, o mundo material que percebemos em torno de nós, é somente uma ínfima fração - de uma infinidade multidimensional - à qual temos acesso através dos cinco sentidos. Na realidade, vivemos em uma gama de frequência que nos enjaula dentro de uma ilusão, como se fosse uma matrix. É como se nossos cinco sentidos estivessem sintonizados em uma única frequência radiofônica, e isso é tudo o que podemos ouvir e sentir. Mas, em volta de nós, existem outras infinitas frequências ou densidades que superam a gama dos nossos sentidos físicos. Algumas delas são frequências percebidas pelos animais, das quais não sabemos nada.

Toda a realidade dos cinco sentidos é uma ilusão holográfica, que só existe de uma forma sólida porque o cérebro humano faz com que se aparente desta forma. As "leis" do mundo dos cinco sentidos são aquilo que nós pensamos que elas são, porque as aceitamos como algo real; e aceitando, estaremos sujeitos às suas limitações.

O mundo físico da matéria que vemos à nossa volta, é um conjunto de imagens que interpretamos e projetamos sensorialmente. Elas são recebidas pelos olhos e transferidas através do nervo ótico, para o cérebro. Como, geralmente, acreditamos no que vemos, cheiramos, provamos ou escutamos, então o aceitamos como real.

"De acordo com os parâmetros do programa, o cérebro aceita ou rejeita quando decide que tal imagem não entra nos seus parâmetros experienciados. Na verdade, ele é incapaz de diferenciar entre um evento real e um evento psicológico, como um sonho, por exemplo. O cérebro só recebe o que se permite que ele receba. Numa programação paradigmática limitadora como essa, o nível de atividade é de apenas 10 a 12 por cento. Portanto - a

maioria dos 90% do cérebro, permanece não utilizada, desativada, programada para dormência. Isto acontece porque qualquer pensamento que não se encaixe na programação cultural ou dogmática, é autodefletido." (Metatron)

O paradigma holográfico

Trabalhando em pesquisas sobre o funcionamento do cérebro, o neurofisiologista *Karl Pribram*, da Universidade Stanford, também se convenceu da natureza holográfica da realidade. Numerosos estudos realizados em ratos, nos anos 20, demonstraram que as lembranças não estão confinadas a certas áreas do cérebro: a partir de experimentos, ninguém conseguiu explicar qual o mecanismo que permitia ao cérebro armazenar as lembranças, até o momento em que **Pribram** aplicou a este campo os conceitos da holografia. Ele acredita que as memórias não são armazenadas nos neurônios ou pequenos grupos de neurônios, mas em esquemas de impulsos nervosos que se cruzam em todo o cérebro, assim como os esquemas de *feixes de laser*, que se cruzam em toda a superfície do pedaço de filme que contém a imagem holográfica. Assim, o próprio cérebro funciona como um holograma e a teoria de **Pribram** explicaria como o cérebro é capaz de conter tantas lembranças em um espaço tão limitado. O cérebro humano pode armazenar cerca de 10 bilhões de informações durante o tempo de vida média. Por outro lado, foi descoberto que os hologramas têm uma surpreendente capacidade de memorizar. De fato, simplesmente mudando o ângulo no qual dois feixes de raios laser incidem em uma película fotográfica, se pode acumular bilhões de informações somente em um centímetro cúbico de espaço. A nossa incrível capacidade de recuperar, rapidamente, qualquer informação do enorme armazém cerebral, é facilmente explicável supondo um funcionamento segundo um princípio holográfico. Cada peça de informação parece sempre ser, imediatamente, ligada a todos os outros: e este é, talvez, o melhor exemplo na natureza de um sistema de referência cruzada.

Há uma quantidade impressionante de dados científicos que comprovam a teoria de **Pribram**, agora compartilhado por vários neurofisiologistas.

O pesquisador ítalo-argentino, **Hugo Zucarelli,** aplicou o modelo holográfico aos fenômenos acústicos, intrigado com o fato de que os humanos possam localizar a fonte de um som sem virar a cabeça, mesmo sendo surdo de um ouvido. Daqui, resulta que cada um de nossos sentidos é sensível a uma gama muito maior de freqüências. Por exemplo, nosso sistema visual é sensível às freqüências de som; o nosso sentido olfativo também percebe a chamada *frequência Osmica,* e até mesmo células biológicas são sensíveis a uma ampla gama de freqüências. Estes resultados sugerem que, somente no domínio holográfico da consciência, estas freqüências podem ser avaliadas e subdivididas.

A realidade é de natureza holográfica, logo, não existe

Porém, o aspecto mais impressionante do modelo holográfico cerebral de *Pribram*, é o resultado da união com a teoria de *Bohm*. Se a concretude do mundo é uma realidade secundária e o que existe não é senão turbinas de freqüências holográficas, e, até mesmo o cérebro é somente um holograma que seleciona algumas dessas frequências, transformando-as em percepções sensoriais - o que resta então da realidade objetiva? Simplesmente, não existe.

Como sustentam as religiões e filosofias orientais, o mundo material é uma ilusão. Nós mesmos pensamos que somos entidades físicas que se movem em um mundo físico, mas tudo isso é pura ilusão. Na realidade, somos uma espécie de "receptores" boiando num mar caleidoscópico de freqüências, e o que extraímos dele, magicamente transformamos em uma realidade física: um dos bilhões de "mundos" que existem no super-holograma. Este conceito novo e impressionante da realidade, foi chamado de "*paradigma holográfico*", e, embora muitos cientistas tenham recebido com ceticismo, já inspirou muitos outros. Um grupo pequeno, mas crescente de pesquisadores, acredita que é o modelo mais acurado da realidade até agora alcançado pela ciência. Em um universo no qual mentes individuais são atualmente porções indivisíveis de um holograma, e tudo está infinitamente interligado, os chamados "*estados alterados de consciência*" podem ser, simplesmente, a passagem a um nível holográfico mais elevado. Se a mente é parte de um *continuum*, de um labirinto relacionado não só com as outras mentes existentes ou existidas, mas também é ligada a cada átomo, organismo ou área na vastidão do espaço, então o fato de que a mente seja capaz de fazer incursões nesse labirinto e fazer com que nosso corpo tenha experiências extracorpóreas já não parece assim tão absurdo.

"Cogito ergo sum", certo? Errado - A consciência cria a ilusão de uma mente que se diz pensante

O paradigma holográfico tem também implicações nas chamadas ciências puras, como a biologia. *Keith Floyd*, um psicólogo do *Virginia Intermont College*, afirma que se a concretude da realidade é apenas uma ilusão holográfica, você não pode dizer que a mente cria consciência (*Penso, logo existo*). Pelo contrário, seria a consciência a criar a ilusória sensação de um cérebro que pensa, um corpo e qualquer outro objeto em torno de nós, que interpretamos como físico. Tal revolução na nossa maneira de estudar as estruturas biológicas, está levando os investigadores a afirmarem que a medicina e tudo o que sabemos sobre o processo de cura, seria transformado em um paradigma holográfico. Na verdade, se a aparente estrutura física do corpo é apenas uma projeção holográfica da consciência, fica claro que, cada um de nós, é muito mais responsável pela sua própria saúde de quanto reconheçam os atuais conhecimentos no campo da medicina. O que hoje consideramos curas milagrosas, na realidade, podem ser devido a uma mudança do estado de consciência que provoca mudanças no holograma corpóreo. Algumas técnicas alternativas de cura - controversas - como "visualização", às vezes se demonstram tão eficazes porque no domínio holográfico do pensamento, as imagens são, basicamente, tão reais como a "realidade".

Até visões e outras experiências de realidade comum, podem ser facilmente explicadas, caso aceitemos a hipótese de um universo holográfico. Em seu livro *"Gifts of Unknown Things"*, o biólogo *Lyall Watson*, descreve o seu encontro com uma xamã indonésia, que, realizando uma dança ritual, foi capaz de banir imediatamente um bosque inteiro. Watson relata que enquanto ele - e outros atônitos observadores - continuava a olhar, ela fez, rapidamente, reaparecer e desaparecer as árvores, diversas vezes. Com *Lyall Watson* observando esta cena intensamente, foi fácil para ele tornar-se parte do campo de realidade da xamã e também ver o bosque aparecer e desaparecer. Outras pessoas poderiam ter observado isso de uma ilusão de realidade de consenso, e então o bosque não teria desaparecido para elas. Isto explica porque algumas pessoas podem atravessar paredes - elas acreditam que podem e essa torna-se a sua experiência. Elas desconectam suas mentes e corpos das leis da realidade de consenso, a qual insiste que isso é impossível. Mas acreditar em um nível de crença além do ordinário, não é apenas "CRER" mas um verdadeiro estado de "SER". Trata-se daquela mesma crença que *Pedro* obteve quando começou a andar sobre o mar. Naquele momento, ele saiu completamente da caixa 3D, fora de qualquer lógica humana. Esse é o significado daquela *"fé que move montanhas"*. Se um bosque pode desaparecer, por que uma montanha não poderia se mover?[16]

Embora o conhecimento científico atual não nos permita explicar experiências como essas, tornam-se mais plausíveis quando se admite a natureza holográfica da realidade. Em um universo holográfico, não existem limites à entidade das mudanças que podemos trazer para a substância da realidade, porque o que percebemos como realidade, é apenas uma tela à espera de nós para pintarmos sobre ela, qualquer imagem que desejarmos. Tudo

---

[16] Fonte: Web - D.Icke

se torna possível, desde entortar colheres com o poder da mente, até os eventos fantasmagóricos vivenciados por *Carlos Castaneda*, durante seus encontros com *Don Juan*, o *xamã Yaqui*. Trata-se nada mais, nada menos, da milagrosa capacidade que temos de moldar a realidade como desejamos durante os nossos sonhos. E seria bom que as nossas convicções fundamentais fossem revistas à luz da teoria holográfica da realidade.

"Nós precisamos lembrar que nós não observamos a natureza como ela existe realmente, mas a natureza é exposta aos nossos métodos de percepção. As teorias determinam o que nós podemos ou não podemos observar." (Albert Einstein)

Você cria as suas próprias realidades porque o Universo se reajusta a si mesmo, fielmente, para poder reproduzir o padrão que cada um concebe. Portanto, a sua vida é um reflexo perfeito dos padrões que você criou a partir das suas crenças. A realidade que você experimenta hoje, reflete a sua noção acerca do que é a realidade. Se parar para pensar, poderá notar que se não fosse assim, o Universo estaria à mercê do acaso.

CAPÍTULO XII

SOMOS UMA SÓ COISA NO UNIVERSO

Entre o Universo-Deus e TODOS os demais seres, não existe separação

Não existe nenhuma separação entre nós, as coisas, as estrelas, as galáxias ou qualquer outro ponto que exista neste Universo. Vivemos em um universo vibratório. O que parece ser um espaço vazio, é a sede de uma energia ilimitada. É o zero absoluto e não é por nada vazio, e sim pleno de informação divina. É o "caos" formando todas as possibilidades. É a consciência absoluta, ainda mais do que a inteligência universal. Não existe mais de UM nessa imensidão, não existe vazio em nenhum lugar que se observe. Tudo é preenchido com essa cola divina. Todo o **Grande Eu Deus** está lá e, portanto, podemos dizer que Deus está no vazio, ou Deus é o vazio; o Tudo/Nada.

Existe um campo, ou substância original que chamam de *Mente Universal; Substância Inteligente e Informe; Matriz Divina; Campo subatômico; Holograma quântico* ou *plenum* - "plenitude". O teólogo o chama de Deus – a origem de todas as coisas. Alguns intrépidos acadêmicos estão chamando esse campo de *Ponto Zero;* de *mente de Deus.* Independentemente de como você o chame, os rótulos não fazem muita diferença. A palavra *água* não lhe deixa molhado. Conhecê-lo seria como uma forma nova de conhecer a imensidão de uma força inteligente que podemos chamar de Deus. TUDO é interconexo e, se existisse alguma coisa separada da outra, nesse multiverso, certamente se desintegraria.

O Universo é organizado segundo principios holográficos

Uma equipe de pesquisa da *Universidade de Paris*, liderada pelo físico *Alain Aspect*, conduziu uma experiência, talvez a mais importante do século XX. *Aspect* e sua equipe descobriram que submetendo partículas subatômicas como elétrons, em determinadas condições, elas são capazes de se comunicarem umas com as outras, instantaneamente, independentemente da distância que as separe; seja de 10 metros ou de 10 bilhões km. Seria como se cada partícula soubesse, exatamente, o que estão fazendo todas as outras. Um fenômeno que parece excluir até a teoria de *Einstein – a de que não existe possibilidades de comunicação mais rápida que a luz.* A experiência de *Aspect* provou que a ligação entre as partículas subatômicas é, certamente, do tipo não-local. À luz da experiência de *Aspect*, o físico *David Bohm* sustentava que, apesar da aparente solidez, o universo é na verdade um fantasma, um holograma gigantesco e esplendidamente detalhado.

Para entender a afirmação surpreendente de *Bohm*, lançamos um olhar sobre a natureza dos hologramas. Não precisa ir muito longe, basta olhar a TV. As pessoas e objetos não estão verdadeiramente ali, dentro da caixa chamada "televisão". Parecem tão reais na sua tridimensionalidade, mas são uma ilusão! Assim, é a nossa suposta "realidade". Um holograma é uma fotografia tridimensional produzida com a ajuda de um laser. São projeções de energia ou luz que parece uma forma de 3 dimensões, mas na realidade são uma série de códigos e padrões de onda que geram a ilusão de 3D, quando um laser emite sua luz sobre esses hologramas. Para se compreender melhor, se o holograma de uma rosa é cortado na metade, ao ser iluminada por um laser, descobre-se que cada metade contém ainda a imagem completa da rosa. Mesmo continuando a dividir as duas metades, vemos que cada fragmento conterá sempre uma versão menor, porém sempre completa, como a imagem de origem. Cada fragmento contém todas as informações do próprio holograma.

Da mesma forma, tudo que faz parte do universo é organizado com os mesmos princípios, incluindo nós. O corpo é um holograma e a base das terapias alternativas, como: Reflexologia, Iridologia, Acupuntura, etc, baseia-se no entendimento de que diferentes partes do corpo são espelhos de todos os órgãos. E quando se trabalha sobre estas imagens refletidas, atua-se sobre o órgão da mesma forma. Isto é perfeitamente lógico, já que o corpo é um holograma e cada parte do holograma contém a imagem do todo: cada célula contém o todo. O corpo holográfico é uma expressão do holograma que é o universo e o cosmos, assim como cada parte do corpo - o Micro replica o Macro-Cosmos.[17]

Para **Bohm**, o motivo pelo qual as partículas subatômicas se comunicam, independentemente da distância que as separa, é que a sua separação é uma ilusão. Ele estava realmente convicto de que, num nível mais profundo da realidade, estas partículas não são entidades individuais, mas extensões de um mesmo organismo fundamental. Bohm simplifica com um exemplo: "*Imagine um aquário que contém um peixe. O aquário não é visível diretamente, mas através de duas câmeras - uma posicionada frontal e outra lateral. Olhando para os dois monitores de televisão, podemos pensar que são dois peixes, como duas entidades separadas. A posição das duas câmeras nos dará duas imagens ligeiramente diferentes. Mas, continuando a observar os dois peixes, notamos que eles se movimentam com sincronia: quando um olha para a frente, o outro olha para o lado. Não conhecendo o verdadeiro objetivo do experimento, acreditamos que os dois peixes se comunicam entre si, instantaneamente e misteriosamente*".

Segundo **Bohm**, o comportamento das partículas subatômicas indica que há um nível de realidade à qual não temos conhecimento, uma dimensão que ultrapassa a nossa. Se

---

[17] Fonte: Web -unanuovera.

percebemos as partículas subatômicas como se fossem separadas, é porque somos capazes de ver apenas uma parte da realidade, embora elas não sejam partes separadas, mas sim facetas de uma unidade mais profunda e basilar, que resulta também holográfica e indivisível como a nossa *rosa*. E, como tudo na realidade física é composto por essas imagens, segue-se que o próprio universo também é uma projeção, um holograma. Para analisar de qual substância é feito o mar, você não precisa pegar todo o oceano; basta uma gota.

Além de seu caráter ilusório, o universo teria outras características surpreendentes: se a separação entre as partículas subatômicas é apenas aparente, isto significa que em um nível mais profundo, todas as coisas são infinitamente ligadas. Os elétrons de um átomo de carbono do cérebro humano estão interconectados com as partículas subatômicas que compõem cada salmão que nada, cada coração que bate, e cada estrela que brilha no céu. Tudo permeia tudo. Embora a natureza humana tente categorizar, classificar e subdividir os vários fenômenos, cada divisão é necessariamente artificial e toda a natureza, nada mais é, senão uma imensa rede ininterrupta.

Em um universo holográfico, até mesmo o tempo e o espaço já não podem mais ser vistos como princípios fundamentais. Conceitos como a localização são quebrados em um universo onde nada é realmente separado do resto, sendo assim, o tempo e o espaço tridimensional (como as imagens de peixe no monitor de TV), devem ser também interpretadas como meras projeções de um sistema mais complexo. A um nível mais profundo, a realidade nada mais é que uma espécie de super holograma, onde o passado, presente e futuro coexistem simultaneamente. Dispondo de ferramentas adequadas, um dia poderemos ultrapassar esse nível de compreensão da realidade e colher cenas do nosso passado, esquecidas com o decorrer do tempo. Como o termo *holograma* geralmente se refere a uma imagem estática, que não coincide com a natureza dinâmica e perenemente ativa do nosso universo, **Bohm** preferiu descrever o universo com o termo *holomovimento*. Dizer que cada única parte de uma película holográfica contém todas as informações disponíveis para a integridade do filme, é simplesmente dizer que a informação seja distribuída não-localmente. Se é verdade que o universo é organizado de acordo com o princípio holográfico, presume-se que ele tem também algumas propriedades não locais e, portanto, qualquer partícula existente contém em si mesma todo o conteúdo da imagem total. Dado o pressuposto, todas as manifestações da vida vêm de uma fonte única de causalidade, a qual inclui todos os átomos do universo. Das partículas subatômicas às galáxias gigantes, tudo é, ao mesmo tempo, parte infinitesimal e total do "**Tudo**" que chamamos **Deus!**[18]

O princípio da Física é Deus

"Poderíamos imaginar o místico como alguém em contato com as espantosas profundezas da matéria ou da mente sutil, não importa o nome que lhes atribuamos." (David Bohm)

Já em 1953, *David Bohm* definiu a mecânica quântica como "ontológica" (aquilo que existe) e "casual". Ele não aceitava a total falta de "casualidade" das leis naturais quando se entra no infinitamente pequeno - mas ao mesmo tempo, não aceitava a dualidade dessa teoria, cuja conclusão era a de que os elétrons se comportam às vezes como partículas e às vezes como ondas. Ele pesquisou a fundo para entender o que poderia guiar os elétrons na sua trajetória partícula/onda.

De acordo o conceito da dualidade onda-partícula, tudo se propaga como se fosse uma onda, e troca energia como se fosse uma partícula. Toda a física, todo o universo possui este tipo de comportamento.

Bohm conseguiu criar um parâmetro crucial e o chamou de *"potencial quântico"*, que tinha a capacidade de transformar

---

[18] Fonte: Web

a mecânica quântica da teoria probabilística, em teoria determinista. O que significa? Significa que, desse modo, ele descobriu que os elétrons não se movem aleatoriamente, mas sob a ação de um potencial quântico, o qual, conduzindo informação do ambiente global e fornecendo uma conexão direta "não-local" (instantânea ou o chamado *"entanglement"*), entre os sistemas quânticos, podia ser guiado em uma trajetória bem precisa e potencialmente determinável. Dessa forma, pode-se demonstrar que as partículas se movem em um percurso de trajetória pré-determinada, sob a ação de "algo" - um potencial quântico com curiosas *propriedades olísticas* que agem para guiar os elétrons. Por que cito isto? Obviamente, não é para dar uma lição de física, porque de física entendo bem menos do que grande parte dos leitores. Mas o princípio da física é Deus. A mecânica de Deus não é só metafísica, mas, sobretudo, física. O que são os elétrons? São partículas que formam os átomos e os átomos formam TODAS as coisas que existem, inclusive nós. E daí? E daí que deixa claro que o "potencial quântico" – termo que descreve algo semelhante a uma onda que fornece informação ao elétron, ligando-o assim ao resto do Universo – se manifesta como uma força invisível que guia TODAS as partículas do universo de uma forma completamente independente da distância entre elas. Que espetáculo! Digamos que uma partícula, que acreditamos estar distante de nós, milhares de anos-luz, pode se comunicar instantaneamente com a ponta do seu nariz. Já imaginou? Isso porque somos TODOS uma única coisa no Universo, ligados como uma cola. É esse mesmo potencial quântico (ou fator quântico) que, pela sua própria natureza, é responsável pela dualidade partícula/onda e por todos os demais fenômenos da mecânica quântica; e é também responsável pelos ditos "efeitos não-locais", previstos pelo famoso *Experimento Mental EPR* (Iniciais de Einstein-Podolsky-Rosen, que o propuseram).

Então, *Bohm* foi o primeiro a introduzir na física o conceito de *Campo de Informação*, em que o elétron não está jogado à revelia do acaso ou de uma misteriosa finalidade metafísica, mas, mesmo em contínua transformação, é algo bem definido e é constantemente informado pelo ambiente que o circunda. Que ambiente inteligente é este? Certamente, não é um sistema da física mas um mundo que transcende todo o espaço em uma unidade sem tempo. Isso não quer dizer que *Bohm* foi o primeiro a encontrar Deus vagando pelo infinito, então jogou a rede e o capturou, mostrando-o como um troféu: *"Achei Deus! Eis aqui a prova!"* Significa que ele descobriu um elemento no interior da física, uma espécie de *quinto elemento*, que ultrapassa a própria física da forma que normalmente é concebida. Mas tudo isso demonstra que a física pode ser coerente com a existência de reinos de verdades mais elevadas, e nos chama à reflexão sobre o conceito de Eternidade, que pode assumir um papel de importância de base.

A teoria do Entanglement - *Entanglement,* é uma palavra usada no mundo quântico que descreve um estranho atributo da matéria que parece estar conectado a tudo, o tempo todo.

A teoria do *Entanglement* é aquilo que está na base do chamado *teletransporte quântico,* desenvolvido pelo físico de informática, *Charles Bennet*, em 1993. Em síntese, seria uma transferência de informação entre dois objetos situados à distancia um do outro, sem necessidade de se tocar. Modificando um objeto, o outro automaticamente se modifica também. Para se entender com um exemplo dado pelo astrofísico *Massimo Teodorani,* seria praticamente como se duas bolas fossem criadas juntas em um laboratório, uma vermelha e outra azul, depois fossem colocadas no bolso de duas pessoas, separadamente. De repente, seria como se a pessoa com a bola azul conseguisse mudar a cor da bola vermelha, da outra pessoa, para o azul, isso sem sequer se aproximar. As bolas não se moveram do bolso, mas simplesmente foi passada a informação de *mudar a cor.* Trata-se de uma espécie da "magia" que a física quântica é capaz de fazer.

Aquilo que hoje os cientistas já entendem sobre o *entanglement,* se preanuncia a possibilidade de que, talvez, em um futuro próximo, poderemos usar esse sistema para nos comunicar, instantaneamente, a qualquer distância. Não só entre nós, mas até mesmo com outros seres inteligentes no universo, considerando que a estatística estelar e a teoria da probabilidade preveem a existência de outras civilizações muito mais evoluídas que a nossa, com capacidade de utilizar tecnologias nunca imaginadas por nós. Mas, aqui mesmo na terra, já se pensa em utilizar o método do *entanglement* quântico para receber e transmitir mensagens não-locais. O biofísico americano, *Fred Thaheld*, afirma que os efeitos da não-localidade poderiam estar presentes no nível biológico, principalmente no cérebro.

Mas como funcionaria essa técnica? *Massimo Teodorino*, astrônomo e físico estelar, no seu vídeo *"A Mente de Deus"*, nos refere que já foram efetuados experiências com células neurais que demonstraram eventos de *entanglement*. Estados de entanglement cerebral já foram construídos na *Universidade de Milão*, onde fizeram desenvolver neurônios em um recipiente e, em seguida, transferiu-se uma amostra das células neurais desse recipiente para serem desenvolvidas em outro recipiente, com uma grande distância um do outro. A hipótese era a de que os neurônios, contidos nos dois recipientes fossem conectados por um estado de *entanglement*. Para manifestar esse estado, sabendo-se que os neurônios são muito sensíveis a certos estímulos elétricos, foi utilizado um feixe de laser, direcionando-o para o segundo recipiente com as células neurais. Para a satisfação da equipe, houve uma impressionante reação elétrica dos neurônios presentes em cada recipiente, demonstrando, assim, que o fenômeno do *entanglement* pode acontecer em um nível das células neurais. Da mesma forma, mas de modo mais sofisticado, como foi testado com duas pessoas separadas à grande distância, foi possível verificar que em certas condições, eram capazes de entrar em um estado de *entanglement*. Para isto, se analisou os traços eletroencefalográficos (EEG) das duas pessoas. Isto demonstra que se é possível verificar um estado de entanglement à distância entre células neurais ou pessoas humanas, em linha de princípio, é possível obter o mesmo resultado entre cérebros separados anos-luz de distância.

Para que essa teoria tenha uma razão de ser, seria necessário fazer uma viagem no tempo e admitir que no momento do Big Bang, todas as partículas do universo deveriam estar em um estado de *entanglement* entre elas, e este estado tenha permanecido inalterado em um certo nível, como no DNA ou nos microtubos dos neurônios, sendo necessário somente "despertá-los" de alguma maneira, utilizando tecnologias e estratégias muito sofisticadas. *Fred Thaheld*, que desenvolveu um desses projetos sofisticados, chamando-o de *"bio-astro-entanglement"* (não-localidade astrobiológica), afirma que se o *entanglement neural* é um fenômeno difuso no universo, seres mais evoluídos que nós poderiam ser capazes tanto de enviar sinais intencionais, quanto receber sinais do mesmo tipo. Pode ser que estamos sendo bombardeados, desde sempre, por sinais mentais de outros seres, e sequer nos demos conta. Além do mais, sabemos que em outros aspectos do universo, recebemos radiações – eletromagnéticas e de partículas – de vários tipos, representadas por neutrinos, raios cósmicos, radiação cosmológica em microondas, radiação gravitacional, etc. Então, por que não do tipo emissão mental, também, visto que hoje sabemos que o mecanismo do *entanglement* não é mais uma fantasia? Fica a reflexão.[19]

Somos uma ÚNICA coisa no Universo

Precisamos aceitar o fato de que não somos o que se pensa. Achar que somos um ser aleatório, sem programação, que chegou aqui na terra sabe-se lá de onde e à revelia de tudo e de todos - é uma ilusão. No nosso registro interno, está escrito tudo sobre nós: quem somos; o que viemos fazer e
qual a nossa importância para o universo. Porque é Deus, dentro de nós, que executa tudo o que nós pensamos que fazemos. Ele executa tudo através da nossa personalidade, nosso corpo e alma. Mas há sempre um acordo prévio entre mente e alma (a parte que é Deus), que não estamos conscientes, mas que è do conhecimento

---

[19] Fonte: "A Mente de Deus" - M. Teodorani

do Espírito. É como se fosse um acordo ou contrato de tudo o que planejamos vivenciar na terra. E Ele opera segundo esse acordo, essa experiência única, em cada ser individual. Não serve de nada se sentir uma "vítima do Criador", achando que Ele está te usando como cobaia para uma experiência Sua. Lembre-se: você não é "você" da forma como pensa que seja, mas você é Ele-em-você. Sua consciência é Ele. Logo, você não pode ser vítima de você mesmo, ou uma parte de Deus não pode ser vítima do TODO. Seria como se seu dedão do pé estivesse usando todo o pé para benefício próprio, ou para prejudicar, de alguma forma, o pé inteiro. Somos membros de um corpo, de uma "família" em colaboração unificada para um mesmo fim. Em nenhum momento de nossas existências, estivemos separados do TODO, nem por um segundo. Ele, estando dentro de nós, através da Sua imagem e semelhança, significa que por consequência possuímos todas as Suas Faculdades, possuímos também o poder de criar. Só que a maior parte de nós não aceita ou não está consciente de que, só pelo fato de PENSAR, estamos CRIANDO. Nós somos criadores à semelhança do Criador! Esse poder é uma extensão dos Divinos Poderes de Deus que está em nós, como seus semelhantes. Então, não crendo ou ignorando que o pensar é criar, pensamos quase sempre de forma "errada", sem a real direção da divindade em nós (porque temos livre escolha), e esse é o motivo para tantos falimentos em nossas vidas. É a ignorância de que é o **Seu Poder** que está sendo usado *erradamente*, embora nem por isso deixe de ser Poder. Achar que somos separados de Deus é a causa de pensarmos que somos finitos; viemos aqui para sofrer e que uma influência maléfica, chamada Demônio, está se manifestando no mundo, opondo-se à vontade de Deus. Pensar dessa forma, cria a situação. Você acha que algo é real - quer seja uma dor, uma dificuldade, uma preocupação – só porque o seu pensar, a sua crença lhe dá essa realidade. Outros poderão estar passando pela mesma situação e ter uma percepção totalmente diferente da sua. Isso é a prova de que somos nós que percebemos uma realidade como tal. Basta mudar essa percepção de que algo é horrível, detestável, doloroso e a coisa, magicamente, desaparece! Faça você mesmo a prova. Mude sua atitude, deixe de PENSAR que essas coisas são detestáveis e elas deixarão de lhe perturbar. Dando poder a essas coisas, elas realmente lhe afetarão. Pare de dar poder a esses pensamentos e eles se dissolverão magicamente.

EU, dentro dele, executo tudo o que ele faz; mas, necessariamente, o faço através do seu organismo, através de sua personalidade, de seu corpo, mente e alma. (Vida Impessoal- J. Benner)

Embora cada pessoa pareça ser separada e independente, todos nós estamos ligados a padrões de inteligência que governam todo o cosmos. Nossos corpos são parte de um corpo universal, nossas mentes são um aspecto de uma mente universal.

Capítulo XIII

Criando Abundância

Segundo Deepak Chopra:

"O tempo não existe enquanto valor absoluto, apenas a eternidade. O tempo é a eternidade quantificada, a perenidade fragmentada em pedaços por nós mesmos - segundos, horas, dias, anos. O que chamamos de tempo linear é um reflexo de como percebemos as mudanças. Se pudéssemos perceber o imutável, o tempo, conforme o conhecemos, cessaria de existir. Podemos começar a aprender a metabolizar a não-mudança, a eternidade, o absoluto. Ao fazê-lo, estaremos prontos a criar a fisiologia da imortalidade."

A luta pela sobrevivência é necessária ou é uma falsa crença?

Charles Darwin, explicando que a vida se manifesta através da luta, criou, essencialmente, um modelo de escassez - a sobrevivência do mais apto - inspirado em um período de explosão populacional e da falta de recursos. Foi assim que adquirimos uma mentalidade impostada para o indivíduo - o individualismo e a individualidade das coisas. Mas a vida é realmente um dom, é uma oportunidade maravilhosa de viver uma experiência em um planeta de livre arbítrio, de poder criar tudo o que desejar escolher e vivenciar essa criação a qualquer momento, como se estivesse em um palco, representando um papel. Qualquer que seja a sua parte, você está criando e liberando energia que ajuda o planeta a aumentar sua vibração; qualquer passo seu é importante e encaixa, perfeitamente, dentro de um grande projeto para o universo.

O poder de criar, faz parte do dom da vida. E toda criação que fazemos, começa nas nossas escolhas e naquilo que acreditamos que cada escolha representa. Se no seu âmago, você ACREDITA que não merece abundância, ou que é errado acumular riqueza pois pode-se tornar demasiado materialista, pode ter certeza que você nunca irá manifestar abundância, apenas pensando sobre ela.

Se acreditar que o dinheiro é a raiz de todo o mal, a Lei da atração afastará, cada vez mais, a abundância de você até que mude, completamente, essa crença básica. Se você acreditar que é pobre e que sempre terá que lutar para sobreviver, sua própria crença criará essa experiência. Não importa se você tem vários empregos; sua crença básica será gerada, projetada na dimensionalidade e, certamente, se manifestará. Você terá que lutar sempre para se manter economicamente.

Se acreditar que não é atraente, você projetará essa imagem a todos ao seu redor, telepaticamente. Você projeta, constantemente, suas crenças e se encontrará frente à frente com suas manifestações quando olhar para o mundo à sua volta. Elas formam uma imagem espelhada das suas crenças realizadas. Da mesma forma, se você acreditar - em termos bem simples - que as pessoas vão lhe querer bem, vão tratá-lo bem, é isso que elas farão. E se acreditar que o mundo está contra você, assim será a sua experiência. E se acreditar que seu corpo vai começar a envelhecer e enfraquecer aos 40 anos, assim será.

Somos todos corpos pensantes num universo pensante!

Achamos que os pensamentos só acontecem dentro de nossa cabeça, mas essa impressão deve–se ao fato de os percebermos como algo estruturado lingüisticamente, que é falado em nossa própria língua. Todavia, esses mesmos impulsos de energia e informação que vivenciamos como pensamentos, são a matéria-prima do universo. A única diferença que existe entre os pensamentos que estão em minha cabeça e os que estão fora dela, é que eu percebo os primeiros em termos estruturados lingüisticamente. Contudo, antes de um pensamento tornar-se verbal e ser expresso como uma linguagem, ele não passa de uma intenção e, mais uma vez, é apenas um impulso de energia e informação. Em outras palavras, num nível pré-verbal, toda a natureza fala a mesma língua.

"A verdadeira natureza de nosso estado básico, bem como a do universo, é ser o campo de todas as possibilidades. É o que somos em nossa forma primordial: um campo de possibilidades. Partindo desse nível é possível criar qualquer coisa. O campo é nossa natureza essencial, nosso eu interior. Ele também é chamado de absoluto por gerar tudo o que existe. A prosperidade lhe é inerente, pois ela que dá origem à infinita diversidade e abundância do universo." (Deepak Chopra)

Prosperidade e Abundância

Quando compreendermos o poder criativo do pensamento, os seus efeitos poderão ser próximos ao milagre. Mas, nem todos os resultados podem ser alcançados satisfatoriamente sem uma correta aplicação, diligência e concentração. As leis que governam o mundo material e espiritual são fixas e infalíveis. A prosperidade e a abundância ilimitada fazem parte do estado natural do ser humano. Mas isso às vezes não acontece porque com o tempo, usamos nossas estratégias, princípios e convicções que criam obstáculos para o fluir natural desse processo, e se cristalizam em uma fase que parece que o destino está contra nós.

Não precisamos fazer grandes estudos, seminários ou cursos para a compreensão do poder da nossa mente. É necessário, apenas, nos lembrarmos do que já sabemos e nos apropriarmos dos recursos que já possuímos, alinhando nossas vidas com aquilo que sempre fomos desde o primeiro dia em que começamos a escrever a nossa história.

A natureza da fartura é realidade. Quando estamos ligados à natureza da realidade e sabemos que essa mesma realidade é nossa própria natureza, percebemos que podemos criar qualquer coisa, porque toda criação material tem uma única origem. A natureza recorre ao mesmo manancial para criar um aglomerado de nebulosas, uma galáxia de estrelas, uma floresta tropical, um corpo humano ou um pensamento. Tudo o que é matéria, tudo o que podemos ver, tocar, ouvir, saborear ou cheirar é feito da mesma coisa e vem da mesma fonte. O conhecimento desse fato nos confere a capacidade de realizar qualquer desejo, adquirir qualquer objeto material que possamos querer e vivenciar, sem limites à realização e à alegria.

Pensar positivo melhora a qualidade de vida

"Um evento vivido conscientemente, quer seja de prazer ou de dor, é automaticamente transferido ao subconsciente, que o armazena sob forma de recordação; esta irá influenciar o nosso comportamento nas futuras situações análogas. E dessa forma, cria-se uma cadeia repetitiva de falimentos ou sucessos, sempre que surja a necessidade de nos colocarmos àquela prova. Isso porque, naquele momento, o subconsciente emite uma mensagem negativa ou positiva, informando que naquele tipo de situação, a "ordem" é ativar a recordação daquele evento. E assim acontece. O subconsciente é um servidor fiel. Ele não raciocina, nem julga a informação como sendo correta ou errada, sensata ou absurda, verdadeira ou falsa. Limita-se, portanto, a armazená-la com o objetivo de reproduzir um comportamento coerente com as mensagens análogas, armazenadas precedentemente. É aí que entra a convicção de ser próprio um falido ou um bem-sucedido. Dessa maneira, se torna sempre mais difícil enfrentar novas situações de forma correta. E muitos ainda perguntam por que aquele fulano está semprre obtendo sucesso e sicrano, tudo o que faz, dá errado. Esse é o segredo! Pensar positivo melhora a qualidade da vida. E a única forma de se conseguir, é atuar

diretamente no subconsciente - selecionando, filtrando, criando novos pensamentos e reinstalando-os, repetidamente, até tornarem-se uma crença. O pensamento positivo, repetido com frequência, influe positivamente no subconsciente, levando a resultados satisfatórios no exato momento em que desejos e ideias deverão ser traduzidos em realidade.

A qualidade dos pensamentos determina a qualidade de vida. Nós somos o resultado daquilo que pensamos. A mentalidade de derrota, cria uma realidade de derrotado; a mentalidade de sucesso, cria uma realidade de bem sucedido".[20]

Quando você tomar uma decisão, não retroceda em absoluto, mesmo que as aparências digam que tudo é caos. Quando você reestrutura uma casa e quer fazer dela a casa dos seus sonhos, você não pode esmurecer olhando para as fases do processo, mas para o resultado daquele caos. Olhando aquela bagunça: terra, tijolos, pedras por toda parte, muros sendo quebrados, etc, você deve imaginar que todo aquele caos é perfeito para o resultado - apesar da aparência -, e que é exatamente daquele caos que surgirá a casa dos seus sonhos. Assim é o processo da vida. Nunca desistir por causa das aparências ou críticas.

Em cada fracasso existe a semente do sucesso

Há um mecanismo básico envolvido na manifestação do material a partir do imaterial; do visível a partir do invisível. É o mecanismo do aperfeiçoamento. Os malogros da vida são os dentes da engrenagem da criação, que, a cada passo, nos conduzem para mais perto de nossas metas. Na realidade, não existe o que chamamos de fracasso. Através de nossos erros, aprendemos a fazer o que é certo. A vida evolui naturalmente em direção à felicidade. Quando buscamos dinheiro, um bom relacionamento ou um excelente emprego, na verdade, estamos querendo encontrar a

[20] Fonte: Criando Prosperidade – Deepak Chopra

felicidade. O grande "erro" que cometemos, é não procurar a felicidade em primeiro lugar. Se fosse essa nossa atitude, tudo o mais viria naturalmente, pois a felicidade é um estado de **SER**. Não depende de um evento para entrarmos nesse estado.

"Não somos felizes porque obtemos, mas obtemos porque SOMOS felizes." (Joe Vitale)

Não somos indivíduos, somos uma Relação

A ciência descobriu que entre as partículas subatômicas, o nosso corpo e o ambiente; em cada coisa ou pessoa que entramos em contato; até mesmo em nossas criações sociais, existe um vínculo (*bond*). E esse vínculo quer dizer uma conexão tão profunda, que não se pode dizer onde uma coisa termina e outra começa. Nós somos esse vínculo e em nenhum sentido do termo, podemos ser indivíduos. Olhando para o nosso corpo, tendemos a vê-lo como autônomos e totalmente autoformado pelo seu DNA. No entanto, os cientistas descobriram agora, que os genes dependem de várias influências externas: do ambiente, do ar que respiramos, do alimento que comemos, dos amigos que freqüentamos. Essas influências externas condicionam os átomos dos genes. O vínculo com o nosso ambiente pessoal, portanto, cria a pessoa que somos. Fomos criados a partir desse vínculo com o meio ambiente. São essas relações que ligam e desligam os nossos genes. Cada aspecto de nosso comportamento social, mostra que somos *cablados* (*hard wired*) para compartilhar, para se conectar, cuidar de nós mesmos e sermos équos. Nossa necessidade é, acima de tudo, a de pertencer.

Faltando o senso de *pertencer*, nos tornamos debilitados.

A crença de que os nossos pensamentos são completamente individuais, é falsa. Somos totalmente interdependentes e interrelacionados. A natureza nos projetou, não para competir, mas para se conectar. No entanto, a história que até agora nos contaram, fez com que a competição fizesse parte de nós, em qualquer lugar do mundo. A competição é o motor das relações.

"O modelo vigente diz que, se você quer ganhar, alguém tem que perder. Precisamos mudar essa crença, estamos no final do período em que tal crença possa sobreviver. Muito daquilo que funcionava, agora está se demonstrando disfuncional e está se dissolvendo no ar." (Lynne McTaggart)

Metáfora de Kryon – Cada um de vocês é uma parte integral da divindade

"Já pensaram se as células sanguíneas tivessem consciência? São vivas, se reproduzem e trabalham. Elas têm propósito e vivem uma vida; elas nascem e morrem. Parecem-se muito com os humanos! Digamos que elas também tenham consciência. Então, vamos dizer que elas se reuniriam e decidiriam que, talvez houvesse um propósito maior na razão de elas estarem lá. Correndo através da escuridão, nas veias do corpo, a quem você suporia que elas podessem adorar? O coração? Talvez os rins? Talvez até mesmo os pulmões? Afinal de contas, é lá onde elas param e transferem energia.

Mas, quantas delas vocês acham que seriam capazes de pensar fora da vizinhança do corpo, em busca de respostas? Algumas poderiam fazer suas conjecturas: "Talvez nós estejamos dentro de algo que seja muito maior do que possamos imaginar?", ou poderiam dizer: "Talvez haja uma consciência que esteja acima de onde estamos? Será que há um propósito aqui, o qual não estamos vendo?" Em vez de adorarem o coração, o fígado ou os pulmões, talvez elas escolhessem pensar que há algo fora de tudo que elas conheçam, algo que elas nunca viram ou que não possam ver. Poderiam, talvez, ver o seu Deus como uma grande célula sanguínea com uma luz potente. É muito parecido com o que os Humanos fazem. Eles desejam tornar Deus um objeto e colocar o Espírito em um lugar físico no universo visível. A maioria dos humanos não compreende que Deus não está na realidade humana. Vocês podem dizer que compreendem isto, mas quando se* *trata dos anjos vocês precisam colocar pele e asas neles, e até mesmo dar a cada um deles um nome, apenas para falar com eles! E se eu dissesse a vocês que toda entidade fosse como uma nuvem de gás do tamanho do Texas? Que está em todo lugar e em lugar nenhum. E se eu dissesse que cada nuvem de gás também está junto com outras nuvens de gás... Como vocês as chamariam? Não há nada para ser realmente visto e nenhuma forma. No entanto, vocês desejam trazer-lhes para sua realidade a fim de lidar com eles. Assim como as células sanguíneas carregam oxigênio, dando vida ao ser humano, os humanos carregam a vida de Deus. E esta é a verdade! Vocês são, na verdade, um pedaço do todo que vocês chamam de Deus. O espírito não pode existir sem vocês. Cada um de vocês é uma parte integral da divindade e sem vocês esta bela tapeçaria chamada Deus, não poderia existir. Oh, é verdade que vocês estejam aqui na dualidade, aparentemente na escuridão e não compreendam tudo. Mas estamos dizendo a vocês que, nos últimos anos, o que aconteceu é que vocês deram permissão para acender as luzes! Muito do que acontece agora se deve, simplesmente, a isto.”* **Kryon**

As inúmeras frases citadas nos livros sagrados de que somos todos UM, não é uma frase filosófica. É para ser entendida, literalmente, ao pé da letra mesmo, porque é assim. *“Qualquer coisa que façam a um destes pequeninos, estão fazendo a Mim!”* Isso não é sentido figurado como muitos querem passar. É o sentido REAL! Cada um desses pequeninos é uma parte de Deus e ponto final. Não tem nenhum atalho para que se possa entender de modo diferente, a fim de não aceitar a divindade dentro de si. Fugir dessa verdade seria como decepar o próprio dedo pensando que ele está separado de você. Portanto, qualquer coisa que você faça ao seu dedo do pé ou da mão, está fazendo a si mesmo como um todo. E isso é o que a grande parte da humanidade não consegue admitir. Dizer que fazemos parte do corpo de Deus pode-se até se aceitar; mas afirmar que **SOMOS** uma parte de Deus; que Deus está em um campo interdimensional dentro do seu DNA... Isso é *heresia*! No entanto, muitas religiões celebram a comunhão, ou seja, a existência de um só corpo em que cada um dos membros é uma parte do corpo de Deus. Como não se dão conta de que, sendo um membro do corpo de Deus são, consequentemente, Deus?

Dizem: *"Somos membros do corpo de Deus mas, atenção, não confundam! Não é o CORPO de Deus, mas apenas uma simbologia de que somos membros de um corpo fictício de Deus ok?"* Não parece estranho? Como é possível que as religiões, que deveriam comunicar e criar essa UNIÃO, são as primeiras a gerar uma separação? São as primeiras a "ofenderem" Deus, afirmando que partes do corpo Dele são sujas, contaminadas, cheias de defeitos e de pecado? Já pensaram nisso? Mas não se preocupe, pois Deus não se ofende se, por descuido, ele "morder a própria língua" - pelo contrário: corre para curar e sanar o dano com muito amor. Bonito, isso, não é? Pois é. Assim funciona a família de Deus. TODOS NÓS, TUDO O QUE EXISTE – É DEUS!

Pensar que exista uma separação entre Deus e todos os seres sencientes, faz parte de uma cultura ainda primitiva. As culturas mais evolutas do universo SABEM que não existe nenhuma separação entre eles e Deus, mas que cada um deles está tendo uma experiência individual do TUDO.

Existe uma única coisa, UM TUDO, ao qual somos parte. Cada parte possue o aspecto individual do TUDO (imagem e semelhança). Uma gota de mar é igual em qualquer parte do oceano. O oceano é Deus – o TODO – e nós somos cada gota do oceano. Somos uma parte desse TUDO-DEUS experimentando a si mesmo através das suas partes-nós.

"Dei-lhes a glória que me deste para que eles sejam um, assim como nós somos um." (João 17:22)

SEGUNDA PARTE

A "VOZ" DE KRYON

CAPÍTULO XIV

REVELAÇÕES SURPREENDENTES

Nas páginas que se seguem, você irá ouvir, literalmente, a "voz" angelical da inteligência divina, a qual chamamos Kryon. As suas informações irão pavimentar o caminho para uma maior compreensão da vida e do que está acontecendo no nosso planeta, tanto em planos sutis como em um nível físico.

Essas informações são como usar a chave espiritual para interpretar os eventos que preenchem nossa existência, ajudando-nos a ver o amor que muitas vezes se esconde por trás de cada um deles. Kryon fala de física, química e matemática de uma forma profunda e muitas vezes de difícil compreensão para os menos entendidos dessas matérias. Mas, sem dúvida, deixa também uma marca indelével na mente de qualquer indivíduo, até para os que nunca abriram um livro de física. Essa impressão leva ao conhecimento de coisas que, talvez, nunca foram vistas ou ouvidas antes. E, como ele diz, após tomar conhecimento de algo, é impossível des-conhecer. Uma vez absorvido algo pela mente, principalmente na energia espiritual do DNA, é impossível para nós ignorá-lo. Pode-se procurar esquecer, mas nunca cancelar.

Então, deixe-se tocar pelo amor de Deus de uma forma nunca provada antes. Faça uma viagem pelas estradas do universo, descubra os mistérios da sua criação, a verdadeira história da evolução humana, descubra o real motivo das antigas pirâmides construídas em redor do planeta e quem as construiu; descubra enfim, os segredos da Alma de onde ela veio e para onde vai. Desfrute do vento da sabedoria e do inebriante Amor de Deus, de uma forma toda nova.

*"Nós todos estamos interligados. Nós somos o grande **"EU SOU"** como é dito em suas escrituras a respeito de Deus. Quando digo esta frase: "Eu sou Kryon", está implícito que eu pertenço ao todo e que a minha assinatura é Kryon. Nós somos Deus. Você é um pedaço de Deus e você tem o poder de tornar-se tão elevado do seu lado do véu quanto você era antes de vir aqui. Você é amado sem medidas. Cada um de vocês é uma entidade elevada que concordou antes de ter vindo, em estar exatamente onde está agora. Nós somos todos coletivos em espírito, mesmo enquanto você está na Terra, velado da verdade. Apesar de sermos coletivos, o AMOR é de origem ou foco único. Isso pode parecer confuso, mas considere isto como um fato de importância primordial, de maneira que possa entender que isto é especial para seu presente tempo."*
(Kryon)

Kryon fala sobre um Deus Pessoal

Se você fosse Deus, como criaria um Ser Humano?
"Todos estes anos, nós lhe falamos dos atributos do Espírito porque queríamos que você estivesse consciente de um Deus pessoal.

Como um homem sábio, você compreende agora que o corpo Humano tem um DNA inteligente. Todos os genes, todas as informações das células-tronco, estão armazenados como informação, no corpo. Isto parece acidental ou casual? Com a mente de Deus, como você teria feito isto? Deus incluiu a essência da criação dentro de vocês. Agora, há evidência, naturalmente, que a própria energia de Gaia está relacionada com a consciência Humana.

Imaginem por um momento que vocês tenham a mente de Deus. Através de bilhões de anos, Deus criou um universo e o construiu para a vida. Contra todas as probabilidades, vocês estão aqui.

Então, se você fosse Deus, como construiria um Ser Humano? Seria um "mamífero casual" no planeta?

Cuidadosamente, você (como Deus) preparou esta magnífica e linda Terra, o jardim no qual o Ser Humano se encontraria a atuar, projetou o DNA inteligente e até associou o Ser Humano às rochas, às árvores e à grade magnética. Vocês criaram o ser humano poderoso e com uma profunda "imagem" espiritual. Assim eu lhe pergunto, Ser Humano, se você desempenhasse o papel de Deus, qual atributo você daria ao Homem, a esse ponto?

O Projeto Humano

Muitos dizem que Deus criou a humanidade desta maneira: "Eu colocarei os Seres Humanos na Terra e os farei sofrer a dor. Eu tornarei isto realmente difícil, assim eu lhes darei o sentimento de que eles nasceram com pecado. Então eu plantarei neles a culpa imediatamente, de modo que eles sofrerão e se sentirão, para sempre, uma vítima por algo que aconteceu há muito tempo. Eu os farei rastejar e ajoelhar a fim de me encontrarem. Eu farei com que eles se sintam muito inferiores".

Você acha que isto passou pela mente de Deus? *Neste maravilhoso jardim? Isto faz sentido para qualquer um de vocês? Eu lhe peço que abra o seu coração para a compaixão. Seria desse modo que você o criaria, querido? E caso você diga: "Não, não. Eu não o faria assim". Então, como o faria? Na compaixão de Deus, como você faria o Ser Humano?*

Deixem-me lhe dar uma visão alternativa de como vocês poderiam pensar, caso fossem Deus: "Eu criarei um lindo jardim, darei aos Humanos um DNA sagrado que desenvolverá um maravilhoso sistema de lembranças antigas e de saúde. Então eu os colocarei na Terra como magníficos. Cada um terá em si um fragmento meu. Eu lhes darei a imagem sagrada do Criador e a implantarei em seu DNA. Assim, então, eu posso até dizer 'feito à imagem de Deus'. Então eu enviarei muitos mestres com o DNA sagrado ativado, para lhes mostrar o que eles podem fazer; para que os humanos não se esqueçam que eles também podem. Ao longo do tempo, seguirão grandes professores e facilitadores para que tenham sempre exemplos. Eu lhes darei poderes sobre a própria natureza. Se descobrirem esta magnificência, poderão, através do livre arbítrio, mudar os seus próprios corpos. Poderão mudar a sua cultura. Poderão mudar a Terra. Eu os tornarei tão poderosos que se um número suficiente deles se unir, poderão até impedir que aconteçam os terremotos. E serão ligados à Gaia."

*O que acham? O que você acabou de ler **é a Verdade**, e sabe quem tomou conhecimento disto em primeiro lugar? Foram os antigos que viveram nesta área (Chile). Se observarem o que eles mostraram e ensinaram, poderão ver que aqui os indígenas celebravam Gaia, a energia (espírito) Mãe do planeta; e esta era considerada sagrada. Era ligada à vida e ainda é, agora. Qual é a primeira coisa que os indígenas fazem quando começam uma cerimônia? Eles celebram os seus antepassados! E nisso, há um conhecimento intuitivo de terem, talvez, vivido antes, e que a sabedoria dos seus antepassados era a deles próprios. É possível que a sabedoria das eras seja transmitida espiritualmente? Sim, e a linhagem quântica do DNA é muito diferente da linhagem química linear. Oh, queridos, eu quero que sintam isso como a verdade. É o momento para que vocês usem alguma lógica compassiva e espiritual.*

Eu lhes revelo agora *um segredo: a própria vibração da Terra, até mesmo a velocidade do tempo é determinada pelo que os humanos aprenderam espiritualmente.* <u>*Se você tem a epifania de que Deus está dentro de si, se começar a viver de modo diferente por causa disto, o drama começará a desaparecer da sua vida e você será capaz de retirar-se da escuridão e jamais retornar a ela. Você aprenderá a reivindicar o poder que é divino dentro de você, e ter alegria.*</u>

Você afeta a Terra e cada passo seu é conhecido por Gaia. Você difunde a luz onde quer que vá. Você é conhecido por Deus e por Gaia. Sua magnificência e a sua mestria começam a proporcionar à própria Terra, uma vibração mais elevada. Enquanto você resolve os seus problemas, a própria vibração do planeta aumenta. Que sistema! É maravilhoso. Os Seres Humanos não foram colocados aqui por acaso, para sofrer. Entendem isto? Você compreende a lógica espiritual disto? Queremos que vejam a face de Deus, que é sempre plena de alegria, pois há um fragmento do Criador dentro de você."

A história da humanidade é uma farsa. Eis aqui toda a verdade!

O antropólogo *Semir Osmanagich,* fundador do Parque Arqueológico da Bósnia - o sítio arqueológico mais ativo do mundo – com base na idade de algumas estruturas que foram construídas por civilizações avançadas de mais de 29.000 anos atrás, declara que evidências científicas irrefutáveis, trazidas à tona sobre a existência de antigas civilizações com tecnologia avançada, não nos deixa outra escolha senão a de reescrever a história da humanidade da Terra.

"Reconhecer que somos testemunhas de provas fundamentais da existência de antigas civilizações avançadas que datam de mais de 29 mil anos atrás, e um exame das suas estruturas sociais, força o mundo a repensar totalmente o seu entendimento sobre o desenvolvimento da civilização moderna e sua história. Os povos antigos que construíram aquelas pirâmides, conheciam os segredos da freqüência e energia. Eles usaram esses recursos naturais para desenvolver tecnologias e para realizar a construção de escadas que nunca foram vistas em qualquer outro lugar na Terra. As provas demosntram claramente que as pirâmides foram construídas alinhando-as com a rede energética da Terra, e eram como máquinas que forneciam energia para o poder da cura.

Chegou a hora de compartilhar livremente o conhecimento, de modo que possamos entender e aprender com nosso passado". Afirmou Osmanagich.

É hora de abrir as nossas mentes para a verdadeira natureza da nossa origem. Nossa missão é realinhar a ciência com a espiritualidade, a fim de progredirmos como espécie, e isso requer um claro percurso de conhecimento compartilhado.

Uma verdade surpreendente! Encontrado código genético dos Pleiadianos em nosso DNA "Lixo"

É científico. No interior dos nossos genes, está esscondida a "marca" do fabricante inteligente, codificada há milhares de anos em algum lugar do cosmos. Estudiosos afirmam que o código genético parece ter sido inventado fora do sistema solar, há bilhões de anos. Uma declaração que dá credibilidade a ideia de *panspermia* - a hipótese de que a Terra tenha sido semeada por vidas interestelares.

"Uma espécie de conquista da galáxia baseada na eternidade de uma impressão digital   do DNA alienígena (DNA Fingerprinting), projetada e implantada em toda parte, por super-seres". (Shcherbak e Makukov, cientistas).

Um grupo de pesquisadores que trabalham no *Projeto Genoma Humano*, liderado pelo professor *Sam Chang*, relatou uma descoberta científica surpreendente: eles acreditam que as chamadas seqüências não-codificantes do DNA humano, aquelas que eram consideradas *junk* (lixo), nada mais são do que <u>o código genético de formas de vida extraterrestres</u>. Na prática, os ETs seriam nossos parentes próximos. *Chang* estabelece a hipótese de que uma forma de vida extraterrestre superior, estaria interessada na criação de uma nova forma de vida em vários planetas diferentes. A Terra seria apenas um deles.

"No final, temos que lidar com a incrível ideia de que toda a vida na Terra carrega consigo um pedaço genético de um parente ou um primo extraterrestre, e que a evolução não é aquilo que pensávamos que fosse". Afirma Chang.

Cientistas garantem que a grande maioria do DNA humano, é de um outro mundo

Depois de uma análise profunda - com a ajuda de outros cientistas, programadores de computador, matemáticos e outros pesquisadores - o professor *Sam Chang* acredita que o aparente "DNA lixo" fora criado por uma espécie de "programadores" extraterrestres. Seria como uma *griffe*, uma marca indelével de uma mestra civilização alienígena, que nos antecederam em milhões ou bilhões de anos. Indica que se pensarmos em termos humanos, é muito provável que esses programadores extraterrestres estivessem trabalhando em um super-código composto de vários projetos, e esses projetos deveriam produzir várias formas de vida para outros planetas.

Dois cientistas do Cazaquistão, o matemático *Vladimir I. Shcherbak* da Universidade Nacional do Cazaquistão al-Farabi, e *Maxim A. Makukov* - do *Fesenkov Astrophysical Institute* - hipotizaram, que: *"Um sinal inteligente poderia ser incorporado em nosso código genético, através de uma mensagem matemática e semântica, um conjunto de impressões aritméticas e ideográficas típicas da linguagem simbólica, o que não é coerente com a evolução darwiniana. Constituindo, portanto, uma memória excepcionalmente confiável para uma assinatura inteligente. Esta "assinatura" alien deve possuir modelos no código genético, estatisticamente muito significativos, e funções inteligentes que não são coerentes com qualquer outro processo natural conhecido, e aparecem como resultado de precisão absoluta"*. Escreveram os cientistas.

Aqui você irá conhecer a <u>surpreendente</u> história da humanidade, vista de uma forma **INCRÍVEL**, dada por quem nos conhece desde a primeira semente. Parece muito surreal, mas nem tudo é como pensamos! Aviso, portanto, aos navegantes: vai ser difícil para uma mente linear, entender e aceitar! Quem tem ouvidos para ouvir, ouça! Nem todos têm. Mas não se desanime. Cada indivíduo terá o momento certo para despertar-se... e para ouvir!

Cem mil anos atrás, existiam cerca de vinte tipos de Seres Humanos em processo de desenvolvimento

A mensagem a seguir de Kryon, dada em 2008, é uma incrível revelação sobre a verdadeira origem da raça humana, sobre a história da Terra desde o início da humanidade, revelando a impressionante cronologia de como tudo aconteceu.

"O plano original da Terra é intuitivo e está dentro de cada um de vocês. Temos ensinado isso há quase 19 anos. (Hoje, 25 anos). Qual foi o livre arbítrio da história humana que mudou a história? Agora falarei sobre muitas destas coisas.

A Terra é muito antiga, mas os humanos vieram muito depois. Houve uma longa e evoluída viagem biológica, que muitos chamaram de evolução. De fato, a biologia do planeta evoluiu e este é o caminho sagrado em que Deus escolheu para desenvolvê-la. Isso não entra em conflito com nada, exceto com o pensamento limitado de muitos humanos que não gostariam que fosse assim.

É difícil acreditar, mas escondido em seu DNA, naqueles trilhões de fragmentos de energia espiritual e biológica, há muitas energias que são energias quânticas. São atributos interdimensionais da biologia que os pleiadianos lhes deram há mais de 50.000 anos atrás. Soa estranho, mas é a verdade.

Deixem-me levar-lhes de volta há pouco tempo atrás, como vejo eu, como veem as rochas. Deixem-me pintar um retrato do planeta.

Cem mil anos atrás, teve início o que vocês chamariam de ser humano iluminado (espiritual). Na verdade, houve o desenvolvimento de humanóides muito antes disso, mas o ser humano não tinha, por assim dizer, o equipamento espiritual dentro do DNA. Era apenas biologia. Seus antropólogos poderão lhes contar sobre a idade dos seres humanos. Eles encontrarão muitos ossos e lhes contarão muitas histórias sobre como poderia ser a humanidade primitiva. Aquelas eram apenas criaturas evoluídas biologicamente, não faziam parte, ainda, do cenário em que os seres angélicos fazem parte do DNA.

A história que estou prestes a lhes contar, é a que já mencionamos muitas vezes. Mas deixe-me pintar o quadro antes: havia um monte de biologia desenvolvida na época. Havia cerca de 17 a 20 tipos de Seres Humanos no planeta e os seus antropólogos identificaram muitos deles. Eles eram todos diferentes, sabiam? Alguns tinham as cabeças com uma forma diferente e alguns tinham até caudas. Cerca de 20 tipos de Seres Humanos que coexistiam. Este é um fato normal da evolução no planeta, porque se observarem qualquer mamífero, notarão muitas variedades destes. Esta é a forma como a natureza trabalha e trabalhou muito bem, mesmo há 100.000 anos. Vinte tipos de Seres Humanos estavam em processo de desenvolvimento. Havia vários lugares onde eles estavam se desenvolvendo mais rápido do que outros, e os seus antropólogos sabem. Não começou em um único ponto do planeta. Eles estavam em lugares que vocês chamariam de Europa Oriental ou Oriente Médio e em outro lugar incomum - o centro do Oceano Pacífico! A evolução estava criando, lentamente, muitos tipos de Seres Humanos, assim como a natureza faz com todas as coisas...

Então, o planeta foi tocado pelo desenho - um projeto sagrado

Agora preparem-se, porque alguns de vocês não vão gostar do que lerão. Ouçam: está acontecendo uma coisa maravilhosa... magnífica! Aconteceu algo que foi planejado e que vocês estavam esperando comigo, quando estavam criando o planeta, queridos. Quando vocês estavam junto comigo e o observavam esfriar-se, vocês sabiam que iria acontecer. Era um plano divino. Em sua galáxia chamada Via Láctea, há um aglomerado de estrelas chamado Sete Irmãs. São sete estrelas e uma delas é rodeada por uma formação planetária. O nome dado a esta formação é Plêiades, e aqueles que vêm deste sistema solar são os pleiadianos. São aqueles que visitaram a Terra há cem mil anos.

*Com um projeto sagrado, este planeta foi visitado de um modo quântico por essas criaturas iluminadas, que não eram anjos. É difícil descrever como uma coisa dessas pudesse acontecer, mas aconteceu. **Ouçam**, há abundância de vida no Universo e algumas delas estão em aprendizagem como vocês, outras não. Há criaturas biológicas que vivem em planetas como o seu, com uma atmosfera como a sua, mas não há nenhuma guerra. Eles vivem em um estado quântico, onde existe acordo sobre o motivo pelo qual estão lá. **Estão ouvindo?** Eles representam sociedades velhas, mais que o dobro daquela terrestre. Este grupo iluminado já existia então e ainda existe. Eles estão localizados a anos-luz de distância de vocês, mas vocês foram visitados por eles facilmente. Eles vieram a este planeta para plantar as sementes da sacralidade em seu DNA. Eles vieram com permissão, por projeto e com o consentimento de todos os seres angélicos do Universo. Não foi um acidente e não era parte de um plano de conquista, era a tarefa amorosa deles. Muito tem sido dito sobre os Pleiadianos, porque, quando trata-se dessas coisas, onde um tipo de criatura* *vem e afeta todo o planeta, muitos podem dizer: "Isto não é apropriado, deve estar errado". <u>Mas não, não está.</u> Tem havido muita desinformação sobre os pleiadianos. Eles têm as sementes da iluminação da raça humana e têm a sabedoria e amor pela Terra, pois vocês são as suas sementes. É difícil de descrever isso em um discurso tridimensional. Usando os dons de estar em um estado quântico com **tudo**, eles deram à humanidade, no planeta, <u>duas camadas adicionais de DNA</u>. E ocorreu improvisamente, a apenas um dos vinte tipos de seres humanos: o tipo que vocês têm agora. Somente um tipo estava pronto para receber este presente. Perguntem aos seus antropólogos sobre isto. Oh, não perguntem sobre os Pleiadianos! Perguntem o que aconteceu cerca de 100.000 anos atrás com os Seres Humanos. Eles vão lhes dizer que, contra todas as probabilidades naturais, apenas um tipo de ser humano emergiu no planeta. E os outros dezenove? Eles foram-se extinguindo lentamente, incapazes de competir com aqueles com o novo DNA. Isso é uma coisa que é contrária à lógica e poderá fazer levantar as sobrancelhas daqueles que consideram a seleção natural. Por isso, é algo para se tomar nota e fornece a prova do que estou dizendo.*

Isto torna-se então, a história da criação em grande parte da mitologia do planeta. Porque isso aconteceu tão rapidamente e tão recentemente na história da Terra, que traz consigo a sensação de que tudo tenha sido feito de repente, não havendo, portanto, nenhuma evolução para permitir que isso acontecesse. Daqui, surge o pensamento, por parte de muitos, de que não houve evolução e que Deus criou os seres humanos instantaneamente. Entenderam? Vejam, há uma semente da verdade em todas as coisas, mas, muito frequente, são colocadas em uma caixa tridimensional para torná-las mais fácil de explicar e compreender. Um jardim maravilhoso, a tentação que representa o bem e o mal – isso tudo está realmente perto da visão metafísica do que aconteceu quando um grupo de humanos recebeu as duas novas camadas de consciência no DNA. Improvisamente, eles começaram a agir dentro da dualidade; a consciência da luz e escuridão. Foram preparadas as camadas adicionais para o teste da Terra, que se tornaria o único planeta do livre arbítrio do seu tempo. Uma camada incluiria os Registros Akáshicos, uma espécie de arquivo de todas as almas angélicas que vêm e vão dentro de um corpo humano. A humanidade começou a se tornar espiritual - não imediatamente, mas muito, muito lentamente, no decorrer de mais outros 50.000 anos. Os Anjos deram início ao processo de vindas ao planeta, usando um corpo humano como um veículo para criar este teste da Terra. Só então, os seres humanos tornaram-se o que vocês estão vendo agora. Isto significa que a humanidade verdadeiramente iluminada, na verdade, tem apenas cerca de 50.000 anos - de fato, muito nova!" Kryon

Os autistas são exemplares de uma nova espécie humana!

Kim Peek, autista *savant*[21] tem a capacidade de ler um livro em uma hora e lembra-se palavra por palavra: até agora, memorizou cerca de 12.000 livros. Também é capaz de executar os cálculos complexos com rapidez surpreendente e decompor números muito elevados em números primos. Como é possível que algumas crianças autistas, com apenas dois anos de idade, saibam ler, fazer uso do computador, decompor em números primos e outras grandiosas habilidades de aprendizado?

---

[21] Savant são os autistas que apresentam habilidades geniais em algumas áreas, tais como o cálculo, a música ou o calendário

Aqui você verá poucas e boas!

"Os dados recentes e minha experiência pessoal, sugerem que é hora de começar a pensar sobre o autismo como uma vantagem em algumas áreas, e não como uma cruz para carregar. Em muitos casos, as pessoas com autismo precisam de apoio, mas raramente de uma terapia.
Como resultado, acreditamos que o autismo deve ser descrito e estudado como uma variante aceita dentro da espécie humana, não como um defeito que tem de ser eliminado." (Dr. Laurent Mottron.)

"Vocês estão vendo uma forma de evolução que definem estranha e incomum. São simplesmente as primeiras pessoas que estão chegando com um DNA quântico ativado.

A evolução humana geralmente ocorre ao longo de uma gradual progressão temporal, através do processo normal de nascimento e morte. Isso se aplica a todas as outras criaturas. Não se espera qualquer tipo de uma real evolução de um único ser humano, durante a sua vida. A partir de 1987, o desenvolvimento humano superou a pré-embalagem que tem sido sempre, ao longo dos séculos. Quando vocês nasceram, o paradigma vibracional era linear. Esta era a consciência que existia no período do seu nascimento, e era a mesma de seus antecessores. Em seu cérebro, existem muros de consciência - muros que vos impedem de pensar por conceitos. Vocês são tão lineares que não conseguem sequer ouvir duas conversas ao mesmo tempo. Sim, vocês são capazes, mas os muros impedem de saber que vocês podem fazer isso. Vocês têm que manter separada a comunicação linear devido à linearidade de sua compreensão, que por sua vez é unidirecional. Vocês podem ouvir apenas uma palavra de cada vez. Como é limitante! As paredes lhes impedem até mesmo de conceber isso. Mas agora tudo está mudando. Quem agora está vivo, está começando a mudar no que normalmente teria sido criado no curso de muitas gerações. A consciência humana está mudando, e foi isso que falamos em 1989. O que está começando a acontecer é o início de uma maneira não-linear de pensamento, que acabará por criar uma sociedade conceitual. Muito lentamente, depois de 2012, a raça humana está começando a usar alguma capacidade perdida do DNA que ainda está em seu corpo, mas que por milhares de anos não foram usadas. Deixem-me dar–lhes algumas características que talvez nunca pensaram; um segredo, um conhecimento que talvez poderão até discordar, porque é realmente muito estranho.

Nós lhes dissemos que quando as criaturas interdimensionais visitam este planeta (o que fazem frequentemente) lhes veem como figuras em preto e branco, em um pedaço de papel, em duas dimensões. Percebem o quanto vocês são lineares? Vocês nem mesmo sabem em qual dimensão se encontram! Nem sequer sabem que não são "a cores"! Eles olham para vocês e vão embora. Aqui não tem nada para eles e não podem se comunicar com uma história em quadrinhos. Isto é o que a linearidade faz com vocês, e nem sequer sabem disso. Simplesmente não podem pensar além da sua dimensão; não possuem nenhuma consciência daquilo que não sabem. Está tudo em torno de vocês, e não conseguem vê-lo. Mas estas características estão mudando. Muitos dos que estão agora lendo, estão preocupados com o autismo. Querem saber porque estão nascendo tantos autistas. É mais do que coincidência que, improvisamente, apareceram tantos, não acham? Nascem mais crianças autistas hoje, do que jamais houve neste planeta. Querem saber o que está errado. É a química dos alimentos? Talvez sejam as vacinas? Estão se agarrando a todas hipóteses para resolver o mistério do porquê tantas pessoas estão vindo com autismo.

Estas são as primeiras pessoas que estão chegando com um DNA quântico ativado

Apenas poucas pessoas perguntaram-se: "Estamos, talvez, evoluindo e esta é a primeira onda daquilo que veremos no futuro? Não mentalmente desequilibrado, mas com uma forma não-linear de pensar?". Na verdade, é isso. Vocês estão vendo uma forma de evolução que definem estranha e incomum. Simplesmente, trata-se das primeiras pessoas que estão nascendo com um DNA quântico ativado. O DNA desses precursores não é ativado de forma controlada e, por isso, devem aprender a como dar um sentido a tudo. Isto é o que eles estão fazendo e cada geração de savant vai encontrando melhores tempos para descobrir o que é linear e o que não é. O autista tem uma mente não-linear. As barreiras caíram. Aqui está ele, em um mundo em preto e branco, enquanto ele é a cores. Vocês querem que ele continue em uma forma linear, quando a normalidade dele é ir em todas as direções ao mesmo tempo. Isso também explica por que as únicas energias que lhe acalmam são as interdimensionais: a música, a arte e o amor. Começa a fazer sentido para vocês?

Muito se foi dito sobre a consciência das novas crianças que chegariam neste planeta. Imaginem uma criança que chega sabendo que já esteve aqui antes. Não tem os detalhes, mas um senso inato de que "já esteve aqui e de ter feito determinada coisa". Que tipo de criança seria? Antes de tudo, seria uma criança que não quer aprender de uma forma linear, porque ela vê o resultado final e o inteiro conceito, enquanto vocês, que são lineares, tentam ensinar-lhes as partes individuais. É o que está acontecendo hoje, se vocês notarem. Assim, vocês se encontram com crianças que não querem ficar sentadas quando o professor tenta lhes dar a "sopa" da linearidade, enquanto ela já *possui um quadro quântico de toda a questão. Quando as crianças se entediam e se comportam mal, vocês taxam de crianças com a ADD. Vocês as colocam em grupos e lhes drogam. A educação de hoje, no planeta, está convencida de que a natureza humana seja estática e imutável. Assim, acaba por serem desenvolvidos sistemas de ensino arcaicos, com mais de 100 anos. Continuam a aperfeiçoar esses procedimentos, mas se trata de consciência velha, com cem anos de idade. Acreditam que as crianças nascidas hoje tenham a mesma consciência que eles e seus pais, e os pais de seus pais tinham. Tudo isso se chama **evolução humana**.*

A humanidade está evoluindo bem diante dos seus olhos. Isso é evolução, não uma doença! É um aumento de sabedoria. É maravilhoso. É fantástico. Os seres humanos estão evoluindo... tanto os que estão nascendo, como aqueles que se permitiram chegar a esta nova energia". (Kryon)

"Deixem a trilha conhecida de vez em quando e entrem pela floresta, certamente encontrarão alguma coisa que nunca viram." (Alexandre G. Bell)

Como nasceu a espiritualidade

"Cada um de vocês, carrega dentro de si as sementes que vêm das estrelas, já mencionei isso antes. As sementes estelares que estão em sua biologia, foram colocadas de propósito, por seres vindos de outros lugares. Isso foi feito com amor e adequação, a fim de fazer de vocês os seres espirituais que são. Houve um tempo que em diferentes lugares da terra, vieram seres portadores destas sementes estelares e, através destes "visitantes", essa sagrada semente biológica foi dada àqueles de vocês que estavam

*prontos. Eis a razão pela qual eu digo aos seus cientistas que nunca vão encontrar o **elo faltante;** de fato, ele nunca poderá ser descoberto na matéria, mas haverá um dia em que ele mesmo se apresentará para vocês.*

Já dissemos que há muita coisa que não podem ver dentro da série de dados e instruções de seu DNA, e vocês se perguntam como isso seja possível, visto os potentes microscópios à sua disposição. Vou explicar com um exemplo: imaginem que cerca de 150 ou 200 anos atrás, alguns cientistas, por meio de um milagre da tecnologia, tivessem a possibilidade de se mover para o futuro até os tempos atuais, e assim observariam-lhes de longe, para descobrir como vocês se comunicam agora. Eles não poderiam ouvir, apenas ver de longe. Uma vez retornando no tempo, relatariam aos companheiros que os sistemas de comunicação não pareciam ter mudado muito, pois os humanos do futuro ainda falavam movendo os lábios e havia um monte de fios por toda parte; assim, o mais provável seria que aqueles cabos permitiriam aos seres humanos de comunicarem-se a longas distâncias. Porém, com relação aos sistemas de comunicação em si, não parecia ter havido muita alteração.

Percebem o quanto esses cientistas perderam da realidade da comunicação de hoje; como as imagens e todas as informações transmitidas pelo ar (rádio, televisão, celulares) e também todas as transmissões de satélite? Por que eles perderam toda essa informação? Porque eles não podiam VÊ-LAS! Eles não estavam totalmente preparados para receber este tipo de informação e conhecimento. Eles não conheciam nada parecido nem tinham a tecnologia para vê-la. A mesma coisa vale para os cientistas atuais; eles olham o DNA através de poderosos microscópios e outros equipamentos, mas analisam somente o que eles conhecem e que podem ver - o componente químico.

Não estão preparados para ver ou entender o que está em torno do aspecto químico; eles não têm ideia do conjunto de instruções magnéticas do DNA, aquelas que contêm todas as informações sobre sua vida, mas não só isso, elas também predispõem o vosso "intento espiritual". Esta é uma impressão magnética colocada sobre a química do seu DNA. Esta é a "mecânica" daquela **ciência** *que chamam de astrologia.*

Os Pleiadianos são nossos "pais"

Se a esse ponto você ainda não fechou o livro, talvez agora irá fazê-lo. – *Kryon* continua:

Então, na formação planetária que chamam **Plêiades**, *estão aqueles que vêm deste sistema solar, os Pleiadianos. São aqueles que visitaram a Terra cem mil anos atrás, e não demorou muito tempo para chegarem aqui. Esta raça humanóide é semi-quântica, assim como vocês. Isto quer dizer que a sua consciência é uma mistura de 3D e quantitude. O tempo não existe para eles, não há espaço e não existe a distância. Eles desejaram vir aqui e aqui apareceram. Eles colocaram as sementes neste planeta, de modo a ter um fragmento de Deus em vocês. Isso criou um "humano espiritual", diferente de qualquer outro ser humano presente no planeta, naquele tempo. Contrário ao desenvolvimento evolutivo de todos os outros animais do planeta, só um tipo de humano sobreviveu.*

Foi intencional, abençoado e apropriado. **O humano é a única espécie de um só tipo, em todo o planeta.** *Eles vieram para* *plantar a semente do DNA quântico divino nos seres humanos em evolução na Terra, e permaneceram aqui por todo o tempo que foi necessário. Lentamente, todos os outros tipos de seres humanos desapareceram e <u>restou apenas um: o tipo com as sementes do Criador, o tipo de humano que existe hoje.</u> Esta é a história da criação original e divina, dada a vocês pelo Espírito, com intenção e beleza. Os irmãos e irmãs pleiadianos se assemelham a vocês. Não têm a pele de lagarto, não têm braços e pernas estranhos, olhos ou cabeças grandes. Eles não possuem uma agenda e não controlam o pensamento humano. São apenas um pouco mais altos, mas parecem com vocês! Virá o dia, quando for o momento certo e adequado, em que eles se mostrarão. Não vai ser durante essa sua vida, pois eles estão esperando que no planeta haja uma vibração específica para isso.*

Ouçam-me: *<u>não existe nenhuma conspiração. Ninguém fez nada à Terra ou à humanidade que não tenha sido planejado por vocês. Não há nenhum tipo de controle por parte de outros seres, e não se está escondendo nada.</u> Para um projeto e com um propósito, o Espírito permitiu a eles, por convite, de vir e doar-lhes este presente. Os seres biológicos, gradualmente, obtiveram o seu DNA quântico, e assim nasceu a espiritualidade.*

*Estas são informações controversas e quem está lendo agora, não deve necessariamente acreditar. Usem o próprio discernimento para definir se essa é a Verdade! Se não soa como verdadeiro para a sua alma, passe por cima, mas esteja ciente de que de uma forma ou de outra, **<u>dentro de vocês, existe Deus.</u>** Talvez não é necessário saber de que maneira, mas sintam o Criador trabalhando em seu DNA. Haverá uma forte polêmica, e não é necessário forçar ninguém. Esta não é uma evangelização: é simplesmente um elemento de um quadro muito maior. <u>Mas a</u>*

semente orgânica de vocês, veio de lá; e eu lhes disse apenas a verdade.

Por mais estranho que pareça, haverá aqueles que irão preferir continuar com a mitologia de que Deus veio à Terra, e que com toda a pressa e em poucos dias, apresentou ao planeta todo o sistema espiritual. Não querem acreditar que a incrível história de alienígenas que vieram do espaço à Terra, tem a ver com Deus e com a natureza espiritual do ser humano. Para eles, é uma coisa ridícula! Eles preferem contar a história da serpente. Então, será essa que eles terão, pois a verdadeira história sigilada, não deve ser algo que destaca um humano de sua fé ou que deva afastá-lo de sua crença.

Os lemurianos tinham uma compreensão quântica da vida e em seu DNA sabiam tudo do sistema solar

Os lemurianos foram a sociedade humana originária do planeta e estavam onde os pleiadianos tinham desembarcado no início, no topo das montanhas mais altas da Terra. A maior ilha do Havaí, é o lugar onde estão agora enterradas as "canoas" Lemurianas.

Os lemurianos tinham uma compreensão quântica da vida e em seu DNA, sabiam tudo do sistema solar. Seu DNA era quântico em 90% e não 30% como o de vocês, hoje. Um DNA quântico, funcionando a 90%, cria uma consciência de que é __UM com o Universo,__ como era ensinado pelas crenças espirituais mais antigas do planeta. Toda a quanticidade do DNA deles era ativa, pois era isso que os pleiadianos lhes tinham passado. Lemúria foi a civilização mais antiga do planeta, a que durou mais tempo, a que jamais viu uma guerra.

Lemúria não foi uma sociedade tecnicamente avançada, não tinha habilidades técnicas, no entanto, eles sabiam como curar com o magnetismo. Isso *estava em seu DNA, sabia? A tecnologia se desenvolve através da percepção dimensional inata no ser humano*. Era *uma informação intuitiva. O DNA quântico produz informações de natureza intuitiva. Sendo* **um** *com o Universo, eles sabiam tudo sobre DNA. Tudo! Conheciam até a sua forma; tudo sem o microscópio. Isto é o que um DNA quântico faz. Conheciam bem o sistema solar, os equinócios, eclipses, movimento planetário e a galáxia em geral. Observavam as estrelas no céu e sabiam o que estava lá. Isto criou uma sociedade aparentemente avançada, mas sem nenhum dos avanços técnicos que vocês têm agora. Muito tempo depois que os lemurianos se foram, milhares de anos mais tarde, há evidências claras de que aqueles antigos tinham tal conhecimento. A versão atual da história humana, não acredita que mais de 30.000 anos atrás, houvesse uma humanidade avançada, que era a Lemuriana*. Na verdade, *mal reconhece a existência humana de 10.000 anos atrás*. Mas *Isso irá mudar com as novas descobertas e com o tempo.*"

UM SEGREDO REVELADO! *Possuímos artefatos que comprovam a existência da Lemúria - mas estão nos escondendo*

Agora, aqui está algo que não mencionei antes. Todas as provas da antiga Lemúria foram canceladas. (Os lemurianos são a civilização mais antiga do planeta, mas pouco conhecidos na história). As correntes oceânicas sob os mares são muito fortes, quase como rios que se enchem, lavando tudo juntamente com areia e lama, por Eras. Portanto, alguns dirão: "Isso significa que nós nunca vamos encontrar artefatos da Lemúria?". Não só vocês vão encontrar alguns, mas vocês já possuem tais provas, e muitos estão escondendo. Quando estes colecionadores mostrarem para a ciência, eles serão ridicularizados. Porque haverá um oxímoro, uma contradição no artefato real. Será muito velho para ter as características que tem. Pelo menos, de acordo com o pensamento moderno. O que aconteceria se você encontrasse a parte de um carro que remonta a 3.000 anos atrás? Seria uma descoberta que teoricamente "não poderia existir." Veja, assim serão os artefatos da Lemúria. Porque haverá mapas estelares e informações biológicas que "não poderiam ser conhecidos. **(Anotem!)**

"E por que alguém deveria possuir uma relíquia da Lemúria?" Eu acabei de dizer que a Lemúria foi exterminada. Muitos deles viajavam nas tempestades, transportando cotidianamente, em navios, objetos lemurianos - artefatos. Alguns estão esperando para serem descobertos e alguns já foram encontrados e escondidos por colecionadores que não podem deixar ninguém vê-los, porque, para eles, não têm nenhum sentido."

Capítulo XV

A Involução Humana

Perdemos o conhecimento quântico... Danação!

A raça humana já foi evoluída e muito avançada. Com uma consciência quântica, era capaz de saber quase tudo sobre o Universo e sabia, também, como funcionava o próprio corpo, comandando e gerenciando a saúde. Esta capacidade quântica, no entanto, foi-se perdendo lentamente e hoje, o pouco que vocês conseguem compreender da complexidade do universo e da sua biologia, depende dos equipamentos específicos que vocês tiveram de construir para recuperar um pouco das coisas que sabiam intuitivamente. Alguns antigos, de fato, viviam duas ou três vezes mais do que vocês, e isso dependia de onde viviam e de quanta quanticidade tinham perdido. Como pode ter acontecido? Revelamos o que é óbvio: que vocês regrediram significativamente, mas só recentemente.

Quando falamos desta maneira, há sempre alguém que quer acreditar que forças estranhas foram responsáveis pela "ocultação do conhecimento" que lhes deixaram fracos. Estes são os seres humanos que negam ter o controle sobre a vibração da Terra. O Espírito honra a livre escolha, e o motivo que está por trás de estarem aqui agora, é o de examinar para onde este planeta irá, de acordo com aquilo que os seres humanos farão, através do livre arbítrio. A separação de Lemúria e a fragmentação da sociedade humana naquela época, criaram uma série de modos em que foi-se *perdendo o que era a consciência coletiva. Enquanto as sociedades tinham uma comunidade quântica, havia harmonia no entendimento. Quando houve a separação, lentamente no tempo, o conhecimento mais intuitivo aceito por séculos, simplesmente desapareceu. Se você tem alguma dúvida sobre isso, então como você explica que os antigos sabiam aquilo que só nos últimos anos a "astronomia moderna" apresentou? No aspecto magnético do seu DNA, há muito mais, incluindo a própria semente da vida e o conjunto de instruções a respeito de sua própria "extinção". Ele ajusta o comprimento de sua vida, tornando-a menos de um décimo do que poderia ser. O corpo humano foi projetado para ser capaz de rejuvenescer, continuamente no nível celular, e é este conjunto de instruções que determina o processo de envelhecimento, parando o rejuvenescimento. Cada ser humano tem dentro de si um conjunto de instruções que comanda a liberação do hormônio da morte. Se não fosse por isso, você poderia viver mais de 900 anos. Dentro da estrutura do DNA e dos genes de cada célula do seu corpo, há um relógio que comanda a liberação gradual do hormônio da morte. Por que isso? Parece tão triste! Uma tragédia! Vocês planejaram tudo isto! Para ralizar o teste, era necessário que o seu ciclo de vida fosse curto de tal modo para se criar o motor do que chamam Karma[22] necessário para aumentar a vibração deste planeta. Vocês conseguiram aumentar a vibração do planeta, além de todas as expectativas. **Vocês!** E agora, o sistema para o qual o hormônio da morte foi criado, está começando a ser removido - o sistema que previa vida curta, está mudando!*

Foi assim que o DNA, normalmente de 90%, lentamente se reduziu para 30%: o que vocês têm hoje. Compreendem? Vocês perderam

---

[22] princípio de causa-efeito segundo o qual cada ação provoca uma reação

o conhecimento quântico intuitivo, a compreensão da origem de sua semente, de como funciona o corpo. Os humanos esqueceram a astronomia mais elementar, e não acreditavam nem mesmo que a Terra fosse uma esfera. Toda a visão maravilhosa do funcionamento do Universo e do DNA humano, desapareceu. Agora vocês estão perto de uma mudança, lentamente se despertaram, chegando onde se encontram hoje.

No DNA, existe o seu padrão espiritual e todas as instruções para serem quem são. Tudo isto está naquele 90%, que é quântico. É hora de ligar as coisas e refletir sobre o quadro maior: naquele 90% do DNA quântico reside a consciência humana.

Ouçam: *Na consciência humana está a capacidade de falar com o DNA, de controlá-lo, de trabalhar com ele e de tornar-se parte dele. Agora vocês já podem saber que, um dos maiores segredos de sua realidade, é que vocês têm a capacidade de cuidar de seu próprio corpo e das suas funções fundamentais.*

Aos cientistas, portanto, eu digo o seguinte: quando desenvolverem a lente quântica, o verão, mas agora vocês veem somente a química dos 90%. Brilhará sob a influência da quanticidade e então saberão que eu tenho razão.

Então, mudarão as cores para a ativação que estão criando, e poderão vê-lo e examiná-lo. Não existe no planeta, um dispositivo que meça o universo quântico, mas vocês estão se aproximando. Quando o fizerem, a primeira revelação será em sua biologia.

Aqui está outra dica: *continuem a examinar o que está em um estado de entanglement, porque este é o começo do verdadeiro estado quântico que é modificável com a tecnologia 3D.*

Você pode estar em muitos lugares ao mesmo tempo. Ficção?

Como poderíamos descrever algo que está fora da possibilidade de sua compreensão? Você se vê como separado, mas não é. Entretanto, em uma perspectiva linear da 3D, isto é tudo o que você pode ver. Quando se olha no espelho, quantos você vê? "O que você quer dizer com 'quantos', Kryon?". A pergunta é sobre quantos humanos você vê no espelho, velha alma. Lhe digo que se você tiver a mente de Deus, você verá todos os outros "você". No seu Akasha, está registrado as centenas de expressões de sua alma vividas na Terra.

No espelho de Deus, você é todos eles e também um fragmento do Criador. Como podemos explicar que você pode estar em muitos lugares ao mesmo tempo? Como podemos lhe explicar que a própria sabedoria que você carrega está sendo colocada no planeta enquanto você vive? O tempo não existe no estado quântico. Não falo de reencarnação e não existem o que chamam de "vidas passadas". De um modo quântico, você está ainda vivendo todas essas vidas, ajudando o planeta enquanto as vive. No planeta Terra, uma velha alma resplandece intensamente, no espectro quântico da espiritualidade.

Eu vejo agora, aqueles que há 30.000 anos, estão fazendo uma mudança no planeta. Os indígenas e os antigos estão aqui. Alguns de vocês são os seus próprios antepassados! "O quê? Kryon, eu não sei do que você está falando". Eu sei. Eu sei. Vejam com os meus olhos, por um momento! É maravilhoso o que vocês fizeram, e vocês continuam retornando e o fazendo novamente. Ainda que alguns de vocês atravessem o véu, nestes próximos anos, retornarão. Porque vocês não querem perder o grande final! Não será o fim do planeta, mas o fim de uma velha energia e o início da nova Terra."

Que maravilhosa visão! Mas agora, suspendam por um momento sua linearidade porque o que vai ser descrito nesse trecho pode parecer, para muitos, a coisa mais incrível e difícil de se aceitar, de tudo o que já foi dito até aqui. Mas é algo de uma singeleza tão grande, que, garanto, seus ouvidos ou seus olhos jamais ouviram ou viram. Abra o seu coração e se transporte nessa doce e sublime narração. Porque é a SUA história: a história de TODOS nós!

Pela primeira vez na história da humanidade, você vai tomar conhecimento de quem era, antes mesmo de você SER. **Uma revelação surpreendente!** Ligue as "antenas quânticas", agora.

O Vento do Nascimento

*"Como descrevemos o **Vento do Nascimento?** Em seu tempo, ele representaria o momento antes de vocês nascerem. Oh, de um modo quântico e eterno.*

Esta é uma história inacreditável do surpreendente Ser Humano. Esta não é a história de um Ser Humano Especial. Não é uma história de um Ser Humano que tem super poderes. Não importa se eles são ricos ou pobres ou o que acontece na Terra. Eu quero lhes dar uma história do Ser Humano da minha perspectiva - o que acontece quando vocês deixam o meu lado do véu, e o que acontece quando vocês retornam. Este é você - cada um de vocês. Ouçam, pois isto pode contradizer o que lhes foi dito no passado. Vocês podem dizer que a vida simplesmente começa, mas não é assim.

Queridos seres humanos, eu estive com cada um de vocês no Vento do Nascimento. Gostaria de explicar sobre o que acontece quando vocês nascem, sobre a magnificência da pluralidade do Ser Humano; o que deixaram atrás para virem até aqui e poderem caminhar nesse planeta, sem pista alguma de quem são. Tudo isso é um teste de vibração, de modo que a terra tenha uma chance, sem viés, de receber vibração daqueles que se despertam por si mesmos. Isso é o que está acontecendo. Ao redor de todo o planeta está acontecendo um despertar. Ele não faz um grande barulho, nem há campanhas de publicidade nem programas de televisão. É algo lento, individual, e está acontecendo desde 1987. Vocês estão sentindo isso, pois muitos estão hoje mais conscientes do que eram antes. Mesmo aqueles que ainda não se despertaram ao seu redor, começam a desejar o que vocês têm. Talvez, eles não acreditem no que você acredita, mas eles veem um ser humano pacífico em meio àqueles que estão em tumulto. Eles veem o modo pelo qual vocês lidam com as vossas vidas. Isso faz a diferença. Há um profeta dentro de cada um de vós.

Se o que eu disser lhe parecer verdadeiro, é porque há um plano grandioso que você também conhece. E se fosse tudo grandiosamente unido em um sistema quântico e não fosse aleatório sob qualquer condição? E se houvesse um propósito para tudo? Entretanto, desde que vocês estão presos em um sistema linear, em linha reta, vocês nada podem ver além das coisas que ocorrem em duas direções – passado e futuro. Assim, tudo parece casual e caótico. Mas, na verdade, tudo depende do livre arbítrio humano. Sua realidade depende da energia que está sendo desenvolvida no planeta, através desta escolha, e quanto mais elevada for a energia, melhor o plano é visto e percebido.

Entretanto, gostaria de levá-los de volta ao vento do nascimento. Quero lhes dar uma descrição disto e gostaria de lhes pedir, pela primeira vez, para visualizar isto comigo em um modo 4D.

O vento do nascimento é uma metáfora, parcialmente em 4D e parcialmente em múltiplas dimensões, de quando vocês chegaram a este planeta; de uma vida anterior, seja na Terra ou não. É um portal e eu estou sempre lá. Eu estou lá agora. Eu estou com milhares todos os dias, daqueles que estão se decidindo a começar o processo de retorno a esta Terra. São pedaços de Deus, examinando o que devem fazer, coordenando com todos os trabalhadores aquelas múltiplas partes deles mesmos (difícil de explicar) antes que eles separem a maior parte deles mesmos e venham para a Terra. Eu estava lá quando vocês vieram. Eu estou lá neste momento.

Visualizem, se puderem, algo do tamanho de um estádio, como um abismo gigante. Vocês estão em uma outra dimensão e quase prontos para vir para a 4D (o atributo dimensional do Plano da Terra). Aparentemente, vocês caem neste abismo. Mas há um forte vento que está jorrando para fora deste abismo, como um ciclone. É silencioso, soprando em uma direção ascendente. É multicolorido e belo; ele brilha e tem luzes que irradiam-se em toda as direções, vindas de baixo para cima. Vocês não podem ouvir a luz como eu posso, mas vocês podem ver porções dela. Se vocês pudessem se inclinar para dentro daquele vento, ele suportaria e sustentaria, literalmente, seu peso energético. Então, num tempo apropriado, vocês se deixam cair dentro do que nós chamamos de o Canal do Nascimento. A próxima coisa que vocês se dariam conta, seria a mão do doutor e vocês ouviriam a sua voz, pela primeira vez, na nova vida, na chamada Terra.

É um sistema, sabem? É maior do que vocês pensam. Esperem até que vocês descubram quem vocês são.

Quando a vida tem início?

As perguntas lineares que frequentemente vocês fazem, são: "Quando a vida começa? É na inserção do óvulo ou nove meses mais tarde?"; "Que alma estava no feto enquanto ele estava crescendo?". Muitos esperam pela resposta de Kryon a esse respeito. Mas vocês não gostarão dela, pois ela vai além de sua mente aparentemente ética de 3D.
Eu já lhes disse antes que a vida humana realmente começa com permissão de ambos, os pais e a criança, para criá-la. Tão complexo quanto poderia parecer, antes que vocês cheguem a este planeta, vocês sabem de todas as sincronicidades que poderiam ocorrer. E nisto, vocês escolhem os seus pais e eles os escolhem. É um evento espiritual, e não físico. Ele é manifestado biologicamente, somente pelos dois genes.

"Kryon, isto não poderia ser. Entenda, eu sou um órfão. Eu nunca conheci os meus pais". Oh, Ser Humano 3D, vocês não estão ouvindo. Pois, no íntimo de sua sabedoria, você escolheu os pais que lhe tornaria um órfão.

Você poderia replicar: "Bem, por que eu faria tal coisa?". É porque quando vocês estão do meu lado do véu, vocês têm a mente de Deus.

O ser humano não foi construído para ter total lembrança de quem ele è, no lado do véu onde se encontram, porque então, desse modo não haveria nenhum teste. Se eu oferecesse a vocês prova empírica de tudo o quanto estão lendo, ou experimentassem o que isso realmente aparenta ser, então não haveria teste algum. Em vez disso, se trata de indivíduos que pedem discernimento. Seria verdade tudo o que tem sido apresentado? Poderia ser realmente como ele diz? Se você estiver prestando atenção, as mensagens preencherão os vossos corações com a verdade de que vocês são muito mais do que pensam ser. É difícil explicar isso porque vocês estão presos a uma estrutura de tempo linear e Deus não está, e o plano não está.

Algumas vezes vocês escolhem os desafios, de modo que ajudam o planeta com as suas potenciais soluções. Ouçam-me. Ninguém veio aqui para sofrer. Vocês vieram aqui para esclarecer o enigma da vida, e aqueles que estão sentados nas cadeiras, interessados a ler isto, estão fazendo exatamente isto.

Há um sistema em tudo isto e ele é maravilhoso. É de nascimento, vida e morte. Os potenciais de quem vocês encontrarão neste planeta, são conhecidos antes que cheguem aqui. As sincronicidades de quem vocês encontrarão, já existem lá! Não é adivinhação ou previsões do futuro. Ao contrário, trata-se de predisposições baseadas na energia.

Então, quando começa a vida? Ela realmente começa eons antes de vocês nascerem. Este é o amor de Deus operando, e isto deveria lhes dizer algo: não é uma casualidade que vocês estejam aqui.

Cada um de vocês é um fragmento do Criador. Cada um de vocês começou do meu lado do véu. Entretanto, o meu lado não é um lugar, sob qualquer condição. Vocês não podem compreender realmente isto, pois nas três dimensões tem que haver um lugar físico de onde vocês vêm. Deus não está em um lugar. Deus apenas É. Isto é difícil para vocês compreenderem, pois vocês estão em 3D. Mas, realmente, vocês são um fragmento desta sopa chamada Deus.

Não há atributo físico de Deus. Ser uma parte de Deus não é explicável em 3D. Eu estou em frente de vocês, mas não sou único. Eu sou, como vocês, um fragmento de Deus. Meu nome do outro lado do véu não é Kryon. Este nome foi criado por vocês. Eu habito na energia desse ser humano, nesta comunicação, como um grupo. Eu vejo aqueles lendo isto e vejo aqueles ouvindo esta mensagem. Vocês podem imaginar isto?

Assim, vocês não começam no nascimento sob qualquer condição. Vocês sempre existiram! Antes que o Universo fosse criado, vocês existiam. Vocês pertencem à Deus e são da família de Deus e escolheram vir à Terra com um propósito; um propósito conhecido por todos no Universo, exceto vocês. Eu vou dizer-lhes algo sobre Kryon que vocês não sabiam. Quem vocês pensam que eu sou realmente? Anjo? Sim. Vocês também são. Fornecedor do magnetismo do planeta? Sim. Vocês também são. Vocês sabem como era grande a comitiva que ajudou-me a colocar as grades neste planeta? Houve cerca de um trilhão de vocês. Cada simples pessoa que caminha neste planeta e que nascerá em todo o futuro da Terra, ajudou a colocar as grades do planeta. Vocês estavam lá e ajudaram a iniciá-lo. Parte do relacionamento é aquele que vocês tomaram na energia do planeta.

A razão para virem a este planeta, é algo que tentamos explicar muitas vezes. É difícil fazer isto porque realmente não tem muito a ver com a Terra. Isto tem a ver com o Universo. Tem a ver com energias futuras que vocês estabelecerão a partir de sua experiência aqui. É difícil explicar o mundo externo a um peixe em um aquário, pois o peixe conhece somente o aquário. Se você disser ao peixe sobre o seu sistema solar e os seus arredores, o peixe não terá compreensão. Ele sabe somente do que ele conhece. Assim, vamos dizer novamente que o que vocês fazem neste aquário, afeta algo bem maior no exterior.

Vocês não acreditam, mas vocês desejaram vir ao planeta. Quando vocês viram os potenciais de seus pais e onde vocês nasceriam novamente, vocês disseram: "Sim!" Vocês disseram: "Eu mal posso esperar para voltar. Deixe-me ir agora".

Cada um de vocês sabe o que aconteceria em sua própria vida. Agora, vocês devem estar pensando: "Kryon, se eu conhecesse estes potenciais que tenho passado na minha vida, acho que eu não desejaria vir". Este é o inacreditável Ser Humano, querido. Sim, vocês conheciam. Vocês conheciam os potenciais de tudo o que passaram até então. Isto estava lá como um potencial e vocês passaram por ele e o viveram.

"Por que é que Deus ama tanto a Humanidade?". Nós já respondemos isto. Vocês conheciam os potenciais e vieram de qualquer modo. É porque vocês amam este planeta como eu. Porque há algo mais poderoso acontecendo. Trata-se de para onde irá a vibração deste planeta. Elevada? Baixa? Pois seja o que for que aconteça aí, criará algo muito, muito maior. E a fim de que este teste esteja em integridade, os Seres Humanos devem nascer neste planeta e buscarem o Criador escondido interiormente, esquecendo de quem realmente são.

<u>Ouçam isto</u>: Neste momento estipulado do nascimento, e depois que o embrião está totalmente desenvolvido, eu permaneço com vocês, metaforicamente, no chamado Vento do Nascimento. Este é um portal entre a linearidade e a interdimensionalidade. Não é um lugar, mas uma energia que é divina.
Eu olho a sua energia e você olha a minha. O que se segue é o que ocorreu com cada um de vocês, pois eu represento o grupo que lhes diz adeus... e olá. Eu sou Kryon, amante da humanidade. Então, nesta maravilhosa energia, eu lhes disse: "Você está pronto? Você está seguro do que quer?". E cada um de vocês me deu uma bela energia para abraçar. Então, vocês desapareceram, e um processo inacreditável começou...

Nascer no planeta não é fácil. A primeira coisa que vocês fazem é se dividir. Nem todo o fragmento de Deus, em vocês, se transfere ao corpo humano. Algo disto continua a residir neste lado do véu. Mas vocês sabiam disto, não sabiam? Pois vocês gastam muito tempo procurando o fragmento que foi separado... o Eu Superior, na tentativa de conectar-se com ele. Mas com o nascimento, vocês se tornam individuais. É solitário, vocês sabem. Pois vocês partem de um ser interdimensional para um individual, de 3D. O Eu Superior é a melhor representação de quem vocês realmente são. É a energia essencial da alma, e realmente é VOCÊ. É por isto que se sentem tão bem quando vocês finalmente se conectam. É uma conexão que vocês pediram, e ela se torna uma lembrança.

Assim, no nascimento, vocês se dividem. Isto não é tudo, e aqui é onde fica difícil para que vocês compreendam. Fragmentos e partes de seu espírito ficam do meu lado do véu, que não é o Eu Superior. Estas energias, que são também "vocês", tornam-se o que vocês chamam de seus guias - ou anjos da guarda. Eu já lhes dei um segredo: seus guias são vocês. É por isto que parece tão bom quando eles estão ao seu redor, e se sentem tão desorientados quando não sentem a sua presença. No momento em que vocês nascem, neste planeta, esses anjos circundam a área do seu nascimento e então ficam com vocês até seu último suspiro. Nas primeiras semanas de vida de um bebê, vocês podem ver como ele fica de olhos arregalados, olhando para os anjos! O bebê pode apontar ou às vezes até sorrir para eles, mesmo com duas ou três semanas de vida, porque ele nos reconhece. Todos vocês fizeram isto. Na verdade, nos primeiros dias, após ter saído do útero materno, quando há tantas mudanças e tantas coisas novas com que se acostumarem, os anjos são um conforto para o bebê. Vocês se lembram? Depois, lentamente, essa realidade escapa de vocês.

Lentamente. Muitos de vocês já viram quando um bebê olha para o espaço vazio e parece contente com o que vê.

"Kryon, freqüentemente eu me sinto muito deprimido e solitário". Eu ouço isto muitas vezes de vocês. Há alguém lendo isto que se sente assim. Se vocês tivessem uma imagem interdimensional de sua vida, como eu tenho, vocês veriam uma comitiva ao seu redor durante todo o tempo. Nós dissemos isto muitas vezes: "Vocês não estão sozinhos. Vocês não podem estar sozinhos", mas na 3D parece assim, não é?

Alguns de vocês que estão deprimidos, nunca abriram realmente esta porta para o Espírito, abriram? Se o tivessem feito, teriam percebido que há uma energia; a energia do Eu superior que os impele para fazê-los saber que, realmente, há algo mais lá. Cada um de vocês tem isto.

Eu vejo, freqüentemente, alguém chorando no canto, muito deprimido, muito solitário, desesperado. Eu vejo a bela energia dos guias ao seu redor, mas sem nada fazer... porque o Humano nunca lhes deu permissão para fazer algo, sob qualquer condição. Entretanto, todos vocês os têm!

Assim, na Terra, chega o Ser Humano com uma divindade no DNA. Vocês não dividiram a sua divindade, mas, somente, a sua dimensionalidade. Seu DNA está cheio de sacralidade. Tem que estar, porque se vocês se reunem com um Eu Superior, terão que ter a divindade em sua estrutura celular... e vocês têm. A primeira coisa que acontece no nascimento, é um processo interdimensional que é eterno. No instante em que a criança nasce, há uma estrutura cristalina ativada na Caverna da Criação.[23]

A Terra sabe que vocês estão de volta, ou de quem está chegando pela primeira vez. Para uma velha alma, a estrutura cristalina esteve esperando por vocês, pois realmente é a essência de todas

---

[23] Um "lugar" interdimensional no planeta, o qual Kryon afirma ser onde todos passamos quando "morremos", antes de abandonar a terra, para depositarmos uma espécie de "cristal de memória"; um registro para ser acrescentado ao já existente, sobre tudo que fizemos durante a nossa permanência aqui.

as suas existências esperando pela próxima. Vocês devem compreender que tiveram outras vidas aqui. Pode lhes parecer estranho quais foram estas vidas, mas vocês têm um amigo comum em cada uma delas. É o Eu Superior. É o mesmo Eu Superior que vocês têm agora. O que isto significa, querido Ser Humano, é que aquelas vidas passadas não foram uma experiência estranha, de maneira nenhuma. Pois vocês estavam presentes, em cada uma delas, através do seu Eu Superior.

É importante que compreendam, pois isto lhes dará permissão de se lembrarem, até de escolherem, alguns dos talentos que tiveram antes. A estrutura cristalina de seu próprio cristal, é ativada – seria quase como os elos de uma árvore que representam os seus anos. Cada existência é assim representada, e pode ser vista. Agora, aqui está algo que vocês deveriam saber: tudo o que vocês fizeram espiritualmente neste planeta, está impregnado neste cristal. Tudo o que vocês aprenderam no árduo caminho, está imbuído neste cristal. Está lá em seu DNA, agora, pois foi transferido no nascimento para o seu DNA, em duas camadas interdimensionais que nós chamamos de Registro Ákashico do DNA. É desta forma, de modo que vocês possam despertar para começarem a fazer perguntas espirituais, e tudo o que vocês conheceram ou vivenciaram através das eras, vocês possam ter acesso.

Esta é uma notícia muito boa para muitos que lêem isto. Significa que nada está perdido através dos seus esforços, aqui, através das eras. Quando vocês retornam, querido Ser Humano, tudo o que vocês aprenderam nesta vida, está ainda lá, e vocês não têm que aprendê-lo novamente. Vocês não têm que passar por qualquer coisa novamente se não quiserem. Vocês compreendem o que eu estou lhes dizendo neste momento? Para aqueles que desejam empurrar a porta, encontrar o Deus interior, alcançarem realmente o Criador, estão abrindo literalmente o cântaro da espiritualidade de tudo o que já aprenderam. Lentamente, ele se derramará sobre vocês e vocês se lembrarão.

Assim, muitos de vocês estão fazendo as perguntas: "O que eu faço? Como o faço? O que vem em seguida? Quais são os processos, quais são os procedimentos? Como, como, como?". E nós dissemos, por mais de 20 anos, que quando vocês começam a abrir a porta, a intuição começa a lhes apresentar o que vocês já aprenderam! Vocês já o sabem. A fim de fazer sentido disto, novos processos foram colocados na Terra para ajudar a estruturar estas coisas, de modo que possam compreender. Estes são processos que nunca existiram antes de 1987.

Tudo o que vocês fazem é registrado neste planeta como energia, e ela permanece na Grade Cristalina depois que vocês partem.

A Grade Cristalina:

Há sistemas de apoio em volta do planeta, dos quais não estão conscientes. Existe um sistema de memória gravado em uma rede invisível e multidimensional que envolve a terra. É a memória do planeta, chamada Grade Cristalina. Essa rede é ativada com os vossos pensamentos e ações; tudo o que a humanidade faz, fica imprimido nessa rede em forma de energia. É a lousa na qual é inserida a energia liberada por cada ser humano. A Rede Cristalina é um espelho para o DNA, porque recebe sinais emanados pela humanidade e, ao mesmo tempo, responde, comunicando-se diretamente com o DNA. Tudo está relacionado e faz parte de um grande e maravilhoso sistema.

Os geólogos sabem que a maior parte da rocha neste planeta, especialmente na crosta, é cristalina. Os cristais fazem algo que a maior parte de vocês compreende: eles mantêm a energia e têm memória. Até os cientistas sabem sobre a energia da memória em uma substância cristalina. Assim, não precisa usar muito a imaginação para compreenderem que, tudo o que vocês fazem, está mantido neste banco da memória. Tudo o que fazem, *enquanto ser comum, fica aqui, eternamente. Cada passo que dão em integridade, vai para o núcleo do planeta. E quando a vida se concluir, é apenas outra página em um vasto jornal do tempo, onde cada página é uma vida e cada vida contribui com o todo! É isto o que dá uma vibração mais elevada no planeta. É o que vocês fizeram coletivamente em todas as suas vidas, que permaneceu aqui e fez com que este planeta tivesse uma vibração mais elevada. Esta energia é atualmente surpreendente! Pois o inacreditável Ser Humano mudou a Grade Cristalina até nas últimas duas semanas! Vocês vivem a sua vida. Alguns de vocês encontram o segredo destas coisas, e alguns de vocês não. <u>Os segredos são somente coisas que estão escondidas da visão manifesta. Mas eles se revelam, claramente, quando alguns seres Humanos os procuram.</u>*

Mas aqui não há julgamento. Entretanto, em termos Humanos, na linearidade, vocês querem que Deus os julgue, não querem? O pensamento de que ao morrer, vocês poderiam ir todos para o mesmo glorioso lugar, não faz sentido para vocês, não é? Vocês dizem: "Bem, Kryon, e quanto ao mal sujeito? Eu fui bom. Ele foi mal. Nós iremos para o mesmo lugar?". Sim, Ser Humano, ambos irão para casa. Trabalho feito! Nós lhes demos esta informação em sua cultura, no Velho Testamento. Vocês o viram? Vocês o compreenderam? Foi chamada de Filho Pródigo. Esta não é informação nova. Nesta parábola, o pai representa Deus e os dois filhos representam os Humanos na Terra. Um faz tudo certo e um faz tudo errado. Ambos vão para casa, para a mesma energia; eles participam da mesma festa! Compreendem agora?

Virá um dia em que todos vocês farão a sua última respiração. Não é um dia triste para vocês. Pode ser um dia triste para aqueles que vocês deixaram para trás, mas não para vocês. Todos vocês estiveram lá antes. Aqueles que estão ouvindo (a gravação), aqueles que estão nesta sala e aqueles que estão lendo... ouçam-me: quando concluem a sua vida natural, vocês viajam até a Caverna da Criação. (É o sistema multidimensional que mantém um registro de todas as experiências humanas, dentro do planeta).

É quando vocês deixam a essência de tudo o que realizaram, no cristal. Todos os pensamentos que vocês tiveram, que foram maravilhosos, todos os pensamentos que tiveram que os fizeram aprender coisas, todas as suas epifanias (manifestações divinas), todos imbuídos neste objeto interdimensional.

Então, a sua parte que não era Humana (a parte interdimensional da alma) deixa este planeta e recombina com o Eu Superior. Tudo isto que foi dividido - a divindade das células, todos os guias, retornam ao fragmento apropriado de Deus novamente. Isto é o que vocês deveriam celebrar. Eu celebro! Porque quando eu os encontro no outro lado, eu encontro um irmão/irmã. Eu o estou fazendo agora. Eu estou me despedindo daqueles que estão me deixando, nascendo. Eu estou dizendo olá novamente àqueles que fizeram a transição e estão voltando para casa. "Kryon, como você pode estar em tantos lugares ao mesmo tempo?". Vocês não poderiam perguntar isto se tivessem compreendido. Eu não sou individual. Eu sou um fragmento do Criador, como vocês.

Então, aqui vocês estão neste planeta. Seres biológicos, totalmente esquecidos da parte angélica de quem eram, antes que viessem. Alguns de vocês estão sintonizados o suficiente para realmente lerem partes do vosso registro Ákasha. E este registro lhes dirá sobre quem vocês foram e algumas das vidas passadas que vocês experienciaram. Este registro lhes dará uma indicação de algumas das razões pelas quais vocês sentem o caminho percorrido desta vez. Isto explica muito acerca de sua vida corrente quando vocês sabem quem vocês eram. Mas quem vocês realmente são? Eu lhes direi. Eu lhes disse algumas destas coisas antes, mas vou lhes dizer novamente.

A primeira coisa é que vocês são parte de Deus e isto significa que vocês sempre foram e sempre serão - ontem, hoje e sempre. Não há início e não há fim. É um círculo. Deixem-me dar-lhes um exemplo do modo como eu vejo as coisas: o que vocês irão fazer amanhã? Vocês não sabem isto, desde que é o seu futuro. Vocês não podem saber porque não aconteceu, está em seu futuro. Quando amanhã chegar, será o presente e vocês irão manifestá-lo. De um modo, vocês já manifestaram o futuro (como vocês o viram um dia antes). Depois que o amanhã passa, então é o passado. Tudo isto levou um dia para o futuro ser desconhecido, conhecido e passado. Uma coisa torna-se outra. Em que ponto isto transfere do futuro desconhecido para o passado conhecido? A resposta, é: "Quando vocês o vivem". Bem, em minha percepção, vocês já o viveram! Eu vejo todos eles como um. Para vocês, eu digo: "Viva-o diariamente." Então, vocês estão sempre criando o futuro.

Eu conheço todos os potenciais que são possíveis do que vocês poderiam fazer, e eles estão dispostos na minha frente como um mapa. Cada coisa potencial que vocês poderiam possivelmente fazer, está lá. Qual caminho vocês vão pegar, é desconhecido e se manifestará com seu livre-arbítrio, mas eu vejo todos os potenciais. Entretanto, eu já sei uma das coisas que vocês vão fazer. Isto é o "agora" e é muito difícil explicar quando vocês existem em uma linha de tempo linear. Nós vemos os potenciais da Terra - todos os potenciais juntos - e nós vemos onde vocês estão levando-o. E vocês estão levando-o direto ao meio da Nova Jerusalém! Vocês estão entrando na caverna que é tão escura, e uma grande mudança está diante de vocês, e vocês entram com tal coragem! Compreendem por que nós amamos vocês do modo que amamos?

Quem vocês são realmente? Anciãos? Todos vocês estão além de anciãos. Todos vocês não tiveram início, mas alguns de vocês são anciãos neste planeta. Alguns de vocês têm estado aqui há 50.000 anos. Para vocês é um longo tempo. Realmente não é. Pensando no tempo em que vocês colocaram as grades comigo, 50.000 anos é só uma fração de um segundo no relógio do mundo. Há 50.000 anos atrás, alguns de vocês eram lemurianos, alguns sumerianos, alguns mais tarde tornaram-se egípcios. Vocês escolheram algumas das sociedades mais altas tecnologicamente que vocês já conheceram nesta terra. Não definidas pelas máquinas, mas pela consciência. Vocês entendem, esta é sua percepção. É realmente um apoio cultural! Vocês pensam que suas invenções, hoje, representam a mais alta tecnologia, mas a mais alta tecnologia não é uma máquina. O ápice da ciência é quando o Ser Humano conhece, intuitivamente, a maestria sobre a percepção dimensional e é praticada todo dia. Não necessita de quaisquer computadores. Assim eram os Lemurianos. Como se explica, então, que tantos os Lemurianos quanto os sumerianos conheciam tudo sobre o Sistema Solar? Como poderiam fazer astrologia - a ciência mais antiga na terra - sem saber sobre os planetas? Sem telescópios, como poderiam saber sobre astronomia? Como poderiam saber acerca dos movimentos dos planetas, embora este conhecimento fosse manifesto, há muito tempo antes dos telescópios? Pensem nisso.

Você é uma criação maravilhosa, em um belo jardim feito para você, e terá a sabedoria para cuidar dele pela primeira vez na história Humana. Isto lhes parece que nasceram pecadores? Parece que estão aqui para sofrer na Terra? Deus criou um Universo para a vida, para a abundância e para a Luz. O Criador não apenas deu ao Humano um belo jardim, mas deu, também, um fragmento desta energia criativa dentro de cada alma. Deus é luz e está dentro de vocês. É o segredo da nova energia e vocês o estão descobrindo novamente. Isto não torna incorretos os outros sistemas de crença, mas intensifica o profundo conhecimento, a fim de que eles evoluam e criem laços até mais fortes com a energia criativa e os mestres que representam. Queridos, não esperem que as "igrejas" desapareçam. Esperem que elas evoluam para algo mais comensurável com a verdadeira energia do culto – aquilo que honra o "criador interior".

Capítulo XVI

A Alma. Somos ou não Eternos?

A vida é circular

Embora ninguém possa ver provas disso, e embora seja invisível e permanecerá assim, vocês já conhecem o conceito do que chamamos de "vidas múltiplas". Porém, vocês as veem de uma forma linear, uma pilha de tempo, mas nós não.
Vocês sabem também que toda vez em que você entra neste planeta, sob uma expressão física diferente, você apresenta o mesmo Eu Superior. O seu Eu Superior sabe tudo sobre o que você já foi; a sua história planetária em 3D, pois esta sua parte sempre esteve lá, em todas as suas situações! Vamos complicar um pouco mais: neste sistema de potenciais interdimensionais, também existem peças e partes de você do outro lado do véu, ajudando você. Isto tem que existir. Isto explica o sistema da co-criação. Como poderia você co-criar neste planeta, se existisse apenas uma parte de você? Será que você não consegue entender que, se você faz parte do sistema que faz as coisas funcionarem, você tem que ser muitas partes do engenho da realidade? Você não pode ser uma só parte pedindo que as outras o ajudem. Vejam, esta é uma doutrina antiga que não co-criaria nada de por si. Você é energias múltiplas, e que trabalham em conjunto para criar sincronismo.

Imaginem que aquilo que vocês chamam de Universo, assim como todos os Universos, existe simultaneamente em uma infinidade de realidades dimensionais. Pode-se dizer que, até mesmo a vossa própria existência, se dá em várias realidades dimensionais simultâneas. Na realidade, existem muitos vocês, todos existindo lado a lado, em realidades dimensionais ligeiramente diferentes. Em cada uma delas, vocês podem tomar decisões, também, ligeiramente diferentes; assim sendo, cada uma dessas realidades dimensionais poderá levá-lo por um caminho ligeiramente distinto.

*Para uma criatura que cresceu em **3D** é muito difícil compreender a interdimensionalidade. Gostaria de definir suas características interdimensionais. Vocês são anjos. Sempre foram e sempre serão. Vocês estão temporariamente neste planeta como forma física **3D**, e essa parte de vocês é humana. Agora, vocês acham que a totalidade do seu intelecto está com vocês, certo? **Não está.** Aqui está apenas uma parte. O resto está escondido, mas sempre conectado e disponível. Vocês estão com vocês mesmos em um estado quântico, e o resto de vocês está em outro lugar.*

*A maior parte das religiões concorda que a alma é eterna e depois da morte física, a alma permaneçe em algum estado de existência. Em quase todos esses sistemas, os humanos têm uma vida após a morte, mas não têm uma vida antes daquela vida! Como isso é possível? Não se sabe como uma alma eterna "chega" no planeta sem alguma história ou energia anterior (porque tudo é energia e, logo, a alma também é). Chega da onde? Nem sequer se imagina. Você se olha no espelho e vê "um" Ser Humano. Você vê uma única alma individual. Fala do seu Eu Superior como se estivesse completamente e totalmente em algum lugar, além das nuvens. Não está com você porque você se acha "**um**", completo, assim como é. É dessa mesma forma que criam, também, um compartimento para Deus. Existe um só Deus, logo, há um só modo de chegar a Deus. Há apenas um caminho, e muitos dizem que seria melhor você seguir esse único caminho porque senão, quando morrer, se você não o seguiu direitinho, sem olhar para direita ou para esquerda, não poderá se encontrar com o criador. Notaram o preconceito de ser "UM SÓ"? Existe uma escada que leva a Deus e dizem que seria melhor para você estar na escada certa... e há apenas uma!"*

Então, a esse ponto, seria bom nos perguntarmos: "Se a alma é eterna, da onde ela veio? Ela começa a ser eterna a partir de que ponto? Quando começou a existir?". O significado de Eternidade, é: "Perpétuo, sem começo e sem fim." Logo, ou ela é eterna – sempre foi e sempre será - ou não é eterna e termina com a morte porque começou em um ponto - no nascimento. Mas a Alma de qualquer um de nós **É,** desde o início, logo, é ETERNA. Nada é celado ou desconhecido para ela.

Qual é, então, o real objetivo da alma? Conhecer-se experimentalmente!

A alma conhece TUDO conceitualmente. Conhecer um conceito é diferente de experimentar-lo. Então, a Alma procura "experimentar-se" através de cada experiência, em cada ação individual, de todas as formas, mesmo naquilo que tachamos de "mal", através de expressões físicas. Logo, não existe um ponto de começo para a alma. Ela sempre existiu e sempre existirá, ontem, hoje e sempre! Quando deixamos essa dimensão (4D) e o tempo desaparece, isso é facilmente comprensível para nós e é um normal estado do ser. É onde permanecemos, conscientemente, quando não estamos na forma física. Não tem um início e não tem um fim. É um círculo. A vida é circular. O passado e futuro não existem. A única coisa que existe é o AGORA. Cada momento que vivemos no presente, criamos tanto o que chamamos de futuro ou de passado.

Somos seres imortais. Nós estivemos <u>vivos</u> desde sempre, fazendo parte de um sistema vivo que se recicla eternamente. Mudar a expressão física, não significa deixar de existir. Quando se morre, desaparece só aquela figura que você vê no espelho, o que não representa, em absoluto, a nossa totalidade. A forma física é somente o "veículo" que a Alma usa para "sentir" (com os cinco sentidos) e experienciar cada conceito.

Então, a Alma é a parte de Deus que se individualiza. Esse é o verdadeiro significado da Alma. Não tem nenhuma outra explicação, e é inútil tentar estudá-la para dar um significado que seja alcançado pela lógica humana 3D/4D. Toda e qualquer alma, é a parte de Deus procurando se experimentar através de cada indivíduo. A única forma para a alma provar o efeito dos sentidos, é materializando-se. Não é um espírito solitário, à procura de um corpo vagante para encarnar-se. A alma de João é única, em qualquer expressão física que o tal João tenha vivido ou viverá. Não vai por aí dançando como gangorra, à procura de um "abrigo". Se a alma de João decidir retornar em uma nova expressão física, é a mesma alma que ocupou o corpo de João, ou seja, é João retornando com um corpo transformado.

A confusão que fazemos quando nos referimos à alma

Nos sistemas de crenças populares, a alma é uma entidade única, que pertence ao Humano que vê o seu rosto no espelho. Nada poderia estar mais errado!

Precisa-se entender uma coisa importante. Nós somos corpo e alma. O corpo biológico com seus aparelhos mentais psicológicos, lógicos e cognitivos, são parte do corpo humano. Terminarão juntos com a biologia humana, quando esta perecer. Mas nenhum dos aprendizados, nenhuma das experiências que fizermos aqui e que o corpo biológico prove como sensações, irá influenciar, danificar ou corromper a alma. Tudo o que a alma experiencia, ela já conhece conceitualmente. A alma não precisa de nenhuma experiência humana para SER ou evoluir. **NUNCA.** Eis porque quando um ser humano faz coisas terríveis aqui na terra, depois que morre, não tem nenhum lugar de classificação para colocar a sua alma.

E aqui está a grande surpresa: A ALMA não é singular, a alma não pertence ao indivíduo como exclusividade sua, mas, cada alma está interconexa com todas as demais almas... com o tudo que é! Interessante isto, não?

Porém, agora, você terá algumas informações surpreendentes sobre outros atributos da Alma de uma forma incrível e espetacular, nunca imaginada. Será impossível não comover-se e honrá-la! Depois, será mais fácil compreender porque pessoas como Hitler e outros "malvados" da terra não foram parar no "inferno", como a maior parte pensa e a humanidade até agora não consiguiu engolir. **Prepare-se!**

"O que eu pretendo revelar não é algo que você possa facilmente assimilar, e não é algo que você possa realmente estar pronto para entender totalmente. Mas, mesmo em sua confusão, quero que você veja a grandeza de tudo isso. Você é parte de mim e eu sou parte de você. Para nós, isso é a coisa mais difícil de explicar, mas é preciso lhe informar porque é uma verdade fundamental. A mente linear não pode compreendê-la, e isso é proposital. Se você pudesse ver quem você realmente é, você não iria poder permanecer no planeta da forma que você agora pensa que é. Quem você realmente é, está escondido de você. Alguns ensinamentos da nova energia, agora, consistem em uma expansão de consciência justamente para você poder ver melhor quem você realmente é. O Criador permeia cada molécula de DNA. A sua presença não pode ser especificada ou medida. Então, meu querido, você não pode nem mesmo contar as almas no planeta, porque elas não são singulares ou contáveis.

A alma humana é parte de um campo de energia multidimensional e não é independente. Não está ligado a um único corpo. Ela pode se dividir e estar em muitos lugares, contemporaneamente. Em alguns sistema de crenças, é chamada de "Eu Superior" e representa uma real energia quântica.

Gostaria de dizer o seguinte: a Fonte Criadora do Universo que vocês chamam Criador, e que você definiu como Deus ou Espírito, sempre existiu e sempre existirá. Esta fonte existia antes mesmo da existência deste universo. Ela é a origem de tudo o que existe em toda parte, incluindo os universos antes do seu, que agora coexistem juntos. É a origem das coisas que conhecem, das que não conhecem nada e das que nunca irão conhecer (enquanto mantivermos esse corpo biológico). *Esta é a Fonte Criadora que vocês chamam de Deus. É uma "sopa" quântica de energia que vai muito além do físico que vocês conhecem.*

Quero que você entenda muito bem isto: podem imaginar como é estar nesta realidade? É um estado que permite que você veja, literalmente, cada parte de seu belo universo, incluindo o próprio tempo de criação. Imagine estar na frente de uma supernova, observá-la explodir, ver toda a energia, sabendo que tudo faz parte da física natural do processo de criação e dos ciclos de energia; isto sem a preocupação ou medo de se danificar ao guardá-la!

A coisa importante é que você é uma parte da Fonte Criadora. Ao remover as restrições do humanismo, querido Ser Humano, o Deus em você começa a mostrar-se. Você não é uma parte de Deus, **_você é Deus_**! *Compreende isto? Isso ocorre porque a "sopa" de Deus não se compartimentaliza, escorregando nos corpos humanos que têm nomes e personalidade. E é isso que eu quero falar com você.*

As almas não são individuais

Isso é uma coisa controversa para seu intelecto! As almas, que vocês dizem serem "suas", não são individuais ou singulares, mas fazem parte de um todo. Coisa fácil de dizer, mas difícil de entender. Quando você se encontra com outro ser humano e o cumprimenta, você está honrando o Deus em você, saudando o Deus nele. Alguma vez você já pensou que poderia ser a mesma alma? Se são partes do mesmo Deus, então devem ser a mesma alma. Mas vocês não pensam assim. Vocês acham que têm a sua alma e o outro, a dele. É isso que pensam e é o melhor que você pode fazer, porque se você pensar de unir as duas, sua mente linear terá problemas de lógica. A mente que é linear vê a sua alma somente como sua, já isto, impede que você entenda esta mensagem. Só quando você cruzar a sua ponte da compreensão, expandindo a consciência, poderá ampliar sua perspectiva para essas coisas. E isso não tira absolutamente nada da magnificiência de sua alma.

O que quero dizer é que não existe tal coisa como "alma única/individual", pois estão todas sempre conectadas com o todo. A "sopa" que é Deus está sempre em um estado quântico. Você pode defini-lo um coletivo, se quiser, porque ele não está separado do todo. As suas partes e fragmentos, se assim quiser chamar, habitam na consciência humana; vocês identificam essas partes como suas, pessoais, mas são muito mais do que isso. "

A alma não é limitada aos seres humanos, e não está aqui "aprendendo".

Acho que a esse ponto da nossa compreensão, é desnecessário esclarecer que o universo está repleto de vida!

"Agora vou demolir alguns paradigmas que lhes foram ensinados. A alma humana, como chamam, não pertence ao humano; faz parte da criação em todas as partes do Universo. Assim, outras entidades biológicas espirituais têm uma alma exatamente como a sua. Nem toda a vida inteligente de sua galáxia tem uma alma, somente aquela que foi "semeada" de espiritualidade". (No capítulo XXV será explicada a modalidade incrível dessa inseminação).
A própria expressão "alma humana" não é correta. Não existe tal coisa como uma alma em um estado de aprendizagem. Almas não aprendem, são os seres humanos que aprendem. No entanto, lhes disseram que as almas vêm e vão a fim de aprenderem alguma coisa. Informaram que algumas são mais sábias do que outras. Vocês todos são almas velhas, só que algumas fizeram parte de

seres humanos por mais tempo do que outros. O próprio termo Velha Alma não faz sentido, porque não existe o tempo para a alma. As almas sempre foram e sempre serão partes de Deus. Então, na realidade, Velha Alma não é uma definição correta, mas os seres humanos continuam a usá-la porque assume um significado diferente quando você está na realidade 3D. Essa é uma descrição de um ser humano que viveu muitas vidas.

Ouçam*: não existe tal coisa como almas que estão aprendendo a tornar-se almas melhores. No final, elas não vão para nenhum lugar onde as almas são promovidas. Isto é um condicionamento mental que o Ser Humano atribui à sua realidade. Os humanos aprendem, os humanos são promovidos, os humanos passam de um nível para outro. Não as almas, queridos. Vocês, simplesmente, sobreporam a sua realidade sobre um outro sistema, sem compreenderem que não é como vocês pensam. Então, se acostumem com essa e outras coisas referentes à alma. A alma não tem uma realidade humana. A alma tem a realidade de Deus. E se eu lhe dissesse que a sua alma é idêntica em sua magnificência, a qualquer outra alma no planeta?*

Se preparem para ouvir isto: *quem é o Ser Humano pior que vem à sua mente? Que seja um personagem histórico, vivo ou morto... quem é o pior? Quer saber uma coisa? Ele ou ela tem a mesma alma que você tem, um fragmento perfeito de Deus, quer se possa acreditar ou não. Isto diz muito sobre a liberdade de escolha. Diz-lhe que aquele belo fragmento de Deus está disponível em seu pleno poder. Uma das regras do Espírito é que nós não podemos interferir com a livre escolha do Humano. Nós vemos vocês cometendo "erros" e virando as costas para a sua magnificência interior, mas não podemos interferir e nem mesmo enviar-lhes sinais, sabiam? Vemos vocês desenvolvendo e nutrindo o "mal"; lhes vemos matando e fazendo coisas horríveis, às vezes até em nome de Deus, e não podemos fazer nada. Devem ser vocês a fazer a escolha. Aqueles que foram seres humanos por mais tempo neste planeta, são os que fazem melhores escolhas. Em um certo nível,* *eles são conscientes do Deus em si mesmos. Este é apenas um aspecto que eu quero desmistificar. Não há "níveis" de aprendizagem para as almas.* (Kryon quer dizer, aqui, que não existe um lugar do outro lado do véu, onde as almas serão julgadas e classificadas em boas, ou menos boas).

A alma não começou como um 'hamster' e depois tornou-se um humano

Alguns seres humanos têm a ideia de que uma alma possa começar como animal até progredir para humana. De acordo com esse pensamento, de alguma forma, a alma passaria por uma série de encarnações como Ser Humano menos evoluído - ou talvez animais - para ser promovido a uma alma velha e sábia. Não funciona dessa maneira.

Repito, meu caro, que a realidade e sua natureza lógica humana, cria níveis básicos de avanço para vocês; e vocês, mais tarde, aplicam este sistema em Deus e, então, ensinam a mesma coisa. Não entendem que isso seria menosprezar a Fonte Criadora? **"Kryon, você quer dizer que os animais não têm alma?"** *Eu não disse isso. Os animais têm um tipo diferente do que vocês chamam de alma. Mas, ouçam isto: o sistema nunca atravessa a barreira entre animal e humano. NUNCA!*

A energia do Criador que vocês possuem, é preciosa e sagrada. Nesta galáxia, pertence a entidades que foram inseminadas com a espiritualidade e que foram dadas a livre escolha para expandir-se em um estado ascendido. Isto é o que você tem em você, Ser Humano, e não é um presente de um golfinho, um cão ou um cavalo. Pertence ao seu DNA humano espiritual e faz parte de um grande plano. Não começou como um animal. Há alguns que realmente acreditam que um animal inferior corresponda a uma alma inferior. Existe a ideia de que se começa como um hamster, um dia se torna um golfinho, e, finalmente, um Humano. Esse tipo de coisa ainda é ensinada em algumas áreas da Terra. Eu quero dizer-lhes que não é assim, em absoluto; esta é uma maneira de pensar do humanismo, transferido ao nível da mitologia e que não honra quem você é ou o que habita em vós.

Sua alma é eterna. Ela é imutável. É perfeita e maravilhosa. É o Ser, com uma vibração superior ao seu "você"; é uma parte de Deus. Todavia, vocês pretendem que esse SER traga o seu nome, não é? Não sabiam que a alma não possui nenhuma personalidade? A alma não possui nenhum dos atributos do humanismo. Ah, se eu pudesse dar-lhes toda a imagem! Gostaria tanto de poder fazê-los ver! No Universo há uma perfeição que você compartilha com qualquer outro ser humano no planeta. Está em você, pronta para se desenvolver. Você sabe o que realmente é uma consciência humana expandida? É ela que forma o ponto de conexão com a alma. É quando você começa, realmente, a entender que vocês são todos iguais.

Agora, desejo falar algo que é ainda mais profundo. Existem dois pontos sobre os quais precisam trabalhar, para ir mais além. Lhes dissemos que vocês não podem transferir características Humanas sobre Deus e que é um "erro" pensar que o Criador do Universo tenha modalidades humanas, mas há ainda uma outra coisa que vocês precisam refletir. Trata-se de um conceito da velha energia que deverá desaparecer antes que isso possa causar algo significativo neste planeta.

O primeiro *é sobre o conceito de julgamento. O julgamento é um atributo humano, e pertence à velha energia. É um atributo da separação de um ser humano para outro, ou de uma cultura para outra, então se decide que o outro não está fazendo a coisa certa ou que está, de alguma forma, interferindo no status quo. É um elemento da modalidade de sobrevivência, e não é um elemento equilibrado. O julgamento está em toda parte, em todo o planeta e sempre esteve lá. O julgamento cria guerras e aumenta a separação. No entanto, quando constróem suas estruturas religiosas, vocês decidem que o julgamento pertence, também, a*

Deus. Não é assim. Pertence exclusivamente aos seres humanos. Todavia, uma vez que está tão intimamente plantado em sua consciência, vocês o dedicaram, espontaneamente, ao poder superior que existe. Vocês têm a necessidade de que Deus seja igualmente separatista, que separe os seres humanos naqueles que o fazem e aqueles que não o fazem. Deus não julga ou separa as partes de si mesmos! Entendam isso.

O segundo, é: vocês se sentem pequenos. Por quê? Por que vocês se humilham diante de Deus? Foi-lhes dito que ser humilde diante de Deus é uma coisa boa! Bem, se você é um pedaço de Deus, porque você se humilha diante de vós mesmos? Faz sentido para você? É hora de usar o bom senso espiritual evoluído. Se você faz parte da criação, não deve inclinar-se diante de vós mesmos. É hora de assumir o poder da benevolência, bondade, generosidade e integridade, não da humildade. Começará a entender que você é um fragmento da mesma majestade de Deus! O "onipotente" está em você; está em cada molécula individual dos trilhões de moléculas de DNA; representa o Eu Superior de cada ser humano e este Eu Superior tem uma consciência muito paciente e calma, esperando que você descubra quem realmente é. Você realmente acha que o Eu Superior quer ser adorado? A resposta é NÃO. Gostaríamos que você começasse a pensar sobre Deus, a alma e o que você tem em você de uma forma diferente. Você merece despertar para a sua magnificência. A magnificência humana não se mostra na complacência de si mesmo. Não se ergam dizendo a todos o quanto você é bom. Nenhum Mestre fez isso. Consiste, porém, em um despertar para a própria sabedoria interior e maturidade da maestria. Serão as pessoas que irão ver isso em você! Parem de humanizar Deus. Parem de atribuir qualidades de situações que são humanas, em Deus.
Outra coisa: quantas vezes já ouviram dizer que existem almas aprisionadas em algum lugar? Dizem que podem estar presas entre um lugar e outro, e depois os humanos decidem qual é esse lugar. É tudo uma produção humana. Como podem as partes do Criador do Universo, estarem aprisionadas? Não há nenhuma

energia de alma individual. Não é algo em 3D e não vivem por si mesmas. Tudo faz parte de um todo. É um coletivo, que é parte de cada um de vocês.

Ouçam: *no nível da alma, NÃO EXISTEM PROBLEMAS TERRENOS e NÃO EXISTE nenhum purgatório. São tudo estruturas humanas que são aplicadas a Deus. Não há uma hierarquia das almas. Sua alma é parte de Deus e Deus é o Criador deste Universo. Qual é a hierarquia de seus órgãos em seu corpo? Quais os que você não precisa? Qual o mantém vivo? Todos eles o fazem! Mas muitas vezes você destaca o coração como o mais importante. Isso é verdade ou, simplesmente, é "falar em nome de todos"? Ah, e qual é o órgão que se rebelou contra os outros e deixou seu corpo? Vê o preconceito humano aqui?*

Agora, tudo o que você precisa saber é que essa energia de Deus vos ama imensamente, e que tudo o que foi dado a você, é benevolente. Vocês não estão fazendo uma corrida de obstáculos, queridos. Vocês não têm que testar a si mesmos de uma maneira ou de outra. Permitam-se, em vez disso, que o núcleo divino em vós, se manifeste claramente.

Recompensa e punição

Nós dissemos antes e falaremos sobre isto novamente. Vocês dizem: "Tem que haver recompensa e punição no Céu, é justo e é correto. Se você for bom, recebe uma recompensa. Se for mau, é punido!". Bem, não é desta forma no meu lado do véu, queridos. Vocês não encontrarão isto no reino angélico. Não há recompensa e punição. É um tratamento divino e não funciona na dualidade como a de vocês. Entretanto, vocês colocam a recompensa e a punição nos ombros de Deus. Um passa a eternidade com o Pai Celestial - que imagem! O outro, com o anjo decaído, Lúcifer. Que visão! Não é assim, naturalmente. Uma eternidade no Céu poderia ser três minutos para mim! Vocês percebem como isto se adequa agradavelmente com a sua versão de punição e de recompensa?

Nós lhes falamos frequentemente que este não é o modo como funciona com Deus. Entretanto, há aqueles intelectuais que diriam: "Bem, tem que haver um sistema como este. Como você controlaria algo?". E nós lhes dizemos que este é o seu sistema. Esta é a sua dualidade, então controle-a. No entanto, este não é o sistema de Deus. Nós não precisamos controlar os anjos ou os humanos neste lado do véu. "Você pretende me dizer, Kryon, que um humano pode vir para este planeta e tornar-se o pior humano que já existiu e matar milhões de pessoas no genocídio e então, quando ele alcança o outro lado do véu, não há punição?". E eu direi novamente. É exatamente o correto. Porque vocês não compreendem o teste. Vocês são livres para fazer o que vocês escolherem, enquanto estiverem aqui na dualidade. Não suponham, entretanto, que no outro lado do véu este sistema é expandido. É somente para vocês aqui.

Isto foi dado claramente à vocês nas escrituras, na parábola do Filho Pródigo e repito para que fique bem claro: Esta parábola representava o pai, que é Deus, enviando dois filhos para o mundo, significando enviar dois anjos para serem humanos na Terra. Um faz tudo correto, o outro faz tudo errado; um faz tudo de bom, o outro tudo de mal - muito preto e branco para vocês. Entretanto, as suas escrituras lhes dizem que quando eles voltam para o outro lado do véu, são recebidos com a mesma festa! O que isto lhes diz? Deixem-me lhes lembrar. Significa que o teste da Terra não é levado para o lugar de onde vocês vieram.

Trata-se do teste do planeta e trata-se da dualidade. Trata-se do por quê e o que fazem com o planeta, enquanto estão aqui. As percepções da humanidade são as de que vocês devem, de algum modo, agradar a Deus com a sua bondade. Quero dizer-lhes, anjos, que já agradaram a Deus porque vocês estão aqui! Esta é a razão pela qual vai haver curas aqui hoje, porque vocês estão aqui - porque estão despertando para quem vocês são e estão encontrando a sua divindade interior. Já agradaram a Deus! Vocês não têm que pensar em ficar com medo ou preocupados em fazer algo que pudesse desagradar a Deus, pensando na existência de algum tipo de super sistema de recompensa e punição no outro lado do véu. Não há nenhum. Já é bem difícil enquanto vocês estão aqui, não é? Se soubessem quanto vocês são amados, jamais pensariam, por um momento sequer, que haveria punição no outro lado do véu, mesmo para o mais escuro entre vocês. Entretanto, as suas maiores religiões são todas baseadas em torno desta característica. Um bilhão de vocês sentem que chegaram "sujos", já enfraquecidos e levando o fardo das obras mais escuras da humanidade. Então, se vocês juntarem e executarem certos rituais e crenças, poderão superar este horrível destino. Aqueles que nunca descobrirem sobre como funciona, irão para o Inferno! Entretanto, Deus os ama tanto que a maioria de vocês queimará no Inferno. Isto faz algum sentido espiritual para vocês? É hora de compreenderem que este conceito é Humano!

Se vocês vão realizar algo e agradar a alguém, então agradem à divindade com a qual vieram. Busquem a paz na Terra e vejam-se como um instrumento da inteligência divina que os criou. Invoquem o anjo interior; ergam-se e clamem que estão prontos para ser o Farol que vocês vieram para ser, em um tempo de provação e dificuldade. É o momento de deixar cair toda a energia da punição e da recompensa divina, pois isto fomenta sentimentos de defesa, depressão, uma vida insatisfeita, controle por outros e uma atitude temerosa... Vocês precisam de uma religião? Então busquem uma que amplifique o poder do espírito humano e ensine que vocês são uma peça divina do Universo de Deus. Abençoados sejam aqueles que se unem e celebram o poder do amor de Deus dentro do Ser Humano e tudo o que pode ser realizado para o planeta."

Respostas às perguntas difíceis

Deus condena o aborto, o sexo fora do matrimônio, o fumo, álcool? Os gays? O que Deus acha dos que cometem assassinatos, dos soldados que matam nas guerras? Deus não julga pessoas que praticam tais coisas?

As respostas à essas perguntas, ou cairam sempre no vazio ou foram muito radicais, escolhendo, quase sempre, uma tangente ao problema ou entrando em um contexto estereotipado, confuso e insatisfatório. Em situações como essas, somos levados, muito facilmente, a pensar com a mente dos outros, a entregar aos outros o nosso próprio poder e autoridade de discernir e decidir o que é certo ou justo, sem antes colocarmos a nós mesmos tais questões. Estamos habituados a que alguma "autoridade" nos diga o que devemos fazer em determinados casos, mas quase nunca fazemos uma reflexão sobre o fato, do que é certo ou errado do ponto de vista da alma. A verdade é que quase ninguém quer pensar. *"Me façam viver facilmente, diga-me o que devo fazer, quais são as regras? Quais são meus limites?"* É assim que estamos habituados a viver. No final, estamos sempre insatisfeitos, frustrados e com muita vontade de guerrear, pois as decisões dos que consideramos nossas autoridades, quase nunca estão de acordo aos nossos desejos. Então, o que está errado? O que constitui a base das nossas decisões são as experiências, mas na maioria dos casos, escolhemos aceitar as decisões de outros, que julgamos mais competentes que nós. E isso explica o porquê renunciamos ao total controle em algum campo da nossa vida e de muitas questões que surgem no âmbito da esfera humana. Muitas delas, incluem argumentos de suma importância para toda a humanidade.

Tomamos posições tão radicais em certos crimes e, em outros justificamos, mesmo que se trate do mesmo crime. Assassinatos atrozes em uma guerra são lícitos e às vezes merecem até decorações. Assassinatos atrozes fora desse contexto, são abomináveis de tal forma, que toda a humanidade pode se indignar. A mesma corte judicial que condena um assassino é a mesma que mata em uma cadeira elétrica. Aqui tem um terrível preconceito, mas a maioria de nós é levada a aceitar o que nos dizem que é moral ou imoral, mesmo usando a mesma arma que se cometeu um crime. Como se explica esse tipo de mentalidade primitiva?

Matar alguém de modo intencional ou com fins moralistas e disciplinares, se resumem em uma só coisa: assassinato. Quando um indivíduo mata outro, damos um peso excepcional a esse assassino e condenaríamos até a sua alma se pudéssemos. Existe um motivo justificável para se matar alguém? Não precisa se dirigir a uma fonte mais elevada para obter a resposta. Bastaria observar aquilo que se sente a propósito, e a resposta surgiria óbvia e cada um se comportaria adequadamente. Isso seria agir com base na própria autoridade. Mas quando você age e interpreta certas situações com base na autoridade de outros, você perde o nível équo dos valores, e dá pesos e medidas diferentes para a mesma ação. Os governos são autorizados para se servirem da morte de alguém, para alcançar objetivos políticos? As religiões deveriam usar sua autoridade para matar alguém para impor os próprios imperativos teológicos? As sociedades deveriam se servir do assassinato de alguém como reação contra quem tenha violado os seus códigos comportamentais? O assassínio é um remédio político apropriado, um sistema de persuasão espiritual, ou a solução para um problema social?

"Um assassinato é sempre um assassinato, seja de que mão ou entidade tenha sido cometido. O governo quer fazer crer que, matar para cumprir uma ordem, exclusivamente política, seja perfeitamente justificável, enquanto um indivíduo que comete a mesma ação, é um perigo para a sociedade e muitos governos até punem com a mesma ação: assassinando o tal indivíduo. Que tal essa conclusão? Mas o estado precisa que você aceite essa decisão sobre essa questão, unicamente com o objetivo de existir como uma entidade de poder e, pelo mesmo motivo, as religiões, sociedades etc." (N.Walsch) Fonte: CCD

Imagine você mesmo interrogando diretamente Deus sobre essas questões, caso o encontrasse cara-a-cara. O que você acha que Ele responderia? Bem, isso aconteceu realmente com Neale Walsch em um diálogo direto com a sua parte Divina – seu Eu Superior -

que ele chama Deus, o qual revolucionou o mundo depois que foi publicado na trilogia *Conversando com Deus – um diálogo fora do comum*. E esta foi a sábia e inesperada resposta:

"A maior parte do vocês, prefere deixar aos outros as decisões. Sendo assim, a maior parte não é uma criatura que se fez por si só, mas uma criatura fruto dos hábitos, uma criatura criada por outros.

O livre arbítrio não seria tal, se usando-o de um modo em vez de outro, produzisse um castigo. Isso seria somente uma falsificação da liberdade. Vocês precisam entender que estão em um processo de definir quem são, e cada ação que fazem individualmente, define quem são. Se estão satisfeitos do modo que criaram vocês mesmos, continuem assim. Se não estão, parem e mudem a ideia do que pretendem ser. Isso é evolução. A única coisa que muda durante uma evolução, é a sua ideia daquilo que acham ser verdadeiramente útil, e isso se baseia naquilo que cada um pensa em querer fazer. Se você acha útil entrar em guerra e matar seus semelhantes, façam-no; se você acha que interromper uma gravidez é útil para sua evolução, faça-o; é útill fritar um animal para comer, respirar nicotina, ingerir álcool ou as vísceras de animais? - Se você pega um avião com o objetivo de ir a São Paulo, é útil descer em Salvador?[24] Bem, isso não é moralmente "errado", é simplesmente inútil. Estar consciente daquilo que se pretende fazer, é de crucial importância, não só para a sua vida de um modo geral, mas a todo momento da sua vida. Porque são nos momentos que a vida se cria. Quando você está se preparando para abortar, fumar, comer carne, dar uma cortada em alguém em uma estrada com tráfico intenso ou, simplesmente, cortar o cabelo; quer seja uma escolha de maior ou menor importância, existe somente uma pergunta para se considerar: é isto que eu escolho SER? Mas, lembre-se: nenhuma escolha é priva de

---

[24] O exemplo das cidades è ndr.

consequências. A consequência de cada ação sua, define quem VOCÊ É!

Vocês estão em processo de definir a si mesmos, agora e em qualquer momento.

Esta é a resposta sobre a guerra, o assassínio, o fumo, o sexo, o comer carne e a <u>qualquer outra pergunta sobre comportamento.</u> Cada ação é um ato de autodefinição. Cada coisa que pensem, digam ou façam, declara: "É isso o que EU SOU!". A definição de quem querem Ser é de grande importância porque, não só determina o resultado da sua experiência, mas cria a natureza da <u>Minha</u>! Sei que se trata de uma profunda reestruturação da sua compreensão. Mas é necessário, se quiserem completar o verdadeiro trabalho para o qual vieram aqui na Terra.
Em todo momento, Deus se exprime em vocês e através de vocês.

As sagradas escrituras e a vida dos Mestres que enviei a vocês, mostram essa verdade eterna: vocês e Eu, somos UNO. Aquilo que vocês são, EU SOU. Vocês definem Deus. Essa é a pura e única verdade sobre quem vocês são.

Eu enviei vocês, uma parte de mim, em uma forma física, para poder conhecer a Mim mesmo em um modo experiencial, assim como Me conheço de modo conceitual. A vida é um instrumento nas mãos de Deus, que serve para transformar os conceitos em experiências. Serve também a vocês para o mesmo fim. Porque vocês são Deus trabalhando para essa realização. Eu criei vocês para que pudessem Me recriar. Essa é a nossa Obra Sagrada. Essa é a nossa maior alegria, essa é a nossa mesma razão de Ser..." (N.Walsh – CCD)

Que declaração magnífica! A mesma regra se aplica a todas as outras pessoas, como os piores ditadores ou grupos mobilizados sob a bandeira da nação, da etnia, da raça e da sexualidade que muitos decidiram, por conta própria, demonizar, condenar, desprezar e excluir do rol das pessoas dignas. O fato é que ainda não conseguimos separar a matéria do espírito. O corpo material está aqui nessa experiência com um propósito. A alma, *aproveitando a "ponga"*, se experimenta através do corpo, mas não pode sofrer as mesmas consequências de nenhuma forma. A associação é complexa para um pensador linear porque se misturam coisas sensoriais com espirituais de uma forma totalmente fora da nossa realidade. Seria, em palavras pobres, como se você, sendo alérgico a camarão e sentindo o cheiro, lhe despertasse, também, um desejo irrefreável de comê-lo. Você come e se sente mal. Então, o que você faria com aquele malvado desejo? Mandaria ele para o inferno? Como? Você não poderá dizer: "*É culpa daquele maldito desejo. Vamos condená-lo ao inferno!*". Entende a complexidade? O mesmo acontece com a alma. Tudo que fizermos aqui, com a nossa livre escolha, permanece no âmbito da vida terrena. JAMAIS levaremos nossas "culpas e pecados", nossas dores e mazelas para o outro lado do véu, porque, por mais que você queira e insista que é dessa forma que funciona, é totalmente impossível. A Alma não pode sofrer danos, pois ela é divina e eterna, é a nossa parte de Deus... **a Alma é Deus!**

Eis, então, a razão pela qual Hitler deve ter ido parar no "céu", enfuriando toda a humanidade **depois de ter sido condenado ao inferno por todas as religiões do mundo!**

N.Walsch, perguntando à sua parte divina - o Eu Superior - porque *Hitler* não fora para o inferno, obteve a seguinte resposta:

Deus: "*Antes de tudo, ele não poderia ir para o inferno porque o inferno não existe. A verdadeira questão é estabelecer se Hitler agiu de modo "errado" ou não. A ideia de que era um monstro, é baseada no fato de que ele mandou matar milhões de seres humanos. Digo bem? E se eu lhes dissesse que o que vocês chamam de "morte" não existe, mas é a melhor coisa que lhes* *possa acontecer? A morte não é um fim mas um começo, não é um horror, mas uma alegria. Este é o momento mais feliz da vida, porque ela representa uma continuação tão magnífica, exultante, sábia e cheia de paz, que se torna difícil de descrever e impossível de entender. Digo-lhe isto: no momento da morte, você descobrirá a maior liberdade, a maior paz, a maior alegria e o mais profundo amor que você já tenha conhecido. Devemos punir Sora Raposa, porque matou o irmão Coelho? Pense sobre isso.*

Hitler não fez nada de "errado", simplesmente, fez o que fez. Errado é um termo relativo, que significa o oposto do que chamam de "certo". O certo e o errado são apenas definições atribuídas aos eventos e circunstâncias, baseadas em suas decisões em questão. Lembre-se que durante muitos anos, milhões de pessoas pensaram que suas ações fossem "certas". Se você manifestar uma ideia maluca e dez milhões de pessoas concordam com você, provavelmente irá achar que a ideia não seja tão maluca assim. No final, o mundo decidiu que Hitler tinha "errado". Em outras palavras, as pessoas tiveram a oportunidade de redefinir Quem Eram e Quem Escolhiam Ser, em relação à experiência vivida com o ditador. Existiram outros Hitlers e outros Cristos, e ainda existirão mais. Estejam sempre vigilantes, porque, entre vós, vivem pessoas com grau alto ou baixo de consciência. Que consciência escolherão para si mesmos?

Na realidade, Hitler estava convencido de ajudar seu povo. Ninguém faz nada de "errado" estando de acordo com sua própria concepção do mundo. Se você acredita que Hitler estava se comportando como um louco e estava consciente disso, não colheu, por nada, a complexidade da experiência humana. Ele pensava estar trabalhando para o bem de seu povo, que concordava com ele! E isso foi a verdadeira loucura. Vocês *declararam que Hitler "errou" e, dessa forma, vocês alcançaram uma compreensão mais profunda de si mesmo, e isso é bom. Mas não condenem Hitler por ter permitido uma melhor compreensão de **Quem Vocês São**. Alguém tinha que fazê-lo.*

Você não pode conhecer o quente sem ter experimentado o frio, nem o alto sem conhecer o baixo. Não culpe um e abençoe o outro; porque assim fazendo, significa não ter entendido. Por séculos, a humanidade condenou Adão e Eva por terem cometido o Pecado Original, "comendo o fruto proibido" que despertou vocês para o conhecimento do "bem e do mal". Mesmo sendo uma metáfora, representa uma grande verdade pois, se Eva continuasse no "Paraíso", vocês não poderiam saber definir o que é a perfeição, porque não conheciam nada mais além disso. Sem a imperfeição, a perfeição não existe. Então, vocês deveriam condenar ou agradecer a Adão e Eva? Pensem nisso.

Lhe digo isto: o amor, a compaixão, o perdão, a sabedoria, a intenção e o propósito de Deus, são tão vastos de modo a compreender o crime mais hediondo e o criminoso mais atroz. Talvez você não concordará, mas não importa. Você acabou de aprender algo que queria saber.

De qualquer forma, Hitler foi para o "céu", pelas seguintes razões:

1. Não existe inferno, logo, não havia nenhum outro lugar para onde ele pudesse ir.

2. Suas ações foram simplesmente ações "erradas", de um ser não evoluido, e os erros não devem ser punidos, mas corrigidos, dando a quem tenha cometido, uma possibilidade de evolução.

3. *Os erros de Hitler não causaram qualquer dano aos seres que morreram por sua causa. Aquelas almas foram simplesmente liberadas de suas obrigações terrenas, como borboletas que saíram do casulo.*

Vamos falar do Propósito: tudo o que acontece, todas as experiências, são projetadas para criar oportunidades. Seria errado considerá-las "obras do diabo", "castigo divino", "recompensas celestiais" e assim por diante. É o que vocês pensam, fazem e são em relação a estes eventos, que lhes dão um significado. Os fatos e experiências são criados por vocês, individualmente ou coletivamente. A consciência cria a experiência.

*Vocês estão tentando elevar sua consciência e podem usar qualquer experiência como uma ferramenta para entender **Quem Vocês São**. Como a Minha Vontade é deixar vocês experimentarem **Quem Vocês São**, eu lhes permito viver qualquer evento que escolham. A vida não é um produto do acaso. As experiências e os eventos de ordem planetária, são a manifestação de uma consciência coletiva mundial, e decorrem das escolhas e desejos do grupo como um todo.*

*Os eventos que vêm acontecendo no seu planeta, há três mil anos, refletem a **Consciência Coletiva**. E o termo que melhor descreve o nível de consciência humana hoje, é: "<u>primitivo</u>". A experiência Hitleriana foi o resultado de uma consciência de grupo, e seria muito cômodo dar toda a culpa somente a ele. Hitler não poderia fazer nada sem a cooperação ou submissão de milhões de pessoas.*

Os alemães devem assumir uma grande carga de responsabilidade pelo Holocausto, mas grande parte do ônus, recai, também, sobre toda a raça humana que permaneceu indiferente e decidiu agir somente quando a Alemanha atingiu um tal sofrimento, ao ponto em que nem mesmo o mais inveterado isolacionista poderia continuar a ignorá-lo. A consciência coletiva preparou o terreno para o movimento nazista, Hitler aproveitou o momento, mas não o criou.

É muito importante aprender esta lição: a consciência de grupo, baseada na separação e na superioridade, produz, necessariamente, uma perda de compaixão de massa, seguida, inevitavelmente, da perda de consciência. Um rígido nacionalismo leva a ignorar as condições dos outros grupos e a responsabilizá-los pelos próprios problemas, justificando assim a represália e a guerra.

*O horror da experiência Hitleriana reside, não tanto no que o ditador fez à humanidade, mas no que a humanidade lhe permitiu que fizesse. Não é surpreendente que tenha surgido um Hitler, mas que tantas pessoas o tenham seguido e apoiado? É vergonhoso, não só que este homem tenha matado milhões de judeus, mas, também, que tenha sido freiado somente depois de milhões de mortes. O objetivo da experiência Hitleriana era mostrar à humanidade a si mesma. No curso da história, vocês tiveram muitos grandes Mestres, que lhes forneceram oportunidades extraordinárias para lembrar **Quem Realmente São**, mostrando o máximo e o mínimo da potencialidade humana.*

Lembrem-se: a consciência é tudo, e cria a experiência. A consciência de grupo tem um grande poder e produz resultados maravilhosos ou terríveis. A escolha é sempre de vocês. Se você *não estiver satisfeito com a consciência de seu grupo, tente mudá-la. <u>Um genocídio é sempre tal, tanto em Auschwitz, como em qualquer outra parte do mundo.</u>"*

Walsch: *"Então, Hitler foi enviado para nos dar uma lição sobre os horrores que o homem pode cometer e quanto em baixo pode cair?".*

Deus: *"Hitler não **'foi enviado'** para ninguém, foi criado por vocês, pela sua consciência coletiva, sem a qual ele não teria existido. Esta é a lição.*
*A experiência Hitleriana foi originada pela consciência da separação e de superioridade do "nós" versus "eles". A consciência da Divina Fraternidade, da União, da Unidade, do <u>nosso</u> em vez de <u>minha</u>, dá origem à experiência de Cristo. Quando a dor é <u>nossa</u> e não apenas <u>sua</u>; a alegria é <u>nossa</u> e não apenas <u>minha</u>"; quando tudo é **Nosso**, então, a experiência de vida é REAL!"[25]*

---

[25] Texto adaptado, extraído do livro Conversando com Deus –CCD- N.Walsch

CAPÍTULO XVII

A MORTE NÃO EXISTE, É APENAS UMA PERCEPÇÃO INTERDIMENSIONAL

As ciências que são invisíveis

"O que você acha que te separa de alguém que você amou e perdeu recentemente? Vou lhe dizer a verdade: não existe tal coisa como o espaço entre vocês! Sabiam? Vos digo que quando esta mensagem chegar aos ouvidos a quatro dimensões, vai ser um conto de fadas! Será um absurdo para muitos. Talvez, o absurdo de hoje será a realidade de amanhã?

O tema desta lição é tentar dar-lhes uma verdadeira ciência que é invisível. Isso poderá parecer uma fantasia, mas irá alargar a sua lógica para as coisas que estão fora de sua realidade. São coisas invisíveis, mas que, na verdade, vocês se encontram bem dentro delas. Antes de começar, queremos vos dar uma compreensão perceptiva de algo não compreensível.
*Vocês vivem em **quatro dimensões**, considerando o tempo. E é adequado que seja limitado porque é uma escolha de vocês; esse foi o acordo para o teste.*

*A dificuldade do teste, então, consiste na capacidade do humano em escavar na própria biologia, a centelha interdimensional que lhes permitirá de ultrapassar esse limite e que muitas outras coisas aconteçam. Alguns têm chamado isto de **ativar peças e fragmentos de DNA.** Oh, isso é apenas uma descrição linear! Vai muito além disso, mas você não é capaz de percebê-lo porque* *está completamente fora dos limites da percepção de vocês. Simplesmente não pode ser explicado. Como você pode descrever a cor a uma pessoa cega? É tão difícil como explicar a 12° Dimensão a um ser humano **4D** (quarta dimensão), mas vamos tentar fazê-lo. Pense em duas maçãs, colocadas nas duas extremidades de uma mesa. Como você descreveria isso? "Bem, Kryon, eu vejo uma maçã e depois tem um espaço e depois vejo outra maçã. Vejo, também, a mesa."*

*Isso é muito **quadrimensional**, e é normal para sua realidade. Mas eis aqui algumas informações que se tratam de ciência: <u>não existe tal coisa como um "espaço entre as duas maçãs"</u>. Tudo existe em uma constante ininterrupta de completa energia, sempre mudando. E se você tivesse óculos interdimensionais não veria os dois objetos e uma mesa. Em vez disso, você iria ver um processo! E dentro deste processo, as cores lhe diriam onde as diferenças de energia criariam o que você considera sólido ou espaço. Elas não são objetos! São um processo de energia que está constantemente em movimento. Eu não posso explicar-lhe tudo, a não ser que estes metafóricos óculos interdimensionais lhe dirão uma coisa dramática: eles mostrarão que **<u>não existe tal coisa como o espaço entre dois objetos</u>**.*

*Então, você se sente separado de um ente querido? Talvez ele pode estar do outro lado da terra? Não existe tal coisa como o espaço entre vocês! **Não existe!** Vocês estão ligados nesse exato momento. No nível quântico, vocês estão conectados. Oh, deixe-me dizer-lhe uma das grandes... algo que você precisa ouvir de novo. O que você acha que o separa de alguém que você amou e perdeu recentemente? Ouça-me, eu estou falando com você! (Kryon sabe quem está lendo). O que você acha que vos separa? Um imenso espaço? Pensa que seja a morte? Vou lhe dizer a verdade: **<u>não há</u>***

nenhum espaço entre vocês, mas há somente uma percepção interdimensional.

*Dentro da verdadeira dimensionalidade (não a 4D), não existe tempo linear e não existe a distância. **A vida é para sempre**. Sua percepção da vida é a sua vida humana, como se isso fosse tudo aquilo que existe. E isso me faz rir. Não há nenhum espaço entre você e aqueles que você amou e perdeu. <u>Absolutamente NADA!</u> Mas em 4D você diz que existe, e choram por aqueles que, na quarta dimensão, se foram por causa daquilo que vocês chamam de morte humana. Mas quando você usa aqueles óculos interdimensionais, eles estão bem aqui!*

Na interdimensionalidade, o tamanho, a forma, o tempo, a distância – não são em nada como na dimensão de vocês. Então vamos entrar em algumas questões científicas que são interessantes para muitos. Na quarta dimensão, quando a sua ciência começou a observar a forma do átomo e suas partes, vocês descobriram que havia uma tremenda quantidade de espaço entre o núcleo e a massa dos elétrons de cada átomo. Era um espaço enorme em relação à unidade em si (a matéria do átomo). Um cientista olha para a matéria e, diz: "Você sabia que a maior parte da matéria é feita de nada... é apenas espaço?". Sua lógica de quatro dimensões sustenta um conceito pelo qual os objetos físicos, na sua realidade, são, na maior parte, vazios entre as partes atômicas. Mas não é por nada!

Agora, use aqueles óculos interdimensionais e veja que não há espaço entre o núcleo e a massa dos elétrons. Pelo contrário, há um processo e está cheio de algo que você não tem nenhum tipo de nome para ele e nem mesmo nós o temos. Vocês devem descobrir por si mesmos. Digo só que é o nome de uma colaboração de duas energias: Magnetismo e Gravidade.

*E essas duas **energias-irmãs** são absolutamente inseparáveis. Vocês nunca encontrarão uma sem a outra. Os cientistas estão tentando separar um processo. Eles querem colocar a gravidade e o magnetismo em compartimentos separados, mas não poderão fazê-lo. O Magnetismo e a gravidade são inseparáveis, e quando vocês verem anomalias em um, é o outro a causá-la. É um processo invisível, sabia? Os experimentos com magnetismo, alterarão a gravidade e mudarão o afastamento de fase da matéria em si! Mudam os parâmetros da distância e do tempo também. Mas a vossa mente linear não permite que vocês vejam o processo. É invisível para vocês. Logo, aquilo que vocês chamam de morte, não passa de um processo, porque a vida não termina NUNCA."*
Kryon

A morte É uma ilusão!

"Cada momento termina no instante em que começa. Se não compreender isto, não compreenderá quão delicioso há nisto e não chamará esse momento de comum. Cada interação começa a terminar no instante em que começa a começar. Só quando tiver contemplado e compreendido profundamente isto, abrir-se-á diante ti o tesouro total de cada momento e da vida em si.

A vida não pode dar-se a ti, se não compreenderes a morte. Deves fazer algo mais que compreendê-la. Deves amá-la, como amas a vida. Tua negação em contemplar a própria morte conduz à negação em contemplar tua própria vida. Não poderás vê-la como realmente é. Quando observas algo com atenção, vê através dele. Isto significa contemplação. Quando contemple, a ilusão desaparece. Então, vês uma coisa como realmente é. Só então, podes desfrutá-la plenamente.

Podes, assim, desfrutar também da ilusão, porque saberás que é uma ilusão e aí está o prazer! É como um filme no qual se envolve, desfruta de toda a trama, mas quando termina, se desliga dele e esquece tudo porque sabes que nada é real. O fato de se pensar que cada coisa é real, é a causa de toda a dor. Nada é doloroso quando se compreende que nada é real. Permita-me repitir isto. **Nada é doloroso, quando se compreende que nada é real.** *Quando se compreende que a morte é também uma ilusão, então, deixa-se de sofrer e pode-se regozijar, também, com a morte de outros.*

A morte não é um fim, mas um princípio. A morte é uma porta que se abre, não uma porta que se fecha. Quando se compreende que a vida é eterna, compreende-se, também, que a morte é a sua ilusão. Uma ilusão que preocupa e faz acreditar que você é o seu corpo. Mas você não é seu corpo e, portanto, a destruição dele não deve lhe interessar. A morte deveria lhe ensinar que a vida é que é real. E a vida ensina que não é a morte a ser inevitável mas sim a impermanência. A impermanência é a única verdade. Nada é permanente. Tudo está em contínua mudança, a cada instante, a cada momento.

Caso contrário, não poderia nem mesmo existir a permanência, porque o próprio conceito de permanência depende da existência da impermanência para ter algum significado. Não se conhece o quente se não experimentar o frio. Observa isto com atenção. Contempla esta verdade. Compreende-a e compreenderá Deus. Nós sempre fomos **UM** *somente. Vocês é que criaram a ilusão da separação para que nossa União tivesse sentido. Entretanto, ao observar sua própria vida desdobrar-se ante si, não se deixe capturar pela ilusão. Contemple-a, desfrute-a mas não seja parte dela.*

Você não é a ilusão, mas sim o criador dela. Tudo no mundo é ilusão. Você está neste mundo mas não pertence a ele. Por isso, utilize a ilusão da morte! Permita que ela seja a chave para compreender e desfrutar de forma melhor a vida. Se olhares a flor como uma coisa destinada a morrer, ficarás triste. Se, no entanto, veres a flor como parte de uma árvore que está mudando e que logo dará frutos, descobrirás a verdadeira beleza da flor. Quando compreenderes que o florescer e murchar da flor são um sinal de que a árvore está preparada para dar frutos, então compreenderás a vida. Observas isto com atenção e verás que a vida é a metáfora de si mesma

Recordas, sempre, que tu não és a flor e nem sequer és o fruto. És a árvore e suas raízes são profundas, fixadas em Mim. Sou a terra da qual brotou e suas flores e frutos retornarão para Mim, criando terra mais rica. Assim, a vida engendra vida e não pode conhecer a morte, jamais!"
(CCD-N.Walsch)

Capítulo XVIII

Kryon fala de Física e Matemática

"O que a física tem a ver com a espiritualidade? Porque um "ser angelical" viria para falar sobre ciência?"

Depois de tomar conhecimento dessas importantes informações, através de Kryon, saberemos que realmente é impossível separar a física de Deus. Pensamos dessa forma porque essa é uma tendência da nossa existência tridimensional preconceituosa. Excluir Deus da Física, seria querer deixar Deus fora da criação de todo o Universo.

O Novo Paradigma da Física/Matemática

Imagine uma matemática com números influentes, onde cada número não é empírico, mas influenciado pelos números adjacentes ou então o número "Pi" que deixa de ser grego para tornar-se apenas um "pi"resolvido; o zero que deixa de ser aquele "miserável" à esquerda que não vale nada, e passa a ser o potencial de todas as respostas prováveis.

A anti-gravidade que não existe por nada, mas é apenas o controle da massa; e a luz que não viaja em linha reta; ou melhor, não há nada que seja verdadeiramente uma linha reta. Uma loucura, não? Pois bem, quer se acredite ou não, é tudo verdade.

Segundo as informações de Kryon abaixo, há um novo paradigma em andamento, com fatos nunca imaginados antes, e que é contrário a tudo o que aprendemos em nossa linearidade 3D.

"Vou dizer algo que vocês já sabem, mas é contrário a tudo aquilo

*que vocês aprenderam em tridimensional. Na vossa dimensão, mesmo na geometria e na matemática superior, tudo é definido em uma linha reta, de modo que os seres humanos adoram definir um círculo como um polígono com um número infinito de linhas retas. Muito engraçado! Quase como se na natureza não existisse o círculo e os seres humanos tivessem criado uma fórmula que usa linhas retas para criá-lo. Vou falar sobre a tendência humana à linearidade e como parecerá estranho quando isso for notado. O círculo existe naturalmente até mesmo no espaço; pensem nos planetas. Mas os seres humanos querem retratá-lo como um número infinito de retas. Vocês já suspeitam que o magnetismo e a gravidade são naturalmente curvados. Não vão em linha reta e nunca o fizeram. E a luz? Nem mesmo ela. Quando é influenciada pela gravidade e magnetismo, ela se curva. Isso deveria dizer-lhes alguma coisa, não? **Não existe nada que seja realmente em linha reta.** As únicas linhas retas são o cérebro de vocês.*

Vocês não usam nem mesmo o tipo certo de matemática, e isso já lhes dissemos há muito tempo. Existe uma matemática elegante que é quântica e se eu começar a falar, mesmo da forma mais simples, irá parecer extremamente complexo.

Está chegando uma nova matemática

*A Matemática quântica usa algo que ainda deverá ser descoberto, o qual vocês darão o nome de **números influentes** (influential numbers). Estes números não têm valores empíricos, mas valores que são influenciados pelos números em torno a eles. O quatro não é um quatro. O quatro será modificado pelos números vizinhos, como em uma fórmula, ou alinhados como em uma contagem. Isso ocorre porque todos os números daquela fórmula são modificados pelos números que estão próximos a eles. Estes* *são os números influentes. Se o quatro for usado de uma forma linear, será influenciado pelo três e pelo cinco. Todos eles afetam os números que lhes estão perto, de acordo com esse conceito. A razão é que a realidade quântica é uma realidade que nunca é linear, ou que não tem as características que vocês pensam como "normal". Por mais complexo que seja, não é por acaso, e é um sistema elegante... uma coisa magnífica quando vocês descobrirem suas características e verão a coerência das alterações. O caos não parecerá tal, quando entenderem as **"regras do caos".** Finalmente, quando vocês o verem, <u>vocês terão a fórmula do círculo como um número inteiro, e não como um número irracional que é atualmente</u>. Não será mais o **pi grego**, mas será o **"pi resolvido".***

Vejam a natureza do seu planeta. Quase tudo se apresenta com fatores de 12. Os fatores do 12 mais comuns na natureza, são: três, quatro e seis.

Quando a água se cristaliza (floco de neve), manifesta-se como um modelo com seis braços. As formações cristalizados são de base 12, e mostram claramente os fatores de 12. Já lhes dissemos que a elegante ciência da física deveria ser sobre base-12. É uma matemática interdimensional que inclui o zero, que aqui não significa "nada" ou significa o infinito.

Um zero na matemática universal de base-12, significa o potencial de todas as respostas prováveis. Esta não é uma matemática empírica como aquela na 3D, tal matemática, quando começarem a usá-la, levará vocês a uma profunda compreensão. Por exemplo, tem sentido para vocês que uma das equações mais profundas que têm – a do círculo – (pi-grego), seja um número irracional?[26]

---

[26] Em matemática, um número irracional é um número cuja expansão nunca

Isso faz sentido para uma das fórmulas mais importantes do Universo?

*Apelamos para os físicos a trabalharem em retrocesso, se for preciso, para obter um **pi** com um número inteiro. Esta é uma dica para voces e é, a partir daí, que vocês devem fazer o resto dos cálculos.*

O Santo Graal da Física

*Agora vou dar-lhes uma matemática mais elevada e como ela vos servirá, porque, quando vocês começarem a entendê-la, finalmente compreenderão o que poderiam chamar de **Santo Graal da Física**.*

*No seu modo linear de pensar, nos seus preconceitos, vocês têm muitas fórmulas em **3D**. Mas quando observam os fundamentos da física, dizem que a matéria tem massa. Nas coisas que possuem massa, vocês descobriram a estrutura e a densidade atômica. São orgulhosos da coerência das fórmulas que são baseadas no que vocês veem ao seu redor e pensam que são estáticas, certo? Você acha que existe uma fórmula para tudo, a qual explica como as coisas se movem, reagem e assim dizem: "Se isso tem uma certa massa e densidade atômica, então, pesa de tal forma, a uma certa gravidade." Parece tudo resolvido. Na verdade, é assim, mas só na sua realidade **3D**. No momento em que vocês se tornam quânticos, essas fórmulas se esmigalham para todos os lados e não são mais as mesmas. Tudo isto para dizer, novamente, que você pode alterar a massa de um objeto, não importa quão grande, pequeno ou denso seja. Você pode alterar a massa, e logo o efeito que a gravidade tem sobre ele. Como já falei, não existe uma tal coisa como antigravidade, mas apenas o controle da massa. Portanto, qualquer fórmula em **3D** que lhe diga quanto deve pesar*

termina e não forma uma sequência periódica quando expresso como um decimal.

uma coisa, essa coisa pode ser mudada, controlando a massa do objeto em questão." Kryon

Cientistas: não percam tempo procurando a antigravidade. Ela não existe!

A antigravidade parece estar presente em muitas obras de ficção científica, mas ainda não foi descoberta nenhuma maneira de anular o campo gravitacional com algum outro campo, o que normalmente define-se como antigravidade. Esse ainda é um assunto tabu para o mundo científico, tanto que a Nasa escolheu previamente pesquisar a antigravidade através de projetos com nomes como *Breakthrough Propulsion Physics Project* (1996-2002).

O fato é que não existem provas de tal força chamada *antigravidade*. Os vôos com gravidade zero, a bordo da aeronave modificada *C-9*, da *Nasa*, não são exemplos de antigravidade. Tampouco o efeito de levitação alcançado em 2007 pelo efeito Casimir – uma força quântica que, essencialmente, leva objetos a se aproximarem uns dos outros – provam a antigravidade. E o que dizer do rei do pop, Michael Jackson? Menos ainda. Os passos mirabolantes que criavam a ilusão de uma inclinação antigravitacional nas coreografias de seus shows, eram conseguidos devido a um sapato especial que Jackson patenteou nos EUA (*Anti-Gravity Lean Illusion*) que se encaixava em um gancho na superfície do palco.

Portanto, todas as impressionantes engenhocas antigravidade conhecidas nos filmes, terão de permanecer no reino da ficção científica.

Kryon expõe uma verdadeira e profunda lição sobre física e ensina aos entendidos do setor, como criar objetos sem massa:

As informações aqui presentes são avançadas e poderão esclarecer profundos questionamentos, mas irão, também, dar muito o que pensar aos astrofísicos que ainda não conseguem raciocinar fora da cômoda "caixa 3D", onde insistem em permanecer.

"O termo <u>antigravidade</u> é incorreto. Acaso diriam que uma pessoa tomada pelo ódio está cheia de anti-amor? A gravidade decorre totalmente dos atributos da massa e do tempo, uma das quais vocês podem mudar.

O que me proponho descrever agora, não é nada de novo, mas ainda não foi desenvolvido no vosso planeta. Devem saber o seguinte: a maioria das vossas leis físicas estão corretas. As matemáticas são funcionais e os postulados que aplicam ao comportamento da massa também são bons. Já sabem que a gravidade é um atributo da massa, e que está sempre presente. No entanto, o que não deram muita importância nas vossas reflexões, é:

1. Como se relaciona a gravidade com o tempo (algo que não podem conceber ou mudar com facilidade).

2. Que a questão da gravidade/massa/tempo não é linear.
Falemos apenas do tema massa/gravidade. Vocês julgam ter observado, nos confins do Universo, objetos de grande massa e gravidade, mas com um pequeno tamanho físico. Isso levou-os a concluir que a densidade também é muito importante na fórmula da massa. Não obstante, <u>a vossa ideia acerca de como a massa se torna densa, não é correta.</u>
Conseguiram medir como um objeto se move no espaço e, em consequência, puderam calcular a sua massa. Se também

conhecem o seu tamanho, então, podem calcular a sua composição (gás, rocha, gelo, vapor, etc), pois consideram a densidade, que é a chave da verdadeira medição da massa. A maior parte do Universo é composta de elementos com proporções simples de tamanho/densidade, e a verdadeira chave do mistério da massa e da densidade dos objetos é a forma como eles se movem em relação a outros objetos. Porém, sentem-se desconcertados quando encontram objetos que não se comportam deste modo determinado.

Lembrem-se do seguinte:
suas observações estão limitadas pela própria estrutura do tempo. Significa que as propriedades da gravidade são um resultado da massa e do tempo e **não são lineares**. Assim, vocês se limitam a ver as propriedades que dizem respeito à vossa própria estrutura de tempo (que é linear). Se fossem capazes de se afastarem dessa posição, ainda que fosse só ligeiramente, veriam um cenário de atributos da gravidade completamente diferente.

O que aconteceria se você, um cientista acostumado a utilizar somente a observação, tendo acabado de chegar à Terra, passasse trinta anos numa ilha primitiva do equador terrestre? Você estudaria as propriedades da água, que teria em abundância, o mais profundamente possível, até adquirir a sensação de a ter compreendido totalmente. Sentir-se-ia à vontade com as suas propriedades: a sua forma de deslocar-se, de se refractar visualmente, de fluir em pequenas correntes sobre a terra o seu peso no momento de ser transportada, etc. Tudo isso se converteria numa certeza física. De repente, porém, surge uma nave espacial que o leva para o Pólo Norte.

Ao chegar lá, decerto se sentiria desconcertado ao descobrir imediatamente um novo atributo da água: quando faz frio, torna-

se dura como uma pedra! Imagine que novidade. Água dura! Que conceito! No entanto, você nunca poderia ter chegado a esta conclusão por si mesmo, pois na sua ilha não podia simular estas condições. Julgava ter compreendido a água completamente, mas, improvisamente, descobre que não sabia tudo a respeito.

Acontece o mesmo com a vossa limitada observação da massa, na vossa ilha de tempo. Muitos de vocês concluíram, corretamente, que o magnetismo e a eletricidade jogam um papel fundamental na determinação dos atributos da massa, e que as variáveis magnéticas que a determinam, funcionam, frequentemente, dentro de partículas muito pequenas para criarem a densidade de um objeto e a sua estrutura de tempo. Se são capazes de ver aquilo que parecem ser pequenas partículas, mas com tremendos atributos de massa (elevada massa/forte gravidade), acaso já vos passou pela cabeça pensar no inverso? O que estou dizendo é que, <u>aquilo a que chamam antigravidade corresponde, de fato, à vossa busca daquilo a que chamarei uma condição "sem massa".</u>

Como alterar a massa de um objeto?

É a mecânica da partícula pequena que determina, de fato, a massa de um objeto e, em consequência, a gravidade e a estrutura do tempo que rodeiam esse objeto. Acaso conseguem imaginar um objeto com densidade zero, seja qual for o seu tamanho? Raras são as coisas no Universo neste estado, embora seja algo que se pode criar artificialmente, utilizando apenas o mecanismo da densidade das partículas que determinam a massa do objeto.

As suas fórmulas científicas não permitem fazer isto, e algumas das melhores teorias que concebem, nem sequer estão preparadas para permitir a existência de um objeto sem massa. Através das suas melhores teorias, podem deduzir que – se o que vos digo é correto – a energia de um objeto sem massa seria igual a zero. Tendo postulado que a massa, multiplicada pelo quadrado da velocidade da luz, equivale à energia de um sistema isolado, esse próprio postulado tem que equivaler, para um objeto sem massa, a uma energia zero. Acaso já imaginaram as situações que um objeto com massa negativa poderia criar? Qual conceito têm acerca da energia negativa?

Também poderão estar interessados – apesar de não ter relação com esta discussão científica – na reação da luz perante um objeto sem massa. Se já calcularam que uma gravidade forte inclina a luz, o que pensam que a total ausência de massa, energia e gravidade, poderia fazer à luz que rodeia um objeto? Convém refletir sobre isto. Entretanto, considerem também a massa negativa, a energia negativa e a gravidade invertida.

A experimentação com as linhas de influência de um campo magnético, que correm em ângulos retos em relação a outro campo elétrico, também proporcionará resultados na vossa investigação, no sentido de alterar a massa de um objeto. Estes são os mecanismos para alterar, temporariamente, o comportamento da polaridade de uma pequena partícula, o que se traduz por densidade pela sua ausência ou inversão (densidade negativa). A quantidade, a configuração e outros parâmetros deste trabalho, dependem de vocês. Quando descobrirem como podem alterá-los, tenham cuidado, pois, com isso, criarão também uma pequena deslocação do tempo. Isto poderá ser fisicamente perigoso, enquanto não compreenderem como os objetos interagem corretamente nas deslocações do tempo alterado.

Ainda que compreendam que este sistema mecânico tem que ser circular, não façam qualquer suposição acerca da configuração dos campos magnético e elétrico que interagem, nem acerca de qual deveria ser o meio para criar as polaridades nesse sistema. Lembrem-se, porém, que, para transportar uma carga, também pode-se usar gás e metais líquidos. Ainda que pareça um mistério no contexto desta discussão, não se surpreendam, acaso descubram que a água sob pressão também tem um papel importante neste sistema.

Com grande ironia lhes digo que este exato estado "sem massa" foi criado na oficina de um grande cientista (Nikola Tesla) ligado à electricidade, na cultura do continente americano, e não há muito tempo. Se pudessem visitar a sua oficina, observariam os buracos abertos no teto e nos isoladores de vidro moído, por onde saíram literalmente disparados, os objetos sem massa, voando em todas as direções. Se este cientista tivesse nascido cinquenta anos mais tarde, teria podido controlar a sua experiência. Mas, na época, não pôde dispor das ferramentas de precisão que vocês dispõem presentemente, para conduzir e controlar tal experiência. Não havia computadores ou qualquer um dos instrumentos finitos que vocês têm hoje para medir ou criar pequenas flutuações nos campos magnéticos. Tesla chegou a produzir a mudança na massa de um objeto criado pelo magnetismo, que foi o sujeito de base do experimento em seu laboratório.

Nikola Tesla pensou fora da caixa; o único a lhes dar um projeto de como a corrente alternada poderia funcionar, mas ficou frustrado, pois tinha descoberto a criação dos objetos sem massa e não sabia como. Mesmo as soluções (fluídos) podem ser magnetizadas para criar formas magnéticas inteligentes no interior de campos magnéticos; às vezes com os ângulos certos entre si, outras vezes não, para predispor a condição que irá mudar a massa. Nenhuma destas coisas estão fora do escopo do desenvolvimento humano. Quanto tempo será preciso? Nós não sabemos, depende de vocês.

Mas você sabe o que vai mudar? **Tudo!** *Isso significa que o que era ficção científica, acaba tornando-se, finalmente, real. O que você chama de antigravidade é, simplesmente, um objeto da massa controlável que flutuará, independentemente do peso. É factível. Não seria, por acaso, o momento de realizá-lo? Digo isso para que comecem a pensar em um modo mais quântico para dar uma acelerada nas invenções,* **deixando de fora a política***. Os países que devem fazê-lo são aqueles que têm as habilidades técnicas mais avançadas e as estruturas também mais organizadas, que já estão a caminho de fazê-lo. É tempo que as pessoas entendam e deixem livres os físicos, sem o laço daquelas coisas que são "apropriadas" para a política, para a indústria ou para a produtividade. Talvez vocês não saibam do que estou falando, mas os físicos, sim.*

Neste processo, o tempo de vida irá se prolongar; você poderá até ter tempo para descobrir que essa mensagem é precisa e verdadeira. Algures, ao longo deste processo, uma vez iniciado, você se encontrará diante a um enigma, **não é verdade, físicos?** *Se você está ouvindo (lendo) esta mensagem, você está enfrentando um enigma. Em um certo nível, dirão que é a verdade. E em algum momento no futuro, você deverá admitir que o espiritual e a ciência são aliados e que a energia que criou a Terra, o magnetismo, a gravidade e todas as coisas que vocês estudaram, é um fragmento de cada um de vocês. Porque o Criador está dentro de cada um de vocês. Então, todas as coisas das quais falamos, quer sejam científicas ou quer tenham a ver com a sua* **alma** *ou o* **Eu Superior***, são dadas por uma razão: para tornar a sua vida* *neste planeta mais fácil. Isso para que você possa descobrir a compaixão que é a cola que vos une à criação, mudando a própria Terra, porque a mudança é iminente.*

Os Ovnis utilizam objetos sem massa para entrar na nossa gravidade

Já vos dei pistas acerca do que ocorre realmente dentro do campo de influência de um objeto sem massa, mas devem compreender que um verdadeiro objeto sem massa, já não obedece às leis da física da sua estrutura temporal.

Os inesperados aparecimentos e paragens dos motores dos OVNIs, as velocidades e as bruscas mudanças de direção, denunciam, claramente, a evidência de um objeto sem massa, pois um OVNI cria a sua própria influência energética sobre tudo que o rodeia. Compreendam, também, que tal como afirmei, o enquadramento temporal de um objeto sem massa é ligeiramente diferente do vosso, o que fará com que vocês pareçam mais lentos do que ele. A reação desse tipo de objetos às moléculas de massa "tradicional", também é previsível: devido ao ligeiro deslocamento do tempo, eles tendem a alterar o número de elétrons dos átomos, com os quais entram em contato direto. Esta é uma chave de como detectar um objeto sem massa, ainda que não o possam ver.

Um verdadeiro objeto sem massa não é afetado pela influência do seu campo gravitacional, apesar desses veículos que vos visitam demonstrarem grande capacidade de manobra. Daí, vocês já poderiam deduzir que os atributos da massa podem ser alterados e reorientados. O que aconteceria se a massa negativa (não sincronizada com a vossa estrutura temporal) fosse dirigida *contra a massa tradicional? A resposta é: **repulsão**. Esse seria o resultado de focar uma massa negativa contra a massa comum da Terra. Em consequência, vocês agora sabem que os atributos da massa são realmente sintonizáveis e que, com mais do que um motor de massa, um sistema de objetos interligados poderia ser multifacetado ou dispor de vários atributos ao mesmo tempo. Certas partes de um sistema interligado podem sintonizar-se com certos atributos de massa, enquanto outros podem ser sintonizados diferentemente; embora isto não exista naturalmente no Universo.*

Uma parte pode ter uma massa negativa (estar em repulsão com a massa comum), enquanto outra pode ter os atributos dessa massa comum, que é mais pesada do que a massa negativa. Desde que seja coordenado com precisão, este sistema pode permitir um movimento altamente controlado em todos os planos.

Revelado o mistério da "flexibilidade" dos discos voadores

Isto também deveria explicar as anomalias magnéticas relacionadas com as experiências com OVNIS, que vocês têm documentado, assim como as interferências que produzem nos vossos aparelhos de rádio.

Esses "sons" não são, de fato sons, mas simplesmente o resultado de uma constante e primorosa sintonização da densidade dos motores de massa, que podem ser até sete. O magnetismo implicado nisto, produz interferências nos transmissores de rádio que, ao fim e ao cabo, são magnéticos. Cada motor de massa controla um pequeno plano de massa em questão. Sucede, frequentemente, que alguns dos sistemas desses veículos estão vinculados a um sistema controlado de tal modo, que muitos deles parecem mover-se em conjunto, como se fossem um só. Esta é uma forma eficiente de impedir que os motores de massa de muitos sistemas interfiram entre si, ao reagirem com a gravidade da Terra. Não só é eficiente, como é necessário.

Para que isto funcione, o operador dos motores tem que conhecer plenamente os atributos comuns de massa dos objetos que puxam e dos que empurram, pois as leis da gravidade permanecem constantes numa determinada estrutura temporal. Assim, para empurrar ou para atrair uma quantidade de massa conhecida, são apenas alteradas a densidade da massa e a polaridade das planos do veículo. No entanto, as anomalias gravitacionais da Terra podem causar estragos num sistema como este, sendo por essa razão que, por vezes, alguns destes veículos caem. Certas anomalias da consistência gravitacional do vosso planeta são conhecidas por eles, embora outras sejam desconhecidas.
Acreditem, a maioria delas já foi bem estudada e surge nos livros de bordo daqueles que vos vistam regularmente. *São como os escolhos submersos de um porto, aparentemente tranquilo, para um barco de madeira que cruzasse os oceanos.*

Boa parte dos progressos técnicos neste campo, são alcançados através da aplicação de atributos de alta e de baixa densidade, as quantidades cada vez menores de matéria, reduzindo assim o tamanho do aparelho que realiza o trabalho. Quanto mais aprenderem sobre a estrutura atômica, mais claro isto se tornará.

A chave global é a polaridade da pequena partícula e o seu comportamento

Talvez a vossa pesquisa devesse começar pelo básico: aprender como interagem os átomos quando são expostos a parâmetros elétricos muito específicos. Inclusive, uma pequena alteração na

distância entre o núcleo e as órbitas dos átomos, pode significar uma grande diferença na densidade da massa. Descubram as regras do porquê são tão grandes as distâncias entre o núcleo e as partículas que o orbitam.
Como podem alterar isto?

*Uma última advertência muito importante acerca deste assunto: protejam-se quando fizerem esta experiência! Os resultados de um só motor de massa eficiente podem afetar a vossa biologia apenas com uma pequena exposição. Quando, finalmente, descobrirem como utilizar o sistema, terão que se proteger, se decidirem servir-se dele. **A proteção é fundamental!** Comecem por experimentar com o vidro moído, como isolador. Logo descobrirão as suas propriedades; o resto tornar-se-á evidente".*

O Big Bang nunca existiu, ou melhor, ainda está em ato neste exato momento!

Este é um conceito avançado, como quase todas as informações sobre a física do universo, dadas por Kryon. Porém, mesmo se você não tem muito conhecimento a respeito de física, Kryon lhe envolverá de tal forma no assunto, que seria impossível não se interessar e, quem sabe, até apaixonar-se.

*"A ciência humana é muito orgulhosa da teoria do **Big Bang**. Os cientistas acham que compreenderam tudo e têm até uma linha temporal deste evento. Como vocês podem ter uma linha temporal para um evento quântico? Não existe o tempo em um estado quântico. Os cientistas entenderam que existe uma prova residual mensurável como prova de que eles estão certos. Deixe-me perguntar uma coisa: o que vocês me dizem do cheiro que sentem vindo da cozinha enquanto o pão está assando? Esse fato lhes diz, por acaso, que quatro milhões de anos atrás, assava-se o pão ali ou diz que está sendo assado agora?*

*É o preconceito de pensar através de uma maneira linear, em uma só dimensão de tempo, que faz com que você calcule súbito quanto tempo atrás o pão foi assado, assim que você sente o cheiro do pão. Ainda não ficou claro que o evento quântico do **Big Bang** está ainda em curso. Isso explica a energia da expansão do Universo. Começa, também, a explicar "a energia daquilo que os cientistas veem". O resíduo que eles medem é a prova da realidade de um evento ainda em curso, quando se é visto em **3D**, mas é um evento que mostra a realidade da criação em um estado quântico.*

Vocês viram que no "evento criativo" do seu Universo, está faltando alguma energia para que tenha sido formado como foi. Além disso, a forma incomum em que a galáxia gira, também foi observada. Então, vocês calcularam que para que tudo isto esteja no lugar, deveria haver matéria tridimensional que está faltando: e lhe deram um nome – matéria escura. Que engraçado! Alguma vez pensaram que poderia estar ocorrendo um efeito multidimensional que vocês podem observar e calcular agora, o qual tem um poder imenso, mas não pode ser visto? Não é "matéria", em absoluto, e não é tridimensional. É energia quântica. Tudo que seus cientistas têm visto em física, ocorre em pares. Neste momento, existem quatro leis da física no seu paradigma tridimensional. Elas representam dois pares de tipos de energia. Mais cedo ou mais tarde, haverá seis. No centro de sua galáxia, existe o que vocês chamam de buraco negro, mas não é uma coisa singular. É uma dualidade. A "singularidade" não existe. Poderíamos dizer que é uma energia com duas partes – uma força quântica fraca e outra forte. E o mais estranho é que ela sabe quem vocês são. É o motor do criador. É diferente das de outras galáxias. Ela é única.

A própria física da sua galáxia se posiciona pelo que vocês fazem aqui. Os astrônomos podem observar o cosmos e descobrir que há físicas diferentes em galáxias diferentes. Será que há algo acontecendo nas outras galáxias semelhantes a esta? Não vou responder isto.

O centro de sua galáxia emite a matéria que são vocês

Observem a discrepância 3D da teoria atual:
Como pode algo vir do nada e, em seguida, a uma velocidade superior à da luz, expandir-se instantaneamente, violando todas as leis conhecidas da física para criar em um nano-momento, a massa atual do universo? Mas o preconceito da maneira linear de pensar, faz com que tudo aconteça na linha do tempo de um instante, e, dessa forma, os cientistas entenderam tudo!

Bem, deixem-me lhes dizer algo que eu nunca, nunca descrevi antes. O centro da vossa galáxia emite a matéria da qual vocês são feitos. A ciência entende o contrário. Os gêmeos no centro da sua galáxia se conduzem aos dois gêmeos que estão no centro de todas as outras galáxias. Milhões de galáxias, bilhões de galáxias. São todos ligados de uma forma que vocês não podem sequer imaginar – fora do espaço, fora do tempo, como as ligações entre amigos que têm uma consciência. Não é o tipo de inteligência e consciência que vocês veem em seu cérebro, não! Se trata de uma cola inteligente que proporciona o universo com o amor. Eu disse que vocês não iriam entender.

*Este é um conceito elevado e nobre, e **muitos – simplesmente – não estão preparados para isso**.*

Efeito Gaia

A vida e sua criação no planeta, é um assunto controverso porque existem cientistas que linearizaram tudo.

***Darwin** deu a vocês a possibilidade de um sistema em que a vida vai se desenvolvendo. Ele mostrou como, talvez, poderia ter funcionado por meio de uma seleção aleatória biológica que, ao* *longo de bilhões de anos, criou o que vocês veem agora. Mas então, entra o* **Efeito Gaia.**

Alguns cientistas, observando a história da Terra, estão começando a ver que realmente uma consciência deve ter criado a vida. É claro que a grande parte dos cientistas não quer que se pense assim, pois o modo de pensar linear **3D,** *da atual ciência de vocês, não permite que existam regras fora da caixa de uma coerência global. A ironia disso é que, o próprio preconceito de coerência, não permite o preconceito de um criador. O universo pode ter uma propensão para a vida? A mente humana tende a uma dimensão de pensamento limitado mas o Universo tende a uma cola chamada* **Amor,** *que é abrangente e que une todas as coisas.*

A questão controversa é que a história da Terra mostra que a vida continuou a ser criada e destruída por quatro bilhões de anos. Começou e parou, foi criada e destruída várias vezes. Enquanto no passado a vida era vista como algo "contra todas as probabilidades" e que não existia em mais nenhum outro lugar no universo, agora é vista como criada e recriada, várias vezes, em TODO o Universo!

Alguns dizem: "Foi um evento que aconteceu por acaso". Sério? Qual é a probabilidade que, após a autodestruição da vida, possa haver um evento assim, incrível de se reorganizar? Seria uma evolução? Algo que não deu certo e que, no entanto, eis que retorna tudo? O que vocês acham? Os cientistas estão começando a considerar o Efeito de Gaia como uma consciência que, de alguma forma, provém de algum lugar e que tende a criar a vida. Está fora do escopo do que vocês chamariam de possibilidade. Foi-se repetindo mais e mais vezes, até que o planeta tivesse sido bem desenvolvido. A fotossíntese é uma resposta porque ela criou o equilíbrio – plantas e árvores que utilizam o subproduto da vida. Assim, no final, houve um equilíbrio.

Levou um longo tempo, mas a vida sempre fora recriada até que o "sistema" não ficasse desenvolvido. Mesmo quando era removida do sistema, a vida retornava! Mesmo quando a Terra era estéril por algum motivo que não deu certo, a vida se recriou... por cinco vezes. A ciência está começando a vê-lo e está se perguntando como é possível que a terra tenha essa tendência para criar sempre a vida. Alguns dizem que há uma consciência, outros dizem que, simplesmente, não é possível. No entanto, há, queridos humanos, e é uma consciência interdimensional que cola todas as coisas, porque quando você entra em um estado interdimensional, você começa a tocar a face de Deus; a energia criadora do universo, uma energia que, de fato, tende ao amor.

O show do Big Bang continua: é um evento quântico ainda em ato!

Quando investigam o Universo que vos rodeia, Senhores Cientistas, que outro acontecimento encontram que tenha ocorrido apenas uma vez? O que vos leva a concluir que houve apenas um único acontecimento criativo expansivo? Hoje, nesta era moderna, muitos cientistas ainda estão convencidos de que toda a matéria que veem no Universo – a Terra, o sistema solar, a galáxia e todas as outras galáxias até onde consegue-se observar – surgiram a partir de um único acontecimento expansivo, ao qual chamaram **Big Bang**.

Trata-se, na verdade, de uma premissa científica ilógica, ainda que metaforicamente, tenha o mesmo tipo de significado que teve o episódio de Galileu, para aqueles que viveram há trezentos anos, pois promoveu um sentimento de unicidade com Deus, fazendo com que a Terra se tornasse o fulcro de tudo o que viam. Esse cientista foi preso porque teve a audácia de afirmar que a Terra girava em volta do Sol.

Galileu publicou documentos nos quais se declarava de acordo com Copérnico. Concordou com o fato de que os cálculos matemáticos não indicavam que o Universo girava à volta do vosso planeta.

*Naqueles tempos, havia uma interessante tríade energética, formada pelo **Governo, pela Religião e pela Ciência,** os quais estavam combinados numa só coisa. Os governantes eram também sacerdotes, e os sacerdotes eram igualmente cientistas. Tal situação fazia sentido para a época.*

Atualmente, acontece mais ou menos o mesmo, mas a verdade, porém, é outra – e sei que ao citá-la, os olhos girarão nas órbitas dos cientistas... tal como giraram nas órbitas dos sacerdotes que antes se autoconsideravam cientistas. Que outro acontecimento encontram que tenha ocorrido apenas uma vez? A resposta é que as vossas observações indicarão não existir nenhum outro evento que encaixe nessa premissa.

Aliás, observam precisamente o contrário: uma miríade de acontecimentos espantosos, de muitíssimos tipos, acontecendo à vossa volta. E, através das observações, descobrem, inclusive, mais diversidade do que tinham imaginado. Assim sendo, o que vos leva a concluir que houve apenas um único acontecimento criativo expansivo?

*Quando apontam os vossos instrumentos para os confins do que conseguem observar, acaso eles indicam que tudo tem a mesma idade? Assim deveria ser para indicar um único momento de criação. Ainda que considerem o "paradoxo do relógio", é claro que **não deveriam encontrar objetos longínquos mais jovens do que o vosso próprio planeta. No entanto... encontram**!*

*Acaso verificam que o Universo se encontra disperso, uniformemente, à medida que viajam e se afastam de um ponto-fonte? Assim deveria ser para apoiar a ideia de um acontecimento criativo único. Mas, como muito bem sabem, não é isso o que acontece. Quanto mais potentes são os instrumentos, mais clara se mostra esta **mentira**... se estiverem dispostos a admiti-la.*

Observam grandes zonas vazias, outras com material (galáxias) aglomeradas em conjunto. Nem sequer há dispersão e nenhum "rasto" que indique a fonte consistente de um só acontecimento criativo.

Chegou a hora de começar a pensar em uma nova teoria, a observar com novos olhos científicos

A verdade é que houve muitos acontecimentos expansivos, espaçados ao longo de uma enorme quantidade de tempo. Na realidade, o vosso planeta se encontra entre um dos muitos acontecimentos criativos que se superpuseram, alguns dos quais, aconteceram antes do vosso.

*Ganhariam se examinassem o que provoca isso, para que, quando acontecer o próximo, não se sintam tão chocados. **O processo criativo da matéria é determinado pela mais pura lógica e pelas matemáticas físicas**.*

*Isto será um tema de grande debate, já que, uma vez mais, agitará os alicerces dos sacerdotes que insistem em afirmar que houve apenas uma criação. **Como podem limitar Deus dessa maneira?***

Assim, aqueles que nasceram apenas com um "receptor de cor", dirão: "No Universo existe apenas uma cor e (naturalmente) é a cor de Deus". Limitados somente ao que acreditam ver, tendem a impor essa verdade sobre todas as coisas que veem. Assim, alguns *dos vossos cientistas afirmam poder demonstrar que houve apenas um acontecimento, pois têm a sensação de que podem medir (ver) o resíduo desse acontecimento à sua volta, no espaço. **Como podem estar seguros de não estarem medindo apenas o resíduo do vosso próprio acontecimento local?***

Se a galáxia estivesse a flutuar num recipiente de azeite e, olhando para onde olhassem, só vissem azeite, acaso postulariam que todas as galáxias, em todo o lado, também estariam boiando em azeite? Ou deixariam aberta a possibilidade de, para além dos vossos sentidos medidores, haver galáxias flutuando em outras substâncias? Tal é a lógica das vossas conclusões.

A forma do Universo – Uma incrível demonstração de como o universo funciona

*Agora, o que eu vou lhes dizer está longe de ser lógico. Nada faz sentido a partir de agora, em **4D**. Você, talvez, nunca ouviu falar de um <u>toro Mobius,</u> não é? Bem, essa é exatamente a característica do toro interdimensional, que é o seu universo. A física multidimensional é diferente da sua física 4D. Permite portas e estradas fora do seu pensamento linear e parece permitir aos objetos (e a luz) de estarem em dois lugares ao mesmo tempo. Não estão, mas quando você exclui o tempo linear, assim parece. Vocês estão acostumados à linearidade e a elementos ao seu redor que se comportam de uma certa forma todos os dias. Em 4D, vocês não podem ter matéria que passa através da matéria ou coisas que passam através de si mesmas.*

A realidade de vocês contém dois aspectos – a gravidade e o magnetismo – que são fortemente interdimensionais. Ambos violam as leis da física 4D; isto porque vocês ainda não sabem quais são as verdadeiras leis. A gravidade passa através de qualquer coisa, quase como se a dimensão de vocês fosse invisível para ela. É uma força interdimensional que está relacionada com o toro (ou toróide), à forma do próprio Universo. O Magnetismo, por sua vez, faz a mesma coisa. Na sua realidade, o magnetismo é a base de todas as suas transmissões. Transmite em uma freqüência magnética modulada e passa através dos edifícios, muros, da maioria dos objetos e chega diretamente em sua casa. Se você tiver um receptor, poderá manifestar na sua realidade o que ela contém. As duas são forças interdimensionais.

Sua ciência ainda não entende nem um nem outro, então, aplica esses princípios àquilo que estou prestes a mostrar-lhes, metaforicamente. A forma do universo é colocada dentro e fora de um toro,[27] mas estas (forças) são conectadas de uma maneira que vocês não conseguem vizualizar em sua mente de quatro dimensões. Pensem no seu Universo com as mesmas características da gravidade e magnetismo que parecem ser capazes de permear quase tudo. Com isso em mente, as partes e peças podem se assemelhar a uma cadeira que – sabe-se lá como – termina no fundo da pilha, mesmo tendo sido colocada em cima. Ela passa através das outras porque existem leis de física interdimensionais que exigem que ela encontre a sua verdadeira posição universal, com base em coisas diferentes, em relação àquilo que se pensa de existir na linearidade 4D.

Sua ciência e a observação lógica dizem que vocês estão, literalmente, a centenas de milhões de anos-luz de distância de um objeto. Mas isso é uma ilusão. No Universo Multidimensional, o que parece ser uma viagem de cem milhões de anos-luz lineares, pode ser a porta ao seu lado. A forma do universo é também curva de modo que haja uma forma previsível e matemática para se

---

[27] Apresenta o formato aproximado de uma câmara de pneu

*passar o "muro" (assim como faz a gravidade), permitindo-lhe saltar sobre outras partes das superfícies interiores e exteriores. O Universo é um push/pull de sistematização da energia. Está criando a si mesmo constantemente. Não se destrói nunca, mas, simplesmente, move-se entre as dimensões de acordo com uma disposição na qual o tempo, o magnetismo e a gravidade exigem que ele se equilibre. Existem instalações dentro do Universo para remover e adicionar matéria. Galáxias inteiras parecem desaparecer e retornar (visto por um paradigma de uma dimensão). O deslocamento dimensional é, portanto, o motor de seu universo e de tudo o que vocês veem na sua 4D. É responsável por aquilo que consideram ser o início de seu Universo, embora isso não tenha nada a ver com um **bang**.*

*Aquilo que chamam de buracos negros que estão presentes no centro de cada galáxia, fazem parte do motor do deslocamento dimensional. São os portais que abrem as paredes do tubo. Nós também já dissemos que no centro de cada galáxia existem ao menos dois buracos negros. Eles estão sempre em pares, um puxa e o outro empurra. Apenas um, no entanto, está evidente para vocês. O outro pertence ao outro lado do muro e está escondido. No entanto, vocês irão vê-lo em breve. O deslocamento dimensional também é o motor da **Malha Cósmica**.[28]*

Uma outra indicação sobre o funcionamento de seu Universo: Nós falamos sobre a atividade dos raios gama por ao menos uma década. Nós dissemos-lhes para "procurar uma intensa atividade de raios gama". Nós dissemos que quando vocês os verem, saibam que está acontecendo uma criação – algo de especial está acontecendo.

---

[28] A substância inteligente que permeia todos os espaços vazios do Universo.

Agora, vamos identificar isso como uma mudança dimensional. É sempre acompanhada por poderosos raios gama, especialmente de intensidade muito alta. Esta é uma característica do deslocamento dimensional e também lhes diz que algo está acontecendo. Vocês podem ver nas bordas de sua galáxia para saber que algo está mudando. É um mini big-bang, se quiserem usar esses termos. Faz parte da contínua mudança do universo que está se movendo entre push/pull.

Embora isto pareça estar distante bilhões de anos-luz, não é assim. Na verdade está bem ali, em seu quintal, mas não tem nenhum risco de acontecer um colapso temporal perto de vocês, ou de um novo universo aparecer em seu sistema solar.

Sua física o mantém separado e em sua própria estrutura de tempo. Isto também significa que o "centro" do Universo está em todo lugar. Vocês estão se tornando interdimensionais, seres humanos, porque mudaram a realidade em seu planeta. Vocês são a única criatura no universo dentro de uma dualidade, mas também capazes de alterar a dimensionalidade do seu planeta! É o único planeta onde os habitantes podem tomar o controle e alterar a estrutura do tempo de sua realidade e criar realmente um deslocamento dimensional. E isto, querido Ser Humano, é a diferença entre ontem e hoje.

O perigo da transmissão da energia através da matéria planetária

Desejamos fazer uma advertência relacionada com a experiência que fazem no vosso planeta e que se relaciona com a especialidade de Kryon: alguns dos vossos governos estão experimentando a transmissão da energia através da terra do planeta.

Imaginem um tubo cheio de água com 8 Km de comprimento e um diâmetro de uma polegada (2,54 cm). Suponham que, por uma das extremidades do tubo, se injete rapidamente uma certa quantidade de água. Instantaneamente, sai pela outra extremidade do tubo, a mesma quantidade de água, uma vez que o tubo já estava cheio. Com isto, não se transmitiu, instantaneamente, a água injetada ao longo de 8 Km do tubo, mas apenas se empurrou a água já existente a uma curta distância, fazendo com que a mesma quantidade se derramasse no outro extremo.

Através de eons de tempo, o vosso planeta captou energia estática (definimos energia estática como aquela que se armazena e está preparada para se converter em energia ativa). Através da fricção com a atmosfera e daquilo a que chamam "vento solar", a matéria planetária está cheia de eletricidade estática.

Observem os seus resultados quando uma tempestade "ataca" violentamente a terra e desloca a electricidade, causando chispas gigantescas, que chamam raios, tanto acima como abaixo do fenômeno meteorológico.

Na vossa terminologia eletrônica, este sistema de armazenamento da energia estática da Terra, corresponde ao que chamaram condensador de capacidade elétrica. Em consequência, e no âmbito desta sessão de ensinamento, podem considerar o planeta como um gigantesco condensador eletrônico, cheio de eletricidade armazenada.

Um dos vossos cientistas[29] há apenas 100 anos atrás, demonstrou a viabilidade da aparente transmissão de energia

---

[29] O cientista citado é Nikola Tesla, que deu uma demonstração das características das ondas

através da matéria planetária. Ao fazê-lo, aproveitava a energia já armazenada na terra (tal como no tubo de água). Ao "injetar" energia numa parte do planeta, ela parecia sair por um portal em algum outro lugar. Dava a sensação de que a energia tinha sido transmitida, mas, na verdade, tinha sido apenas deslocada.

Um dos problemas matemáticos desta transmissão de energia, resulta do fato de ser difícil saber por onde vai sair a energia quando é "empurrada". Atualmente, a vossa ciência trabalha neste processo, tendo descoberto que as ondas escalares são uma solução parcial para ajudar a dirigir a energia exatamente para onde se pretende que surja.

Uma advertência: as ondas escalares são extremamente perigosas

Embora esta experiência escalar seja um elevado avanço tecnológico, em todo o processo de transmissão de energia, a advertência é esta: as ondas escalares são extremamente perigosas; muito mais do que sabem. Pedimos, especificamente àqueles que trabalham neste campo: vão mais devagar. Façam

---

escalares - longitudinais - em Colorado Springs, nos Estados Unidos, em 1880. Ele construiu um transmissor de ondas escalares de 10 Kw. Em cerca de 40 km de distância, colocou um receptor em uma colina, e, da mesma forma, em um rádio, e sintonizou de modo que estivesse em ressonância com o transmissor. O receptor colocado em ressonância, foi capaz de receber os 10 quilowatts de transmissão de energia e de acender uma série de lâmpadas. Um fenômeno muito estranho começou a se verificar com as vacas e cavalos no ambiente: mostraram um comportamento completamente anormal, o qual desapareceu somente quando o receptor absorveu a quantidade total de energia transmitida. Poderia se perguntar: "Não seria o que poderia estar acontecendo, também, com nós seres humanos, expostos a ondas escalares em todo o mundo, embora a intensidade seja inferior à histórica experiência de Nikola Tesla?

experiências com potência mais baixa. Caso contrário, logo poderão descobrir que esse tipo de experiência influencia a tectônica de placas – o movimento das placas que suportam os continentes. Neste exato momento, está ocorrendo movimentos deste tipo, causados por tais experiências.

As previsões de Scallion

A informação seguinte irá vos espantar, mas esclarece a interação entre o passado e o futuro. Meus queridos, assim como as velhas visões aterradoras do passado, da mesma forma, a previsão que Scallion[30] fez sobre o mapa do mundo do futuro, é o resultado direto da experimentação humana que utiliza as ondas scalares. Não é o resultado de algum tipo de cenário espiritual dos "tempos finais".

Uma boa parte do que os índios Hopi viram, do que viu Nostradamus e do que, nos tempos modernos viu Scallion, é um resultado direto das vossas próprias manipulações científicas. Todas essas visões eram exatas e de qualidade e são o resultado direto de uma alteração maciça da crosta terrestre, algo que pode acontecer facilmente se a energia for "empurrada" de uma forma específica, utilizando uma onda escalar. Procurem compreender os fatores de ressonância do manto da Terra antes de continuarem com essas experiências. Todas estas visões são futuros potenciais que poderão realmente acontecer na Terra." Kryon

---

[30] Gordon-Michael Scallion previu que, a partir de 1998 até 2012, aconteceriam catástrofes naturais de dimensões enormes, tais como: aquecimento global, liquidificação dos pólos, tsunami, terramotos, erupções vulcânicas, etc.

Os "crop circles" é um incentivo a procurar um enquadramento matemático de base 12

"Todos esses padrões estão sendo apresentados para vos dar boa informação acerca do funcionamento do Universo e daquilo que vai chegar ao planeta. O importante código, que está sendo transmitido atualmente através dos sucessivos padrões, é uma mensagem essencial relativa à vossa matemática planetária."
Kryon

Círculos nas Plantações são desenhos e padrões que surgem instantaneamente em campos de trigo, cevada, canola, soja, milho, etc. A perfeição com que são feitos, chega a imaginar que somente entidades extraterrestres seriam capazes de criá-los. São artes fractais com precisão e simetria geométrica, lembrando uma geometria sagrada, levando à especulação e debates apaixonados por arqueólogos e religiosos; estudados por vários grupos de cientistas, pesquisadores, paranormais entusiastas, ufólogos e investigadores de anomalias. Até hoje, vem-se tentando encontrar alguma explicação para este fenômeno, mas as únicas conclusões incontestáveis a que chegaram por enquanto, é que as figuras não foram feitas por seres humanos e que o fenômeno é ainda inexplicável. Estes desenhos e formas de complexidade e perfeição matemática incríveis, aparecem de um dia para o outro e já foram documentados de várias formas. As evidências de que existem seres extraterrestres que estiveram e estão a serviço na Terra para garantir a evolução da humanidade, são inúmeras, e negar este fato não cancela a evidência de que a geometria e a matemática expressas nos desenhos das plantações, nos remetem ao arquétipo de Deus.

Kryon fala da geometria do universo

"Meus queridos, já dissemos que a matemática do Universo é geométrica, relacionada com as formas e com as energias que a rodeiam. Não podemos oferecer mensagem mais importante do que induzí-los a observar o simbolismo metafórico que rodeia as soluções dos problemas geométrico/matemáticos comuns. Eles falam, realmente, da vossa linhagem, falam do homem e da mulher, e da sua relação com Deus. Tudo isto procede das formas contidas nos círculos. Cada ângulo ou vértice guarda uma notícia espiritual. É beleza e simplicidade; e é um **sistema de base 12***.*

Aquilo a que chamam "crop circles" é o que nós chamamos "padrões ou desenhos nos campos". Estes padrões representam um código multifacetado. Todos são feitos de uma só vez, rapidamente, quase sempre ao amanhecer. Se trata, certamente, de um padrão real, porque o método utilizado não rompe o caule da planta; dobra-o. Aqueles que fazem este trabalho designam-no como "padrões de energia". Não é necessário qualquer tipo de nave ou veículo viajante para o executar, pois pode ser feito de uma grande distância – o que acontece frequentemente. A verdadeira razão desta ocorrência, é permitir que vocês aprendam a discernir um tipo de informação com o qual vão contactar no futuro, relativa à comunicação.

Imaginem o seguinte: digamos que alguns dos vossos cientistas decidam fazer uma experiência. Para isso, colocam um transmissor no espaço, servindo-se do melhor equipamento eletrônico e começam a enviar imagens para a Terra esperando que vocês criem um processo para as receber. Se, com toda a vossa sabedoria, decidirem que só precisam de alguns relógios eletrônicos para receber os sinais, não é preciso dizer que acabarão muito decepcionados, pois não conseguirão receber qualquer imagem usando relógios eletrônicos.

Como compreenderão, ainda que utilizem um artefato eletrônico, esse não é o apropriado. O ideal seria darem "chaves" capazes de fazer com que o método de recepção fosse adequado ao método de transmissão. Pois é assim, meus queridos, que estes "novos seres" – os quais, um dia, conhecerão – vos enviam as mensagens na área das matemáticas. O intuito é compreenderem o código universal da geometria, a fim de poderem montar o quebra-cabeças e estarem preparados para entrar em comunicação.

Por que a geometria? A geometria é a matemática comum a todo o Universo. A matemática inerente às formas é comum a todo o tipo de computações, e é absoluta. É o método ideal, portanto, para comunicar os princípios da ciência.

Os UFOs que arquitetam os "crop circles" são nossos parentes

Agora, muitos irão balançar a cabeça por dizermos que o fenômeno dos padrões nos campos de trigo é algo muito similar a receber cartas de parentes. Alguns compreenderão totalmente o que estamos dizendo, outros não: Primeiro chegam as cartas... e, em seguida, chegarão os parentes.

Quem ignorar estes padrões, poderá ficar surpreso quando chegarem os "parentes". Portanto, estes padrões são mensagens de símbolos e de matemáticas dos parentes que vos são enviados, pessoalmente. É um processo muito parecido àquele em que vocês afixam placas com imagens e símbolos nas naves espaciais, que enviam para fora do sistema solar, na esperança de que qualquer outra forma de vida os veja e compreenda. O mesmo ocorre com os padrões nos campos de trigo.

Com o surgimento destes padrões, produzem-se três reações:

*A **primeira** procede daqueles humanos que estão firmemente convencidos de que tais padrões só podem ter sido feitos pelos próprios humanos. Observam os desenhos e, simplesmente, continuam a viver como sempre, sem se impressionarem.*
*A **segunda** é a mais perigosa, pois trata-se daqueles humanos que se irritam com o sucedido. Veem os padrões como um truque ou como uma fraude para a humanidade. Assim, dispõem-se a fazer os seus próprios padrões para, de algum modo, desacreditar a origem dos genuínos. Imitam e copiam, com êxito, os originais, e logo se dirigem à humanidade para dizer: "Veem? Os nossos são idênticos. Portanto, os originais são falsos!".*

A lógica encerrada neste raciocínio é insana. Eles dizem: "Se somos capazes de imitar os padrões, os originais também têm de ter sido feitos por outros humanos". Mas onde está a lógica da afirmação segundo a qual, copiando algo, significa que o original não é genuíno? Apesar de não ter qualquer sentido lógico, a generalidade dos humanos aceitou o argumento de braços abertos e concordou que assim deve ser. Afinal, quem é que está enganado aqui?

O truque deste tipo de lógica não é novo: ao longo da vossa história, de fato, muitos tentaram desmentir a existência de Deus imitando os seus milagres. E logo disseram: "Somos capazes de simular estes milagres aparentes, mediante a ilusão; em consequência, os originais também são uma ilusão e, portanto, Deus não existe". Para encontrar um exemplo disto, consultem as escrituras, no Livro do Êxodo.

A terceira *é composta por aqueles que compreendem que estão perante o início de um novo paradigma. São aqueles que pressupõem uma diferença para todo o planeta. É a eles que oferecemos a seguinte informação: meus queridos, todos esses padrões estão sendo apresentados para vos dar boa informação acerca do funcionamento do Universo e daquilo que vai chegar ao planeta. O importante código, que está sendo transmitido atualmente, através dos sucessivos padrões, é uma mensagem essencial, relativa à vossa matemática planetária. E isto, fará revirar os olhos dos grandes cientistas; aqueles que vocês mesmos decidiram que eram a autoridade.*

Toda a vossa ciência e matemática assentam naquilo que denominam como "sistema base 10" (sistema decimal). É conveniente que seja assim porque permite uma capacidade de cálculo rápido. Todavia, a matemática galática, assim como a do Espírito, tem uma base 12. Esta é a única informação essencial que devem saber e começar a compreender para poderem comunicar-se corretamente com aqueles que, em breve, chegarão." (E muitos governos sabem)

A Base 12 – Uma matemática universal, galática e sagrada

"O que se segue são exemplos interessantes de como há eons de tempo, o Espírito tem oferecido-vos indicações do sistema de base 12, cuja essência ignoraram. A Astrologia comporta um conhecimento científico. Não é magia, mas uma ciência relacionada com a Terra.

A razão pela qual citamos aqui a Astrologia é porque esse conhecimento é científico. Trata-se da medição do magnetismo no momento da entrada do humano no plano da Terra, para determinar os atributos da "programação" a nível celular. Quando compreenderem, finalmente, como o magnetismo causa a "programação" nas células, também compreenderão por que o magnetismo do sistema solar se relaciona com a vossa vida. Eis um convite para considerarem o sistema de base 12 na Astrologia: quantos signos existem? Quantas são as Casas? Por que há períodos de 24 horas? Por que se conceberam as coisas como estão? Se isso representa o magnetismo do planeta, da Lua e das estrelas, qual é a importância de tudo o que se baseia na base 12? A razão é que a Astrologia tem a ver, fundamentalmente, com a Terra. Isso converte-a numa verdadeira geociência (ciência relacionada com a Terra), e toda a geociência terá um sistema de base 12.

Em tudo isso há mensagens determinadas pelas formas e pelas cores. A Geometria é, realmente, a linguagem do Universo.

Dissemos para procurarem a estrela tridimensional de seis pontas - a vossa própria Merkabah. Essa estrela está construída dentro de uma esfera e a geometria esférica é a geometria do Universo, que também representa toda a dimensionalidade. Está, efetivamente, cheia de beleza, muito mais do que indica a sua forma simples... E tudo isso assenta no número 12.

Acaso crêem ser uma casualidade que o calendário judeu de doze meses tenha sobrevivido durante tanto tempo? Por que 12 meses? Porque se trata de geociência. Tinham de ser doze meses porque isso se interrelaciona com a Terra e com o sistema de rotação à volta do Sol. E, porque fazia sentido, foi mantido como um sistema de base 12. O mesmo se pode dizer da vossa bússola, pois tem 360 graus e é geociência. Tinha de ser assim pois interrelaciona-se com a geometria esférica. Não é mistério que tudo o que está relacionado com a geociência representa um sistema de base 12, uma vez que a geociência representa um círculo (como na Geometria).

Tudo o que se relaciona com a Terra funciona com o "12"

Todos os que fizeram grandes esforços para introduzir o sistema métrico na sociedade, ficariam horrorizados ao descobrirem que há 12 polegadas em um pé e 36 polegadas em uma jarda. Acaso será um erro o fato de a vossa sociedade ter concebido, originalmente, um sistema de medição baseado no 12? Por que 12? Por que 36? Por que 3 pés? Isto não lhes dá nenhuma pista?

É a geociência que exige que haja 24 horas na rotação da Terra e que sejam 12 as horas de luz diurna. Isto significa que o vosso corpo vibra de acordo com um relógio interno, dividido em períodos de 12. Pensem nisto.

Levemos agora este exemplo ao plano espiritual. *Não foi por acaso, meus queridos, que Jacob teve 12 filhos; e que esses 12 filhos fundaram as 12 tribos de Israel. Trata-se de um número sagrado! É matemática universal, galática. É algo intuitivo. E, quando o Mestre Jesus chegou à Terra, julgam que foi por acaso que se rodeou de 12 discípulos? Não! Pois trata-se de matemática universal e galática; e faz sentido. Acham que dei uma outra pista?*

O número "pi" não é irracional

*E, agora, revelaremos algo acerca desta sagrada matemática galática, algo que também fará revirar os olhos dos cientistas de todo o planeta: o número a que chamam de "**pi**" está incorreto! Meus queridos, por que razão o Espírito vos daria um número tão irracional dentro da sacralidade da Geometria? O número **pi** não se estende até ao infinito. Também, é importante observar que está relacionado somente com a vossa estrutura do tempo. O **pi** universal é diferente do vosso. Isto só ficará claro quando compreenderem o que o tempo faz às formas geométricas (existe uma verdadeira relação de alteração física). Em consequência, o **pi** tem de ser ajustado para que se relacione com a estrutura temporal da forma. Dentro do Universo, podem notar que há muitos valores para o **pi**, posto haver muitas zonas com os seus próprios atributos específicos de espaço/tempo. Por conseguinte, cada zona separada está relacionada aos seus próprios parâmetros físicos.*

Aqueles que estão familiarizados com a cura através do som, já trabalham estreitamente com uma escala musical, que é comum à maioria dos instrumentos musicais da Terra. Alguma vez se perguntaram por que razão vos oferecemos 12 intervalos musicais básicos? Isto é algo tão poderoso que parece estranho não o terem introduzido imediatamente na vossa matemática. Como é que os 12 atributos vibratórios dos 12 intervalos musicais se relacionam a Matemática? Isso demostra claramente um sistema de base 12.

O DNA possue doze cadeias e não duas

*Apliquemos, finalmente, este tema a vossa biologia. Meus queridos, vocês têm doze cadeias de **DNA** e não duas. Por que são 12? Aos que não acreditam, pedimos apenas que se limitem a observar as duas em que acreditam. Ao verem as duas cadeias biológicas visíveis, o que notam nas suas organizações? A resposta é que veem por três vezes, um padrão de quatro, repetidamente. Assim, a vossa biologia e a estrutura do **DNA** têm um sistema de base 12. E, aos que estudaram a ciência básica da Acupuntura, perguntamos: quantos meridianos vos ensinaram que havia em cada lado do corpo humano? Naturalmente, a resposta é 12!*

Pedimos para refletirem sobre estas coisas, desde o biológico até ao espiritual, passando pelo geométrico até chegar à Astrologia. É exato e correto; existe para que todos possam ver. E os desenhos nos campos de trigo falam destas coisas, <u>incentivando-vos a procurar um enquadramento matemático de base 12.</u>

<u>*Comecem a compreender e a utilizar a base 12, pois vão precisar dela quando os "parentes" chegarem". Kryon*</u>
(Quem têm ouvidos para ouvir, ouça!)

A energia livre é possível e está bem debaixo de nosso nariz. O segredo? Pensar infinitamente pequeno!

A chamada <u>Free Energy </u> - Energia Livre e gratuita (não confundir com energia renovável) - deveria ser um direito de todos. No entanto, existe quem não queira sequer ouvir falar sobre isso.

Segundo a teoria conspiratória de *Free Energy*, as evidentes descobertas científicas que poderiam tornar possível obter energia de graça, seriam continuamente ignoradas por todos os governos do mundo, para beneficiar as empresas de transformação de energia, baseadas, principalmente, na exploração das fontes energéticas de combustíveis fósseis (petróleo, carvão, gás natural). Será possível que nenhum estudioso nunca se perguntou por que, no século XXI, seja ainda necessário queimar carvão para ferver a água, para gerar vapor, para assim poder girar as turbinas? (Que retrocesso!)

As coisas mais difíceis de se ver, são sempre aquelas que temos debaixo do nosso nariz. Nosso sistema atual de geração de energia é uma realidade culturalmente assustadora, retrógrada e onerosa. O planeta Terra é um grande organismo vivo que contém enormes quantidades de energia, sendo, na verdade, um gerador gigante e armazenador de todos os tipos de energia conhecidos.

Porque em um sistema como este, nós continuamos a escravizar milhares de pessoas, armando-lhes com picaretas para cavar e retirar o carvão que acaba em uma caldeira, projetada e construída por outros escravos da metalurgia, para aquecer a água que sairá na forma de vapor? Seguindo a lógica, não seria mais fácil criar um "acumulador" que pega a energia que flui livre e imponentemente ao nosso redor?

E para os físicos, aqui temos algumas surpresas!

-Duas coisas podem ocupar o mesmo lugar, ao mesmo tempo.

-Existe realmente a chamada membrana com aracterísticas.

-A física é variável... e para alguns, isso não é uma boa notícia.

- A antimatéria descansa em um diferente modelo de tempo.

Vamos falar sobre Energia Livre. Não será compreendido por todos, mas alguns leitores entenderão. Por um tempo, a humanidade se convenceu de que a energia livre poderia se manifestar com um dispositivo capaz de autoalimentar-se, aparentemente sem combustível. Isso é possível? Sim, sempre foi. Alguns vão entender como isso poderia funcionar, pois afeta fundamentalmente o magnetismo. Será também descoberta no nível macroscópico - mas não será muito eficiente. Queremos dar-lhe algumas respostas que poderão lhes surpreender, mas que lhes permitirão alcançar a meta da energia livre em um modo muito mais fácil e mais rápido.

Talvez, quando crianças, vocês se surpreendiam com aqueles ímãs que tinham nas mãos e que empurravam fortemente o mesmo pólo conta o outro ímã. Se divertiam tentando empurrar com toda a força o outro metal para unir os dois pólos de mesma polaridade. O material magnético parecia realmente repelir-se e afastar-se! E quanto maior fossem os ímãs, mais se rebelavam em reaproximar-se. Qual é a força de repulsão? Por que, mesmo empurrando com toda a força, esses metais se repulsam? Qual é o mecanismo?

Os físicos, é claro, desenvolveram respostas sobre a energia aprisionada e a chamaram cinética. Atualmente, há toda uma série de dissertações que tentam descrever a razão pela qual há uma força de repulsão aprisionada no metal. Nada disso está correto! Há algo sobre o magnetismo que, eventualmente, será descoberto. Existe uma camada interdimensional, a qual vocês só agora estão se aproximando, que não é definível em quatro dimensões - a realidade de vocês. A verdadeira razão da repulsão não faz parte, ainda, da vossa física de 4D. Vocês lhe deram um nome sem sequer compreendê-la.

Alguns cientistas ainda se perguntam: o que aconteceria se nós fizéssemos de modo que os ímãs empurrassem contra outros ímãs? E se projetássemos algo de inteligente sobre os ímãs que empurrassem uns aos outros, e usássemos essa energia em um círculo - em um carro - ímã com ímã? Poderíamos, assim, usar esse surpreendente impulso natural, extraindo energia em um mútuo empurra/repele para obter um motor que se alimenta com uma força natural.

Esta é, portanto, a forma simples em que a ciência começou a pensar sobre a energia livre. Hoje, se você falar com um físico, descobrirá que isso não é possível. Este cientista irá dizer-lhe que sempre haverá o que é chamado de offset, ou seja, "quem paga o pato". Dizem que não se pode haver algo em troca de nada. Há sempre algo que deve interferir com a energia livre. Eles estão certos. Mas deixe-me dizer-lhe o que é esse "algo": é a sua física 4D. O limite em que vocês se encontram. O motivo pelo qual não funciona é devido à sua realidade dimensional. Esta é a resposta.

Porque as constelações e os sistemas solares não seguem as leis do movimento de Newton

O magnetismo e os pontos neutros estão até mesmo no centro da sua galáxia, isto significa que a galáxia está em um estado de correlação com si mesma. Isso explica agora, porque todas as constelações e sistemas solares não seguem o movimento de Newton. Em vez disso, eles se movem juntos como uma única coisa em torno do centro, porque eles estão relacionados. Acabei de explicar a razão, e a ciência vai começar a entendê-lo em breve. Até agora, tem sido um mistério, mas agora vocês já sabem.

*Então, agora vocês têm o macro-entanglement. A maior coisa que possam imaginar, a galáxia, está correlacionada com ela mesma. É possível que existam outras situações de correlação que não conhecem ou não podem ver em cada dia de sua vida? E a resposta é **SIM**. A física que vocês aplicam, é válida quando encontram um postulado 100% verificável no seu mundo de realidade 4D. Quando isso acontece, vocês se sentem realizados. O problema é que, quando projetam uma coisa qualquer com esta regra, pretendem aplicá-la a todo o universo. Assim, a física newtoniana, Einsteiniana e Euclidiana - as regras que parecem governar tudo em todos os níveis - para vocês, é absoluta. Uma vez descoberta na sua relidade, é cimentada em todas as realidades. Bem, isto não é assim! Vocês já tentaram esta física em todas as formas possíveis de existência? Ou são só conclusões que emitiram? Pensem nisso!*

A membrana quântica – uma "membrana de características"

*No passado, demos algumas fórmulas que indicavam as peças que faltam, que ainda não compreenderam nos conceitos físicos básicos. Vejam, **a física é variável;** e para alguns, isso não é uma boa notícia. Qual é a maior variável da física? <u>O tamanho</u>. A relação das características entre magnetismo, massa e gravidade,* *muda com o tamanho. Definiremos esta variável e a chamaremos de **membrana quântica**. É uma membrama de características. É aquela que se atravessa naquele nível quântico, onde a física muda.*

Estas coisas já foram vistas mas, até agora, os que as observaram, as viram como esquisitices.
Alguns discutiram sobre isso perguntando se poderia existir uma tal coisa como essa membrana de características. Sim, existe.

*Quando se atravessa este nível, muitas coisas estranhas e inusitadas acontecem - <u>coisas que poderiam realmente iluminar a estrada para a energia livre.</u> Para ser mais específico, na realidade, esta é uma **membrana dimensional** - poderia-se chamar de deslocamento da quarta para a quinta dimensão. Claro que não é correto dizer assim porque quando vocês saem da quarta dimensão, não há mais linearidade, uma vez que seu tempo foi mudado. Sem a linearidade é impossível contar, não é verdade? Assim, o "cinco" torna-se uma verdadeira "impossibilidade". Então, dizemos apenas que vocês estão "saindo da sua dimensão."*

Duas coisas podem ocupar o mesmo lugar ao mesmo tempo!

Ouçam. <u>Vou lhes dar algumas informações que os físicos estão perto de verificar.</u> Pergunto: de acordo a sua física, duas coisas podem ocupar o mesmo espaço ao mesmo tempo? E você dirá: "Com certeza não. É impossível". Vou mudar a pergunta. Que tal se duas coisas fossem realmente a mesma coisa duas vezes? Você diria: "Bem, eu nunca ouvi falar". É exatamente o que acontece quando a matéria passa através da membrana quântica.

A mesma partícula existe com características de duas dimensões, ao mesmo tempo.

Ouçam! Vamos fazer uma exposição disto, nunca feita antes, e queremos dar-lhes de modo que os leitores entendam.

*Quando o material passa através da membrana, existe um instante, uma fração infinitesimal de tempo, em que a matéria realmente contém ambas as polaridades, positiva e negativa. Parece como se as partes estivessem realmente no mesmo lugar ao mesmo tempo. Poderia até se dizer quase uma troca de antimatéria. Ao cruzar a membrana, dá-se um momentâneo infinitesimal desequilíbrio, o qual chamamos de Malha Cósmica. E, naquele momento, se cria uma energia aparentemente do nada. Mas não é do nada, e sim do **TUDO!** A Malha Cósmica representa toda a energia do universo em um estado de equilíbrio, no estado zero, do "nada" à espera de um tapinha. Já descrevemos isso no passado. Qual é o segredo de dar-lhe este tapinha?*

O segredo da energia

O segredo da energia livre é um magnetismo infinitesimal que atravessa a membrana – isto é, uma força interdimensional ao trabalho. É o salto quântico – a coisa que parece unir o inatingível, onde as partículas podem se mover de um lado para outro e, ao mesmo tempo, dar a impressão de que nunca atravessaram a passagem que subsiste.

E se as partículas não "viajassem" realmente? Se saltassem para outra dimensão como se impostas pela condição de ocuparem o mesmo espaço ao mesmo tempo? E se realmente não fossem a lugar nenhum, mas na vossa dimensão - como observadores - parecesse ser assim?

Aqui está uma dica:

O segredo da energia livre está em dispositivos pequenos, muito pequenos e em grande quantidade para trabalharem em conjunto. *Se vocês pudessem construir dispositivos pequenos o suficiente, em alinhamento com um propósito unitário (um impulso comum), vocês poderiam tirar proveito do que acabo de comunicar. Quando você tratar o magnetismo, a nível molecular, descobrirá que ele age de maneira diferente. A energia livre é agora possível através de uma ampla gama de microaparelhos. A energia livre não é apenas possível, mas está ali, esperando. E não é por nada livre. Não é a criação de energia a partir do nada. Mas se trata de dar tapinhas na Malha Cósmica onde montanhas de energias estão disponíveis.*

Matemáticos: vejam quando uma força é superior que a soma das partes

Aqui está outra coisa que descobrirão, algo muito divertido para os matemáticos. A vasta gama de dispositivos moleculares totalizará uma força maior do que a soma das partes. Só isso já deveria ser o sinal de uma energia "escondida" trabalhando.

A pista final que lhes daremos nessa visão geral de conselhos sobre energia livre, é a seguinte: uma vez que precisa-se de pequenos ímãs para fazer isso, é necessario de polaridades muito pequenas, também, para a sua realização. Como? Não esqueçam que vocês podem magnetizar certos gases.

Novas maneiras de obter calor geotérmico, diretamente da Terra e gratuita

Virá o tempo em que vocês deverão pensar fora da caixa das três dimensões, quando falarmos sobre algumas coisas que já foram apresentadas antes. Vocês pensam em uma linha reta, não porque queiram pensar assim; vocês pressupõem que o pensamento seja criado de forma linear. Vocês hoje pensam possuir grandes invenções de alta tecnologia e isso é pela escassa consciência de entendimento. O poderoso sistema de computação que vocês usam, é programado apenas para o 3D. Um dia, você achará isso engraçado.

*Vocês têm à disposição uma energia incrível, diretamente da Terra, e é gratuita. Não se trata de energia livre, porque para ser extraída, precisa ser construído um extrator. Essa energia está em toda parte, é para sempre e é chamada **energia geotérmica.***

Está tudo sob os seus pés, não é tão profundo e é calor natural. É quente o suficiente para criar vapor. Se vocês puderem obter calor através do processo natural da energia geotérmica, poderão fazer funcionar turbinas a vapor e produzir eletricidade - a energia que vocês precisam para superar os invernos mais frios que estão previstos. A eletricidade não é o método mais eficaz para aquecer uma casa, mas é o mais limpo e mais conveniente para o uso diário do que os carríssimos e complexos motores a vapor, como os reatores nucleares que usam hoje. A energia nuclear, por mais limpa e boa que seja, possue alguns subprodutos perigosos, e vocês sabem disso. Mesmo a energia geotérmica, embora seja muito limpa, pode ser perigosa.

Mas aqui está a novidade!

Se você perfurar cerca de 5 km subterrâneos, vai encontrar calor suficiente para operar um motor a vapor. Para vocês, 5 km não é tanto quando medido em uma linha reta sobre a superfície da terra. Mas se vocês perfurarem tal profundidade, então, tecnicamente, torna-se difícil e perigoso para o planeta. Para chegar a cinco quilômetros abaixo da crosta terrestre, se atravessam algumas "bolsas"; incluindo, talvez, bolsas que liberam gás; bolsas que, talvez, liberem fogo e água. Além disso, às vezes, pode-se até quebrar o que chamamos de integridade do xisto. Isto pode, também, solicitar o potencial para um terremoto e tudo isso com uma perfuração de 5 km.

Vou informar-lhe como produzir vapor sem uma perfuração assim tão profunda, mas para isso devem pensar fora da caixa, daquilo que vocês sempre imaginaram. Até o momento, vocês pensavam que deveriam perfurar e colocar uma tubulação no chão, com água nela. Você coloca água e o vapor sobe. Mas você deve perfurar apenas um trecho daquele comprimento para encontrar calor o suficiente para ferver um líquido. "Impossível!", vocês dirão. "Isso ocorre nos lugares mais quentes da Terra, onde o calor é muito próximo à superfície, mas esta característica não é encontrada na maioria dos lugares onde estamos solicitando a perfuração". O segredo é de não usar água.

Chegou o momento de combinar a tecnologia mais avançada que vocês têm no planeta, com coisas que vocês nunca esperavam que pudessem se combinar, e isto é pensar fora da caixa. Se trata de começar a pensar de um modo um pouco mais quântico, vendo a imagem inteira em vez de ver apenas as partes que acham que deveria haver ali, ou apenas o que você está acostumado.

Aqui estão algumas soluções e alguns de vocês já sabem quais são. Há uma química elegante que entra em ebulição em uma fração da temperatura em que a água ferve, então, a solução, é: aprender a usar essas substâncias e fluídos que têm esse tipo de química no interior de um sistema fechado geotérmico, não precisando descer até a profundidade de cinco quilômetros, mas cerca apenas de 2 km. Usando esta química conhecida, será possível perfurar só a uma profundidade parcial para obter o calor que vocês precisam para produzir vapor. Dizemos isso porque vocês vão ter necessidade de fazê-lo. Caso vocês aceitem este conselho, vão descobrir que o tempo e a sincronia para esta descoberta está ao alcance de suas mãos. Isso é só para dizer-lhes que vocês compreenderão tudo e reconhecerão os elementos que deverão ser combinados para terem a sua máquina a vapor. Não levará nem cinco anos para construí-la, não será perigosa e não deverão cobrí-la com uma armadura. É muito mais simples do que pensam. Não emitirá fumaça, não polui e não precisa se preocupar em ficar perto dela. <u>Pensem... calor natural, de Gaia, para sempre!</u>

Produzirá a eletricidade que vocês precisam para aquecer suas casas e locais de trabalho. Porque, acreditem, certamente, fará mais frio do que estão habituados.

A antimatéria é tanta quanto a matéria positiva

Queremos também dar esta informação sobre matéria/antimatéria. Entre os físicos, há quem acredita que o universo deve conter a antítese de si mesmo, ao seu lado. É como dizer que a matéria positiva e antimatéria devem se encontrar em algum lugar para que haja um equilíbrio, algo que vem dos cálculos matemáticos da *física. Então, o que é interessante é que, apesar de que a matéria positiva esteja toda em torno de vocês (aquela que vocês estão acostumados a ver), a sua contraparte – antimatéria - falta. Assim, a pergunta que os físicos podem fazer, é: "<u>Onde está a antimatéria? É tanta quanto a matéria positiva?</u>" A resposta é* **SIM***.*

Onde está a antimatéria? Descansa na característica da membrana quântica. Está, também, em um modelo de tempo ligeiramente diferente. Quando começarem a entender a capacidade inerente à física, de mudar a realidade do modelo temporal, toda a antimatéria se mostrará por si mesma. E a razão é esta: deve estar lá para o equilíbrio! E há uma grande piada cósmica aqui. Este fenômeno da antimatéria que descansa em um modelo de tempo diferente, é responsável por aquilo que vocês, erroneamente, identificaram como o **Big Bang***.*

Ouçam, cientistas, *e suspendam os seus julgamentos 4D por um momento.*
A matéria foi manifestada em todos os lugares, toda de uma vez. Não houve explosão. A membrana se alterou e se criou o universo. Oh, não o que vocês veem hoje, mas um universo inicial. E o resíduo daquela mudança da membrana, está em toda parte para a qual vocês olharem, <u>e não encontrarão nenhum ponto específico que indique a origem de um Big Bang.</u> Nunca encontrarão um centro para nenhum Big Bang. Isso porque a realidade se tornou uma realidade toda de uma só vez. Quando descobrirem a verdade sobre essas coisas, descobrirão, também, o segredo da comunicação instantânea a longas distâncias, através daqueles atributos interdimensionais que suspendem todas as regras de tempo e lugar." Kryon

Uma comunicação quântica, através do vento solar

Galileu hipotizou que as manchas solares eram nuvens que estão acima da superfície, impedindo a luz solar de chegar até nós.

As manchas solares foram estudados por Galileu e Scheiner, no início de 1600, e em seguida, uma coisa muito estranha aconteceu: por cerca 70 anos (1645-1715) tornaram-se uma raridade. Alguns acreditam que o desaparecimento de manchas solares foi devido ao clima frio incomum que ocorreu. Foi apenas em 1843 que o astrônomo amador *Heinrich Schwabe* notou que seu número aumentava e depois diminuia, com um ciclo muito irregular, com duração por cerca de 11 anos. A natureza das manchas solares manteve-se desconhecida até o final de 1908, quando *George Ellery Hale*, relatou que a luz proveniente da região das manchas era modificada de formas a indicar que ela era produzida em um campo magnético intenso. Os astrônomos acreditam que as correntes elétricas que fluem no plasma solar e geram esses campos, extraem sua energia a partir da rotação não uniforme do Sol - mais rápido no equador – a qual, por sua vez, é alimentada pelo fluxo global do gás solar. E aqui se explica o mistério:

As manchas solares podem ser criadas pela força gravitacional

"Nesse momento, estão acontecendo várias mudanças no planeta. O magnetismo também, está mudando. O magnetismo do sistema solar, e do sol, em particular, influencia o seu tempo atmosférico.

Quantas manchas solares viram ultimamente? Se lembram de ter visto algo assim durante toda a sua vida? O que isso significa? Lhes direi, queridos Seres Humanos: está tudo ligado ao que está acontecendo agora na Terra. Talvez vocês não veem uma correlação, mas eu digo-lhes que existe uma correlação profunda. E se as manchas solares fossem criadas pela força gravitacional ou por outras forças interdimensionais, produzidas pela órbita dos planetas? Fizeram, talvez, uma correlação entre manchas solares e a posição dos planetas? Muito estranho? Convidamos vocês a verem essas correlações.

O sol é o centro dos atributos de atração gravitacional multidimensional dos planetas que orbitam em torno dele. Há uma informação interdimensional – chamem de configuração gravitacional, se quiserem - gerada pelo sol a cada instante. Quando os planetas exercem a força de atração/repulsão no fulcro do sistema solar, influenciam a atitude do sol. Estes modelos são diferentes a cada dia e interceptam o campo magnético da Terra quando são emitidos pelo Sol, e é o que vocês chamam de vento solar.

O vento solar tem propriedades multidimensionais

Eu lhes dei informações de modo científico, com a indução de como o sistema solar pega o seu imprinting gravitacional e o envia, literalmente, dentro da heliosfera; uma comunicação quântica através do vento solar. O vento solar, encontrando-se e criando interface com a grade magnética, se sobrepõe à grade magnética da Terra, que, por sua vez, se sobrepõe ao campo gerado pelo seu DNA. Portanto, as mesmas mensagens que o sistema solar recebe, vocês também recebem. Por conseguinte, este é o substrato magnético no qual estão.

O vento solar é a heliosfera magnética e tem propriedades verdadeiramente multidimensionais.

Este vento magnético, bate e cruza-se com o campo magnético da Terra, e vocês podem ver! Vocês chamam de Aurora Boreal. É um campo magnético gigante (do Sol), que cruza com outro campo magnético (da terra). A ciência chama esse fenômeno de indutância. Nesta intersecção de energia, acontece uma transferência de configurações informativas do sol (naquele momento), em direção à grade magnética da Terra.

Agora, é precisamente na grade magnética do planeta que vocês estão dentro. E serão por toda a vida. O campo em torno de vocês - o imprinting de seu DNA chamado Merkabah, que mede cerca de 8 metros - recebe as informações solares da grade magnética, e as instruções nele contidas são passadas diretamente para o DNA, que, por sua vez, é magnético.

Vocês acreditam que a cadeia de transmissão magnética que acabo de ilustrar, seja algo esotérico. Mas NÃO É. É pura ciência. Mas o fato dos atributos gravitacionais, magnéticos e interdimensionais do sistema solar, passarem para o seu DNA, parece ser algo muito esotérico. Alguns chamam de "astrologia". A verdade é que é apropriado para a humanidade, e também para Gaia!" Kryon

A Geometria Sagrada – Existem três números interdimensionais que vêm depois do nove!

Para muitos, essa parte não vai fazer nenhum sentido. Salte-a se preferir. Mas para outros, dará uma referência toda nova e fora de qualquer informação que alguém tenha adquirido em seu percurso de estudos matemáticos.

Se você é um matemático ou apaixonado pela matéria, sugiro, para uma melhor compreensão, tentar usar sua mente quântica e pensar fora dos esquemas, sair por um momento de todas aquelas regras estudadas e tidas como únicas e imodificáveis, porque o que se segue vai lhe deixar fora da rota. Kryon fala sobre coisas profundas e ainda fora da nossa percepção habitual. Por exemplo: *Há três números extras, após o nove, que não têm valor numérico e não são zeros, mas modificam os outros nove, modificando, assim, todo o sistema.* Que tal? Digo apenas que, mesmo os mais obcecados pela matemática e até mesmo os especialistas em numerologia, irão ter dificuldades para apreender essas informações avançadas de Kryon. Apertem os cintos!

Uma matemática conceitual

"Mesmo a numerologia mais complexa, tende a concentrar-se sobre os números da linearidade de vocês, a que vocês veem em 4D. Vocês tendem a trabalhar partindo do um (1) até o nove (9) e com os sistemas que dizem respeito a esses. Está na hora de incluir os três "números" que vocês não veem, mas modificam ou ressoam com aqueles que veem.

Pode parecer muito estranho lhes dizer que no vosso sistema há três números extras que não têm valor numérico, mas é como se tivessem. Para maior clareza, seria como perguntar a alguém: "Que número é a cor azul?" Iriam receber como resposta uma outra pergunta. "O que você quer dizer? As cores não têm um número, elas têm nomes". E, na verdade é assim; elas têm energia, se combinam e passam a fazer parte de um sistema.

Os três múmeros interdimensionais.

Então, pensem aos novos números desta forma: vamos ilustrar os três números interdimensionais que modificam aqueles que vocês costumam usar. Cada um dos três números depois do nove, tem um símbolo (geometria sagrada) e um nome. Se você realmente quiser acelerar a sua compreensão, você deve incluí-los nos outros nove porque eles os modificam, mudando assim a energia do sistema.
Deixe-me dar um exemplo. Se você ver o número 1 (um), você pode associá-lo a "um novo começo" - a interpretação mais fácil. Ele estaria simplesmente ali e diria: "Eu represento um novo começo, um ponto de partida". Mas, se você agora pegar um dos números interdimensionais e colocá-lo perto dele, modifica o numero **um** *em algo diferente.*

Como é possivel? *Pensando fora da "caixa"!*

Para maior clareza, lhe digo quais são os três não-números em sua forma mais simples. Na linearidade, representam a energia do passado, do presente e do futuro. Estes serão os nomes que daremos a eles por agora, mas não estão necessariamente nessa ordem. São, portanto, números conceituais e não absolutos. Os primeiros nove, são números com um valor (um valor linear absoluto). Os três sucessivos, são conceituais, não têm um valor quantitativo mas alteram os outros.

Estes três números interdimensionais não têm uma própria energia. Por isso, devem se juntar aos outros números para funcionar. E isso, também os torna uma espécie de catalisadores. Além disso, são posicionados em um círculo com os outros, em vez de estarem alinhados em uma coluna. Alguém irá entender mas outros não. Se você imaginar os números de um a nove em coluna

- *escritos na página que você está olhando, pensem nos outros três como se estivessem suspensos no ar, acima da coluna. Este é o melhor que podemos fazer para explicar algo que está fora da normal percepção 4D de vocês.*

Voltemos, então, para o nosso exemplo. O que aconteceria com a interpretação do número um, se o número interdimensional do "passado" estivesse próximo? Lhe daria informações pessoais extras, sobre a energia do número, expandindo grandemente a visão geral. Neste caso, informa que a energia de novo começo, circunda o seu passado. O que isso pode significar? Não é contraditório? Para muitos de vocês não faz sentido. O que poderia significar é que a energia do seu passado, que afeta o seu presente, está realinhada. "O quê?", você diz: "Como pode o meu passado afetar o meu presente?" Não é difícil, queridos. O que você carrega que faz você se irritar? O que aconteceu em seu passado que lhe causa dor ou tristeza? O número um na leitura, combinado com este novo modificador, diria ao leitor da numerologia que existem energias de um novo começo em torno dessas coisas que têm caracterizado os seus sentimentos e suas reações por anos e anos. Você entende?

O que acontece se houver um número modificador do "presente", juntamente com o número um? Indicaria que em torno de você tinha a energia do novo começo que tende a surgir naquele exato momento do tempo linear 4D! Indicaria uma mudança em "tempo real" e iria lhe ajudar a compreender a ação que você poderia tomar para mudar a sua própria vida, naquele mesmo dia.

A energia do número de "futuro", perto do número um, indicaria que havia um potencial para um novo começo – não agora, não no passado, mas um potencial que estava sendo visto – que poderia ajudá-lo a planejar – que poderia mudar o seu pensamento sobre o que fazer a seguir. Entendem como esses três novos números conceituais poderiam interagir com os sistemas existentes? Isso cria, porém, muito mais complexidade. Adiciona três camadas sobre aqueles conhecidos. Finalmente, para adicionar mais complexidade a uma já existente, o que aconteceria se mais de um número conceitual intervisse sobre o número um?

O que significa ter presente e futuro próximo ao número um? Criará um inserimento - um novo sistema - que chamamos de "numerologia interdimensional." E uma nova ferramenta flamejante.

Naturalmente, surge a pergunta inevitável: "Quem pode ver esses novos números conceituais?" Todos vocês, se quiserem. Faz parte da nova luz. Faz parte do "ver no escuro".

Tudo isso faz parte do que é dado a vocês e que irá reescrever os textos espirituais e todas as antigas escrituras que vocês mantiveram em consideração, antes que se acendesse a luz."

Capítulo XIX

Revelações Importantes de Kryon

"Se você tiver uma consciência do tamanho de uma bola de golfe, quando você ler um livro, terá o entendimento do tamanho de uma bola de golfe, quando você prestar atenção em algo, terá compreensão do tamanho de uma bola de golfe e quando acordar de manha, você terá um despertar do tamanho de uma bola de golfe. Mas se você pudesse expandir sua consciência (e você pode), então você leria um livro com mais entendimento, prestaria atenção com mais compreensão e acordaria mais desperto e consciente. Existe um oceano de pura consciência dentro de cada um de nós, e fica bem na fonte e base da mente, é a fonte do pensamento, e também é a fonte de toda matéria". David Lynch

Aqui você vai ter conhecimentos incríveis sobre determinadas coisas que, dentro de uma lógica racional, parecem ser completamente sem sentido, fora de qualquer probabilidade. Kryon elenca alguns fatores com potenciais altos de realização no planeta, que farão muitos balançarem a cabeça. Mas quando ele fala em que modo a Paz em Israel poderá ser feita, até os menos céticos se surpreenderão. É algo incrível e maravilhoso, que muitos pensarão ser bom demais para ser verdade!

O Aquecimento Global não é criado pelos seres humanos

"Há coisas que têm acontecido neste planeta que simplesmente são contra todas as probabilidades. Os seres humanos não observam o suficiente para poder vê-las por aquilo que são. Desejo levá-los através dos milagres dos últimos vinte anos.

A primeira informação que dei foi em 1993. Eu disse que a grade

magnética do planeta iria mudar... muito. De fato, isso aconteceu ainda em suas vidas. Eu lhes disse que contra todas as probabilidades, vocês veriam que a grade se moveria mais em dez anos do que nos últimos cem, de encontro a todas as probabilidades. E assim aconteceu. E hoje, é possível medi-la facilmente com uma bússola. Sua ciência tomou conhecimento disso. É um fato nos registros científicos de que a heliosfera do sol mudou muito também. Existe uma fonte magnética que está entrando em seu sistema solar que faz parte do alinhamento galático, e vocês já estão experimentando. Está ocorrendo tudo pontualmente, dentro da programação. Todas essas medidas são adequadas, meus queridos Seres Humanos.

Tudo isso está em alinhamento com o que os **Maias** *disseram-lhes: uma das mais altas vibrações já vistas na Terra está se desenvolvendo neste momento. Você está dentro da mudança e a grade magnética é parte dela. Assim como é necessário um ano para que a Terra faça um giro em volta do sol, o inteiro sistema solar precisa de 26.000 anos para fazer uma rotação galática. Assim como a Terra apresenta modificações "naturais" durante a sua rota, devido à sua exposição ao sol, o sistema solar também "sofre" – por assim dizer – preocupações inquietantes na sua viagem. Essa mudança planetária causada pelo afastamento do sistema solar, explica de uma forma aceitável e lógica a origem do petróleo, das pirâmides de todo o mundo, do sal nas cadeias montuosas dos Andes, ou o afundamento da Atlântida.*

O sistema solar, devido à sua idade existencial, fez muitas vezes esse percurso cósmico. Agora está, mais uma vez, entrando em um período em que esses eventos estão se intensificando. E como nunca se foi visto antes, pensam que são vocês os criadores de tais eventos. Mas trata-se de algo cíclico e é um evento natural."
Kryon

O ciclo da água está afetando o clima

Essa sensacional mensagem de Kryon sobre o aquecimento global, esclarece o motivo das mudanças climáticas tão drásticas, que hoje estão envolvendo o planeta.

*"Queremos dizer que as mudanças climáticas que estão ocorrendo neste planeta, não são criadas pelos seres humanos. O que vocês chamam de aquecimento global faz parte de um ciclo que sempre aconteceu. Esta informação não é nova, pois já em 1989, falamos sobre as mudanças atmosféricas que agora estão observando. Muito antes que a ideia do aquecimento global fosse comum, eu lhes disse para esperar este ciclo. O Pólo Norte já se derreteu várias vezes, para depois reformar-se. É cíclico. O ciclo de evaporação da água é o modo como funciona Gaia. Não foram os seres humanos a causar. Eu lhes dou essa informação de modo que não haja alarme sobre isso, para que não tomem certas ações como resposta a uma falsa ideia. O problema da poluição do ar é danoso para a humanidade, não necessariamente para **Gaia.** A Terra é muito mais resistente do que vocês pensam. Gaia se reorganiza de forma como não se espera, e mais rápido do que se pensa. A contribuição de vocês à poluição é insignificante em relação a algumas das erupções vulcânicas do passado. Esse processo não é novo para Gaia. O conselho, no entanto, é que Limpem o ar para vocês viverem muito mais tempo. Trata-se de simples bom senso para se viver melhor. Mas essa atitude não interferirá no ciclo das águas. De forma alguma!*

Em 1993, eu disse que os padrões climáticos mudariam muito. Eu disse que dentro de vinte anos, vocês veriam mudanças radicais. Observaram? O aquecimento é uma ocorrência natural, é cíclico, para seguir-se um resfriamento! Tem a ver com o ciclo da água deste planeta e, do ponto de vista geológico, ele acelerou. O tempo é relativo e seus melhores cientistas disseram isso. Em uma mudança vibracional, o planeta tem acelerado o tempo - não o tempo em seus relógios mecânicos, nem o tempo medido pelo que é liberado pelos isótopos radioativos... não se trata deste tipo de tempo. É a interdimensionalidade de tempo - algo causado por uma mudança interdimensional. E vocês, coletivamente, o aceleraram. Ele está se movendo muito mais rápido, e seu corpo sabe disso. Você está sentindo isso. E o mesmo acontece com a terra. A Geologia está acelerando. Você está percebendo coisas que os geólogos não esperavam que acontecessem nos próximos 100 anos. Essa é a mudança de ciclo da água que está afetando o clima. Dissemos que você está sentado sobre ela.

Os bastiões do financiamento estão caindo

Três anos atrás (2006), eu lhes dei uma previsão que não é uma profecia, não é um atributo de adivinhações, mas sim uma referência de um dos maiores potenciais de realização que existiam em sua realidade. Estes são os eventos que nós podemos ver porque vocês estão lentamente criando-os. Esta é a habilidade para vermos os potenciais do que vocês estão criando, que vocês não podem ver mas eu sim, e lhes disse que um país gigante, logo abaixo de sua fronteira (falando dos E.U.A.) *iria perder a estabilidade das suas maiores empresas; os bastiões do financiamento caíram. Eu disse que iria começar com o seguro e assim aconteceu. Essas empresas, que inventaram e criaram a indústria de automóveis para o resto do mundo e que, literalmente, eram o sonho americano, estão hoje em falimento.*

Agora, começa a surgir uma mudança no sistema financeiro e bancário que falam de integridade. Se você tivesse perguntado a um executivo do setor automobilístico, vinte anos atrás, se isto poderia acontecer, ele provavelmente *teria dito: "Isso é impossível de acontecer". No entanto, aconteceu. E é importante você entender o porquê. Queridos, não há punição aqui. Essas empresas não cairam porque elas eram corruptas. Eles não cairam porque fizeram algo errado. Essa não é a forma como isso funciona. Se fosse dessa forma, muitas coisas teriam caído há muito tempo. Se trata do início das sementes de uma mudança no sistema financeiro e bancário, que falam de integridade. A consciência das massas decidiu reinventar a forma como os banqueiros e companhias de seguros trabalham com o seu dinheiro. As regras tinham que mudar e eles estão fazendo isso! Muitos ainda estão se perguntando o que aconteceu. Há uma poda financeira em curso no planeta, começando na América do Norte, e nós dissemos há alguns anos. Contra todas as probabilidades, aconteceu como dissemos.*

Agora, o que você vai fazer com esta informação? Você está começando a entender o quadro aqui? Quantos de vocês têm a coragem, maturidade e o discernimento para celebrar a recessão? Você pode dizer: "Obrigado, Deus, que estamos avançando com um pouco mais de integridade". Os conspiradores irão dizer-lhes que isto ou aquilo vai acontecer e que está tudo perdido. E a prova é a recessão! Ainda não entenderam que o que vocês estão fazendo é podando o sistema para favorecer a integridade.

Que este seja um tempo de conscientização, de evolução científica com integridade, com uma economia que deve florescer com integridade, com um governo que está mudando lentamente a velha energia. Há um novo paradigma em curso, coisas que no passado nunca poderiam ser unidas. É um paradoxo - coisas que não podem existir juntas - como a integridade e a governança;

integridade e segurança; integridade e sistema bancário. <u>Um novo paradigma é iminente, e é uma mudança difícil.</u>

Deixe-me contar um pouco mais sobre os E.U.A. Contra todas as probabilidades, eles têm um presidente negro. Isso não deveria acontecer pelo menos por mais duas gerações. Pergunte a um sociólogo sobre isso, porque eles fazem estudos sobre potenciais. Simplesmente existia muito ódio racial, muito preconceito e muitos problemas entre as raças para permitirem isto. No entanto, contra todas as probabilidades, eles elegeram um homem negro. Isto só pode acontecer com uma mudança de consciência. Veio muito antecipadamente, de acordo com aqueles que estudam estas coisas. Estes não são eventos esotéricos. Estes são os eventos em torno de vocês na vida real, e há uma razão para que eu esteja dando essas coisas para examinar.

A reconstrução do Templo de Salomão será financiado pelo Irã. Será o Irã a trazer a paz em Israel?

Eu dei a vocês um potencial do que estava para acontecer e que vocês não podem ver. Eu disse que vai acontecer uma mudança no Irã. E agora eu gostaria de dar-lhes o restante da história. Começou este ano (2009). As sementes estão lá para uma grande revolução iraniana. Ela cresce nesse exato momento em que eu falo com vocês. Poucos controlam muitos naquele país que foi chamado, literalmente, de um Império do Mal. Não é estranho? Assim foram os soviéticos, e vejam o que aconteceu. Deixe que seja a história a mostrar o que vai acontecer, pois o que estou vos dando são os potenciais.

Uma revolução no Irã que será chamada de "Grande Revolução", derrubará os Mulás!

*A remoção dos Mulás ocorrerá. Se os potenciais são tão fortes como hoje, você verá isto. E com a remoção dos Mulás, você encontrará uma civilização jovem iraniana que está madura na sua fé, que sabe o que quer e que irá criar a estabilidade. Na verdade, tão estável que – estão prontos para esta afirmação? - o Irã poderá, enfim, promover a estabilidade no Oriente Médio. A influência iraniana pode, realmente, **trazer a paz em Israel**.*

Judeus e árabes, juntos, financiarão a reconstrução do Templo de Salomão

A próxima revelação que lhes darei, será significativa para alguns de vocês e outros balançarão a cabeça e dirão: "Eu não acredito!".

Ouçam: o final da reconstrução do templo de Salomão, em Jerusalém, será iniciada com a ajuda de financiamento islâmico, combinado com financiamento de apoiantes de Israel Vinte anos atrás, eu disse: "Da forma como estão os Judeus, assim está a Terra". E eu estou lhes dizendo agora, que vocês estão esperando por uma solução que não virá da América do Norte como muitos pensam. Muitos acham que são as Nações Unidas quem poderá pôr fim a este conflito. Mas a solução fluirá do próprio Oriente Médio. Como eu disse antes, um maduro e estável Irã, fará a paz com aqueles ao seu redor. Talvez, até mesmo criarão uma união de países islâmicos, e com seus recursos e sua maturidade financeira, poderão compreender que uma solução de um estado único pode ser aceito por Israel, pois, caso contrário, poderá criar um impacto sobre sua própria estabilidade. Isto começa a fazer mais sentido para você?

"Agora você foi longe demais, Kryon. Isso é contra todas as

probabilidades e uma declaração muito ingênua. É ignorante e um pouco insultuoso para os judeus. "

É verdade, é muito delicado. Deixe-me explicar o que eles têm neste momento. Em Jerusalém, na realidade existem três importantes religiões sobre os extremos opostos da escala de ódio, que devem partilhar o mesmo solo - que para cada um deles é o mais sagrado. Está situado no meio de uma das zonas mais instáveis da Terra... Israel. Conseguem imaginar tamanho desafio? Imaginam a ansiedade e a energia da delicadeza e potencialidade explosiva desse local? Este era o estopim que deveria criar o Armagedon, por volta de 1998 a 2001, em sua estrutura de tempo. Isto estava escrito nas profecias pelos sacerdotes, em quase todos os livros sagrados. Existia um grande potencial para que se cumprisse e foi esperado por milênios, e muitas religiões proclamaram que esse conflito seria o motivo que iria provocar o fim dos tempos. Mas isto, obviamente, não aconteceu.

Nesse lugar, onde o Templo está sendo reconstruído, é o lugar da ascensão astral de Mohammad, o profeta do Islã. Este lugar é o Monte do Templo e esse é também o lugar precioso para os judeus e cristãos.

Os judeus sustentam que o filho de Abraão, Isaac, quase foi morto lá. A história deles é clara sobre isso. Mesmo os cristãos acreditam nisso. No entanto, no mundo islâmico, foi Ismael, o outro filho de Abraão, que teve essa experiência no Monte. Assim, ambos compartilhariam os mesmos lugares santos e coexistiriam em uma paz, por necessidade. Já reparou? Este não é o local onde existe o ponto do conflito em Israel. É tudo ao seu redor, mas o Monte do Templo continuará sagrado. De fato, eles vêm dividindo esse espaço há duas gerações, entendem?

Agora, deixe-me inserir a nova energia. O que eu estou lhe dando agora já está em andamento e, embora pareça inverossímil que os judeus e os árabes se reunam e financiem a reconstrução do Templo de Salomão, as sementes já foram lançadas. Pense por um momento nos recursos incríveis de ambos os grupos! Esta seria a terceira vez para o templo judeu, e no meio dele surgiria a permissão para a grandeza de um templo islâmico no Monte.

Juntos, construiriam algo que poderiam compartilhar e continuar a partilhar, mas no processo, torná-lo-ia mais grandioso do que nunca... talvez mais grandioso do que qualquer coisa que já fora construída! Juntos, eles criariam formas onde ambos poderiam visitar a própria parte, e os palestinos iriam visitar a sua parte pela primeira vez, livre e abertamente. Mesmo aqueles que não são islâmicos, poderiam entrar e apreciar a beleza deste lugar sagrado, pela primeira vez, sem que estivessem circundados com armas em caso de haverem problemas. Contra todas as probabilidades, e pela primeira vez na história, a nação judaica e o Islã se reuniriam em uma área neutra de próprio acordo, e com a ajuda do Irã.

Finalmente, a estabilidade existiria. Quem seria o benfeitor real disso? Seria o Irã, a nação maior e mais estável no Oriente Médio.

Virá um dia, em que o Oriente Médio e seus conflitos serão apenas uma recordação distante. Vocês se lembram da Irlanda e seus problemas? E quanto a Alemanha, o Japão ou a Rússia? Antigos inimigos de meio século, estão agora negociando livremente uns com os outros e suas economias estão interligadas. É hora de ver esse mesmo atributo no Oriente

Médio. Impossível? Contra todas as probabilidades? "Como estão os judeus, assim estará a terra", eu disse a vocês.

Quando você enxergar a semente deste potencial em Israel, você saberá que iniciará a paz na Terra. Nesse potencial, você poderá ver o começo do que pode acontecer no planeta. Inimigos de milhares de anos podem olhar nos olhos uns dos outros e dizer: "Nós não gostamos uns dos outros, mas vamos cooperar e construir algo especial. Vamos fazer com que seja uma coisa única e que possamos apreciá-la juntos. Vamos criar um caminho. Nós não nos concordamos e nós tivemos nossas guerras. Mas este lugar Santo é bonito demais para deixá-lo existir no ódio dessa maneira."

Aqui está um potencial que se encontra claramente no seu tempo. Chegará um momento quando um jovem palestino e um jovem israelense permanecerão de pé e, olhando nos olhos um do outro, farão um acordo, iniciando algo diferente – algo que vocês nunca viram antes no Oriente Médio. Eles concordarão que não faz diferença o que tem acontecido na terra sobre a qual eles estão – quem fez o que a quem – quem acredita que possui isso ou aquilo, ou quem veio primeiro. Ao contrário, eles concordarão em reescrever a história, e deixarão que ela comece agora. Eles farão isso sem mudar as suas crenças espirituais e sem mudar as suas culturas. Apenas a consciência do passado mudará. Para que isso aconteça, a grade cristalina deste planeta precisaria mudar também. Este potencial está na tela do radar de seu futuro imediato, tão fortemente, que nós poderíamos até mesmo dar a vocês os seus nomes, mas ainda não podemos, pois esse nome poderia ser um entre dezoito pessoas. Todos vivos agora mesmo. E um deles, poderá ser uma mulher".

Capítulo XX

Predição e Revelações

Por volta de 13.000 a.C., já existia uma civilização com uma cultura avançada o suficiente para realizar longas viagens de navegação e pesquisas; detentores de colossais conhecimentos cartográficos e matemáticos, triangulação geométrica e uso de trigonometria esférica para produzir mapas com um alto grau de precisão.

Que seres poderiam ter ajudado os nossos antepassados a obterem informações importantes que os levaram a elaborar cartas tão complexas? Seriam os deuses mencionados nos livros históricos, e até mesmo na Bíblia, que lutavam em navios aéreos usando artefatos semelhantes a armas nucleares, tais como aqueles descritos no épico hindu *Mahabharata*? Quais seres ergueram a estrutura claramente artificial que vemos sob as águas do litoral Japonês de Yunaguni, que cobriu toda aquela extensão de terra, há mais de 10.000 anos atrás?

Quem construiu, por exemplo, as grandes pirâmides do Egito, as muralhas de *Sacsayhuaman*, com pedras que pesavam mais de 100 toneladas e muitas outras construções que surpreenderam e intrigaram muitos pesquisadores históricos, que ainda hoje não entendem como os povos antigos, sem conhecer a roda, puderam manipular instrumentos e leis físicas para obter os resultados descritos? E sobre as pedras colossais, encontrados em *Baalbek*, que foram transportadas por quilômetros, pesando 500 toneladas, o que representa uma realização difícil até mesmo para a nossa tecnologia de construção atual?

Não seriam, por acaso os deuses astronautas que vieram dos céus para civilizar o homem, como revelou Ezequiel na Bíblia, em várias citações?

O que sabemos é que uma sabedoria muito mais avançada daquela admitida pelos ortodoxos, foi usada para criar os mapas mencionados e um conhecimento, talvez comparável ao nosso, puderam construir os edifícios colossais europeus no Novo Mundo, na época de sua descoberta.

Os Sumérios, descendentes diretamente dos Lemurianos, desenharam com precisão o nosso Sistema Solar, da forma como nossos cientistas começaram a "ver" apenas no fim de 1700. Isto é demonstrado pelo chamado Selo de Berlim. No entanto, eles nunca tiveram telescópios. Como se explica isso?

O Mistério das Pirâmides – Revelações desconcertantes

Depois de séculos de estudo e pesquisa, muito pouco se descobriu sobre os objetivos reais e os motivos para a construção das pirâmides egípcias. As pirâmides guardam segredos importantes para o planeta Terra, que até agora não podiam ser compartilhados. Parece que isto exigiria um nível suficientemente elevado de vibração coletiva da humanidade e, consequentemente, uma maior expansão da consciência, para um entendimento completo. É evidente que muitas pirâmides foram construídas como túmulos, mas existem algumas e entre elas, a mais importante do nosso ponto de vista, em que não foi encontrado nenhum sarcófago. Há muitas hipóteses, mas existem também muitas perguntas, muitos mistérios sobre a real função das pirâmides mais importantes. Começando pela imensa massa de dados que os projetistas elaboraram, as técnicas de construção, até o tipo de energia para ser usada, dos materiais, máquinas, guindastes, andaimes utilizados. Restam, porém, algumas questões fundamentais: quem construiu as pirâmides eram simplesmente humanos ou outras mentes teriam influenciado ou colaborado na construção? Engajar-se em uma tarefa assim tão trabalhosa ... com qual objetivo?

Muitos acham que a construção das Pirâmides tem algo a ver com o Planeta perdido, chamado *Planeta X*. Muitos astrônomos, ao longo dos anos, se dedicaram ao estudo e pesquisa do décimo planeta do sistema solar, o *planeta X*. Os resultados dos cálculos sugerem que o quinto planeta gigante foi expulso de sua órbita, cerca de 4,5 bilhões de anos atrás. Até hoje, não há ainda uma explicação aceita universalmente para a catástrofe lunar que teria expelido o planeta ausente, mas somente hipóteses.

De todas as hipóteses que cada um é livre para propor, existe aquela metafísica que nos permite entrar na questão com uma clareza impressionante para aqueles que estão em harmonia com ela, e faz refletir aqueles que ainda alimentam muitas dúvidas e acham difícil confiar completamente nas teorias metafísicas:

No início dos ciclos de vida na Terra, tivemos alguns visitantes

"Houve muitos momentos em que a maior parte da vida no planeta Terra foi exterminada, para depois retornar lentamente; vocês já viram isso acontecer inúmeras vezes. A última vez que a sua ciência tomou conhecimento, foi quando houve a extinção dos dinossauros. Nessa ocasião, a maioria da vida na Terra foi destruída, pois ficou coberta por uma incrível tempestade de poeira que bloqueou, literalmente, o sol. Portanto, nenhuma forma de vida poderia sobreviver, à parte algumas criaturas que superaram aquela linha de tempo. As baratas são uma delas.

*Vênus e Marte são os dois planetas que lhes circundam, mas o successivo, que deveria estar lá, não existe porque foi feito em pedaços. Há muitos nomes que já surgiram para descrever este planeta faltante em seu sistema solar. Não atribuirei um nome, mas de fato explodiu. Aconteceu muito rapidamente e ainda há evidência desta explosão. Em muitos dos planetas que circundam o sol, vocês podem ver a evidência desta explosão. Observem o outro lado de sua lua como prova disso. No lugar em que o planeta deveria circular em torno do sol, agora há um enorme cinturão de asteróides, composto por mais de dois milhões deles. Tem um enorme rastro de poeira no espaço, formada por grandes e pequenas partículas de poeira cósmica, **que estão trazendo novas formas de vida e as sementes da vida universal.** Existia vida naquele planeta antes de explodir, antes de ter sido feito em pedaços. A Terra poderia estar girando em torno do sol naquele exato momento, mas foi **protegida por um campo de força**.*

Muitos agora sabem que, no início de seus ciclos de vida na Terra, incluindo os dois ciclos de vida antes de vocês, o planeta Terra teve alguns visitantes. Eles tinham em mente o potencial mais elevado para vocês; queriam lhes proteger e ajudar de muitas maneiras, não obstante este seja um planeta de livre escolha. Parece estranho, mas muitas dessas histórias ainda existem hoje, em seus textos religiosos. Vocês adoravam muitos desses seres, pensando que eles fossem deuses porque tinham capacidades incríveis. Estavam lá para lhes ajudar e deixaram certas matrizes para vocês usarem como guia. Muitas das histórias da Bíblia têm a ver com esses seres que vieram para ajudar-lhes. Antes de irem embora, criaram uma base que muitos de vocês seguiram por eras.

Um dos fundamentos que lançaram, foi o das pirâmides no planeta Terra; vocês não têm ideia de quantas pirâmides ainda existem na Terra, e todas elas permaneceram _ativas_ até pouco tempo atrás.

Revelado o Grande Mistério: as pirâmides criavam um escudo ao redor da Terra para nos proteger dos meteoros

O que são as pirâmides? Para que servam? E por que todas as culturas antigas, em cada latitude e longitude, utilizaram esta figura geométrica para construir inúmeras estruturas espalhadas em todo o mundo? É possível que se trate de uma tecnologia perdida, capaz de canalizar a energia cósmica e produzir energia, como alguns têm afirmado?

"A maior matriz que tem guiado e protegido vocês, é o escudo protetor que foi colocado ao redor do planeta Terra para lhes proteger dos meteoros que poderiam encontrar-se em vosso percurso. Meteoros chegam no seu planeta a cada dia, embora a maioria das pessoas não os vejam e, portanto, não são relatados. As pirâmides criavam um escudo ao redor da Terra, que gradualmente foi sendo arrefecido. Por que isto? Na verdade, vocês se encontram em um cinturão de meteoros, um caminho que normalmente conduz os meteoros ao planeta Terra com regularidade. Mesmo agora, é possível olhar para o céu no final de agosto e, por vezes em dezembro, depois da meia-noite, e ver a mais incrível chuva de meteoros em partículas minúsculas provenientes de uma explosão ocorrida há muitos anos que, ainda hoje, está vomitando partículas. Isso acontece todos os anos. Estamos lhes dizendo agora, porque vocês mudaram e a Terra mudou. A partir de 2012, cessou o apego a cada matriz de orientação que vocês tinham antes.

Nós não somos filhos da Terra

Cada forma de vida que existe neste planeta, incluindo os seres humanos, não se originaram aqui. Este planeta estava morrendo, meus queridos, porque este era originalmente o plano. Vocês estavam para matar o planeta entre 2000 e 2012; a Terra seria muito semelhante à Marte, hoje, porque Marte é a sua irmã, e efetivamente, foi Marte que salvou a Terra. Certas coisas para vocês, parecem estranhos, mas, em um certo ponto, Marte e Vênus cederam dióxido de carbono à Terra, sacrificando suas próprias formas de vida a fim de preservar a Terra. Toda a energia das três irmãs chegavam à Terra, de modo que vocês podessem evoluir para realizar um grandioso plano para o Universo, e foi nesse momento que este escudo protetor foi inicialmente colocado na Terra. Levou anos e anos, milhares de anos para construir essas pirâmides que mantiveram essa estrutura no lugar. Mesmo quando esses seres deixaram o planeta, a estrutura ainda estava no seu lugar e lhes protegia da maioria dos asteróides e cometas que poderiam bater em seu planeta com regularidade. Agora, isto cessou. Por quê?

A poeira cósmica é a semente de vida

Ouçam isto: Todos os cometas e meteoros transportam a vida, de alguma forma. Estão repovoando a Terra neste momento. Vocês, mais uma vez, recomeçaram o jogo, iniciando uma nova peça. Se notaram, as espécies estavam sendo dizimadas em uma base regular. Vocês acabaram de plantar muitas espécies novas, que ao longo dos próximos cem anos começarão a evoluir muito rapidamente. Elas chegaram com os meteoros e a força daquele escudo teve de ser reduzida para permitir que isso pudesse acontecer e acolher novas espécies de vida. Mais ainda não *acabou. Mais meteoros ainda estão chegando, porém não devem temê-los. Foram desviados por duas vezes até agora, um em Moscou e outro que iria tocar toda a costa leste dos Estados Unidos. Nós lhes dizemos que há mais por vir, por isso, os curtam, em vez de temê-los. Observem o céu nas noites belas e saibam que um milagre está em ação do qual vocês fizeram parte. Chegará um momento em que, improvisamente, ralentarão e parecerão quase cessados, para depois recomeçar. Mas, neste momento, vocês precisam deles porque eles são uma injeção de energia, uma força de energia vital que plantará as sementes de novas formas de vida, que agora crescerão no planeta Terra. Aceite os meteoros. Celebre o seu retorno. Se o planeta tivesse seguido o plano original, grande parte da vida na Terra já teria sido extinta e a nova energia vital recomeçaria, rigorosamente, dos meteoros, trazendo novas formas de vida. Mas visto que vocês ainda estão aqui, não há a necessidade de inundar a Terra com uma enorme quantidade de meteoros. Esta é a razão pela qual foram ralentados. Vocês são Deus e, no entanto, se olham no espelho e não são capazes de verem a si mesmos porque estas são as regras que vocês estabeleceram. Vocês podem ver Deus em outra pessoa, mas não podem vê-lo em si mesmos.*[31]

A dessalinização da água – para cientistas e físicos

"Agora vamos dar uma informação já conhecida, mas embalada e vendida pela indústria de uma forma não apropriada. A maioria de vocês não entenderá o conceito, mas serão os cientistas e físicos que, em seguida, deverão implementá-lo. Não falaríamos isso se realmente não fosse chegado o momento. O recurso que a humanidade terá mais necessidade, com o crescimento

---

[31] Kryon e "O Grupo" – S. Rother

*demográfico e a mudança climática, é o que vocês, provavelmente já pensaram: **água potável!** Já agora está diminuindo. Vocês notarão que a neve irá cair, cada vez mais comumente nos lugares mais improváveis e muito frequente em zonas onde não existem instalações para recolhê-la, uma vez dissolvida. Tanques e aquedutos são construídos para a velha energia, para os modelos climáticos antigos. À medida que a população for crescendo, a água se tornará um problema.*

Aqui está uma resposta imediata:

É desolante saber que a Terra é composta principalmente de água, mas vocês não podem bebê-la! A solução é usar a água do mar e dos oceanos e reconvertê-la. Hoje, o método da dessalinização é ineficaz. Grandes quantidades de água devem entrar e permanecer em grandes bacias, enquanto se utiliza o calor de diferentes maneiras. Existem vários sistemas, alguns deles emitem vapor, outros não. É preciso um longo tempo para finalizar o processo, é caro e ineficiente. Não é um sistema viável para atender a uma cidade inteira e só os lugares completamente desprovidos de água doce, têm um sistema deste tipo. Então, em vez de ser uma boa solução, torna-se uma necessidade inconveniente e muito cara.

Agora, peço-lhes mais uma vez para pensarem fora da caixa, e vou dizer-lhes como dessalinizar a água de um modo novo!

A maioria das grandes cidades da Terra, encontra-se ao longo das costas do oceano, muito perto da água. Isso acontece porque ao longo do tempo, as zonas costeiras eram lugares com navios e portos, onde o comércio pudesse se desenvolver. Assim, criaram-se essas grandes cidades no oceano. É daí que se deve começar.

Não é difícil, só que precisa de algo que ainda não foi considerado.

A nanotecnologia é um dom de Deus

Aprendam a apreciar a ciência que vos foi dada para alongar sua vida, porque é adequada e dada à humanidade para este motivo. A mais avançada tecnologia que vocês têm hoje, tem a ver com a chamada nanotecnologia. Se trata de química e também de máquinas químicas extremamente pequenas que assumem uma forma a qual vocês chamam de robôs. Estes robôs ultra-pequenos, do tamanho de uma molécula, existem hoje e são o ponto culminante de seus esforços criativos. No momento, a sua ciência está refletindo sobre a forma de inserí-lo na corrente sanguínea humana, na tentativa de eliminar a doença, como uma versão moderna dos glóbulos brancos. Isso para dizer o quão pequeno são as nanopartículas.

Claro que existem objeções a isso, pois pensam que eles alterem o corpo humano. Não é assim - não mais do que qualquer outro suplemento que não é natural e que pode ajudar a aliviar a dor, a doença, o equilíbrio químico ou até mesmo para favorecer o sono. Portanto, este é um conjunto de forças que foi dado à humanidade através da ciência, para vos manter vivos. Lembrem-se: mesmo se ensinamos que um ser humano pode usar sua consciência para fazer isso, milhões de pessoas não acreditam ou não estão interessadas. Assim, a ciência, por assim dizer, encarrega-se, e hoje há muito - de não metafísico - que ajuda na qualidade da vida humana. Este é um equilíbrio, é justo e adequado. Porém, existem aqueles que deixam seus filhos morrerem ao invés de usar a ciência para ajudar a reequilibrar a saúde. Essas pessoas acreditam que nada que não tenha sido dado diretamente por

Deus, seja adequado. <u>É hora de entender bem, que uma boa ciência é simplesmente a descoberta e implementação de como Deus criou o universo. Usada com integridade, é apropriada, é um dom de Deus, é bendita e as descobertas são devidas a uma maior vibração da Terra. Em outras palavras, vocês mereceram ganhá-la!</u> Portanto, rejeitá-la ou chamá-la de mal, significa não entendê-la.

As nanotecnologias estão se tornando cada vez mais interessantes. A ciência está aprendendo a produzir robôs inteligentes com a química, a lógica e a eletrônica. Estes minúsculos robôs podem ajudar a dessalinizar a água. Vou dar-lhes uma pista: construir uma usina de dessalinização onde a água nunca pára de correr, e o sal é extraído em tempo real, que irá produzir um subproduto do qual vocês não têm a menor ideia. A água não deve parar nunca e nem deve ser fervida. O calor não faz parte do processo. Utilizando a nanotecnologia, a água entra de um lado da máquina e sai do outro, em um fluxo constante. Entra a água salgada – e sai água doce, pronta para a purificação normal. A primeira fase desse sistema exige que vocês consigam um número suficiente de nanorobôs atuando, para encontrar os sais dissolvidos e, em seguida, atacarem-se a eles. De qualquer forma, aqui está o segredo: cada robô é magnetizado!

Assim, com estes pequenos nanorobôs atacados, todo o sal se torna magnético. A próxima etapa: passando na zona sucessiva, a água é exposta a um eletroímã poderoso que extrai totalmente o sal da água, porque o sal agora é magnético! Então, a água sai potável. Talvez seja muito simplificado, mas é assim que funciona. Sem nenhum calor. Agora, com relação ao subproduto... vocês não vão acreditar! Oh, será uma descoberta controversa, sim. Os campos magnéticos aplicados à água, criam uma água que serve, *quase sempre, para a cura. **Vocês conseguem ver a grandiosidade disso?***

Que aparelho poderá ser este! Seria, obviamente, quântico, pois ele usa o magnetismo. Alguns dirão que a água magneticamente tratada é prejudicial para vocês, desde que a mudança é feita de uma forma que ninguém entende. Essas pessoas não percebem a quantidade de energia que outros seres humanos têm usado para encontrar as águas curativas sobre a Terra! Agora, a obterão um pouco, dessalinizando a água! Não haverá nem mesmo uma prova contra, e isto torna a coisa controversa. Tudo o que se saberá é que poucas pessoas vão adoecer! Então, é isso que queremos dizer-lhes hoje. Isto é o que nós gravamos hoje para que vocês possam ouvir e depois publicar. Estamos lhes dizendo o que nós vemos para o futuro, baseando-nos nos potenciais que vocês mesmos desenvolveram.

O mundo está vivendo um Inverno Espiritual!

O gatilho para o Armagedon falhou. O Fim do Mundo esperado e proclamado por muitos, não se cumpriu e isso provocou, na humanidade, o início de um *Inverno Espiritual*. Houve uma grande mudança na nossa civilização, um salto da consciência, chegamos em um tempo em que não é mais possível que as pessoas não se definam, um tempo onde a humanidade decidiu continuar, em vez de destruir-se. Chegou o momento de parar de apontar o dedo uns contra os outros e mostrar um *Plano de Paz*. Com toda a modernidade de pensar e as grandes invenções tecnológicas que possuímos, *"como é que todos podem ver o problema, mas nenhuma organização na Terra tenha a solução? Onde estão os homens sensatos? Onde estão os pacificadores?"*.

Você pode ser a única luz, até a Primavera chegar!

"Gostaria que fantasiassem, por um momento, como seria vir de um planeta cuja órbita em volta do sol, levasse centenas de anos para completar o ciclo dos 365 dias que desfrutam agora. E que estivessem num planeta onde pudessem viver suas vidas inteiras, dentro de somente uma ou duas estações do ano. Isto significaria que haveria apenas alguns de vocês que teriam a possibilidade de assistir uma troca de estação. Imagine que você é uma dessas pessoas, não acha que seria assustador? Não seria aterrorizante entrar em uma estação a qual nunca tivesse sido vista antes? Podem imaginar o que seria entrar no Outono e no Inverno quando, durante centenas de anos, a humanidade conheceu apenas a Primavera ou o Verão?

Digamos que vocês, seus pais e avós, viveram toda a vida em uma só estação, onde o clima da Terra foi sempre ameno. O calor prevalecia, havia pássaros todos os dias e a natureza celebrava a vida. De repente, parece que uma maldição começa a envolver o planeta: as árvores perdem suas folhas, a luz do sol é fraca! "O que está errado? As plantas estarão doentes? Estarão morrendo? Para onde foram os pássaros? Vejam as árvores completamente desfolhadas! Oh, mas o que esta acontecendo? Escuridão, penumbra... morte." Vocês nunca viram o Outono antes. Para vocês, as árvores estão mortas – "Olhem para elas! Estão mortas e tudo está morrendo em volta. Morreremos todos nós!".

O sol já não aparece mais e vocês não podem mais passear, pois faz muito frio. A água que bebiam do lago esta se congelando. Seu poço está se congelando! Como é que vão sobreviver? Como irão cultivar seus alimentos? O planeta está morrendo e também a humanidade. Não seria isto uma possível atitude? Certamente!

Haveria suicídios em massa e muita ansiedade. Os governos cairíam e as prioridades mudariam. Seria o fim do mundo se não tivessem conhecimento a respeito de tudo. <u>Algumas coisas podem ser assustadoras, quando se dorme no berço do desconhecimento.</u>

Agora, projetem suas percepções para essa possibilidade. Depois, podem imaginar o que aconterecia quando a humanidade visse a Primavera, após terem passadas quatro ou cinco gerações? "Uau! Seria isso o Paraíso?" Milagre após milagre – as árvores não estavam totalmente mortas. Estavam apenas hibernando! Quem poderia saber? Novos brotos, nova vida – o sol, o calor e até os pássaros voltaram! Os seres humanos podiam cantar outra vez. A percepção de uma gigantesca cura tomou lugar e toda a humanidade celebra.

*Tolice? Apresentamos este exemplo para vocês porque todos conhecem bem as estações do ano. Portanto, esta é uma metáfora que vocês compreendem, pois estão familiarizados com as mudanças. O que quero dizer, é o seguinte: <u>vocês se encontram na energia de algo que nunca viram antes, nem os seus pais, nem os seus avós, nem mesmo aqueles antes deles. Querido Ser Humano, **vocês estão vendo um Inverno Espiritual.**</u>*

A mudança de interdimensionalidade da Terra, parece estar levando o mundo a uma total escuridão, dadas as notícias. A escuridão está aumentando. As árvores estão morrendo... as árvores da civilizada lógica; as árvores da paz; as árvores do pensamento da velha energia. Os pássaros também pararam de cantar e há um desconfortável silêncio, não é? Estão ansiosos? <u>Vocês estão num inverno espiritual, e é a primeira vez que isso acontece na Terra!</u> É isso que acontece quando a Terra decide mudar de dimensionalidade. Nós dissemos a vocês no ano

*2000, em Israel, Jerusalém, que o potencial para que isto acontecesse era real. Lembram-se, queridos? Nós lhes dissemos que o templo seria reconstruído e que era uma metáfora para a consciência do planeta. Nós lhes dissemos que, pela terceira vez, seria reconstruído, mas que vocês teriam que raspar, limpar as fundações primeiro. É isto que vocês estão fazendo, e isto é chamado de **Inverno Espiritual**.*

*Para onde quer que olhem, nada faz sentido, não é? Sentem uma desconexão? Pensem sobre isto: <u>uma desconexão em relação às coisas espirituais, não é incomum nos escritos sagrados</u>. Isto normalmente acontece antes de uma mudança. Os seres humanos que fazem profundas transições, sentem esse tipo de desconexão também. Leiam sobre isto. **O próprio Jesus passou por isso quando Ele estava vivendo o processo do que pensava que fosse a morte.** <u>É esse o significado da crucificação</u>. Jesus estava pronto para mudar de dimensionalidade e ir para o próximo nível. "Pai, porque me abandonaste?".*
O Filho de Deus, a Divindade Suprema em um corpo humano, clamando. Por quê? Porque ele sentiu uma completa e total separação de qualquer relacionamento e uma total desconexão. E bradou: "Para onde fostes? O que aconteceu? Por que me abandonaste?". Mesmo em situações atuais, há alguns de vocês que têm passado de um nível para outro e irão apenas sentir <u>uma completa desconexão até que sejam levados para dentro de uma nova consciência</u>. Mas era necessário que houvesse uma desconexão para que pudesse ocorrer uma nova percepção dimensional.

No Monte do Templo, na cidade velha de Israel, fervilha constantemente uma preparação para o combate. Isto se inflamou num ódio que afeta a todos no mundo. Este é o motivo do *terrorismo mundial e o que criou a polaridade que há no planeta agora. São tantos que estão experienciando. E o núcleo do desafio está em Israel! Imaginava-se ser isto o gatilho para o Armagedon, mas se tornou o gatilho para um <u>inverno espiritual</u> – uma grande mudança da civilização, um tempo em que não é mais possível que as pessoas não se definam, um tempo para os lemurianos retornarem, um tempo onde a humanidade decidiu continuar ou não.*

Então, aqui fica a questão lógica, querido Ser Humano: neste dia e nesta era, com tudo o que vocês têm à sua frente, com toda a modernidade do seu pensar e com toda liderança e antiga sabedoria no planeta, <u>mostre-nos o seu plano de paz!</u> Nesta região onde todos sabem que uma erupção ferve em fogo lento, onde está a solução? Não há nenhuma. Nenhum plano. E, se pensarem bem, isto não faz sentido, não é? <u>Como é que todos podem ver o problema, mas nenhuma solução? Onde estão os pacificadores?</u>

Isto acontece porque chegou uma estação onde ninguém sabe pensar sobre o que fazer, pois <u>ninguém nunca havia visto uma situação como esta antes.</u> As árvores da lógica estão perdendo suas folhas. Vocês estão num inverno espiritual onde as coisas não estão fazendo nenhum sentido. Não há nenhum plano de paz para a verdadeira situação que continua a suprir o ardor do ódio, criar guerras e a perpetuar o terrorismo que está no núcleo da velha energia versus a nova energia no seu planeta. Onde estão os seus heróis? Não há nenhum. Conseguem lembrar-se de um tempo como este, em que não havia nenhum ponto brilhante de esperança? Não há nenhum herói político nem espiritual, nenhum "herói da paz" à vista. "Entretanto, sempre houve algum salvador da pátria", dirão vocês. <u>Mas não em um Inverno Espiritual.</u>

Os "Faróis" vão impedir o navio da humanidade de afundar!

*Quando escurece e se entra num Inverno Espiritual, há um grupo inteiro de vocês que colocam-se aqui, chamados **Faróis**, que vão impedir o navio da humanidade de se esmagar contra as rochas. <u>E estes são os leitores e ouvintes, e muitos, muitos outros que começam a despertar.</u>*

Leitor, você está começando a entender? Há dezenas de milhares de vocês lendo isto agora. É por isso que vocês estão aqui. É por isso que vocês existem, para manter essa luz durante este inverno espiritual. Isto não vai melhorar ainda durante algum tempo. Mas não se desesperem. Mantenham essa luz. É por isso que vocês vieram, e porque vocês estão vivos no planeta exatamente agora. É para manter a energia do planeta em equilíbrio, de modo que possam atravessar esta desconexão e deixar que ela dure pelo tempo que for apropriado.

Finalmente, diremos a vocês o seguinte: no céu – o outro lado do véu - neste momento, uma canção esta sendo cantada - uma canção atemporal e histórica, e fala de um lindo lugar do passado chamado Terra. Ela fala das entidades que ali viveram - vocês - e que fizeram algo espantoso, sozinhos, no único planeta de livre arbítrio – o único que tem poder de escolher uma dimensão mais elevada. Criaram para si a Nova Jerusalém; paz para um planeta dividido. É um evento que ficará na história do Universo e será gravada nas paredes dos lugares mais divinos que existem. Entidades irão se encontrar com vocês por todo o Universo e elas verão, pelas suas cores, quem vocês são e de tudo que participaram. Este é o potencial que vocês estão criando neste exato momento. De alguma maneira, a melodia já está sendo cantada, uma vez que vocês já estão a caminho, bem no sentido de *realizarem a tarefa que muitos de vocês vieram cumprir. <u>Essa é a razão de estarem aqui, Faróis.</u> Vocês são a luz na escuridão deste Inverno espiritual. <u>Pode ser a única luz, até a Primavera chegar!</u> Vocês existem por causa desta tempestade.*

*Alguns de vocês começam a perceber isto, estão despertando e vendo que isto é assim. Depois do Inverno virá a Primavera. E quando ouvirem aqueles pássaros e notarem que as árvores não estão mortas e quando os países começarem a florescer com dirigentes sensatos, verão que, de fato, **a Paz na Terra é possível**. Oh, sempre existirão as lutas. Sempre haverá descontentamento. Sempre haverá aqueles que terão diferentes opiniões e ideias, mas tudo isso poderá existir num planeta cheio de paz.*

Estes são os tempos finais de que falamos há mais de 20 anos, e vocês estão exatamente onde devem estar, sustentando tudo isto juntos!"

Capítulo XXI

Kryon fala de Política

Uma inesperada visão de Kryon sobre um argumento atual

O mundo, hoje, está vivendo um tipo de guerra, nunca afrontada antes. A verdadeira guerra, hoje, está sendo travada entre a velha e a nova energia planetária. A Terra está combatendo uma batalha metafísica e a nova energia está vencendo. A velha energia ainda lutará desesperadamente pela sua sobrevivência mas, segundo Kryon, mesmo que permanece ainda por um certo período, é só uma questão de tempo.

A escuridão, representada pela velha energia, pela primeira vez está em modalidade de sobrevivência! Há mais de dois anos, Kryon vem informando para ficarmos preparados para essa fase, pois a velha energia não desistirá sem uma batalha; e agora estamos vendo se concretizar. Mas Kryon dá também uma advertência para que não cedamos poder ao medo porque o medo é potente e é o que faz apagar a luz.

"O medo é escuro. Se estiverem com medo, não há luz. Vocês podem ser o Trabalhador da Luz mais grandioso, mas se estiverem com medo, não importa quantos anos fizeram o trabalho de luz, ou quanta luz acumularam pessoalmente. Tudo irá desaparecer com o medo. Compreendem isto?" Kryon

O Ultimo "Cavaleiro do Apocalipse"?

Contando com financiamento de bilhões de dólares, o grupo terrorista **ISIS** - *Estado Islâmico do Iraque e Síria* – surgiu aparentemente do nada para seminar terror em muitas partes do mundo. O ISIS é um exército permanente que requer patrocínio estatal - bilhões em dinheiro, engrenagem, armas e logística, inteligência e apoio político. De onde vem tal financiamento? Existe um método para enfraquecer e debelar esse mal pela raiz? Uma inesperada visão de Kryon sobre um argumento atual que ultimamente tem criado terror na mente de muita gente.

"Vocês estão chocados com a súbita existência da organização que não citarei o nome (para esta mensagem). De onde ela veio? Como ela poderia ser tão organizada? Como poderia ser tão bem financiada? Esta organização poderá ter o seu próprio país, em breve! Eles bem que poderiam chamá-la de: "O País Escuro da velha Energia", pois é o que representará.

O passado bárbaro da humanidade avança para mostrar a sua face. Ela sempre esteve aí, escondendo-se sob as rochas e as fendas da humanidade civilizada. Ela não conseguiu se mostrar até agora, mas nesse momento, ela precisa. Ver o mal personificado na ação, é abominável. É tão horrível e não é para os fracos de coração, não é verdade queridos. Vocês não podem olhar para ele com um coração gentil. Mas, queridos, Deus não faz parte disto, e isto é óbvio.

Gostaria de lhes dizer o que é realmente o mal. O mal é a manifestação de uma energia da escuridão em um Ser Humano que, de propósito, faz uso desta escuridão e a gera, amplia-na e se concentra nela. Alguns ditadores do planeta fizeram isto com perfeição e vocês os viram. Não foram necessários espíritos do mal externos. Alguns humanos foram capazes de focá-la e manifestá-la tão bem, que todos ao redor dela cooperaram com ela e a assimilaram. Isto é o mal. Eles não precisaram de uma entidade conveniente com chifres e rabo. Eles mesmos a criaram. E isto os Seres Humanos podem fazer!

Este é um poderoso atributo da humanidade, e a energia da luz e da escuridão pode ser apresentada através do livre arbítrio. A Humanidade não precisa de ajuda externa para criar o mal.
Contudo, a Luz está vencendo! A revolta da consciência da escuridão não teria se mostrado com esta força, ou com esta rapidez, se assim não fosse. Isto é exatamente o que lhes disse para procurar, e é a prova de que aqueles que representam esta consciência da escuridão estão em apuros. Queridos, a consciência da escuridão sempre teve um sistema comprovado. Ela espreita nas sombras e influencia todos os lugares de poder do planeta – o governo, o comércio, as finanças. De repente, ela não pode mais se esconder e tem que se apresentar a céu aberto.

Então, de onde está vindo o capital? Está vindo de um armazém que esteve sempre aí, queridos. O capital não apareceu do nada. Ele esteve sempre guardado, à espera de ser usado, a fim de difundir o medo e a escuridão para salvar o que eles acreditam que é o próprio caminho.

Vocês percebem com que rapidez eles se reuniram? Parecia que somente ontem não havia nenhuma organização sob qualquer condição. Vocês já notaram certa hesitação em combatê-los? Por que é que os cidadãos das terras que eles estão invadindo hesitam em combatê-los? Em vez disto, estes líderes estão chamando outros para lhes ajudar. Por que os outros também hesitam? Quero lhes mostrar que há algumas irregularidades da lógica que não estão fazendo sentido, porque esta é um tipo de batalha que vocês nunca viram antes neste planeta. Nós esperávamos por isto, mas vocês não. Trata-se de consciência, não de terras ou recursos. O segredo de como derrotá-los, sem tomar uma vida sequer? Basta tirar o seu capital. Eles não podem existir sem o seu capital. O capital tem que ser organizado, acumulado e distribuído. Ele tem que ser gerado de tal maneira que deve também passar por instituições. Vocês ouviram isto? Tudo o que vocês têm a fazer é interromper o sistema. A vitória não ocorrerá com bombardeios. Ela será feita com inteligência, com um pensamento inteligente e retórica financeira. É o momento de ficar esperto em algumas coisas e não ter medo de olhar para este quebra-cabeça, mas fazer de modo diferente de como fizeram antes. Não apliquem a energia que eles estão usando a fim de combatê-los, porque vocês não vencerão. É o último bastião da escuridão organizada e do mal neste planeta que se unem para tentar sobreviver ao ataque de sua luz. Não tenham medo de olhar para o caminho do capital, não importa onde ele os leve."

Um sábio conselho para o ditador Kim Jong Un, da Coréia do Norte:

"Muitas questões que vocês verão como problemas, continuarão a aparecer mas, na realidade, trata-se de uma "limpeza quântica". Haverá, potencialmente, um novo paradigma lógico para uma nova época. Novos conceitos irão substituir a atual forma de pensar, trazendo uma revolução de como poderá ser a vida no planeta. Isso tudo faz parte da evolução da consciência humana, que você pode ver no seu DNA.

Durante 23 anos, nós fornecemos informações na sopa de potenciais que lemos em torno de vocês, como os potenciais mais prováveis que existam. Essas coisas acabam por se tornar a sua realidade, porque elas são a sua própria escolha e nós sabemos o que vocês estão pensando. Sabemos quais são os potenciais porque nós conhecemos os preconceitos e vemos a humanidade como um todo. Os potenciais são energia e isso nos dá a capacidade de projetar o seu futuro com base em como vocês estão processando estes potenciais. Nós fizemos isso por tanto tempo! Vinte e três anos atrás (hoje, 25), nós falamos de muitas coisas que poderiam acontecer e que agora são a realidade de vocês.

Mas agora eu me distanciarei daquele cenário e lhes darei um potencial presente sobre um líder que deverá fazer uma escolha. Trata-se de um paradigma que está começando a mudar.

*Vamos falar sobre a Coréia do Norte. Existe um novo líder, muito jovem ali. Ele está enfrentando um dilema porque é jovem e conhece as diferenças da energia da sua terra. Ele sente isso. A linhagem de seu falecido pai, repousa sobre ele e, todos ao seu redor, esperam que ele seja um **clone** desta linhagem. Espera-se que ele leve adiante todas as coisas que lhe foram ensinadas e torne grande a Coréia do Norte.*

*<u>**Mas ele está começando a repensar**</u>. Claro, ele quer ser um grande líder, ser ouvido e visto e deixar sua marca na história da Coréia do Norte. Seu pai mostrou-lhe que isso era muito importante. Assim, ele pondera sobre uma pergunta: **o que faz com que um líder mundial se torne grande?***

Se perguntasse a Napoleão: <u>"O que faz com que um líder mundial se torne grande?"</u>. Ele iria responder: "Dependerá do tamanho do exército, de quanta terra você pode conquistar de forma eficiente com uma determinada quantidade de homens, de recursos, de *quanto será importante como líder, de quantas pessoas o chamarão de imperador ou rei, dos impostos que se pode impor e, enfim, de quantos o temerão." Não somente esta era a realidade de Napoleão, mas também ele estava certo, devido à energia a qual pertencia na época. Assim, Napoleão se alternou entre líder mundial, general e prisioneiro. Ele conseguiu quase tudo a que se dedicou. A sua competência era evidente, e vocês se lembram de seu nome ainda hoje.*

O que faz grande, um líder mundial? O que estou mostrando é a diferença entre aquela época e agora. Existem algumas escolhas que este jovem em evolução deve fazer e que poderá mudar tudo no planeta, se ele quiser. Seu pai diria a esse rapaz que o que faz grande um líder mundial é o domínio do poder missilístico, ou o quanto ele possa se aproximar da posse de uma arma nuclear, de como se opõe ao poder do Ocidente e em como ele conseguirá agravar e provocar dramas - sendo um estado pequeno – para gerar medo e atrair a atenção. Seu pai lhe diria que este é o seu legado e isso é o que lhe foi dito durante toda a vida. Seu pai fez isso muito bem e foi cercado de assessores que, depois, passaram para o filho.

Agora, há uma probabilidade de 50% que algo aconteça, mas, queridos, não é um forte potencial. Digo isso para que possam observar o desenvolver-se em uma direção ou em outra. Porque, se o filho seguir os passos do pai, será fadado ao fracasso. A energia da Terra, hoje, o verá como velho e o mundo o verá como um louco. Se, no entanto, ele entender, poderá se tornar o homem mais famoso do planeta... que era o que seu pai realmente queria.

Se eu pudesse aconselhar aquele jovem, diria que ele poderia ser o maior estadista que o mundo atual tenha conhecido, pois o que ele poderia fazer agora, seria algo que o mundo veria como um ponto de demarcação depois das velhas modalidades. E não só isso, mas o que ele fizesse agora, permaneceria para sempre nos livros de história e, devido à sua pouca idade, ele teria um potencial de sobrevivência maior do que qualquer outro líder no planeta. Por isso, teria uma notoriedade mais prolongada do que qualquer outro líder.

Também lhe diria o seguinte: "Diga aos guardas de fronteira para irem para casa. Diga "olá" para o sul e começe a unificar as duas Coréias de uma forma que nenhum profeta do passado tenha previsto. Permita aos dois países serem separados, mas que os dois lados da Coréia possam tornar-se uma família mais ampla, com comércio e viagens livres. Inicie alianças com o Ocidente e mostre-lhes que você está falando sério. Esqueça os programas de mísseis porque você não vai mais precisar deles!".

Isso levaria ao povo da Coréia do Norte uma riqueza inesperada! Eles teriam um grande apoio econômico, escolas, hospitais e muito mais respeito do que nunca pelo seu admirável líder. O resultado seria a fama e glória para o filho, nunca alcançado pelo pai, algo que o mundo iria falar por centenas de anos. Faria com que as Nações Unidas aplaudissem de pé o ingresso do filho à Grande Assembléia. Eu lhe perguntaria: "Você não gostaria disso, rapaz?".

Mas fiquem de olho. Ele tem de fazer uma escolha, mas não é simples. Ele ainda tem os conselheiros de seu pai, mas um já foi liquidado. Existe uma probabilidade de 50%. Mas eu vos digo, se ele não o fizer, irá fazer o que vier depois dele. É algo muito evidente. Nós mostramos isso para dizer-lhe que esta é a evolução da espécie humana. É a lenta percepção de que UNIR as coisas é a resposta para tudo, em vez de separá-las ou conquistá-las. Aqueles que iniciam a promover o compromisso e começam a criar essas energias, que nunca estiveram aqui antes, serão os únicos dos quais vocês se lembrarão. Meus queridos, isso vai acontecer entre os líderes, na política e nos negócios. É um novo paradigma.

Agora, você pode observar enquanto o mundo olha para o que faz esse jovem. Se ele for brilhante o suficiente para ver a nova energia, da maneira como ele é capaz de fazer, talvez torne-se um dos líderes mais amados do mundo. Será visto como muito sábio para a sua idade, com a fama que ninguém mais poderá alcançar. Mas a velha energia ainda é forte e o drama e o medo também são convidativos.

Lentamente, haverá aqueles que começam a entender e ver que a unificação é a resposta para todas as coisas. Por quão difícil seja para os inimigos se unirem com os inimigos, isto será a sobrevivência deles, pois prosseguir como têm feito até agora, significa morrer ao nascer. Pensem nisso. Isso vai acontecer mais cedo que mais tarde.

Ser Humano, não tema o que você está prestes a ver, *porque a velha energia irá se agitar e tornará o tempo difícil; e não vai desaparecer facilmente em direção ao declínio, com a cabeça baixa. Irá lutar. Dou-lhe como uma metáfora. Você vai vê-la e quando você a ver, saberá. Portanto, procurem compreendê-la, não temê-la. Haverá um período de recalibração e adaptação, enquanto a Terra entra lentamente em uma energia que seria como mover-se em direção ao sol, saindo da sombra. A cidade sobre a colina está sendo lentamente revelada.* ***A Nova Jerusalém.***

Mudanças físicas, políticas e sociais para o nascimento da nova terra

"A física quântica traz contribuições importantes para a medicina. Hoje, podemos ver o corpo físico como um veículo da manifestação da consciência. Mas nem sempre foi assim. Admitir a comunicação entre algo sutil como a Mente e algo "grosseiro" como o DNA, levou um certo tempo para ser construído. O materialismo científico afastou-se da sapiência dos primórdios da medicina. Aristóteles, o pai da medicina, considerava a existência de uma substância única, como origem de tudo. Vários acontecimentos, descobertas e revelações ocorreram, desde 400 a.C. até hoje, que afastaram os médicos da compreensão de uma unidade como origem de todas as coisas, da existência de uma substância primordial que envolve tudo e todos." (Milton Moura)

*"A mágica do Novo Planeta Terra está começando bem agora. O nascimento de uma **Nova Terra** e da Nova Humanidade só poderá acontecer quando a Terra renascer. E, para isso, o sentimento de separação entre os povos tem que mudar. Permitam que suas mentes e corações se abram para possibilidades que a humanidade nunca viu antes. A História lhes diz que os humanos estão separados. Vocês já olharam para a Europa e se perguntaram como tantos países poderiam estar tão próximos e, ainda assim, em uma área tão pequena, terem idiomas e culturas tão diferentes? Há cinquenta anos, com o término da última guerra mundial, os europeus viram o que os Estados Unidos fizeram e os imitaram, tornando-se a União Européia. O que a União Européia criou? Não só o Euro. Ela criou um grupo de países que nunca irão entrar em guerra entre eles novamente! Não podem. Eles fazem comércio uns com os outros.*

Não se surpreendam, também, se aquelas muitas caixas organizadas da espiritualidade começarem a se unir, porque haverá mais força se eles o fizerem. Eles alcançarão mais pessoas se o fizerem. Eles devem fazer isto ou, eventualmente, as caixas individuais irão desaparecer. Pensem nisto.

O sistema político atual vai desaparecer

Agora, deixem-me lhes dar algo para um futuro distante, que vocês não acreditarão ou compreenderão. Será o final do sistema de política que vocês têm agora. Quando começarem a compreender os novos atributos da energia no planeta, não mais lhes convirá ter partidos de oposição. Em vez disto, lhes convém ter aqueles que tomam posse com base na sua própria mensagem de unificação, além de um partido. E quando vocês forem às urnas, votarão pela sua mensagem, não pela sua afiliação.

Em vez de separar através da afiliação, eles terão a unidade através do propósito. Eles terão ideias que serão únicas e maravilhosas, ao invés daquilo que está em uma caixa ou na outra. Um dia, o sistema bipartidário parecerá tão velho para vocês como os ditadores de hoje na Terra. Eles estão desaparecendo, perceberam isto?

As cinco únicas moedas mundiais

Nós lhes dissemos que chegaria um momento no planeta em que haveria somente cinco moedas, porque os continentes decidiriam unir os países, não separá-los.

No Brasil, agora, existe uma comissão que começa a pensar: "E se aproveitássemos todos os países da América do Sul e eliminássemos as fronteiras, planejando assim uma única moeda?".

Será, eventualmente, uma das cinco moedas do mundo. *Lhe parece familiar?*

*A unificação criará força e paz neste planeta. Existe um **elefante**, que vocês chamam de terrorismo, no Oriente Médio, o qual vocês acreditam ser o grande problema para esse processo, mas lhes digo que haverá uma reviravolta que ninguém, ninguém poderia prever. Vocês ficaram chocados com a queda da União Soviética? Este não era o cerne do motivo pelo qual grandes quantidades de armamentos eram criados? Não é por isto que o Pentágono é tão grande? Tudo caiu de um dia para o outro. Alguém esperava isto? O mesmo acontecerá e será, também, muito chocante. Um problema que hoje está diante de vocês sem uma solução, se tornará história, e a Unidade começará.*

A Terra está grávida - está sendo preparada para acolher, com maior abundância e sabedoria, toda a humanidade

Muitas vezes, nos deixamos enjaular pelas teorias mais em voga do momento, sobre o aquecimento global, nos apressando em usar frases retóricas habituais, continuamente propagandada pelos meios de comunicação ou ambientalistas incorrigíveis. *"Estamos matando o planeta!"* Mas, como informou Kryon, o que chamamos de aquecimento global nao é algo criado pelos seres humanos como muitos pensam; faz parte de um ciclo que sempre aconteceu mas que, para nós, é novo, pois é a primeira vez que está acontecendo durante o período da existência de muitas gerações passadas, até o nosso presente. Investigadores envolvidos em Ciências da terra e da atmosfera, têm feito pesquisas minuciosas e afirmam que nosso planeta sempre foi capaz de curar-se e cuidar de si mesmo. Ele sabe reagir muito bem a alterações climáticas e atmosféricas e até mesmo se revitaliza pelos incêndios em áreas extensas de florestas e bosques. Nesta mensagem abaixo, Kyron fala sobre coisas que a mídia nunca falou, mas que representam a verdade sobre o que realmente está acontecendo com o planeta, e hoje podem ser convalidadas cientificamente.

*"Muitos estão assustados com certos sintomas da Terra e acham que o planeta está doente. Dizem: "**Como podemos ajudar o Planeta Terra a se curar?**". Nós lhes dizemos que a Terra não está doente. **Ela está grávida**. Vocês estão observando ela procriar a **Terceira Terra,** mediante os pensamentos de vocês. As sementes estão entrando agora mesmo, através das partículas que vocês estão recebendo do sol. Como a mulher, durante a gravidez, ela passará por alguns momentos irritáveis. Provavelmente, haverá alguns soluços nesta gravidez, mas vocês podem cuidar dela e trabalhar com ela. Ela dará origem à Nova Terra - suas criações, seus projetos, um lugar que os apoiarão, não importa o que façam, não importa em que direção tentem ir. Vocês criaram por si mesmos um ambiente mágico. Vocês podem trabalhar para preparar a Terra através desta gravidez, e ajudar a trazer este próximo processo evolutivo, aqui e agora. Esta é a criação do Céu na Terra.*

Observem o sol, pois ele está no processo de mudança. Isto está acontecendo de acordo com um projeto inteligente – o amor de Deus, o Criador, mudando as coisas para a consciência de vocês. É uma nova forma de pensar que está se desenvolvendo e, literalmente, tocando o próprio campo do DNA de cada Ser Humano. Isto muda a informação dentro do DNA e permite que o Ser Humano capte e aprimore os atributos de uma nova realidade que ele nunca teve antes. A natureza também está mudando. Vocês ouviram falar do salmão recentemente? Há muitos deles! No lugar em que há costas, não há excesso de pesca e eles estão pulando nos barcos! Contra todas as expectativas e projeções dos ambientalistas ou biólogos, eles estão assolando os oceanos no Alasca – está havendo uma multiplicação dos peixes.

*O que isto lhes diz? É possível que **Gaia** cuide de si mesma? Isto é o que ela está procurando passar-lhes. Este alinhamento manterá a humanidade alimentada. E se **Gaia** estivesse em aliança com vocês? E se a expansão da consciência que elevou a vibração do seu DNA tenha alertado **Gaia** a mudar o ciclo do clima, se preparado para alimentar a humanidade? Alguém pensou nisto? Vocês estão observando o oceano onde o derramamento do óleo ocorreu? Ele está se recuperando de um modo que não era previsto, não é verdade?*

O que acontece quando uma usina nuclear vaza e flui para o oceano? O que pode causar isso? O peixe pode ser comido? É seguro para nadar? Quero que você entenda, querido ser humano, que os oceanos do planeta são muito mais resistentes do que se possa imaginar.

Quero esclarecer que houve um tempo, antes de virem para este planeta, onde os oceanos vazavam óleo constantemente. Adivinhem de onde vinha? Dos depósitos de petróleo abaixo da superfície do mar, que se rachava e vazava incrível quantidade de óleo, de uma forma natural, do fundo do oceano. Isso não arruinou o meio ambiente. Vocês precisam saber que existe um sistema, sempre houve, com a qual o oceano se limpa e corrige tudo isso de uma forma que vocês não conhecem. O derramamento de óleo no mar é um fato natural. Pergunte a um geólogo se, neste momento, não há vazamentos borbulhantes no fundo do mar! Sim, há. É um evento natural. O oceano se reconhece e regula a si mesmo.

O próprio ciclo da vida está sendo alterado pela mudança de temperatura do oceano e muito do que vocês acreditaram ser o paradigma da vida no mar, está lentamente mudando. Está *aparecendo um novo sistema de vida, como já aconteceu antes, e vocês verão, ainda em sua existência. Isto os levará a um novo conceito: **Gaia atualiza regularmente o ciclo da vida na Terra**. E essa é a <u>Verdade!</u>"*

"Toda a gama de matéria viva na Terra, das baleias aos vírus; dos carvalhos às algas, pode ser considerada como constituinte de uma única unidade viva, capaz de manipular a atmosfera da Terra de acordo às suas necessidades globais e dotada de faculdades e poderes superiores àqueles dos seus componentes individuais. É um sistema cibernético unificado e onsciente, em feedback constante, capaz de autoregulação inteligente." (James Lovelock)

Neste processo, haverá a extinção de determinadas plantas e animais, pássaros e peixes. Meu conselho a vocês, especialmente para os ambientalistas, é de compreenderem o ciclo da vida de modo que possam relaxar com o que a natureza sempre tem feito. Ela coloca a vida no planeta para servir ao planeta por um tempo. Quando determinada vida não mais serve ao planeta da forma que costumava fazer, ela desaparece. A extinção da vida, especialmente através da mudança climática, é normal para Gaia. Isto é honrado, apropriado e natural, ainda que não pensem assim. <u>Não tentem salvar todos os animais que estão desaparecendo, os peixes e pássaros! Alguns são supostos a desaparecer</u>. E, queridos, não atribuam todo este processo a algo causado por vocês. Não é culpa da humanidade! A Terra está se tornando mais sagrada do que jamais foi. Gaia está com vocês nisto. Ela está cooperando de uma forma em que vocês nunca pensaram que ela poderia, na forma que os biólogos disseram que não poderia ser. Vocês acham que a estão matando? NÃO! Em vez disto, ela está dando à luz um sistema ecológico alterado e apropriado".

Capítulo XXII

Novas ideias, novas invenções importantes!

Sabemos que a tecnologia mudou literalmente nossas vidas em pouco tempo, acelerando substancialmente os processos do aprendizado, de trabalho, da cura, da beleza e muito mais. Porém, se você se espantou com essa aceleração tecnológica, vai ficar extasiado com essas predições incríveis, expostas aqui por Kryon. Muitas delas poderão, em breve, ser manifestadas também em nossa realidade. Portanto, amarre bem os cintos pois isso poderá desestruturar o seu intelecto programado. Quem viver verá!

Uma tecnologia nova poderá transportar-nos de uma parte a outra do planeta, em segundos! Seria isso possível?

"A maior parte das tecnologias da série televisiva "Jornada nas Estrelas", já se manifestou na Terra. Mas uma que nunca se manifestou é o transporte molecular de material vivo, humano, biológico. Ele foi chamado de transportador. Isto está bem a sua frente, neste momento, se a vibração coletiva da humanidade for suficientemente elevada para apoiá-la. Vocês verão como mudará, rapidamente, alguns dos maiores desafios que a humanidade enfrenta hoje. Quão rapidamente vocês serão capazes de ajudar à Mãe Terra a se rejuvenescer, ajudando-a no processo de nascimento.

Quando esta nova tecnologia se aderir à Terra, haverá muitas mudanças rapidamente. Não é segredo que se a tecnologia funcionar, muitos irão combater porque ela parecerá muito boa para ser verdadeira. Há muitas coorporações e governos que estão investindo pesadamente no petróleo e isto não será muito vantajoso para alguns, que poderão tentar boicotá-la ou escondê-la. Compreendam as mudanças que estão bem na sua frente, queridos. Estas são as mesmas coisas que criaram guerras em seu planeta muitas vezes, mas isto não tem que ser assim agora. Hoje há mais comunicação no planeta Terra do que nunca, devido aos avanços tecnológicos. Nós estamos usando a sua tecnologia agora, para alcançar os seus corações, e isto é maravilhoso, vocês que criaram.

Cada vez que vocês assistiam shows ou filmes na televisão sobre ficção científica, pensavam como seria maravilhoso para uma pessoa poder desaparecer instantaneamente daqui e reaparecer lá, certo? Bem, dessa forma vocês estavam plantando as sementes que estão agora prestes a germinar. Vocês já sabem que são criadores e que o pensamento é poderoso. A cada vez que vocês pensam como isto ou aquilo seria maravilhoso, vocês emitem estes pensamentos como uma criação. Quando a vibração coletiva alcançar um nível suficientemente elevado para apoiar tais pensamentos, então isto se manifestará. Esta energia está prestes a se manifestar. Pela primeira vez esta tecnologia pode ser apoiada pela vibração coletiva da humanidade. Compreendam que o transportador humano é somente uma das muitas tecnologias que surgirão muito rapidamente. Tal tecnologia poderá mudar a face do planeta Terra, praticamente de um dia para o outro. É também uma das tecnologias mais fáceis para descrevermos, porque vocês estiveram sonhando com ela por muitos anos. Estas são memórias profundas que vocês têm de suas próprias capacidades, e quando a vibração coletiva for suficientemente elevada, o planeta Terra dará um salto gigantesco. Vocês estão se preparando para passar pela evolução do planeta Terra e pela evolução da humanidade. Vocês o pediram, vocês o criaram e temos somente uma resposta. E Assim É."

As próximas descobertas científicas - um sistema "wireless" humano, irá transferir certos atributos de uma célula biológica para outra e de um humano para outro.

Várias coisas acontecerão na ciência oficial.
Primeiro, vão descobrir alguns dos segredos do DNA que são embrionários. Fiquem de olho nos cientistas que estão trabalhando com as células embrionárias e a magia que acontecerá dentro disto. Vocês já sabem que na placenta existem células-tronco incomuns. Sabem, também, que as células-tronco adultas pré-programadas, ainda estão lá no corpo. Mas o que dizer do DNA do feto que ainda não nasceu? Pensem nisto. Procurem respostas dentro desse campo que poderão melhorar consideravelmente a vossa saúde e salvar muitas vidas.

*As células embrionárias do feto são intocáveis para a sociedade e poderia até mesmo estar em Marte, porque ninguém em ciência tentará usá-las em maneira 3D, que é tudo o que vocês sabem fazer neste momento. Se tentassem, de qualquer maneira não iria funcionar. Há processos quânticos que vocês estão aprendendo que, não só não são invasivos, mas são realmente úteis e podem transferir os atributos de uma célula biológica para outra e de um humano para outro. Pensem no "**wireless**". O que necessitava de longos fios, de mais de 1.500 quilômetros, é feito agora com os satélites. É uma analogia que mostra que vocês estão indo para uma compreensão inteiramente nova de transferência de energia. Há complexidade, controvérsia e pensamentos super-intelectuais em tudo isso, porque o vosso cérebro em 3D se lançará em busca de algo errado em tudo isso. Tudo o que posso dizer é que o sistema quântico não é um sistema linear e vossa lógica vai acabar no chão, acaso tentarem analisar essas coisas.*

Conseguem imaginar o tempo em um círculo? <u>Podem se ver em dois lugares ao mesmo tempo, ou mesmo alterar a sua estrutura molecular, com a intenção, para fazer parte de outro objeto? Se conseguirem fazer isso, então você não tem permissão para comentar de uma forma racional. Porque todas essas coisas fazem parte das possibilidades do DNA quântico.</u>

A propensão da física

No passado, forneci algumas mensagens sobre a propensão da física. Agora estamos de volta à questão da polaridade. Essa "propensão" é embebida na invenção natural que o Dr. Todd Ovokaitys (médico, pesquisador do DNA e membro da equipe de Kyron) descobriu. A física é ativa e busca o equilíbrio. Isto significa que cada campo que ele criou com o seu processo, tem as características de um DNA perfeito, com os atributos do modelo do feto. Os atributos podem ser transmitidos e recebidos do Humano, em qualquer configuração que sua estrutura celular seja capaz de absorver.

Este e outros processos também serão observados pela ciência. <u>Os estudos seminais nos animais começarão a revelar o que dá a capacidade de regenerar membros nos seres humanos</u> e muitas das outras coisas que falamos por 23 anos. Esperem que esse tipo de coisa aconteça em breve e também o uso de células-tronco adultas, de uma forma maior. E está tudo bem na frente de vocês.

Deus Criador é o físico mestre do universo e tem usado essas ferramentas para criar o sistema de vida e o equilíbrio do amor. Tudo isso vai melhorar a vida e a compreensão humana. Mais uma vez eu lhes digo que a distância entre o elétron e o núcleo de cada átomo é cheio do amor de Deus - é a sopa do Criador - construído para a vida e pronto para levá-lo pela mão, se quiser.

É a recalibração do conhecimento sobre o planeta e o primeiro passo em um paradigma quântico. Prepare-se para isso.

Uma Revolução e uma Revelação

Em breve haverá uma grande descoberta e será uma visão quântica!

Quero dar algumas dicas a vocês. Mais uma vez, eu digo que isto está nos éteres. Isto quer dizer que está disponível para ser descoberto e é iminente. Os humanos precisam descobrir estas coisas por si mesmos, nós apenas damos dicas. Quando isto acontecer, saberão que ouviram aqui em primeiro lugar. Se trata de algo técnico.

Por vários anos, os astrônomos têm colocado lentes especiais nos telescópios para obterem diferentes visões do universo, além do que é visto com a luz normal. Capturar a luz comum é uma coisa obsoleta para a astronomia real. Agora eles querem capturar as radiações. Eles querem ter espectrometria para que possam ver como todas as coisas são feitas. Eles querem medir a velocidade dos objetos de ida e volta, para ter um "redshift ou um "blueshift" (mudanças do vermelho para o azul), para saberem se o objeto está se aproximando ou se afastando do observador.

Durante anos, eles têm colocado lentes especiais nos telescópios a fim de analisar o que a luz comum não pode mostrar. A maioria de vocês nem sabe que agora não se olha mais através de certos tipos de telescópios ainda existentes! Tudo passa através da coleta informatizada do que está escondido na luz, ou o que está disponível através de outros métodos de medição. Eles sabem quanto esses objetos são quentes, do que são feitos, para onde estão indo e as anomalias de sua trajetória. Obtenham uma lente astronômica multidimensional. Só assim, vocês poderão ver exatamente o que eu descrevi e, principalmente, irão ver a natureza dos dois buracos negros gêmeos que parecem ser apenas um. Uma lente interdimensional que observa a gravidade e o tempo e a curvatura deles em padrões. Se estivessem olhando para o universo com esta lente, veriam como os gêmeos se relacionam um com o outro e veriam as fibras conectando as galáxias, muito claramente. Isto não seria maravilhoso? Explicaria a energia faltante, não é? Daria motivos para os cientistas aumentarem as quatro forças para seis! E isto pode ser feito.

Os cientistas já estão postulando a existência de matéria escura que seria matéria que não se pode ver, mas que deve existir para equilibrar a equação da energia. Não falaram ainda sobre interdimensionalidade, mas falarão. Devem falar, pois a harmonia da matemática, provavelmente irá mostrar-lhes, muito claramente, que talvez o que acontece no universo está na interdimensionalidade.
<u>O que está faltando em seus cálculos sobre a energia é a realidade da matéria interdimensional.</u>
*Agora eu lhes direi como isto se parece, aproximativamente. Primeira dica: essa invenção não deve ser colocada na lente. Ela precisa ir o mais perto possível do instrumento receptor. No caso de um telescópio óptico, é o seu espelho. No caso de um telescópio digital é o seu globo ocular digital. Isto quer dizer que estas lentes só podem ser colocadas no plano focal. Isto fará sentido para aqueles que constróem telescópios. Ele precisa ir onde o foco é coletado. **Dica dois**: Esta lente não é física - é a plasma. O plasma é mantido coeso por campos magnéticos incrivelmente fortes. Oh, e é muito frio. E estas são as dicas para essa fantástica descoberta.*

*Quando desenvolverem isto e quando o ligarem e fizerem os ajustes no magnetismo que permitirá a coerência do plasma, vocês terão o próximo passo na astronomia - **uma revolução e uma revelação**. A física se modificará; sua realidade se modificará e vou dizer-lhes o motivo. Quando olharem para coisas interdimensionais, uma das coisas inesperadas que verão será... a vida! A vida se mostra devido à energia vital. Vocês poderão olhar para uma galáxia e as estrelas que brilharem (usando o filtro) terão vida ao seu redor! Que tal isto? Então todos ficarão com medo. É inevitável, sabem?*

Por que a fusão a frio, de Pons e Felishmann, não funcionou?

A energia que circunda o planeta hoje, é apropriada para algumas das teorias que foram antecipadas no tempo, e que foram precisas tanto antes como agora (a teoria de Tesla, Felishmann, etc). *Esperem uma erupção repentina de novas descobertas científicas, com soluções para os problemas que vocês têm trabalhado por anos, soluções que farão com que digam: "**Por que não pensaram nisso antes?**" Esperem pela fusão a frio, a propósito.*

Eu já lhes disse. O experimento com a fusão fria era algo bem preciso (referindo-se à tão criticada experiência de Ponds e Martin Fleischmann). *Os investigadores não foram capazes de repetir a descoberta feita, pois eles não tinham conhecimento dos atributos magnéticos que influenciavam a experiência - que teve lugar em um porão, com todos os painéis elétricos em torno. Eles pensaram que fosse simplesmente química. Mas não era. Foi uma descoberta acidental da física que permanece um mistério no momento, mas que combina a química com o magnetismo, coisa que poucos estão tentando fazer.*

O mesmo aconteceu com Tesla, que efetivamente conseguiu ver um objeto voar do seu local de trabalho, mas sem saber o por quê. Ele sabia que tinha algo a ver com o magnetismo, mas não conseguiu criar o projeto com as ferramentas e tecnologia da época. Podem imaginar isso? Agora entendem o motivo da sua depressão. Frequentemente, é assim que se verifica o progresso no planeta.

Todas as coisas no universo são criadas com polaridade. Sem polaridade, não pode existir vida.

Agora, vou executar um processo que contém uma revelação. Quero levar vocês para dentro da estrutura atômica de base. Eu já fiz isso antes, mas nunca vos trouxe a este estágio. Quero que observem comigo um elétron, como se você estivesse lá, pequeno como ele.

Os físicos dizem que o elétron gira. Ele não faz isso e nem poderia. <u>Não há nenhuma superfície sobre um elétron, uma vez que é somente energia</u>. Eles não giram, mas possuem, ao invés, um potencial eletrônico. Cada partícula desse planeta, tudo o que vocês podem ver, todas as coisas do universo, são criadas com a polaridade e são projetadas para serem auto-equilibradas. Estas são informações novas, para esse tempo. E, por causa da polaridade que vocês chamam de "mais e menos", se movem e tentam equilibrar-se dentro de um campo, TODAS as coisas, tanto físicas quanto as de qualquer outro tipo.

No entanto, todas as polaridades são propensas a serem influenciadas pelo que eu chamarei de <u>pressão par</u>. Os elétrons que têm carga positiva (rodar com uma polaridade) são atraídos por aqueles que são negativos, por isso se anulam. Eles procuram uns aos outros para criar o ponto de equilíbrio. Eles tentam se *equilibrar e se não o conseguem, não ficam "contentes". Uso este termo apenas para relevar o estado de uma partícula da física que não encontra o seu próprio equilíbrio. Mas, mesmo com os átomos, existem elétrons que não formam um par, uma vez que não existe uma lei do átomo que afirme que os elétrons sejam sempre criados em número par. Então, muitas vezes, haverá aquele que nós chamamos de desemparelhado e, quando isso acontece, o átomo inteiro é carregado positivamente ou negativamente de acordo com a carga daquele desemparelhado. Neste caso, o átomo irá procurar um outro átomo que tenha um desemparelhado de carga oposta. Pronto. Acabei de explicar aqui, o **magnetismo**. Agora, a ciência já conhece uma parte. O que ainda não é compreendido, no entanto, é que **<u>TODAS as coisas têm uma dualidade.</u>** Há suspeita, e algumas teorias sobre isso aparecerão em breve, mas informamos a vocês, agora, porque ela sempre existiu na mente de alguém, logo, não interferimos no seu livre arbítrio. Então, desde o muito pequeno ao muito grande, até mesmo a galáxia... tudo tem dualidade. No centro de sua galáxia, existe o que a ciência chama **de buraco negro.** Nós já lhes dissemos que não existe algo como essa singularidade e, até mesmo a ciência, sabe que é um paradoxo da física. Se trata de um espaço negro, definido buraco porque vocês não podem ver nenhuma luz dentro. Na verdade, vocês não sabem ainda o que realmente está acontecendo lá, pois vocês não possuem nenhum instrumento capaz de "ver" as energias interdimensionais e as leis da sua física. Mas vocês estão por descobrí-las. Quando se voltarem para o centro da galáxia, verão duas fontes muito óbvias. É um motor quântico que puxa/empurra.*

Por que tudo tem uma polaridade?

Por que foi criado dessa forma, até se chegar ao elétron? A menor coisa, até o que vocês chamam de Bóson de Higgs - a Partícula de Deus - e os quarks, tudo tem uma polaridade. Você não vai encontrar nenhum fragmento na natureza privo de polaridade. Por quê? Se não fosse assim, o universo seria um lugar tedioso e chato para se viver. Criando uma dualidade em cada partícula, se cria um universo ativo, que é auto-equilibrado e nunca está em repouso. Se não fosse assim, seria estático, imutável e não criativo. Portanto, sem polaridade, não haveria vida. A Vida é criada pela presença de uma dualidade, uma polaridade nas partículas atômicas. A vida é o que é necessário para que haja o Universo. Não há razão para uma física sem vida - e vocês pensavam próprio o contrário, não? "A vida é um acaso e existe em um único planeta". Oh, como vocês são tridimensionais! A vida **É O PROJETO**.

Capítulo XXIII

As ideias e invenções não são casuais

O casamento do físico-mental-espiritual

Nos próximos anos, você terá a oportunidade de ver os resultados do casamento físico, mental e espiritual para alcançar a verdadeira ciência. Atualmente vocês não têm uma ciência real, mas uma ciência bidimensional; uma ciência humana, e não uma ciência universal.

A parte que falta - a espiritual - foi relegada pelos cientistas por centenas de anos, como sendo <u>não científica</u>. Isto é irônico porque **é no espiritual que se encontra o poder real e a compreensão!** *Vocês nunca alcançarão a viagem espacial sem o sustento espiritual. Vocês também nunca serão capazes de alterar ou entender a gravidade e, mais importante, a transmutação da matéria, sem isto. Já imaginaram como seria interessante neutralizar todo dejeto atômico, de maneira que uma criança pudesse brincar com ele como areia? Maravilhoso, não? Bem, não é difícil fazê-lo, mas se requer conhecimentos que vocês ainda não utilizaram, mas que agora vocês têm o poder e a permissão para desenvolver.*

Vocês ganharam estas coisas! O poder que você nunca usou ainda está sob seu domínio. Vocês têm, absolutamente, enormes fontes de força natural que existem através da compreensão e uso regulado dos campos magnéticos de seu planeta.

Só existe avanço tecnológico se existir uma evolução espiritual coletiva

A tecnologia avançou nos últimos 50 anos, mais do que nos últimos 500, porque houve uma enorme evolução na consciência humana. O que a maior parte de vocês desconhece é que deve haver um equilíbrio entre tecnologia e evolução espiritual. O nível da tecnologia no planeta é determinado pelo nível global de 3/4 da vibração coletiva de todos os humanos na Terra. Muitas novas tecnologias inventadas foram, frequentemente, impedidas de funcionar porque a vibração coletiva da humanidade não estava suficientemente elevada para apoiar tais tecnologias. Vocês se lembram como eram as suas vidas sem os computadores somente há alguns anos? A tecnologia dos computadores foi um imenso passo que causou um impacto em cada faceta de suas vidas diárias. Bem, não somente os computadores mudarão radicalmente, mas, as tecnologias que estiveram nos pensamentos coletivos da humanidade até agora, poderão também se manifestar rapidamente, pois esperam apenas serem ativadas.

Houve um evento cósmico que ocorreu nos dias da Lemúria, que contribuiu profundamente para o desaparecimento da Atlântida. Sem haverem uma intenção pura, muitos Lemurianos criaram uma separação da humanidade e das almas, que nunca tinha-se visto antes no planeta. Isto não funcionou do modo que eles pensavam. Ao invés de ajudar a humanidade a ascender ao próximo nível, a separação resultou no afundamento da Atlântida. Nos dias diretamente seguintes ao trágico evento, muitas decisões coletivas foram feitas para esconder determinadas tecnologias da raça humana, porque elas poderiam ser muito facilmente mal direcionadas. Estas mesmas tecnologias são as que lhes serão reveladas muito em breve. Elas não precisam mais estarem escondidas e a Terra pode se beneficiar intensamente delas, neste momento".

Todas as ideias ou invenções imaginadas pela mente humana, estão gravadas na memória da Grade Cristalina que envolve o Planeta

Como aparecem as gandes invenções? Aposto que ninguém jamais se perguntou ou, se o fez, tem uma noção totalmente distorcida dessa realidade. Parece incrível, mas todas as ideias e invenções são conferidas ao planeta, somente quando este está pronto, e não antes. De fato, parece que todas essas grandes descobertas que têm inundado o planeta, apareceram praticamente todas juntas, somente nos últimos 50 anos, como magia. Como se explica isso? Se observarmos bem, em todo o percurso do longo período da existência da humanidade, houve sempre seres humanos inteligentes e ricos de ideias... porque, então, parece que só nos últimos tempos ocorreram quase todas as invenções modernas? O que poucos sabem é que existe um sistema de memória inserido naquilo que chamamos de *Grade Cristalina,* a rede invisível que circunda todo o planeta. Se trata de uma espécie de cápsula do tempo. Tudo que já foi conhecido, ou não, todas as leis que faltam na física - teletransporte quântico e entrelaçamento, o desbloqueio dos segredos da estrutura atômica, como mover energia para a matéria e da matéria para a energia novamente, como criar calor sem calor e frio sem frio - todos os segredos que os cientistas desejam que se revelem, estão lá. E nos serão dados somente quando todos os povos e nações puderem conviver sem guerras ou conflitos. E isso vai depender muito da utilização de uma energia que possuímos mas não sabemos utilizar. Já começamos a vislumbrar isso no planeta. O desejo de livrar-se das lideranças de baixa consciência está se evolvendo em todo lugar. Antigos inimigos de centenas de anos, estão, agora, decidindo colocar de lado as divergências e se reunirem como uma unidade. A própria decisão de unicidade manda um sinal diretamente para a *Rede*

Cristalina, o que informa sobre a capacidade dos humanos em receber determinadas invenções.

Que força se esconde por trás dos cristais?

O uso de cristais é uma prática muito antiga. No Antigo Testamento, por exemplo, se faz referência ao *peitoral do juízo*, adornado com quatro fileiras de pedras preciosas, o qual era utilizado pelo sumo sacerdote durante os serviços religiosos. Já os romanos, usavam o coral vermelho para proteção contra energias negativas.

As lendas e crenças mais antigas sobre a magia dos cristais, nos levam de volta até o antigo continente de *Atlântida*! Foi formulada a hipótese que os evolutos habitantes desta civilização, usavam os cristais para canalizar e explorar as forças cósmicas. Parece também que os cristais eram utilizados para produzir energia para cidades inteiras, bem como para uma variedade de fins, práticos e físicos.
Considerou-se que uma das razões pelas quais este grande continente fora destruído, se deu pelo fato de que seus habitantes tivessem abusado desses conhecimentos, fazendo uso indevido, principalmente para fins egoístas! Alguns egiptólogos sugeriram que o topo das pirâmides foram revestidas com cristais para convergir a força cósmica para essas estruturas.

Muitos povos, civilizações e culturas, fizeram uso de cristais e pedras para diferentes fins: desde aqueles curativos e de proteção, àqueles para iniciação. Usaram os babilônios, os Maias, os índios americanos e todos os povos do Oriente (que ainda usam). Destes usos, há vestígios documentados por arqueólogos, historiadores e dos escritos de autores gregos, bizantinos e romanos.

Os cristais naturais do nosso corpo

A memória total do nosso corpo físico, funciona como um computador ou melhor que isso.

No computador, as informações passam através dos microprocessadores e cristais líquidos, que são geralmente de quartzo, mas também de silício e selênio. No nosso cérebro, em parte, o processo é o mesmo: a memória e os comandos físicos fluem através dos neurotransmissores ligados ao cérebro e transportados aos cristais líquidos naturais, dos quais o cérebro é rico. Por memória, se entende não só a lembrança dos comandos a serem transmitidos às células, mas, também, aqueles de emoções, lugares e pensamentos.

A verdade inquietante sobre o Triângulo das Bermudas

Alguns pesquisadores hipotetizaram que no fundo do *Triângulo das Bermudas* existe uma fonte de energia armazenada em uma gigante pirâmide de cristal, que pode interferir com transmissores de rádio e de radar. Se a lendária Atlântida realmente existiu, esta pirâmide poderia ser os restos de uma máquina poderosa de forma piramidal, capaz de produzir energia que ainda está lá, intacta, no fundo do oceano. Poderia ser o modelo original histórico em que as culturas sucessivas se inspiraram mais tarde, em todo o mundo. Os pesquisadores afirmam que esta incrível máquina de energia poderia ser capaz de atrair e coletar os raios cósmicos do chamado "campo de energia" ou "vácuo quântico", e que poderia ter sido usada como uma usina de energia para a civilização atlante.

O Triângulo das Bermudas é um dos lugares mais misteriosos, perigosos e, às vezes, mortais, do planeta Terra.

Eventos climáticos, desaparecimentos de navios e aviões e outros eventos enigmáticos, que não podem ser definidos como fenômenos naturais. Alguns pesquisadores independentes, estão convencidos de que os fenômenos misteriosos do Triângulo das

Bermudas, são causados por alguma tecnologia antiga - ou alienígena - submersa nas profundezas do Oceano Atlântico. Um dispositivo de altíssima energia, capaz de criar verdadeiros portais espaço-temporais, transportando pessoas e objetos para outros mundos e outras dimensões.

Agora, uma equipe de exploradores americanos e franceses, de forma independente, confirmaram uma descoberta surpreendente que os pesquisadores já conheciam desde 1968: uma estrutura gigantesca, uma pirâmide de cristal, talvez bem maior do que a Piramide de Quéops, no Egito, parcialmente transparente, que parece estar apoiada no fundo do mar do Caribe. Sua origem, idade e objetivo são completamente desconhecidos. O comprimento da base da pirâmide é de 300 metros por 200 e o vértice se eleva a cerca de 100 metros da base. Uma mega estrutura. No topo da pirâmide existem dois orifícios de grande dimensão, por meio do qual a água do mar se move a alta velocidade, gerando vórtices que influenciam fortemente a superfície do mar. Os investigadores que trabalham no local, hipotetizaram que esse turbilhão de água pode ter algum efeito sobre a passagem de barcos e aviões, criando uma aura de mistério em torno da área. A descoberta chocou os cientistas de todo o mundo, no entanto, no momento, sopra uma espécie de vento secreto ou de estudado desinteresse. Nenhuma das autoridades competentes no assunto está se interessando, muito menos ansiosa para organizar uma expedição exploratória.

A energia de Atlântida foi mantida dentro dos cristais. Como isso é possível?

*"Não é mais um segredo que a energia de Atlântida foi mantida dentro dos cristais que foram enterrados em profundidade, dentro da área chamada de **Triângulo das Bermudas**. Era importante colocar aqueles cristais verdes e brilhantes de Atlântida em um lugar bem seguro e sagrado, para evitar que consciências pouco elevadas pudessem fazer uso inapropriado. Os cristais ficaram escondidos até agora. Eles permaneceram em alguns lugares que vocês chamam de Oceano Atlântico e já foram reativados, graças*

às suas expectativas e à própria energia de seus corações. (O campo de energia que circunda o coração tem a configuração geométrica entre 1,5 e 2,4m. O campo parte de nosso coração e se estende para além do corpo físico, provado cientificamente).

"Isto é o que causou todo o tumulto naquela área e as mudanças climáticas que a Terra está experimentando. A mesma energia daqueles cristais de poder, permaneceu lá, desde o primeiro dia. Vocês não podem negar a energia, porque ela existe, quer se acredite ou não. Demorará alguns anos antes que descubram os cristais reais. Não é importante encontrarem os cristais. O que é importante é que utilizem a energia dos cristais. É a energia em desuso destes cristais que causou tantas descargas turbulentas, na forma de furacões naquela área. O uso desta energia reduz a necessidade destas descargas e no futuro, estes eventos irão retomar a sua frequência normal.

A energia de cristal está voltando ao planeta Terra. Prontos ou não, vocês alcançaram uma vibração alta o suficiente para desvendar os segredos da energia dos cristais, mais uma vez. Esta é a mesma energia usada na vida cotidiana, no tempo de Lemúria e Atlântida. Todos os cristais estão se ativando por si mesmos, porque quando foram escondidos, foram colocados em um ponto de gatilho automático, que seriam ativados, assim que a humanidade tivesse atingido um nível suficientemente elevado de vibração."

O poder dos cristais de Atlantis – A força de uma energia espiritual?

*Agora, a humanidade sentirá novamente a energia quantificável proveniente daquelas áreas, pois já teve início. Até agora, vocês a avaliaram pelos furacões e pelas mudanças climáticas. Pedimos-lhes para trancafiar essa energia, não a dos furacões e dos tornados, mas **a energia amor**. Façam uma fusão com a sua própria. Encontrem as ligações com a energia do coração. Não* *tenham medo. Deixem que nos seus corações, o amor fale mais alto do que o medo, porque ele começa em vocês."* (Il Gruppo – Steve Rother)

A Rede de Amor - Uma revelação surpreendente que fará revirar os olhos de muitos!

A coisa mais surpreendente que bem poucos sabem, e que poderá gerar discussão, é o fato de que exista realmente uma rede de energia chamada Amor, e que parte do coração de qualquer ser humano. É uma energia poderosa mas não sabemos ainda usá-la!

Não é aquele amor que estamos habituados a viver. Se trata de uma Energia Criadora, a Energia Amor/Criação. A própria noção do amor como pura energia é difícil de entender e aceitar. O amor que nós vivemos na Terra, muitas vezes é amor afetivo, amor emocional. Enquanto estamos na matéria, não conseguimos compreender a energia Amor. A confundimos com o amor humano, com tudo o que implica e com todos os tipos de amor que podemos viver neste mundo; e que às vezes são até muito "elevados". Mas se trata de uma Energia Criativa - a Energia Amor/Criação – tão potente quanto a energia elétrica que "cria luz".

A energia especial do coração – parece fábula, mas nem tudo é como se pensa!

"Saibam que a energia Amor que emana da Fonte, é um amor tão potente, que se você vivenciasse uma ínfima dose, poderia sofrer uma profunda transformação ou até mesmo a destruição da sua biologia, por não ter uma estrutura de suportação. Esta energia não é absolutamente um sentimento. O sentimento não existe em esferas muito elevadas.

A tecnologia é um reflexo do estágio vibracional da raça que a utiliza. Por conseguinte, em cada raça, é a energia do coração que deve equilibrar a tecnologia. Se a tecnologia vai muito além em comparação com a energia do coração, isso provoca um desequilíbrio. À medida que a energia do coração aumenta, vai empurrando a tecnologia para acompanhá-la. Essa é a razão porque só nos últimos 50 anos, vocês atingiram um progresso tecnológico assim enorme. Foi porque a energia do coração evoluiu bastante para suportar a tecnologia e incrementar o crescimento.

Nos dias de Atlântida, a energia tecnológica realmente ultrapassava a energia do coração que fazia um enorme esforço para acompanhar a energia tecnológica. A tecnologia da Atlântida ultrapassou tanto a energia do coração, que causou um desequilíbrio crítico. A maioria das pessoas acreditava que a tecnologia fosse um produto humano, e que a energia do coração fosse divina. Essa crença se baseava essencialmente no medo, pois não aceitavam o fato de que o divino pudesse se misturar com a ciência. Sendo assim, as duas nunca poderiam se combinar. Mas estas duas energias deveriam ser equilibradas para permitir a Atlantis de progredir. Em grande medida, foi o medo que afundou Atlantis, coadjuvada pelo desequilíbrio da energia do coração. O impulso da energia do coração era indescritível e a tristeza sobre a energia do coração se faz sentir até nos dias de hoje. Agora isso está mudando nesse Planeta e vocês estão sendo motivados a buscar fontes alternativas de energia. Seria como se os dias da Lemúria e Atlântida estivessem de volta. Vocês já superaram aquele estágio vibracional necessário porque a energia do seu coração, agora, precedeu e arrasta a tecnologia atrás de si, como deve ser, pois então o equilibrio está trabalhando em ambos os lados - mais do que se fazia naqueles dias mágicos. Estão vendo oportunidades para usar a energia de novas maneiras. Nós dizemos a vocês que, enquanto houver equilíbrio entre a energia do coração e tecnologia, tudo funcionará bem.

Agora, vocês estão voltando aos dias de Lemúria e Atlântida. Começarão a se mover em uma conexão constante com a Rede de

Amor, com uma consciência constante. A Rede de Amor permite reativar a energia do coração através dos cristais de Atlântida."

A evolução torna-se um lugar-comum

*Não muito tempo atrás, muitos de vocês estavam descobrindo a palavra **ESP** - percepção extra-sensorial (extra sensory perception). Hoje, esta palavra não existe mais na sua língua. Falar de ESP, remonta aos tempos dos anos 70. Uma palavra antiga. Hoje, a chamado "percepção extra-sensorial tornou-se parte de vocês, está integrada e tornou-se uma coisa comum. Começaram a abrir espaço em suas vidas para fazer uso em uma base diária. No entanto, vocês não precisam mais de palavras para descrevê-la como algo separado de vocês. Isso está acontecendo, também, com o conceito da **Rede de Amor**. Isso faz parte do trazer a energia do coração de novo à terra.*

Quando teve início a Rede de Amor

A Rede de Amor, nada mais é que um pensamento de Deus. Você é um pedaço de Deus. Vocês são os criadores e tudo se move através da sua maneira de pensar, através de seus pensamentos e das próprias ideias. Quando Deus tem um pensamento, é como um projeto ao qual é enviada à energia universal para criar. Esta é a Rede de Amor. Vocês a criaram através do pensamento coletivo, que há um poder exponencial. A Rede começou primeiro como uma rede de comunicação. Iniciou nos primeiros tempos, quando um mensageiro era enviado para outra cidade a pé ou a cavalo, e o percurso criado gerou uma rede de comunicação sempre mais ampla. Não muito tempo atrás, os fios foram estendidos e estes mesmos caminhos tornaram-se linhas de telégrafo. Aqui, a rede teve sua primeira forma. Naturalmente foi-se evoluindo e tornou-se a rede que chamam de linhas telefônicas, distribuídas por todo o planeta. Não estão uniformemente distribuídas, especialmente em áreas de população densa. Depois, a evolução trouxe a Internet e começou, assim, a ligação entre os corações em um *nível global. O passo sucessivo é o de transformar esta rede, numa rede de comunicação luminosa. Então, depois que você se acostumarem com a rede de luz que será integrada em cada um de vocês, não precisarão de uma rede física fora de si mesmo. Nas gerações seguintes, esta rede será mais uniformemente distribuída em todo o mundo e não irá ajudar somente à comunicação entre vocês, mas haverá uma conexão com a própria Gaia e vocês serão todos conectados entre si, como **Uma Coisa Só**. E isso já começou. Haverá um momento em que você não precisará mais da rede de luz, porque será uma parte integrada de vocês mesmos.*

Muitos trabalham na mesma invenção, ao mesmo tempo, sem sequer saberem

A Terra, agora, começa a responder e vibrar em um nível mais elevado. Quando os bebês nascem no planeta, a primeira coisa que eles sentem é a vibração da Rede Cristalina. É como se fosse um padrão para o seu DNA e sua cápsula do tempo. Eles vão captar a vibração da Rede Cristalina e, a partir dali, eles iniciam sua vida, partindo com o nível vibracional que receberam do planeta no seu primeiro respiro. A consciência humana está mudando, seu DNA está começando a despertar e as cápsulas do tempo individuais, estão começando a se abrir. Novos tipos de crianças estão nascendo. Vocês verão novas ciências e novos talentos. Isso então se comunica com a Rede Cristalina.

A Rede Cristalina está começando a mudar a forma como ela funciona. Da mesma forma como ela armazena ação e energia humana, ela está começando a estabelecer uma sintonia fina e reagir primeiro à ação compassiva. E, quanto mais elevada for a compaixão, mais a rede se comunica com o DNA humano. Meus queridos, tudo está relacionado, faz parte de um grande sistema e é maravilhoso. Imagine passar milhares de anos sem entender o que seja uma bactéria, ou sem acreditar em germes, ou sem eletricidade. Quando você pensa sobre essas coisas e na ordem em que elas chegaram ao planeta, é bastante revelador.

Muitos humanos estavam trabalhando na mesma invenção ao mesmo tempo e nem mesmo sabiam. De repente, vocês receberam a invenção do rádio, as imagens que viajam pelo ar, depois, o vôo. Parece ter chegado tudo junto nos últimos tempos. Vocês podem se perguntar como isso pode ser lógico em um esquema de como as coisas funcionam, não é mesmo? Será que era preciso chegar a um determinado ponto da história, antes que os seres humanos se tornassem inteligentes?

Parece que estas ideias tenham sido todas "entregues" ao planeta, quase que ao mesmo tempo e muitos entenderam estas coisas subitamente, todos de uma só vez. Como é possível? Reflitam."

CAPÍTULO XXIV

PROFUNDAS REVELAÇÕES

Esses serão argumentos muito controversos, nem todos irão compreender e será difícil para a mente intelectual aceitar como reais, visto que não se trata de coisas lineares mas interdimensionais e, portanto, não fazem parte das experiências do nosso intelecto. No entanto, é um convite para reconfigurarmos um processo do qual a maior parte de nós é ignorante. Reconfigurar o conhecimento que temos sobre nós mesmos, que é obsoleto, não apropriado para uma consciência expandida - que não cabe mais dentro da nova percepção de quem realmente somos, e que inclui todos aqueles mistérios da vida, antes fora do alcance da nossa consciência limitada. Aqueles que ainda não despertaram para a profundeza de tais conhecimentos, poderão achar que são "coisas absurdas", fora de propósito. Mas todas essas novas revelações são reais e verdadeiras, e poderão dar a oportunidade de sairmos da nossa letargia espiritual, achando que tudo já foi dito, mesmo sabendo que "tudo o que já foi dito" não esclarece minimamente o mistério da nossa existência, o real motivo pelo qual estamos aqui. Essa inércia chegou ao limite de sua desproporção. Não é mais possível continuar sentado em berço esplêndido, embalando-se no vento da ignorância e do conformismo, presos no laço do medo de se desamarrar para o vôo da própria liberdade, para além das mitologias incessantemente disseminadas e abraçadas como o único abrigo para uma existência sem um rosto, o único porto onde ancorar suas dúvidas incubadas e jamais questionadas. É hora de desatar as amarras do seu verdadeiro SER, derrubar o muro da separação entre você e você... seu EU MAIOR, que se expande para além de qualquer fronteira imaginável, que sabe tudo sobre quem você é, já foi e será. Seu SER que manteve uma conexão constante entre você e a Fonte Criadora, sem jamais pestanejar, pacientemente espera, ainda agora, o seu despertar.

O que virá a seguir será uma revelação, mas ao mesmo tempo é algo que todos nós já conhecemos em um nível da alma. É um processo quântico, uma maravilhosa descrição do que acontece quando deixamos este planeta e quando retornamos, para continuar o grandioso trabalho para o Universo que nós escolhemos realizar.

A Caverna da Criação

A Caverna da Criação é um lugar interdimensional, invisível e mesmo estando localizada no interior do planeta, nunca será encontrada por nenhum ser humano. É a contabilidade do Akásha para a Terra. Ali está o Registro Akáshico do planeta, é um lugar precioso, onde está armazenada a sua linhagem. Há um cristal para cada homem, mulher e criança no planeta. Quando vocês vêm e vão, em suas numerosas expressões de vida, fazem uma visita à Caverna da Criação para "atualizar" o cristal. Pensem nisso como uma estrutura cristalina estratificada onde cada estrato representa uma expressão de vida, ou com uma linha posta sobre ela a cada vida. Não é explicável em 3D, visto ser um evento interdimensional.

Quando vocês "morrem", antes da sua essência deixar o planeta, vocês visitam a Caverna da Criação a fim de ativar a essência da vossa alma. O mesmo para quando chegam. Tudo o que aprenderam ou não, todas as realizações, tudo é depositado lá para tecer a malha cristalina. É dessa forma que a consciência humana afeta Gaia.

Enquanto o globo vibra mais alto, as regras da física também mudam. Este é o atributo quântico da Física em geral. Vocês têm galáxias que evoluem, sistemas solares evoluindo, planetas evoluindo, consciência em evolução. Tudo é assim porque não existe tal coisa como um sistema estático de leis para tudo. Vocês, simplesmente, as mudam. Então, se poderia dizer que é um sistema que vai bem mais além do que dissemos aqui.

Alguns de vocês sentem que esta é sua última vida. O que não sabem é que, para a maioria de vocês, esta é a sua "profissão" no Universo. Poderia-se dizer que são um Humano universal profissional! Por que? Porque estão apaixonados pela Terra! Estão apaixonados pela família! Quando este jogo acaba e sua "vida termina", vocês simplesmente mudam energia. A morte é somente uma mudança de vibração. Parte de vocês se converte no guia de outros Humanos – porque é assim que a unicidade da alma funciona; outra parte de vocês passa para o outro lado do véu, regressando em uma nova expressão física. O grupo que são vocês, está sempre trabalhando. Vocês farão isto muitas vezes porque se negam a perder o final! Você trabalhou muito tempo, Lemuriano, para perder isto. Você foi parte disto durante muito, muito tempo, e tem visto e compartilhado o amor de Deus. Você o viu funcionar. Ofereceu-se para as coisas difíceis e aqui está, uma vez mais, em uma das últimas ondas as quais ninguém jamais, jamais pensou que poderia acontecer.

Somos os nossos próprios ancestrais!

Resumindo, procurem compreender o seguinte: existem três lugares onde a energia humana existe ao mesmo tempo:

1. A Caverna da Criação - que mantém um registro de quem você é e enche sua vida de experiência para contribuir para a vibração do planeta. É o sistema multidimensional, que capta a experiência humana de Gaia e fica com Gaia.

2. O DNA no organismo humano ajuda você, enquanto você está vivo em cada vida, por tudo o que você sempre foi, numa informação e energia que é armazenada em dupla hélice. Todas as milhares de vidas estão lá, se você viveu mil delas. Elas são todas acessíveis. Você nunca tem que reaprender tudo espiritualmente, já que é cumulativo - ou seja, ele permanece com você de uma vida para outra. Tudo o que você precisa fazer é abrir este recipiente espiritual com a intenção de lembrar, e verá a sabedoria dos antigos. Isto deveria lhe dizer algo. Todos vocês são os seus próprios ancestrais. O que acham disso?

Olhe para os antepassados por um momento, pois eles sabiam alguma coisa. Olhe para a sua sabedoria. Os indígenas sempre souberam do seu Akásha porque percebem que o círculo da vida contém informações acessíveis. Eles sabem que está dentro deles. Eles também sabem sobre Gaia e consideram a Terra como um parceiro vital - um parceiro na vida da sua alma. Oh, queridos, se vocês estudarem os antigos, irão encontrar tudo o que eu lhes disse hoje. Eles sabiam. Intuitivamente, eles sabiam. Todos sabem intuitivamente que seus ancestrais ainda estão com eles. Antes de tomarem decisões, eles encaminham-se sempre para os antepassados para pedir-lhes a sabedoria.

3. A Grade Cristalina - uma grade espiritual que estabelece-se ao longo da superfície do planeta, a qual se lembra de tudo sobre os seres humanos e onde eles estão. Se trata da memória de todas as coisas que foram colocadas ali, pelos Pleiadianos. A Grade Cristalina fora criada para este fim, pelos Pleiadianos. Quando for apropriado e quando a consciência da humanidade atingir um certo grau, essas ideias serão liberadas. É uma cápsula temporal de invenções, e muito mais. Não é algo que vem de fora da terra, mas a partir do interior.

As Cápsulas do Tempo

No início de 2000, no Monte Shasta, falamos sobre os Lemurianos na montanha. Lhes falamos sobre as cápsulas do tempo que estão lá e agora vocês têm a explicação. Aqueles dentro da montanha não sairão para apresentar-se e apertar a sua mão. Uma cápsula do tempo diz respeito às informações e ideias. As cápsulas que vocês descobrirão, se referem a atributos quânticos da ciência e da vida.

Há três tipos de cápsulas do tempo com informações sobre tudo. Informações que são comum ao longo da galáxia; todas as leis faltantes da física, coisas que vocês têm sempre buscado como a energia livre, a forma de produzir comida à partir do nada, de como alimentar a humanidade e oferecer água fresca em qualquer lugar do planeta, instantaneamente, e a cura para todas as doenças. Tudo está ali! Onde vocês acham que o cientista Dr. Toddy obteve a ideia para um laser quântico, que está trazendo informação quântica e que irá curar as doenças no planeta? De onde vocês acham que isto veio? E por que só agora? Essas são as coisas que vocês precisam perguntar a vocês mesmos.

Examine comigo neste momento, use sua intuição para saber se é verdadeiro ou não. Por que é que a tecnologia do seu planeta se acelerou apenas nos últimos poucos anos? Será que vocês tiveram centenas de milhares de anos de estupidez? Ou os seres humanos eram tão tolos ou ignorantes? Eles tinham o mesmo intelecto e a mesma curiosidade que vocês têm, a mesma inteligência que vocês têm. E, no entanto, aparentemente, tudo lhes foi apresentado nos últimos 50 anos. Quase tudo que vocês chamam de tecnologia hoje em dia, incluindo voar pelos ares, tem apenas 100 anos de idade. Uma gota no balde do tempo. Vocês nunca pensaram em fazer uma ligação com estas coisas? Nunca consideraram o longo tempo em que a civilização vive no planeta? Por que não aconteceu 1.000 anos atrás? Isso é lógico, na concepção de vocês? Não existiram ideias lógicas para um pensamento e uma criatividade mais elevada? É que a humanidade esteve inconsciente por milhares de anos.

A revelação do segredo das cápsulas do tempo

Há três cápsulas de tempo principais da Terra. Eu discutirei duas delas e contarei sobre a terceira. Elas estão todas interrelacionadas, uma não pode existir sem as outras duas.

As cápsulas do tempo, as primeiras, estão em seu DNA. Estas são as mais importantes. Elas se abrirão lentamente em combinação com as outras duas. E agora nós precisamos envolver a outra que está na rede cristalina de Gaia, que é o seu planeta. Nós já demos bastante informação sobre a Rede Cristalina. Há um depósito de conhecimento e futuras ideias nessas cápsulas temporais que vocês chamam Gaia, colocadas lá há muito tempo pelos pleiadianos, e serão abertas com novas ideias sobre a unidade e a paz, antes de abrir-se às invenções. A humanidade deve se tornar mais compassível antes das invenções virem até vocês. Entenderão o que quero dizer ao longo dos próximos 18 anos (mensagem dada em 2013, ndr). Estas são as cápsulas do tempo que estão sob os seus pés, sob a forma de nós da Grade Cristalina, e a velocidade com que essas coisas serão liberadas, dependerá totalmente do que vocês farão em seguida.

As cápsulas do tempo foram todas criadas pelos pleiadianos. Vocês precisam observar quem eles foram. Compreendam que eles não são Et's. Mesmo que eles sejam de outro sistema, eles são sua semente/pai. Vocês têm, parcialmente, sementes pleiadianas em seu DNA. Vocês compreendem isto? Vocês são eles e eles são vocês. Não há separação. Existe realmente uma família galática e vocês fazem parte dela. Mas o que está em seu futuro, querida alma antiga, é algo que você nem pode imaginar e demorará gerações. A primeira coisa que acontecerá é que, lentamente, vocês criarão a paz na Terra. Nada pode acontecer até que vocês façam isto. Quando vocês saírem da consciência de conflito e guerra, então a cápsula do tempo poderá entregar a vocês a tecnologia necessária para moverem-se até o próximo estágio. Mas enquanto houver aqueles no planeta que transformarão tudo em armas, isto não poderá acontecer. Isto é algo difícil de se traduzir, não é? Vocês compreendem o que estou dizendo?

Precisa haver uma consciência pacífica no planeta para que vocês possam receber a informação que os pleiadianos deixaram aqui para vocês. Agora, há formas do que eu chamaria de encurtar a abertura das cápsulas de tempo. E, quando vocês fizerem isto, irá mudar primeiro a Rede Cristalina. A mudança espelha e se reflete para o seu DNA. A Rede Cristalina é quântica e está em toda a parte ao mesmo tempo.

Vocês acham que ela está apenas na superfície da Terra? <u>Ela É a Terra</u>. É uma parte de tudo, é a Terra, toda a lava derretida... parte de tudo! Vocês veem sua reação na superfície do planeta porque é aí que vocês a tocam em três dimensões. Portanto, é aí que ela pode ser ativada. Mas quando vocês ativam, mesmo uma pequena parte dela, vocês ativam toda ela.
Mas vocês encontrarão as cápsulas do tempo nos "nós". E já discutimos isso antes. Sobreposições de energias específicas dentro da Rede, que estão posicionadas para as cápsulas. Isso é difícil de traduzir. Há algumas coisas chamadas "nulos" que também têm esses atributos. As cápsulas do tempo não estão

uniformemente em toda a parte. Agora, estamos falando sobre a energia quântica e dissemos que ela está em toda a parte, mas os "nós", que são os lugares onde elas podem ser ativadas, são específicos.

Procurem os lugares onde os indígenas decidiram se estabelecer. Procurem lugares no planeta que são conhecidos por serem sagrados e que são frios. E lá vocês encontrarão as cápsulas. Pois os pleiadianos as deixaram em muitos lugares e os indígenas do planeta os sentiram, como vocês sentem, e decidiram que aqueles eram lugares sagrados e se colocaram ali.

Algumas vezes, eram lugares muito altos ou muito frios para que eles se estabelecessem. E estes são, frequentemente, o que nós chamamos de "nulos". Através de sua intuição e de sua própria cápsula do tempo, você irá procurar esses lugares, onde realmente as cápsulas se encontram.

Queridos humanos, estes são conceitos talvez mais elevados do que vocês possam compreender neste momento. Portanto, usem a terceira linguagem (uma linguagem interdimensional, intuitiva, que Kryon citou muitas vezes), *comigo, neste instante. O que a sua intuição diz sobre o que eu estou descrevendo? Velha alma, você não pode senti-lo? Você não sabe que está aqui, no lugar certo, na hora certa?*

O sistema alternativo – as baleias são um "back-up" da energia humana

Existe, também, um sistema de apoio que vive entre vocês. Pode ser difícil para vocês entenderem, mas os três sistemas que lhes dei são, principalmente, relacionados com Gaia. No entanto, há um sistema de apoio para tudo isso, uma redundância que não é o tipo de "backup" o qual você pensa, do tipo linear, para usar no caso de perder o primeiro. Este sistema de "backup" é aquele que auxilia os outros o tempo todo. As informações desses três sistemas combinados, e os Akáshicos, são armazenados em mamíferos que vivem neste planeta. Tem que ser assim, pois é a última camada para ligar voces, não só com Gaia, mas com o resto da vida na Terra de uma maneira mais profunda. É um sistema alternativo de reserva, caso vocês, com o livre arbítrio ou involuntariamente, cometessem alguma ação que pudesse destruir ou danificar os outros três. O sistema é armazenado nas baleias e golfinhos existentes neste planeta. Que outro mamífero é protegido por um tratado, assinado por quase todos os países na Terra? Nenhum. Há um nível intuitivo de toda a humanidade que sabe não poder eliminar as baleias ou poderá alterar o equilíbrio da força vital da Terra, para sempre. Eles mantêm os registros. É um sistema de apoio e é muito importante. Vocês amam os golfinhos, não amam? Agora vocês conhecem o segredo do motivo de sentirem-se tão atraídos por essas criaturas. Todos eles têm a cápsula do tempo mas ainda não foi ativada porque esta cápsula é muito especial. E ela não irá despertar até que chegue o tempo. E isso é tudo que podemos dizer, por agora. Você consegue ver a profundidade do sistema? Por que isso aconteceria se não fosse importante, se não fosse parte do plano mestre, se você não tivesse algo a ver com o futuro do Universo? Pense sobre isso. Esse é o sistema. Gaia existe para os Seres Humanos que estão numa lição sagrada neste planeta. Eu lhes dou isso com amor, hoje. Eu quero que vocês pensem sobre isso. Onde quer que você andar, você é conhecido pela Terra. Que sistema!"

Os potenciais das descobertas da física para o futuro

A física quântica está revolucionando todo o conceito de realidade. No entanto, ainda nao começou nem a arranhar as convicções de uma grande maioria de pessoas. No Ocidente moderno, o encontro entre ciência e espiritualidade parece inconcebível e esperava-se que a ciência se separasse da espiritualidade. Enquanto o encontro entre a espiritualidade oriental, ou a dos gregos, e a ciência *tout court* foi, de alguma forma, natural e talvez inevitável. Os grandes matemáticos da Antiguidade, eram, na verdade, sempre grandes filósofos e os grandes filósofos eram grandes matemáticos, até mesmo o inventor do famoso teorema de Pitágoras. Com a física quântica, no entanto, ciência e espiritualidade podem, pela primeira vez, encontrar-se percorrendo uma rota ocidental. No entanto, quando começarmos a perceber as implicações das novas descobertas dos cientistas, o mundo não será mais o mesmo!

*"**A primeira descoberta** importante, que não está muito longe e temos anunciado por dois anos, não é nova. É a capacidade de ver e medir a energia quântica - a física multidimensional. Assim que superarem as quatro dimensões, há algo como uma bolha de dimensionalidade não-linear. Os seres humanos querem contar as dimensões, analisam muitos potencias e as classificam em umas doze; isso é conceitual e não é exato, mas não há problema em fazê-lo, pois isso se encaixa em sua linearidade e os ajuda a identificar as energias que sentem.*

Mas a verdade é que, quando você superar a quarta dimensão, tudo o que se segue está em constante mutação, não é linear e não se pode contar. É uma sopa de energia dimensional que está em constante mutação. E você verá esses padrões, pois serão visíveis através de um instrumento com um design do tipo de uma lente que envolve o que chamaríamos de "crio energia" (cryo energy).

Trata-se de uma tecnologia de subarrefecimento[32] já referida anteriormente, e essa energia de subarrefecimento tem o potencial ~~para funcionar quando a lente~~ é feita de plasma.

[32] Também conhecido como sobrearrefecimento, é um processo de redução da temperatura de um líquido ou de um gás abaixo do seu ponto de congelamento, sem que se transforme em estado sólido.

No entanto, isto não é novo. O que é novo é o que nós estamos sublinhando para que visualizem melhor o fluxo das coisas que estão por vir e, por isso, é tão importante.

Evidenciamos, mais uma vez, que quando esta invenção surgir, esta lente quântica não apenas será usada pela física, mas a focarão sobre a vida e verão os padrões quânticos. Vocês os verão nas rochas, irá revelar o Merkabah humano, o verão no ar e isso vai ser um mistério - um quebra cabeças a ser desvendado. A capacidade para ver os padrões quânticos irá acarretar a próxima grande descoberta na física: *a descoberta de duas outras leis.*
Já falei dessas leis - a força multidimensional intensa e a tênue, ou suave. As leis faltantes começarão a explicar uma energia em falta. **E aqui será quando você começará a entender Deus na Física**. Ainda não chegamos lá, mas esta será a terceira invenção.

A invenção número dois: essas novas leis da física irão ajudá-los a entender e explicar o que vocês veem no Universo e na Galáxia. E agora, lhes darei uma informação que não foi explicada antes.
Muitas vezes, vocês usam as palavras Universo e Galáxia como sendo a mesma coisa, mas não são. Eu não posso dar informações de algo que vocês ainda não conhecem ou que ainda não tenham descoberto intuitivamente no planeta, pois devem encontrar sozinhos; mas permita-me dar um indício:
A Física em sua galáxia não é necessariamente a mesma Física para todas as galáxias e, portanto, eu aconselho que você limite o seu conhecimento e estudos à sua própria galáxia. Acredite, há muito mais para se ver. Não extrapolem para as outras galáxias e outros céus, o que descobrem aqui, pois eles possuem o seu próprio sistema espiritual. A essência criativa da vida, vem do centro de sua galáxia e é só o que direi por agora.

E o que tem a oferecer essas duas novas leis?
A primeira, é uma explicação do que é a matéria escura. (Segundo Kryon, o que chamamos de **buracos negros**, e que estão presentes no centro de cada galáxia, fazem parte do motor do deslocamento dimensional).

Existe energia na física multidimensional. O aspecto quântico da parte multidimensional do átomo ainda não foi compreendido, mas há uma tremenda energia que explicará o que os astrônomos veem no céu: uma energia que foi identificada mas que não se pode ver e, erroneamente, considerada como parte do sistema de Newton, mas não é. É um sistema não linear, parte da física multidimensional.

O segundo, é o reconhecimento de que essas novas leis da física, finalmente, irão oferecer-lhes o que sempre ansiaram: a energia livre! Tudo o que sabem sobre a energia, até o momento, um dia vai parecer com o tempo em que inventaram a roda. É realmente primitivo! Mas vocês estão prestes a deixá-la para trás. Quando descobrirem a parte da física multidimensional, então poderão criar energia ilimitada de uma forma muito refinada.

Agora, alguns irão dizer que certas invenções existentes no mundo já estão definidas. Mas não estão sequer próximo disso!
Vocês não entendem como aproveitar a impecabilidade e distinção da força multidimensional, pois não possuem as ferramentas ou os instrumentos necessários, então não conseguem ver o que estão fazendo; ainda não chegaram lá.

E eis aqui a chave que dará um indício para os físicos que lerão essa mensagem no futuro: não libererem energia para produzir calor; devem, no entanto, criar energia que mova (empurre) os objetos que a circundam. Será possível controlar a matéria, a massa. Podem imaginar isso?

A terceira descoberta*: A Coerência com a Fonte Criadora.*

Coerência com a Fonte Criadora é a atitude de benevolência na criação. **Está na estrutura atômica: Deus dentro do átomo. Uma descoberta tão profunda que irá abalar as religiões do mundo - a descoberta de que Deus, literalmente, faz parte da física. Será testado e provado!** *A Coerência com a Fonte Criadora, mostra uma benevolência na forma como funciona a física.* Será reconhecida a divindade na matéria. *Oh, este é o começo! Eu não posso dizer quando irá acontecer. Este é o início da prova de que Deus está presente fisicamente, em todas as coisas.*
"Kryon, isso irá inviabilizar as religiões?". *Não! Irá uní-las. O planeta já é monoteísta. Um só Deus e todas as doutrinas de todas as religiões acreditam nisso. Elas estão prontas para isso. As religiões em todo o mundo irão reconhecer que a "criação" provem de um só Deus. Vai ser música para seus ouvidos: a evidência de Deus em toda a matéria. Não irá atrapalhar a espiritualidade, irá agregar. Haverá algo em comum para celebrar: as doutrinas mudarão.*

Coerência, algo em comum, a sincronicidade da crença. O que acontece quando os humanos não têm nada em comum? Tendem a se separar e inclusive guerrear uns contra os outros. O que acontece quando os humanos descobrem que todos eles têm algo em comum? Eles vão se juntar, compartilhar recursos e celebrar o que eles têm. Vê como isso afetaria o planeta Terra? Você vê como isso pode afetar você? Velha alma, isto é o que você estava esperando. Você poderia imaginar que viria da física? Assim será. E por que não? Por que não? O estudo de como todas as coisas funcionam, revelará a Deus.

A quarta descoberta *importante no mundo, talvez só ocorra bem mais tarde: a percepção de que a consciência humana é um atributo dos estudos da física. A consciência humana será considerada física quântica multidimensional. Você vê o quão* *longe podem ir? Vê o que os Pleiadianos compreenderam e alcançaram?*

Você entende por que os seres estelares deram um passo para trás e esperam para que vocês descubram o que eles já sabem? Eles não podem lhes fornecer nada. Livre arbítrio, lembram-se? Vocês têm que fazer isso. Estas novas descobertas da física têm estado esperando que vocês passassem o marcador da precessão dos equinócios, para assim iniciar o processo de resolução dos problemas da Terra, para mudar a natureza humana de modo que haja pouca propensão para a guerra.

Quando isso acontecer, essas descobertas se sucederão. Já dissemos isso antes. A razão pela qual não podia ser dado na velha energia, é que haveria a tendência de ser usado para fins bélicos, para se fazer armas. Mas, agora, em vez disso, haverá a tendência em olhar como isso pode alimentar a todos; vestir e criar energia para vocês. É lindo, não é? Se você pudesse perguntar a um Pleiadiano, ele te diria como é ter tudo isso, como essas coisas são obtidas diretamente a partir do átomo, incluindo a benevolência de Deus.

Finalmente: terão que considerar a química como um ramo da física. Afinal, todos os produtos químicos do planeta seguem as regras da física. Toda química que é quântica e multidimensional, deve seguir as regras da física.

*O DNA é muito especial. É uma combinação de todas as ciências do planeta, e tem atributos multidimensionais. Ele é quântico e possui as sementes da Fonte Criadora dentro de si. Encerra em sua memória tudo o que você já foi, e será. Trata-se provavelmente da mais complexa criação do planeta, e está perto outra descoberta: o **DNA coerente.***

"Coerente com o quê?".

O DNA multidimensional tem coerência entre as dimensões e isso cria o que você chamaria de magia. Vocês verão que, quando o DNA tem coerência multidimensional, quando certas dimensões se alinham, tudo no corpo muda e isso é a chave para um DNA melhor. A diferença entre um DNA funcionando em 30% e outro em 90%, é o alinhamento dimensional que chamamos de DNA coerente.

Agora, Velha alma, aqui está seu desafio: quando você regressar, eu quero que você a descubra, e lhe darei razão. Porque o que eu disse hoje, será a prova de que esta é uma comunicação real. Se você ver uma dessas coisas, isso impulsionará as descobertas e buscará por outras. Hoje você pode não ter entendido nada disso, mas na próxima vida e talvez na seguinte, você o faça. Esta informação nunca será obsoleta. Haverá formas de ouvir e ver isso ou lê-lo; você não pode sequer conceber agora. O futuro será muito diferente, mas estas informações permanecerão para sempre, nunca irão desaparecer.

O que lhe digo e apresento hoje, será testado ao longo do tempo, e você estará aqui para vê-lo. Quando ouvir a palavra Kryon, eu quero que o seu Akasha vibre de tal maneira, que fará com que você busque o que significa, talvez até mesmo lembre a energia deste dia, neste lugar e desta reunião, onde eu disse que chegaria o dia em que descobriria Deus em todas as coisas. Vê como isso começa a moldar um planeta ascendido?

Uma vez que você descobriu isso, não poderá negar, não será possível eliminar ou remover; juntos todos saberão e ninguém nunca usará isso contra você. O planeta inteiro começará lentamente a mudar sua visão de quem está aqui e por quê. Pergunte a um Pleiadiano porque eles passaram por isso. Você poderia lhe perguntar: *"Você tem estas invenções? Você sabe sobre todas essas coisas?"* *"Claro! E muito mais!"* Diriam.

Você esperou muito tempo, muito tempo Velha alma, para que chegasse esta época. Celebre-a!

Capítulo XXV

A Nossa História

A história completa da humanidade

*"Tudo começou há treze bilhões de anos. A **Caverna da Criação** existe desde que a Terra foi formada. É um evento quântico. Nós assistimos a formação da Terra e vimos os potenciais começarem a existir. E aqui, queridos, está a informação que vocês precisam saber.*

Vocês não acham estranho que toda a civilização humana tenha aparentemente surgido somente nos últimos tempos desde que a Terra existe? Em todos estes bilhões de anos, o desenvolvimento da vida na Terra começou e foi interrompido muitas vezes e, entretanto, os humanos ainda não estavam aqui. Grandes mamíferos estiveram aqui há milhões de anos, mas vocês não estavam. Sua ciência não vê isto como estranho, pois eles não têm nada com o que comparar. Eles olham para isto e apenas acham que esse é o modo de como as coisas ocorreram. Chamamos isto de <u>sincronicidade planejada</u>.

Para lhes dar esta informação corretamente, eu tenho que lhes mostrar, mais uma vez, a história da criação. Vocês não estavam apenas assistindo. Cada um de vocês estava participando em outro lugar. Voces precisam saber que são seres universais. Este não é o primeiro planeta no qual vocês estiveram, mas não se lembram disso, nao é? Isto porque esta informação sobre outra existência em outras galáxias, não está registrada em sua atual história Akashica, pois o Akasha do DNA se baseia somente na Terra. Assim, qualquer lembrança desse tipo será suposição, intuição e aquilo que vocês obteriam do Eu Superior, que sabe tudo, e não do seu DNA. Seu DNA é baseado na Terra com uma mudança, e é por isso que nós entramos novamente na história da Criação.

Agora, deixem-me levá-los de volta, somente há um bilhão de anos. Vocês estão nesta galáxia. Cada galáxia tem o seu próprio plano espiritual e isto afeta a física de cada galáxia. É por isto que a ciência pode ver diferentes tipos de física no Universo mas não entendem o motivo. Neste ponto, se eu lhes dissesse que a consciência define a física, vocês poderiam não compreender. Assim, vamos deixar passar, por enquanto.

Deixem-me levá-los a um planeta que está passando pelo que vocês estão vivendo hoje. Há quatro bilhões de anos, o seu estava ainda resfriando. A vida não tinha realmente começado; não como vocês a conhecem. Oh, as sementes estavam lá, mas isto é tudo. Porém, em outros locais da galáxia, já haviam grupos sofisticados - os tipos Humanóides. Eles se pareciam com vocês, pois assim era o plano. Isto foi há quatro bilhões de anos, quando a vida começara em seu planeta, e era muito diferente. Há um bilhão de anos, eles passaram por uma mudança e uma transformação. Eles tiveram também o livre arbítrio e, eventualmente, passaram também por uma metamorfose da consciência.

Parecia que eles tinham mudado exponencialmente, mas isto levou somente mil anos para passarem da forma corpórea completa a uma forma iluminada. Apenas mil anos e, a maior parte deles, se tornou pensador quântico. A vida era divina e definida de forma separada e diferente para eles, pois eles tinham descoberto as partes quânticas da vida dentro deles. Tudo mudou. Eles não morreram e de acordo com o plano, em um determinado ponto no tempo do futuro, eles então deveriam "semear" outro planeta com o seu DNA evoluído. Quando esse planeta estivesse pronto, eles semeariam o seu conhecimento de luz e escuridão e da intuição divina, e assim eles fizeram, em um planeta muito distante do seu. Era um planeta na constelação das Sete Irmãs, constelação que se tornou o que agora vocês conhecem como Plêiades. E assim, se deu o início da civilização Pleiadiana, semeados por outros que tinham o DNA da consciência.

Milhões de anos mais tarde, vocês tiveram formas Humanóides entrando em ascensão na Sete Irmãs. Estou lhes dando a história da galáxia, não a história da vida. É a história da divindade, todos sendo afetados pelo centro e todos em um estado quântico emaranhado. Tudo isto se deu através do livre arbítrio.

A nossa história

Há várias centenas de milhares de anos, os humanos começaram a se formar nos seres que vocês conhecem hoje. Isto é apenas o ontem. Não confundam isto com o desenvolvimento humano. Vocês tiveram isto acontecendo por um tempo muito longo. Mas o DNA que está dentro do seu corpo não é o DNA que se desenvolveu, naturalmente, no planeta. O seu está fora do sistema dos processos evolutivos baseados na Terra, e *os cientistas estão começando a ver isto. O "elo perdido" do qual eles falam, não é humano.*

Assim, novamente nós lhes dissemos que aqueles que vieram para ajudar a semeá-los, há aproximadamente 100.000 a 200.000 anos da Terra, foram os Pleiadianos, que por sua vez tinham entrado em estado de graduação e que tinham mudado a consciência. Eles tinham se tornado quânticos, com o livre arbítrio, e vocês receberam partes do DNA deles.

Nova informação para vocês:
O processo de semeadura não foi um evento único. Isto foi feito com o decorrer do tempo e em muitos lugares. Não fora tudo simultâneo, e acontecera dessa forma por razões que, por enquanto, permanecerão ocultas a vocês. Como dito antes, atualmente vocês têm apenas um tipo de humano, o que difere de qualquer outro mamífero no planeta. Isto foi um projeto e levou mais de 100.000 anos para ser criado

A história de criação do conhecimento da luz e da escuridão, dada aos humanos em um jardim - envolvendo uma cobra falante e outra mitologia - é um preconceito humano. A lógica espiritual deveria lhes dizer que estas histórias são simplesmente metáforas de uma verdade real, que, na realidade, foi uma grande mudança de consciência, mas isto no decorrer de um período maior de tempo, e não instantaneamente.

A mesma mitologia se refere à Terra, criada em sete dias. Entretanto, isto representa somente uma verdade numerológica (7 é o número da divindade), significando que havia um projeto divino na criação do planeta. É o momento de começar a usar a lógica espiritual nos ensinamentos que vocês têm sobre a história espiritual, pois as revelações serão maravilhosas e levarão a uma compreensão mais plena.

*Agora, o que realmente está em seu DNA? É o código dos Pleiadianos que é o daqueles antes deles, e até daqueles antes destes. Vocês não podem se lembrar disto. O sistema do seu registro Akáshico se refere somente à Terra, mas a sua "lembrança divina" conhece o início, onde sistema após sistema, criou aquilo que vocês veem como a Divindade na galáxia e no Universo. Quem são eles? Eles são os seus pais "divinos". Eles são a semente da divindade em vocês e eles ainda lhes visitam frequentemente. Nem todos eles são Pleiadianos, sabiam disto? Eles são de toda a galáxia. Percebam, eles também representam as sementes dos Pleiadianos, e eles vos mantêm ao seguros. Não poderia ser de outra maneira. "**Mas seguros do que?**", vocês poderiam perguntar.*

O sistema de segurança

Reconheçam isto: seu universo está repleto de vida. Somente alguns poucos planetas em milhões de anos, têm o "DNA criador" em seus corpos. Alguns foram semeados e nunca o criaram.

Alguns estão mortos agora. Outros são avançados tecnicamente, mas não têm a centelha divina, sob qualquer condição. Assim, enquanto um planeta está "decidindo", ele é mantido seguro de outro tipo de vida que poderia interferir. Vocês estão cercados por seres divinos que os mantêm seguros e isto continuará enquanto este planeta de livre arbítrio – o único no momento – estiver tomando a sua decisão. Vocês estão virando a esquina da consciência e todos eles sabem disto, pois passaram por isto e se recordam.

Oh, queridos, a consciência é volátil. Vocês a viram mudar muito lentamente, mas ela está prestes a mudar mais rapidamente. Isto não levará gerações e gerações como no passado. Verão as mudanças em tempo real. Os humanos não esperarão para ter filhos para que cresçam e também tenham filhos.

*A manutenção para a segurança de vocês é feita de forma quântica e distante dessa dimensão 3D. Mas vocês têm que fazer a pergunta linear: "**Com todo o avanço que estes seres dessa galáxia têm (potencial para a ciência avançada e as viagens intergaláticas), por que esses ETs não aterrissam e se anunciam, já que eles estão aqui há centenas de anos?**". A resposta é a prova do que dizemos. Eles apenas observam e acompanham o tumulto marginal com a Terra. Eles se apresentarão no momento apropriado, não antes.*

A mudança mais rápida da consciência

Vocês acham que a consciência passou rápido nos últimos 100 anos? Quantos anos faz que uma civilização, tecnicamente avançada em seu planeta, se reunia para assistir e aplaudir os seres humanos serem devorados por animais, que lutavam até à morte? Ou sacrificar uma virgem para o vulcão? Avaliem o tempo e compreenderão que isto não foi há tanto tempo. Seus anfiteatros ainda estão de pé! Então, como se sentem em relação a isto?

*Haverá um momento em que observarão este planeta e a guerra será exatamente como estes exemplos. A idéia de matar outro ser humano por qualquer razão, parecerá bárbara e não apropriada para qualquer ser humano. Muitos irão rir disto, e dizer: "**Isto é ingênuo, Kryon. É da natureza humana e é um instinto de sobrevivência.**" É isto que já está mudando, queridos. Vocês estão prestes a experienciar um renascimento quântico do pensamento. Uma nova herança intuitiva.*

Deixem-me enfatizar algo. Um mamífero de pradaria tem um bebê e este bezerro já nasce consciente de sua mãe. Em poucas horas, ele estará correndo com o bando. Ele saberá instintivamente quem são os seus inimigos, quais plantas são venenosas e onde estará a água. Ele até conhecerá a "linguagem" do bando. Não acham isto interessante?

A criança humana tem instinto zero, exceto onde encontrar leite imediato, começam do nada. Ela deve aprender a linguagem, como se alimentar, como segurar as coisas e aprender onde está o perigo! Vocês não acham isto estranho porque pensam que é tudo o que podem fazer. Vocês dirão que isto é por causa da complexidade do cérebro humano. Não, não é! É porque vocês não estavam preparados para que isto fosse diferente e é isto que está mudando. Tenham essa visão comigo, agora: um bebê humano que nasce, conhece tudo a um nível de instinto. Ele começa a andar e conversar dentro de duas horas, possui a sabedoria e não tem que aprender tudo do zero. Ele aprende a ler e a conhecer os idiomas após alguns meses, porque ele tem o que vocês chamariam de instinto quântico humano. Este bebê tem algo que vocês nem mesmo reconhecem que deveriam ter!

Então, digam-me, se isto acontecesse, podem imaginar o que aconteceria à raça humana? Um avanço exponencial na sabedoria. O que os pais aprenderam, iriam transmitir à criança no nascimento, mais do que a herança Akáshica ou química. Esta seria a herança da sabedoria e do instinto.

Então, é um evento quântico. A história da criação foi semeada pelos Pleiadianos há mais de 100.000 anos. Isto é quem vocês são, pois eles passaram por isto. Eles têm os mesmos atributos da história de vocês. Vocês sabiam que as histórias da criação em seu planeta são todas semelhantes? Até as suas grandes religiões têm um evento espiritual ocorrendo em sua história, onde os seres humanos que se parecem com vocês, receberam a sabedoria de Deus. Não são aqueles homens das cavernas, mas sim aqueles que se parecem com vocês (os seres humanos modernos). Em suas religiões, isto ocorreu em um jardim metafórico, que é a Terra, e aos seres humanos foi dado o conhecimento da polaridade (luz e trevas). Foi isto que os Pleiadianos fizeram em toda a Terra.

Mais sobre os Lemurianos

A energia Lemuriana é o grupo semente que foi totalmente isolado. Muitos até pensam que os Pleiadianos vieram primeiro. Sendo a Lemúria uma ilha montanhosa (Havaí), ela sobreviveu de uma forma mais pura do que as outras. Mesmo os grupos mais remotos, tinham espaço para espalharem-se, e isto criou a variedade de pensamentos. Mas a Lemúria foi a mesma por milhares de anos, tornando-se uma das civilizações mais duradouras na história e, quase totalmente omitida pela ciência.

Queridos, esta é a sua quinta vez para trabalhar no "enigma da iluminação". Vocês tiveram outras quatro oportunidades em que não ultrapassaram este estágio. Cinquenta anos atrás, este potencial não era sólido, pois a sua quinta vez poderia ter sido a sua última, visto que a velha energia é forte e a ideia dos seres humanos destruindo tudo era uma possibilidade real. Aqueles que lêem isto sabem do que eu estou falando. Agora, isto mudou, e vocês superaram.

Perspectiva para o futuro

*Alguns perguntam: "**Kryon, como será o futuro? Que tipos de ciência nós teremos?" Se tudo isto for verdade sobre a nossa evolução, o que podemos esperar?".***

Como explicariam a Internet a seus bisavós se os encontrassem, se eles não tinham um conceito sobre o computador? Como vocês explicam um carro veloz a alguém, antes da invenção da roda? Eu não posso explicar o que está chegando quando vocês não conhecem ainda os conceitos. Podem imaginar o instinto quântico? Que quando algo é aprendido por um ser humano, é aprendido instantaneamente por todos? Se puderem imaginar tal coisa, vocês têm uma alusão sobre o que está chegando. Não muda a escolha. Muda a sabedoria.

Haverá um momento em que a física e a ciência se fundirão com a consciência. É então que vocês compreenderão que, o que o Criador lhes deu, vem em um pacote perfeito. Não se encontra em caixas onde os seres humanos o separam e estudam em diferentes edifícios, mas é um sistema que une; onde todas as coisas se relacionam e se encaixam, maravilhosamente, em um quebra-cabeça de energia. Isto pode levar mil anos, como com aqueles que semearam os Pleiadianos e aqueles que semearam aqueles antes deles. Falamos em termos estranhos aqui, usando os anos da Terra. Nós também não definimos quanto tempo levará para "atravessar a ponte para a iluminação", ou para "atravessar a ponte para a existência quântica".

Mas, em geral, as civilizações do passado levaram 1.000 anos da Terra para ir da velha energia para a nova. E, muitas vezes, levou o mesmo tempo para passarem a uma existência corpórea quântica. Não tentem imaginar isto, pois o seu processo pode ser mais rápido ou mais lento. Tudo depende do despertar de cada um de vocês.

Somos as nossas próprias sementes

*O que é difícil para vocês entenderem é que Eles – os antigos - **são** **vocês**. Isto é confuso na 3D, pois muitos deles os estão ainda assistindo, mas desde que vocês têm parte do DNA quântico deles, parte de vocês está ainda com eles. Não tentem analisar isto.*

Vocês não estavam à toa, assistindo a Terra sendo criada, queridos. Vocês estavam ocupados, fazendo em outros planetas o que estão fazendo aqui. Não há recordação disto, somente instinto potencial. Aqueles que ouvem a minha voz ou lêem estas palavras, passaram por isto antes.

Assim, queridos, eu lhes digo estas coisas. Vocês estão em um lugar perfeito. Vocês estão próximos aos outros que têm passado pelo que estão passando. É o momento de resolver os problemas triviais da humanidade, de caminhar de lugar em lugar com as dores e os sofrimentos do seu corpo. É o momento de resolver as incertezas da psicologia (angústia mental), pois estas coisas não lhes servirão. Vocês estão virando uma esquina, lenta para alguns, que um dia será encarada como a grande mudança da humanidade para a Terra. Agora é o início disto.
Deixem-me levá-los a 100/200 anos à frente. Duvidam que estaremos em uma sala juntos? Vocês parecerão diferentes. As coisas serão muito diferentes, mas vocês estarão aqui, porque é isto o que fazem. (Descrição de Kryon para as nossas próximas existências).
O objetivo do sistema em que vocês trabalham é o de elevar a vibração da galáxia e ser envolvido por planetas que ascenderam e transmitiram a energia a outro. Em breve, vocês farão o mesmo para outros e, adivinhem, vocês farão isto novamente aqui.

Agora, a vida está começando em outro planeta, bem distante daqui. Outra Caverna da Criação está começando a ser formada. Está sendo preparada para vocês! Vocês estão cansados? Querida família, vocês são eternos e há um sistema, e ele é maravilhoso.

Quando vocês não estão aqui, compreendem-no plenamente e participam sem questionar. Vocês estão em um ponto de mudança. Saiam deste lugar e compreendam a intensidade deste tempo. Prestem atenção às mudanças no céu, pois elas foram previstas (o clima). <u>Não temam a mudança diante de vocês. Vocês nunca estão sozinhos.</u>

Tudo o que fazemos na Terra, afeta uma outra parte do Universo

<u>Informação para TODOS!</u>
O que tudo isso tem a ver com vocês, que estão lendo essa informação? O fato é que cada ser humano que está lendo ou ouvindo, já conhece tudo! Estas mensagens de Kryon são supérfluas. É apenas uma confirmação do que o seu "núcleo" já sabe. Se eu pudesse, por um momento, tirar a dualidade e a linearidade de sua vida - se pudéssemos ter um verdadeiro encontro de família por um momento, eu e vocês falaríamos de alta física. Falaríamos de alta espiritualidade. Comentaríamos sobre o incrível poder de cura da compaixão e do amor. Trataríamos sobre a história humana, dos milênios vividos e passados. Trataríamos da história e das gerações do Universo e todos saberiam de onde vieram. Falaríamos de uma Terra que, em um certo ponto de sua existência, era apenas um projeto. Falaríamos da parte que vocês tiveram no posicionamento do sistema solar, onde se encontra e de como foram organizadas as grades entre elas. E todos vocês recordariam... recordariam!

*Celebraríamos tudo o que foi realizado até agora. Celebraríamos a magnitude do que vocês fizeram, e os potenciais do que poderia acontecer. Falaríamos do grande quadro - do fato que, o que vocês fazem aqui na Terra, afeta uma outra parte do Universo - <u>**o maior segredo que permanece oculto para a humanidade.**</u> E tem o potencial de mudar o equilíbrio entre a luz e a escuridão, talvez* *até mesmo na família de Deus. E... celebraríamos o seu livre arbítrio para criar qualquer coisa que desejarem aqui, neste único planeta de livre escolha - o que significa que a Terra é o único planeta que tem a capacidade de mudar a sua realidade e sua vibração espiritual.*

Olhem para o céu hoje à noite! Contem as estrelas. Nunca poderão contá-las. Há muitas, e são apenas o que vocês conseguem ver! Há uma vastidão que está além de sua visão noturna. De fato, sua Terra é o único planeta em todo o universo, <u>organizado com a finalidade específica para a qual vocês vieram aqui.</u> Vocês não podem imaginar quanto isso é especial. Não conseguem ainda acreditar que são bem mais do que um grão de areia em uma praia enorme. No entanto, nós lhes dizemos que vocês são uma jóia escondida em uma vasta extensão da criação - uma jóia à espera de ser encastrada no colar da mudança do Universo e da adequação.

Chegará um dia em que as luzes serão totalmente acesas. Conhecerão os seus nomes verdadeiros - e também o meu. Kryon é simplesmente o nome que vocês podem pronunciar em 4D. Então, falaremos sobre a viagem para a Terra e o que significou para o Universo. Riremos juntos e nos gloriaremos do que foi realizado. Falaremos sobre vidas vividas em 2002 - o começo do fim do começo. Tudo o que foi feito antes, tem o potencial de ser apenas o começo do verdadeiro propósito da Terra e da humanidade sobre ela.

E vocês se admiram da razão da responsabilidade do desafio estar sobre vocês, não é? Talvez o guerreiro esteja se despertando? Talvez agora você entenda melhor quem realmente está lendo essas páginas? Bem, não mais se surpreenderão. A luz se acendeu!

EPÍLOGO

O GRANDIOSO PLANO

Todo o percurso que fizemos juntos, dentro dessas informações maravilhosamente surpreendentes, se conclui com a mais espetacular e extasiante de todas as Revelações aqui citadas - *O Grande Plano* que elaboramos, em uma esfera etérea, fora dessa "pobre" realidade em que vivemos. Se trata do nosso trabalho aqui na Terra, como *profissionais* do Universo e do resultado grandioso desse trabalho. A que servirá, qual é mesmo o verdadeiro escopo? Já demos um toque em outras partes deste livro, mas aqui você terá a informação completa.

Uma emocionante descrição de Kryon, que deixará qualquer um de nós tão estupetafo quanto orgulhoso da nossa incumbência, tão importante para todo Universo. Você se sentirá privilegiado e muito orgulhoso da sua missão, que aquela capa da nulidade que foi costurada sobre nós, se transmutará em um manto de poder absoluto. Todo o peso que carregamos, por milênios, de que somos fracos, pobres sujos e nús, será transformado em lindas, leves e maravilhosas partículas de luz. Esses são os Seres Humanos que Deus criou a partir dele mesmo. Somos uma magnífica parte de Deus em experiência, para cumprir grandiosos planos em prol da expansão do Universo que nós, Humanos-Deus, continuaremos, para sempre, criando. Que coisa esplendorosa!

*"Vou lhes falar do **Grandioso Plano**. Trata-se de um plano de cinco milhões de anos, do qual vocês participaram somente durante a última parte. Quero lhes falar do universo físico e um pouco sobre equilíbrio.*

Nós lhes dissemos que vocês são anjos vindos do Grande Sol Central (todos que estão lendo isto). A palavra "anjo" não é exata, mas mostra a sacralidade de quem vocês são. Nós lhes dissemos que a Terra é pura e que cada um de vocês veio do Grande Sol Central. Dissemos que nós os escondemos como humanos num sistema dotado de um único sol. Aqueles dentre vocês que se lembram dessas informações, perceberão agora que essas mensagens eram pistas.

O que significa quando dizemos que escondemos vocês? Pistas: lhes demos um sol. A maioria das formas de vida do universo tem sóis duais. Quando vocês descobrirem isto, saberão o motivo. Nós os escondemos porque vocês tinham uma tarefa a cumprir.

Queridos, o universo – o universo físico – não se encontra onde está o Grande Sol Central. O Grande Sol Central representa a casa. É seu e meu. É o lugar onde os verei novamente um dia, o lugar onde um dia faremos uma grande festa. E olharemos para trás, para esta época e esta noite, e nos lembraremos do espírito da preciosidade presente nesta sala. Diremos: "<u>Foi a noite na qual Kryon nos disse quem somos e por que estamos aqui. Foi a noite em que isso ressoou em nossos corações</u>."

O universo físico, assim como seu próprio planeta, deve ter equilíbrio e esse equilíbrio é representado em muitas gradações de energia. As gradações de energia das quais falamos, são diferentes gradações de amor, exatamente como na Terra. Alguns de vocês chamarão certas gradações de energia negativa, mas não são. Alguns de vocês leram histórias sobre as lutas dos que não são humanos, talvez em outros mundos ou em outros planetas. Os videntes e intuitivos contaram histórias e escreveram sobre coisas maravilhosas e dramáticas, acontecidas à parte de seu mundo. A linhagem dessas outras entidades foi realmente canalizada intermitentemente no decorrer das eras. É uma pista, vocês sabem disso. É uma pista de que há equilíbrio no universo físico. Existe controvérsia com relação às diferentes gradações de amor no universo, assim como na Terra. Essas canalizações provam isto.

Está acontecendo outro evento criativo, queridos – outro "bang" a 12 bilhões de anos-luz de distância, e estava marcado para ocorrer agora. Sempre esteve programado para esta época. Como indicamos antes, o que os astrônomos estão vendo é, na verdade, a prova de outro "bang". Trata-se de outro evento criativo no decorrer do processo de geração de outra parte do universo! Ele será acrescentado a seu universo, assim como todos os eventos criativos.

Dezenas de milhares de anos atrás, vocês concordaram em vir para este planeta e se disfarçar, usando a dualidade – um posicionamento da energia do ser humano que os impediria de ver quem vocês são realmente. Deu muito certo, pois lhes proporcionou um campo de ação uniforme e imparcial, neutro a seu potencial de energia. E o desafio, o teste, é o seguinte: se deixada sozinha neste teste, sem nenhuma interferência espiritual, queridos, para que lugar na Terra iria a energia? Talvez vocês estejam perguntando: "Por quê? Por que passar por isto, estes milhares de anos? Por que ir e vir? Por que a dualidade? Por que a luta? Para que tudo isso?".

Alguns de vocês disseram: "Me sinto como se fosse uma cobaia de Deus. Sou empurrado e puxado para lá e para cá na vida. Oh, sou uma pessoa boa, espiritual e vou me sair bem em minhas lutas. Enfrentarei meu medo. Sei que planejei isto e assumirei a responsabilidade, mas detesto isto. Não sei por que tenho de fazer isto".

Eis algo que já lhes dissemos, mas que agora, mais do que nunca, tem relação com este assunto. Vou lhes contar uma coisa, minha querida família, meus queridos anjos, vocês, vindos da Grande Fonte Central, sentados nestas cadeiras, lendo estas palavras, que sabem quem são no nível celular: vocês não são a experiência.

Vocês são o teste. A energia do evento criativo que está se desenrolando a 12 bilhões de anos-luz de distância, está incompleta. O nascimento de matéria e dos bilhões de formas de vida que se desenvolverão naquela parte do espaço, está incompleto. Há algo faltando. Que energia espiritual terá esse novo universo? Que tipo de "gradação de amor" terá esse novo universo? Quem vai decidir isso?

Alguns dirão: "Bem, simplesmente deixemos que a Família decida isso. A Família representa amor e está espiritualmente em sintonia. Nossa família, por definição, é Deus! Simplesmente apliquem a energia mais elevada possível àquele nascimento universal. Bem elevada!"

Isso não é um tanto tendencioso? Entendam, a Família inclina-se ao amor! Deus não pode tomar essa decisão. O universo deve ter equilíbrio e simplesmente aplicar uma elevada energia de amor ao novo evento criativo, é uma decisão tendenciosa. Alguns disseram: "Você quer dizer que existem certas coisas que Deus não pode fazer?" Sim. Deus não pode mentir. Deus não pode odiar. Deus não pode tomar essa decisão tendenciosa.

Assim, concordou-se que se criaria um planeta com vida projetada na neutralidade e adequadamente escondida, de forma que os anjos do Grande Sol Central pudessem povoá-lo durante dezenas de milhares de anos, para lograr um teste de imparcialidade espiritual. Eles viriam para a Terra para que lhes fosse escondido quem eles eram. Parte de sua biologia essencial lhes seria proporcionada por outros seres do universo físico, ao longo do caminho, para ajudar a equilibrar sua evolução espiritual. Eles andariam na forma humana, morreriam na forma humana e renasceriam – morreriam e renasceriam. Haveria uma rápida da vida. Corpos biológicos projetados para durar 950 anos viveriam somente 30 a princípio, então com o passar do tempo, 70 ou 80.

Informações espirituais programadas com antecedência no DNA humano, criariam morte, doença e envelhecimento. Resíduos de uma vida passariam para a seguinte, criando testes que seriam solucionados ou não, com a energia que estava sendo testada. A resolução dos testes, criaria energia adicional que modificaria a taxa vibratória planetária. O fim do teste foi programado para aproximadamente 2012, o final do calendário de alguns dos antigos da Terra que, intuitivamente, apresentaram essas informações. A mensuração final, mais o fim do teste, aconteceriam, então.
Tudo combinado.

Outras entidades que encontraram a Terra, embora ela estivesse bem escondida, não receberam permissão para interferir. Elas reconheciam o grande poder dos atributos espirituais dos humanos, embora os humanos, estranhamente, não o conhecessem devido à dualidade. Muitos desses visitantes podiam apenas aproximar-se, investigar a humanidade, humano por humano – mas nunca sem a permissão dos humanos. Eles usavam o medo para obter o consentimento humano, dessa forma, conseguindo permissão por meio de ardis no nível subconsciente. Um humano destemido podia facilmente dizer não e as entidades tinham de partir. Elas se interessavam pelo poder espiritual, pela escolha, pela capacidade de mudar – que elas não têm e até pela curiosidade do fato que vocês sorriem, têm emoções. Elas chegaram a tentar procriar com a humanidade para descobrir esses atributos e tentar capturá-los, escarafuncharam e deram tratos à bola para descobrir a essência do anjo interior dos humanos. O poder oculto da humanidade as impedia de aterrissar em grande número.

Tudo o que acabou de ser descrito, realmente aconteceu. O que acabou de ser escrito, é uma descrição de vocês. Vocês fizeram tudo isso. Na verdade, vocês são a Família vinda do Grande Sol Central da qual falamos. A Terra é o campo de provas. É única. Não existe nenhum outro planeta como este no universo físico.

O que finalmente acontecer aqui, queridos, será a energia aplicada ao novo evento criativo, se desenrolando a 12 bilhões de anos-luz! O que acontecer com a energia do ano 2012, será a energia do novo universo, ainda sem nome. Sua energia será fornecida a esse novo universo, então ela terá uma assinatura. Exibirá o selo da humanidade, seus nomes. Muitos de vocês, talvez, até acabem por viver dentro dela.

A Terra foi designada o único planeta de livre escolha, e claro que se trata de uma metáfora. Já é tempo de vocês saberem o que isso significa: significa que não existe mais nenhum planeta – nenhuma outra força ou forma de vida neste universo físico – que tenha capacidade, por meio de sua própria consciência e intenção, de elevar seus atributos espirituais. Nenhum outro tem isto! Mas vocês sim. Outras vidas necessitam de um processo evolutivo para realizar mudança espiritual, e a intenção não tem nenhum poder. É a livre escolha da qual se falou. Vocês são os únicos! Como se sentem ao saber isso? Ao longo da história, os espiritualistas e estudiosos sabiam, intuitivamente, que a Terra era muito, muito, especial. E vocês são! Não foi por acidente que Galileu, que concordava com Copérnico, teve de ir contra um fervor religioso que insistia que todo o universo girava ao redor da Terra. Bem, adivinhem só? Metaforicamente, é isso mesmo! Ele gira! Eis quem vocês são. Vocês são família.

O plano está quase terminado, vocês sabem. A linha de tempo está chegando ao fim, e o que está acontecendo é um milagre que vocês mesmos fizeram. É por isso que vocês voltaram vezes seguidas, e é por isso que estão novamente aqui. A consciência humana e os acontecimentos mundiais não estão se mostrando o que vocês pensaram que seriam. As profecias desenvolvidas a partir de eras de potenciais consistentes, não estão se cumprindo agora, e isso se deve ao que vocês fizeram de 1962 para cá. Que tipo de entidade ficaria metaforicamente em fila para voltar, tendo o elevado potencial de ser horrivelmente destruída nos profetizados tempos derradeiros, juntamente com suas preciosas famílias terrestres? Quem faria uma coisa dessas? Vocês. Vocês não perderiam o último capítulo de seu trabalho. Representando a incrível sabedoria da mente de Deus, aqui estão vocês novamente, querida família, para testemunhar algo que nenhum integrante da família poderia prever.

A energia que foi desenvolvida, que apresenta o potencial de ser colocada nesse novo universo que está sendo criado, é uma gradação muito elevada do amor, elevadíssima. Sua Família, do outro lado do véu, está, portanto, celebrando o que vocês fizeram. Sua Família também está na fila... para ter vocês de volta!

O teste terminou: e agora?

Alguns perguntaram (antes do ano 2012): "Como agora não existe o fim da Terra e o teste praticamente terminou, vamos evaporar em 2012? O que vai acontecer?"

Quero lhes contar sobre certos tipos de humanos que estão no planeta e outros que estão vindo. Poderá lhes ajudar a entender o que existe diante de vocês, se desejarem.

Na parábola "A Jornada para o Lar" (Livro 5 de Kryon), há informações sobre a "Casa de Dádivas e Ferramentas". Nessa história, Michael Thomas (o principal personagem da parábola) viu muitas caixas numa câmara imensa. Ele entendeu que elas eram as dádivas e ferramentas do estado de ascensão. De fato, havia uma caixa para cada homem, mulher e criança do planeta. Mas nada iria acontecer até que os humanos, aos quais cabiam as caixas, percebessem que eles podiam abri-las.

Quase todos vocês aqui, e os que estão lendo isto, são humanos que chamaremos tipo A, na falta de uma designação melhor. Vocês representam nascimento biológico, dentro de energia antiga. Vocês vieram no decorrer de eras, e aqui estão sentados com o DNA e atributos espirituais de sempre. Mas agora há uma alteração em seu potencial. Em razão do que vocês fizeram, agora estão sendo dados presentes a vocês, mediante sua permissão, do 11:11 (11:11 é um numero mestre e significa para Kryon uma chamada para o despertar. Ver esse número nos relogios nao é acidental. É uma confirmaçao de que você está no percurso certo). Como humanos tipo A da energia antiga, vocês adquiriram a capacidade de ir além de sua marca, passando a uma nova vibração celular. As ferramentas estão aqui, e a chave é a pura intenção. A seguir, alguns de vocês descobriram a conexão com a energia do que chamamos Malha Cósmica (a malha cósmica é a maior energia que possam conceber e está presente em toda parte no universo), pois é assim que irão muito além da energia com a qual vieram. É poderoso, e já é tempo.

As células estão sendo novamente despertadas pela ciência, introduzida na nova energia. Sua biologia está sendo novamente despertada de modo apropriado, com sua permissão. Ou seja, os que estão nesta sala e os que estão lendo isto têm capacidade, por meio de estudo e intenção, de encontrar maneiras de viver vidas mais longas, passar ao estado de ascensão, vencer medos e descobrir paixões na vida que nunca souberam existir. Vocês têm permissão para que as velhas lições contratuais de suas vidas sejam eliminadas, para ter paz quanto às coisas em relação as quais parecia impossível ter paz, e viver uma vida muito diferente do que jamais se imaginou. É isso que lhes está sendo dado. Acham que isto aconteceria se vocês fossem simplesmente evaporar?

A Terra assumirá uma nova tarefa. Como milhões de formas de vida de seu universo físico, este planeta acabará por se unir a muitos outros planetas. O potencial é grande, e falo agora de um novo plano que não é imediato, e sim de um plano ao qual vocês têm capacidade de se voltar. Este novo plano acabará por levá-los a uma energia que estamos chamando a Nova Jerusalém. É por isso que alguns de vocês vêm esperando desde o princípio, e está a seu alcance. Será também, nesta época que vocês acabarão conhecendo "oficialmente" outras formas de vida.

As crianças índigo e os pacificadores

Vocês ficaram com a parte difícil, queridos. Vocês são da velha guarda. São os que estão alterando sua biologia para se harmonizar com a energia que está chegando. Terão de adaptar-se por si mesmos o que as novas crianças não terão. As novas crianças representam o tipo de humanos do puro estado Índigo, nascidas depois de 1987. Elas vêm com equipamentos que vocês nunca tiveram, e embora possam ser desajeitadas agora, com o passar do tempo vocês ficarão sabendo quem serão os desajeitados. Pois quando elas forem em maior número do que vocês, ficará óbvio que, a menos que vocês mudem, vocês é que serão os estranhos.

Eles são a Família! Olhem nos olhos deles. Sabem pelo que eles passaram? São velhas almas. Fiquem atentos a eles. Antes dos seis anos de idade, alguns deles lhes contarão tudo sobre quem eles foram.

Algumas pessoas, talvez perguntem: "O teste de cinco milhões de anos está chegando ao fim. Valeu a pena?". Sim. Como lhes dissemos antes, cada humano que já foi vivo, está novamente vivo agora. Os demais seres que estão se reunindo a vocês, vieram de outras partes do universo físico. Alguns de vocês vieram, também, de outros lugares, mas são humanos agora, e ficarão aqui até o fim. Por isso os amamos tanto. Alguns da velha guarda que começaram o trabalho, não voltarão. Muitos de vocês terão concluído sua tarefa depois de suas vidas atuais, e nós os acolheremos de braços abertos porque sentimos a sua falta. Isso significa que esta é sua última vida na Terra, e alguns de vocês sabem disso. Muitos dos outros, não lemurianos, realmente voltarão, pois o desafio deles, como foi o seu, é criar uma nova Terra.

O que vocês podem fazer pessoalmente neste momento? Talvez seja hora de entenderem plenamente, no nível consciente, quem vocês são. A primeira coisa que podem fazer agora, quando estiverem sozinhos, é se olhar no espelho. Desafio ousar dizer algo para o espelho, três vezes. Quero que se olhem nos seus próprios olhos. Aprumem-se e digam estas palavras: "SOU O QUE SOU". Talvez, quando sua biologia ouvir isto na sua própria voz, atravessando o ar e vir isto em seus olhos, seja mais fácil assimilar o conceito de que vocês são mais do que pensavam.

Cada integrante da família recebe uma "faixa de energia" ao partir deste lugar chamado Terra. É uma faixa de cor que se aplica a vocês em sua dimensão. Para onde quer que vão no universo, outras entidades perceberão que vocês fizeram parte do grande experimento de energia do planeta Terra – o teste que está se encerrando neste momento. Por isso, existe tanto medo neste momento em meio à humanidade, pois no nível celular, os humanos sabem que o fim do teste está próximo.

Abençoados os que não ouvem esta mensagem, pois embora temam a chegada do fim, quando ele não acontecer conforme programado, eles estarão prontos para receber mais conhecimento dos que se mantiveram alegres no decorrer disso tudo. Muitos se voltarão para vocês e perguntarão por quê. Agora vocês sabem. Celebrem o fim do teste! Celebrem o novo universo cuja energia é a energia da humanidade!

Esta é a parte difícil, em que recolhemos as taças de nossas lágrimas de alegria e começamos a sair deste lugar. Finalmente permitiram que as informações lhes fossem passadas. Não admira como estamos tão emocionados aqui. Este é o fim de um grande projeto planejado muito bem por vocês. Alguns se levantarão de suas cadeiras descrentes. Não tem importância. A verdade permanece verdade, seja aceita ou não. Alguns se lembrarão apenas quando chegarem em casa. Alguns sabem agora. Outros estão a ponto de se modificarem de forma dramática.
Celebremos os tipos de cura que estão sendo iniciados em razão de sua aceitação desta época amorosa. Estou falando à família

que conheci pessoalmente – SEMPRE. Não temos começo nem fim. Cada um de vocês é eterno em ambas as direções de tempo, como um círculo, como o agora. Somos todos eternos. Somos todos Família.

A comitiva lentamente se retira desta área. Os que estiveram abraçando vocês, este tempo todo, começam a voltar pela brecha do véu, uma brecha que se abriu por meio de sua intenção de se sentar, ouvir e ler. Mas o amor permanece. Permanece em seus corações, se vocês o quiserem. Lembrem-se, os guias são ativados com intenção amorosa e pura. Na verdade, vocês nunca estão sozinhos, e não é necessário um encontro com Kryon nem uma mensagem de Kryon para que sintam a energia de uma família amorosa. Está sempre dentro de vocês.
Sabemos pelo que estão passando, e sabemos quem são vocês pelo nome, cada um e todos, porque vocês são nossa família.

Então, qual é o significado da vida? Saiam e olhem as estrelas. Elas são suas. O significado da vida na Terra é que havia um desígnio que vocês elaboraram, implementaram e pelo qual passaram. Fizeram isso de forma adequada, com sucesso e responsabilidade. Agora é chegado o momento de uma parte da família ir para casa. E quero lhes dizer: vou estar lá quando vocês chegarem. Vou estar lá.
E assim é.

Kryon

DESFECHO

Nossas interrogações existenciais e espirituais têm muito significado. Quando chegamos a um ponto de neutralidade espiritual, o homem, que é matéria mas também espírito, começa naturalmente a se interrogar, porque atingiu um limite de saturação tal, que as informações que chegam não são mais capazes de galvanizar o espírito. Chegando a esse ponto, aparentemente sem maiores evoluções, começamos a entrar em conflitos interiores e os velhos valores começam a se desmoronar. Pensamos que a fé é falida, não funciona mais ou nunca funcionou, ignorando que existem novas fronteiras que nos levam a novas expansões para se atingir níveis mais alto de existência. Existe sempre algo de novo pra se descobrir dentro da nossa dimensão. Continuar entrelaçado no interior de um rígido sistema de valores, significaria nos afastarmos daquele fluxo infinito de conhecimentos que estão à nossa disposição, se soubermos esvaziar a mente de qualquer tipo de dogma. O nosso verdadeiro potencial e o nosso potencial percebido, estão distantes anos-luz. Quando o universo de qualquer consciência evoluída se põe uma questão comum, é porque existe só uma resposta, mas cada indivíduo procura o ponto de intersecção por estradas diferentes. Alguns fazem um percurso mais curto e chegam mais rápido ao ponto, outros ao contrário; e outros ainda, continuam a mudar sempre de direção sem nunca encontrar o centro.

Ninguém é mais especial do que outros. Acho que cada um é o resultado daquilo em que crê. A religião dogmática produziu, na maioria de nós, através dos séculos, a concepção de que Deus é algo distinto de nós, Ele lá, eu cá, "tomara que Ele me veja". Quando precisamos, corremos para chamá-lo e quando você processa essa fuga desesperada em busca Dele, você se afasta ainda mais porque foge de si mesmo; o desespero leva a uma busca fora do seu interior, do seu coração que é o habitáculo de Deus.

Por que é tão difícil então, "encontrar" Deus? Porque o estamos procurando no lugar *errado*.

Aprendemos a buscar Deus lá no céu, em um ponto qualquer do infinito. A questão não é afirmar: "*Eu sei que Deus está dentro de mim*". São apenas palavras. As palavras têm um poder real somente se acreditarmos naquilo que dissermos. Eis a razão porque duas pessoas podem fazer o mesmo discurso, mas só uma obtém uma "*standing ovation*", e a outra apenas um aplauso de cortesia.

A diferença está aí: crer. Mas essa crença nao é representada pelo que os outros nos informaram e nos convidaram para abraçar. Quando cremos verdadeiramente nas palavras que dizemos, elas difundem uma potente energia que entra em fusão com o nosso *eu* interior, transmitindo também convicção. A dificuldade de nos encontrarmos, surge pelo fato de que nossa mente foi programada com um modelo de pensamentos, no curso da nossa infância, nos induzindo a pensar de uma única forma, sem atinarmos em abrir a mente infinita à possibilidades, muito maiores daquilo que já conhecemos. Liberarmo-nos de muitos programas mentais significa abrir a mente e o coração às maravilhas, ao potencial e a uma compreensão de outros níveis de realidade, apossando-nos de novas informações até então desconhecidas, ou, pelo menos, pouco difusas na Terra.

Vivemos hoje, em um comprimento de onda e quando morremos, o complexo espírito-mente deixará esse corpo físico e passará a um outro comprimento de onda, uma outra fase de experiência e de evolução. Uma re-união com a totalidade de nós/Deus, a quem sempre pertencemos fora dessa dimensão.

Portanto, tentar buscar Deus longe de nós mesmos, é uma procura inútil. Se afirmamos que somos o templo de Deus, não existe outra via que possa servir de atalho. É dentro de nós que devemos buscá-lo e ali, certamente, o encontraremos. Encontrando-o atingimos uma nova dimensão. As respostas fluem de dentro para fora. Você começa a se entender, porque você toma conhecimento de um amor todo novo. Parece *dejá-vù*, ou o sermão da montanha, mas é uma constatação.

O amor é Deus, a serenidade é Deus, a pacificação é Deus, a segurança é Deus e tudo isso está dentro de nós. Esses sentimentos não podem coexistir sem a presença e o conhecimento de Deus. Acredite. Isso é uma grande descoberta, mesmo soando familiar demais, pois obtivemos tais informações desde a nossa tenra idade. Mas não é só ter as informações, é saber processá-las, senão, é correr atrás do vento; uma bolha de sabão.

São as profundidades das verdadeiras riquezas imperecíveis e as coisas profundas, que só conhecemos buscando em meditação, no silêncio do nosso interior.

Sem nenhuma pretensão de esperar que todo o conteúdo aqui exposto seja compreendido e aceito, espero, somente, ter deixado pelo menos algo para se refletir. Porém, a escolha de acreditar ou não, de abraçar ou rejeitar, será sempre individual, sem qualquer influência exterior, mas a resposta única e verdadeira poderá vir somente de dentro do seu próprio coração, se você permitir.

Eliude Santana

"Esta é a beleza da livre escolha para o ser humano, a qual ele pode escolher abrir o jarro espiritual de seu próprio DNA, ou não. Abençoado é você, incrédulo, pois eu conheço seu nome e ele é lindo."
(Kryon)

www.ingramcontent.com/pod-product-compliance
Lightning Source LLC
Chambersburg PA
CBHW051848170526
45168CB00001B/22

* 9 7 8 1 5 0 7 6 7 8 3 9 8 *